デイヴィッド・ビアリング

植物が出現し、気候を変えた

西田佐知子訳

みすず書房

THE EMERALD PLANET

How Plants Changed Earth's History

by

David Beerling

First published by Oxford University Press, 2007

Japanese translation rights arranged with
Oxford University Press through
Meike Marx, Japan

ジュリエットに

まえがき

進化生物学の大家J・B・S・ホールデン〔1892－1964〕は、あるとき聖職者からこう聞かれた——創造主である神について、生物学者の立場から言えることは何でしょう？　ホールデンは、ちゃめっけたっぷりにこう答えた。「よくわからないが、少なくとも神がいるとすれば、無類の甲虫好きだったにちがいないね。」ホールデンがこう答えたとき、彼の頭にあったのは甲虫の種数だろう。甲虫には40万近い種がいて、これは現在知られている動物のおよそ25％にあたる。しかし植物だって最近は、花をつけるものだけで30万種から40万種になるといわれている。もし彼がそのことを知っていたら、このしゃれた答えをどう返そうかちょっと迷ったかもしれない。

植物も甲虫も、生物多様性の高さでいえばどちらもいい勝負かもしれない。しかし、魅力的なのはどちらかという勝負なら、明らかに植物が勝つ。とくに、人気にかけては圧勝だ。私たちはもう何世紀にもわたって世界中の植物を集め、分類し、栽培してきた。植物が私たちに与えてくれるのは、燃料や食料、住まいや薬といった、生活に不可欠なものにとどまらない。私たちの気持ちを高め、鼓舞してくれるのも植物だ。私たちは季節を問わず、美しい庭や優美な景観や植物園へと群がり、草や木を礼賛する。

ただ、だからといって植物がどれほどすごいものなのか、私たちはちゃんと理解してきただろうか？

植物が地球上の生命の歴史をどれほど大きく変えてきたのか、また、地球の気候にどれほど重要な役割を果たしてきたのかについて、あらためて感心したことのある人はどれだけいるだろう？

植物の化石には、地球の歴史を知るための重大な情報が封じこめられている。その封印はごく最近解かれたばかりだ。私が本書を書く目的は、そんなわくわくするような新発見を読者のみなさんにお見せすることにある。これらの発見を知ればきっと、植物という生き物に対して新しい見方や考え方を持ってもらえるにちがいない。地球の構成メンバーはいろいろいるが、植物はその中でも積極的にこの星を変えてきた一員だということをきっと納得してもらえるだろう。森林や草原は地球規模のスケールで働いている。二酸化炭素や水の循環を制御し、岩石の浸食速度を変え、大気中の化学組成を調整し、それぞれの場所における日光の吸収や反射に影響を及ぼしている。では、このような植物の働きが膨大な時間をかけた結果、どのように地球の歴史を変えてきたのか？　私はそれを本書で明らかにしたいと思っている。恐竜なんて目じゃない。地球の歴史をもう一度、植物を主役にして見直そう。

私としては、植物のさまざまな活動を新しい視点から明らかにすることで、本書を読む人がいままで抱いてきた植物への愛着を――生きた植物も、とうの昔に死んでしまった植物も含めて――より強く感じてくれることを願っている。本書では各章が科学的な推理小説とでもいえる仕立てになっていて、それぞれが地球の歴史にひそむ謎を一つずつ描いている。どの話も植物が主人公だ。ときには、ある章で出てきたテーマが別の章につながっていることもある。そのような場合は、つながりを明示してある。だから各章を独立に読んでもかまわないし、もちろん順番に読んでもいい。また、どの章にも冒頭に短いまとめを用意してある。このまとめを読めばその章が描く謎の本質をつかむことができ、そこに待っている科学ならではの知的興奮を覗くことができる仕組みになっている。

マーク・トウェインは科学を皮肉って、「解釈という莫大なもうけを得るのに……事実への投資はほんのちょっと」と書いた。本書のような一般向けの科学本を書くにあたって私がやったのは、まさに彼の言うとおりのことだ。「事実」の方はいろいろな文献から抜き出してきたもので、出典は巻末の注に挙げてある。一方、そこに私が加えた考えや推理は、「事実」というよりむしろ推論に近い。ただ、なにが事実でなにが推論か、私としてはその違いをきちんと区別したつもりだ。また、本文中から専門用語をなくそうと、できるかぎりの努力をした。それでもいくつかの専門語は使わざるをえなかったが、そのような場合はそのたびに解説を加えてある。

彼はすでに8年も、ある実験を続けていた。それは、キュウリから太陽光を抽出するというものだった。抽出できた暁には、ガラス瓶に入れて密封し、夏の冷たい嵐の日に取りだして、冷え冷えした空気を暖めようというのだ。

——ジョナサン・スウィフト『ガリバー旅行記』（1726）より

人類はいままで、地球という惑星を好き勝手にいじってきた。もちろんそのやり方は、ジョナサン・スウィフトが『ガリバー旅行記』で書いたような生やさしいものではない。化石燃料を燃やし尽くし熱帯雨林を破壊しつづけることで、歯止めのない地球規模の大実験をやってきたのだ。その結果、将来の地球の気候が変わってしまうことはもはや避けられない。

植物や植生は過去現在を問わず、地球温暖化という環境ドラマの主役を演じてきた。そのなかで本書が焦点を合わせたのは、遠い過去――数百万年をさかのぼる、遠い過去の地球の歴史だ。しかしその過去は、いま私たちが陥っている苦境についてたくさんのことを教えてくれる。地球の資源を誤った形で使っていることについても、貴重な教訓を与えてくれる。私たちはそろそろ、その教訓を学んだほうがいいかもしれない。

２００６年７月　シェフィールドにて

D・B

植物が出現し、気候を変えた　目次

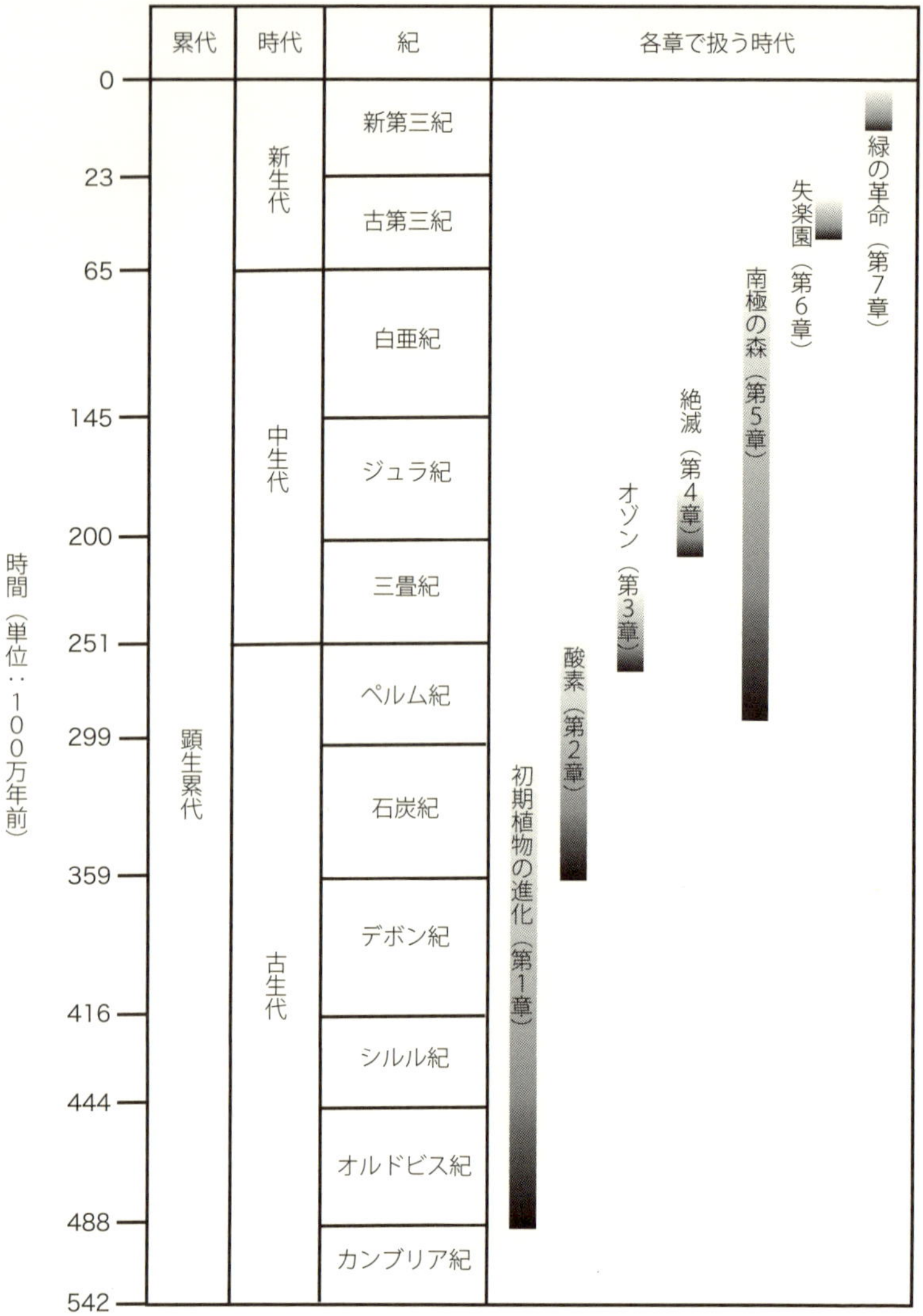

この本の各章で取り上げた時代が，地質時代のどの部分に当たるかを表す．

はじめに

植物の進化は、生物の歴史のなかでも重要な一章をなしている。しかしかなり退屈な章なので、ここでは飛ばしてしまおう。

——T・ウェラー『バカでもわかるサイエンス』(1985)

この本では植物の進化について、いままでにない新しい物語を語ろう。私たちの惑星——地球——の歴史を解き明かすために、植物化石が果たしてくれる刺激的な役割を明らかにしよう。

植物化石がこうした役割を果たせるとわかったのは、科学に新しい分野が誕生したおかげである。その科学分野では、化石となった植物を生きた生物としてとらえる。そしてそこで得られた新しい知識と、植物が地球環境の変化に果たしてきた役割を統合する。この統合の結果、いまや植物は「過ぎ去った時を語る寡黙な証人」ではなくなった。地球を構成するメンバーのなかでもとくに動的な存在——環境を作りあげ、またその環境によって変化する、躍動感あふれた存在となる。

この新しい科学の力は、いままで誰も気づかなかった方法で植物化石に新しい命を吹きこんだ。地球の歴史を深く解き明かし、地球の気候が今後たどる運命を指し示す存在に、植物化石を生まれ変わらせたのだ。

史上最高のナチュラリスト、チャールズ・ダーウィン〔1809－82〕は、その魅力に心奪われた。リチャード・ドーキンスは、それをほとんど無視した。[1] どうもこの世の中は、植物に魅了される人とそうでない人の二つに分けることができそうだ。

本章の扉の引用は、アメリカの科学ライター、トム・ウェラーが1985年に出版した『バカでもわかるサイエンス』の一節である。ウィットに富んだ、しかしいささか挑発的なこの本にあった一節は、植物には魅了されなかった側の人たちが感じる退屈さを代弁しているといえよう。そちら側の人にとって植物は、ごくふつうの進化をたどって今日に至っただけの代物で、地球の歴史を解き明かす重要な役割を果たしているとはとても思えないだろう。同じような見方は、地球科学の教科書でもしつこく繰り返されている。おかげで信じやすい読者は、これが広く認められた見解だと思いこまされてしまう。こういう教科書はたいてい、地球にはじめて現れた新緑の季節――地上に進んだ植物が大陸を緑に変えたという、歴史上の決定的な瞬間――について、ほんの2、3ページ割くばかりだ。もう少しましな本がまれにあったとしても、おそらく一章を割いて植物の進化を順々に書く程度でしかない。初期の植物からやがて最初の森ができて、種子植物が現れて、しまいに花をつける植物が繁茂した――この程度だろう。[2]

植物のことを、生物をめぐるゲームの重要なプレーヤーだと認めている本はずっと少数派である。

私は本書で反論しようと思う。ウェラーの見方、そして多くの教科書の従来の見方は、いまや時代遅れで役立たずで、まちがってさえいると。化石植物を使った研究はいま、わくわくするような新しい転換期にさしかかっている。というのも、複数の分野が寄り合わさって一つの大きな統合分野が生まれたのだ。この科学分野のおかげで植物の進化と地球環境の歴史は絡みあい、たがいに分かちがたい物語をいくつも紡ぐようになった。今後はこの物語について、新しい章がいくつも書かれるようになるだろう。本書は、その新しい科学分野を描いたものである。この分野は20年ほど前に登場したが、当時はあまり注目を集めなかった。しかしいまでは新しい道を切り拓く、強力な手段になりはじめている。長年はびこった伝統という、実りのない分厚い藪をつき抜ける道だ。この科学分野は、植物化石のとらえ方を変えようと唱える。いままでは化石というと、昔の植物の亡骸がバラバラに残っただけで、博物館の地下室の奥深くにほこりをかぶって眠っているものだと思われていた。それをこれからは刺激的でダイナミックな存在としてとらえよう――いま生きている近縁種を調べることで、化石を新しい形で生き返らせようというのだ。

これは教科書ではない。植物の進化史を逐一ことこまかに記すような、万人向けの解説書にしようとは思っていない。また、本書を読んでも、地球の詳しい歴史を語る昔ながらの記述――大陸が移動し、海の口が開いたり閉じたりして45億年のあいだに気候が変わってきた――などという記述は見当たらない。もちろん植物の進化も、気候の地球規模での変化も、プレートテクトニクス理論も、どれもこの新しい科学分野で重要な役割を担っている。しかしいま必要なのは、これら地球科学における伝統的な要素に、生きた存在としての植物という視点を結びつけることだろう。この結びつきがあれば、いままで広まっていた見解や伝統という砦に正面攻撃をしかけ、地球の歴史をもっと深く掘り下げることができるはずだ。

地球の歴史を深く理解したいという誘惑は、私たちを捕らえて離さない。何がそこまで魅力的なのかというと、過去に実際に起きているというところだろう。地球の過去の謎に足を踏み入れると、そこにはめくるめく知的冒険が待っている――過去の地球になにが起こったのか、なぜ起こったのか、どうやって起こったのか。

古代の化石や岩石には地球の過去が記されている。これらさまざまな「言語」で記された過去を私たちは解読していく。すると、化石たちはこっそり秘密を漏らしてくれるのだ――地球の歴史を作った、そのプロセスについて。このとき乗り越えなくてはいけない大きな壁は、それぞれの出来事が記されたバラバラの記録から、実際の過去をつなぎ合わせるという作業である。しかし、この壁を乗り越えるための「過去を調べる科学」は、「未来を調べる科学」とはちがう最上の見返りを与えてくれる。すなわち、過去に起こった出来事の原因を解き明かし、世界の仕組みをよりよく理解できるかもしれないという、わくわくするような可能性を与えてくれるのだ。一方、未来の気候や環境の予測は、高山の氷河が後退するかもしれない、南極や北極の氷床も後退するかもしれない、森林が移動していくかも……などなど、単なる提案でしかない。気候や環境に関わる物理的、生物学的なプロセスはまだわからないことだらけだし、予測を評価することもまだ難しい(3)。

環境がどのように植物を形作ってきたのか、また逆に、植物がどのように環境を形作ってきたのかを、地質学が扱うような悠久の時のなかで理解する作業が、いままさに求められている。私は本書で、この作業の必要性を認めることが次の二つの新しい考えにつながることを伝えたい。まず、植物が地球の歴史について、いままで知られていなかったこともみごとに記録しているということ。つぎに植物は、自然のもつ大きな力の一つであるということ。45億年ものあいだ地球の景観や気候を形作り循環させてきた強大な力の一つに、ほんとうは植物も並び称されるべきなのだ。

もちろん、こうした考え方に皆がすぐ馴染めるとは思わない。私たちが日頃見慣れている世界では、その足下に横たわる岩たちこそが雨風などにさらされながら私たちのまわりの景色をつくり、土壌の形成や農業や自然の植生などに影響を与えているように見える。そう見えるのは当然で、その逆――植生側が岩に影響を与えている――などとはとうてい考えられないだろう。

しかし、そんな考えができるようになる奥の手が、科学者にはある。それは、第二のコペルニクス革命といっていいほど重要な発見かもしれない。コペルニクス革命とはいまから約500年前、地球を含む太陽系の惑星が、ほんとうは太陽のまわりを回っているとわかった重大な瞬間だった。そして第二のコペルニクス革命は、「地球システム」モデルという雄大な名前の数理モデルとして現れた。(4) 地球システムモデルはその複雑さもさまざまで、家庭用パソコンを使って数秒で試すことができるものから、世界最速のスーパーコンピューターを使っても何週間もかかるような最先端のものまである。これらのモデルは、どんなに洗練されたものもまだ完成といえる段階に至ってはいないが、それでも十分価値がある。というのも、地球の物理的、また生物的要因――大気、海洋、そして生物圏――がお互いどのように影響し合っているのかを、さまざまなタイムスケールでシミュレートできるからだ。数日から数百万年まで、そのタイムスケールはとてつもなく幅広い。植物のもつ働きについて新しい発見があったときは、それをこのモデルに組みこめばいい。そうすれば、その働きが地球の環境形成にどのくらい関与しているのか確かめることができる。

さて、こうした新しい考えを受け入れてもらおうと本書を書いているわけだが、このあたりで一言入れておいた方がいいだろう。ガイア説についてだ。ガイア説とはジェイムズ・ラブロックたちが提唱した仮説で、地球の環境が「すべての生物にとって快適になるよう、すべての生物によって」調整されていると考える[5]。当然、多くの科学者はこのとっぴな主張にあぜんとし、その目的論的な提案に反論した。なにしろ、生物が意志をもって、地球の気候を自分たちの望みの方向へ変えようとしているというのだ。もちろん10年とたたないうちに、ラブロック自身もこんな考えは放棄した。彼自身こう書いている。「いま言われているガイア説はまちがっていると認めることが大切だ」[6]。その代わり――不死鳥が、灰から飛び立つがごとく――修正された「ガイア理論」なるものが生まれた。今度は「活発なフィードバックプロセスによる自動制御と、太陽エネルギーによって、生物にとって心地よい環境条件が保たれている」という。「さまざまな環境条件は短期的にしか安定しておらず、生物相が進化するにつれ、その求めに応じて進化する」そうだ[7]。ここでもくり返し漂ってくるのは、生物が、自分たちにとって快適な状態を維持できるよう環境を制御しているという、あやうい信念の匂いである。本書の随所で私は、こうしたガイア理論の主張がまったく当てはまらない例を示すことになるだろう[8]。

問題なのは、自分たちのまわりを見回してみると、たしかに生物はそれぞれの環境にぴったり適応しているように見えてしまうことだ。なにも考えずにこれを見れば、生物は身のまわりを今あるように調整していると、誤った結論を抱いてしまっても不思議ではない。しかしこうした理屈は、事実の前に崩れ去る。その事実とは、ダーウィンが観察したように、自然選択が環境に合わない生物を取り除くという冷酷な現実である。『銀河ヒッチハイク・ガイド』の著者ダグラス・アダムス〔1952-2001〕は、持ち前の才覚でガイア仮説について次のように語っている。「ある朝、水たまりが目覚めてこう考えたとしよう。『おや、俺はなかなかイカしたところにいるぞ。……こいつはなかなかイカした穴だなあ……俺にぴったりの穴じゃないか。じっさい、すっごく俺にぴったりだぜ。こりゃ、俺が入るためにできたにちがいないぜ！』」。ガイアのことはいささか心地悪いが、偏見にまみれた比喩と事実と疑似科学の中間にある理論ということで、あまり本書に登場してもらおうとは思わない[9]。

本書では、地球の歴史に起こった数々のドラマを見せながら、そこに植物がどのように色鮮やかな像を描いていったかを紹介していく。冒険は5億4000万年前までさかのぼる。それは顕生代と呼ばれる、地球の歴史における分厚い時代の一切れだ。この時代は、現在の生物の元となる複雑な動植物が進化したことで知られている。本書は、この時代に覆いかぶさった「無知というベール」を次々めくり上げるように進んでいく。章の順序は時間の流れに従うようにした。だから、もっとも古い話は第1章に、もっとも新しい話は第7章に登場する。どの章がどの地質年代にあたるのかは、巻頭の年表に示しておいた[10]。なお、地質学用語はできるだけ使わないように心がけたが、代や紀といった名称にひと通り馴染んでおくと話はずっとわかりやすくなると思う。

植物が、地球の歴史という舞台のよりふさわしい場所に置かれるようにスポットライトを当てていく。それが本書の目指すところだが、じつはもうひとつ目指したものがある。それは何かというと、科学思想を切り開いてきた開拓者や冒険者のすばらしい成果にライトを当て、一つ一つの物語を、科学史上のふさわしい文脈のなかに納めることだった。この目的のため、本書では逸話を織りまぜながら、鍵となる人物を生き生きとよみがえらせようと努力した。ときには歴史に残る科学的展開や事件のあらましも紹介した。私はここで彼らの伝記を書き上げるつもりはない。ただ私としては、こうした開拓者たちの人物像や、彼らが新しいことを発見したときの興奮を、読者のみなさんにも味わえるようにしたかった。ここで紹介する開拓者には有名な人もいるが、なじみの薄い人もいるだろう（紹介する身としてはそう願いたい）。なかには化学者や物理学者もいる。彼らは現代化学の基礎を築き、成層圏のオゾン層を発見し、大気中に温室効果ガスの存在を推理した。また、炭素の放射性同位体を発見し、原子を砕くサイクロトロンという加速器を発明し、核の時代を導いた。そんな研究者もいるかと思えば、ヴィクトリア時代に活躍したエキセントリックな化石ハンターもいる。彼らは前史時代の巨大な動物や、初期の植物が残したあやしげな姿の化石を発見し世界中を驚かせた。また、極地を目指した勇敢な冒険家もいる。彼らは自分の命と引きかえに、人類の知識の限界を押し広げてくれた。

イングランドが生んだ数学者にして物理学者、宇宙学者でもあり、錬金術師でもあったアイザック・ニュートン［1643－1727］は、有名な言葉を書き残している。「私がより遠くを見ることができるのは、巨人の肩の上に立っているからだ」。この言葉はよく、意味を誤解して受けとられている。実際のところこの言葉は、ニュートンが彼の宿敵ロバート・フック［1635－1703］との公式和解に同意させられた際つぶやいたものである。フックは並はずれた博識家であり、ニュートンとフックのあいだには数年にわたって辛辣な論争がくり広げられていた。ニュートンの言葉はどうも、フックに対する嫌みだったらしい。フックは小柄で背骨がねじれていたから、どう見ても「巨人」ではなかっただろう[11]。ただ、ニュートンの言葉が嫌みから出たものであったとしても、根底にはこんな気持ちがあったのではないだろうか。それは、自分が温めていたアイデアを公式化できたのは、過去の人々が築いた功績のおかげだという気持ちだ。私はこの言葉をこれ以上深読みするつもりはない。ただ、私がこの言葉を持ち出したのにはわけがある。

私は、現在みられるさまざまな科学論争を、歴史上の適切な文脈に置いていきたいと願っている。その際大切にしたいのは、さまざまな科学が発展できたのはその前の世代が積み重ねた努力のおかげ、という視点だ。いまさら言うことでもないかもしれないが、科学の進展というのは徐々に積み重なっていくものだ。それは旅であって、旅の先にある目的地ではない。目指したものが正しいこともあるように、まちがっていることもある。発見という出来事は、科学の進展を物語る、歴史における生々しい「肉」の部分だ。それなのに、多くの教科書ではこの肉をそぎ落としてしまう。しかし、科学にとって重要な瞬間、その科学の進展に関わった発見は、どんなものでも賛辞に値するはずだ。その発見は運がよかっただけかもしれない。判断力の賜物だったのかも、特殊な洞察の結果生まれたものかもしれない。いずれにしても、それにふさわしい賛辞を贈るべきだと私は思う。

本書では新しく生まれた科学を説明するため、いくつもの章を用意した。それらの章は大まかに三種類の話に分けられる（ただし、二つの種類にまたがる章もある）。

第一は、化石植物が科学論争で重要な役割を果たしたという話。この物語を読めば化石植物の中に、いままで隠されていた地球の歴史の一面が刻まれていることを納得してもらえるだろう。それが第3章と4章にあたる。ここで私が紹介するのは、化石となった植物を使えば太古の「呼気検査」ができるという話だ。この検査をおこなえば過去の二酸化炭素濃度を知ることができる。また、突然変異を起こした花粉の化石も登場する。この花粉はペルム紀終わりに起こった「最大の大量絶滅」時代の岩石に突如現れるもので、大気中のオゾン層が破壊されたことを示しているのかもしれない。

次に、第1、2、6、7章の四つの章は、植物が地球の環境変化にとって、強力な仕掛け人として働いているという話だ。これらの章では、植物の進化や分布拡大が大気の構造を容赦なく変えてしまった過程を紹介する。この変化は植物や動物の繁栄をもたらし、地球の気候さえ変えてしまった。

三番目は、ある特定の植生タイプの進化史、そして、その植生が環境とのあいだに驚くような相互作用をもっていたという話で、第5章と7章にあたる。この二つの章では、古植物学や光合成の研究をおこなった、いまでは忘れられたヒーローの功績も生き返らせたい。彼らが道を切り拓いてくれたおかげで、数百万年前に極地を覆っていた森や、いま見られるようなサバンナ草原が進化の舞台に華々しく初登場した時代について、より深い理解ができるようになった。

なお、こうした分け方とは別に、第4、5、6章を一つのグループにまとめることもできるかもしれない。これらは私たちが今後の気候を考える上で大切な、過去から得られる教訓について書かれた章でもある。私たちが生きる時代には、人間による環境への影響が日に日に大きくなっている。実際、環境に対する人間社会の影響があまりに強いので、現在の地質時代には新しく「人類世（人新世）」という名がついているくらいだ。[12] 氷床コアに閉じこめられた過去の大気の泡を分析すると、地球の大気中の二酸化炭素濃度が18世紀後半から増加し始めたことがわかる。これはちょうど、スコットランドの発明家ジェイムズ・ワット［1736－1819］が蒸気エンジンを設計した時期にあたる。そのため、この時期が人類世の始まりとされている。その後三世紀のあいだに地球の人口は急増し、それに伴って工業や農業が発展し、結果として温室効果ガスが劇的に増えた。とくにメタンや二酸化炭素の増加は著しかった。また、熱帯雨林の伐採もやむことなく続けられた。こうした人間活動の結果が温暖化をもたらすということに、いまとなっては疑いの余地はない。[13] では、この先どこまで温暖になるのか。それはよくわからない。本書の第4、5、6章では、地球の気候システムを相手に私たちが続けている危険なゲームの真相を明らかにしていく。このゲームが行き着く先は、私たちが予想していたよりずっと遠い、驚くような場所である。

地球の歴史が与えてくれた教訓は、私たちは地球温暖化を引き起こすことで地球システムに不安定なフィードバックを招き入れ、その結果、地球はますます温暖化に突入していく恐れがあるということだろう。[14] 私たちは、「生物の歴史に重要な章ではあるが……」といいながら植物を読み飛ばすことで、とんでもない危険を冒しているのかもしれない。

第１章
葉、遺伝子、そして温室効果ガス

この理論を聞いて、多くの事実が説明できるというところにではなく、説明できない問題ばかりに目がいく人なら、私の理論を却下するにちがいない。
——チャールズ・ダーウィン『種の起原』(1859)

葉は驚くべき器官だ。毎日植物の光合成を助け、生命を次の世代へつなげていく。植物の進化のなかで、葉は一見、簡単に生まれた器官のように見えるかもしれない。しかし、この器官が出現して植物界全体に広まるまでに、じつに４０００万年の歳月がかかった。同じ時間の10分の1で、霊長類から人類が進化できたというのに。いったいなぜそんなに長い時間がかかったのだろう？　この謎は、一世紀近く科学者たちを悩ませてきた。

ところがいま、この謎を解く鍵が見つかりつつある。それはいままでの視点とはまったくちがい、二酸化炭素の激減を鍵と考える。植物は、現在のような葉をもつ姿になる能力をずっと前から遺伝子に秘めていたらしい。そして、二酸化炭素の減少が葉の進化をはばんでいた環境条件を取りのぞき、その能力を解き放ったのかもしれないのだ。

かくして植物は多様化を遂げた。その結果地球の気候が変化し、陸上動物の進化が加速された。

木星探査機ガリレオは2003年9月21日、木星を取り巻く高圧の大気圏に突入し、私たちの前から姿を消した。この探査機の名前はイタリアの天文学者ガリレオ・ガリレイ［1565‐1642］にちなんでいる。1610年に天体観測をおこなうことで近代天文学を切り拓いた人物だ。彼の名を冠したガリレオ探査機は、1989年に打ち上げられて以来、歴史に残るさまざまな偉業を成し遂げた。それは、私たちがいままで抱いていた太陽系に対する見方をがらりと変えてしまうほどのものだった。

ガリレオの使命は、巨大な惑星である木星とその衛星を探査することだった。衛星のうち四つは、ガリレオ・ガリレイ自身が観測した星だ。彼がイタリアのパルドゥにある自宅の庭で天体観測していたところ、驚いたことに木星のまわりをぐるぐる回る星を見つけた。探査機ガリレオは木星に行く道すがら、小惑星ガスプラの近距離撮影に歴史上初めて成功した。また、木星に衝突したシューメーカー‐レヴィ第9彗星のかけらを直接観察することにも成功した。しかし、ガリレオの成し遂げたなかでもっとも輝かしい成果は、1997年4月に地球へ送ってきた驚くべき映像だろう。それは木星の衛星エウロパの表面に浮かぶ氷山の写真で、じつに太陽系探索から約8年経ったのちに得られた成果だった。氷山があったということは、地球以外にも海、すなわち水が存在するかもしれないということである。興奮さめやらぬ報道陣に対し、NASAの科学者たちはこう語った。水も有機化合物もすでにエウロパにあるということは、「生命も10億年のうちには」現れるだろう——。ただし、これが正しいかどうかは議論の余地がある。ご存じのように、水の存在は地球上の生命にとって必要不可欠だが、ほかの星の生命にとっても必要なのかどうかはわからない。[1] エウロパ以外にも二つのガリレオ衛星カリストとガニメデで、荒涼とした岩肌の下に海が存在する可能性がある。カリストとガニメデでは、岩に含まれる放射性核種による自然放射能による熱で液体状の海が保たれているらしい。一方、エウロパは木星にずっと近いため、引力による熱で水が保たれたのかもしれない。この引力は、ちょうど月が地球の潮の満ち欠けに影響しているように、エウロパを伸ばしたり縮めたりしている。

探査機ガリレオは木星に到達するため、地球と金星のまわりで二度のスリングショット（スウィングバイ）をおこなった。これは惑星の重力を利用することで燃料を使わずに加速度を得て、宇宙船の軌道を調節する航法である。利用された惑星の方は自転速度がほんの少し遅れる。ガリレオ探査機の場合は、この飛行法を取ったことで偶然、地球を宇宙からつぶさに観測する機会に恵まれた。すでに生物がいることがわかっている地球を観測すること、それは地球外生命がいないかどうかを調べるうえで恰好の比較対象となる。このような実験はいままで誰も試したことがなかった。惑星探査機を使えば、ほんとうに地球に生命があることを探知できるのだろうか？　その結果は、コーネル大のカール・セーガン［1934-96］らによって雑誌ネイチャーに報告された。それによると1990年12月に地球のそばを通り過ぎたガリレオ探査機が見つけたのは、豊富な酸素ガスと大量の雪、氷、広大な海、そしてAMラジオ放送だった。なかでもラジオ放送は、知的な生物ならではのものだろう。[2]

なお、酸素が豊富な大気が見つかったからといって、地球に生命がいるとは限らない。少しくらいの酸素なら、太陽からの紫外線によって水分子が壊れればできてしまう。このとき水素原子は水素ガスとして宇宙空間へ逃げてしまうが、水素原子より重い酸素原子は引力によって地球に引き戻される。ちょうどアポロ16号の宇宙飛行士が月の表面から高性能望遠鏡で見たように、地球上の海は少しずつ宇宙空間へと消えていく。水素は散逸していくときスペクトル線（ライマンアルファ線）を放つが、このスペクトル線は大気に吸収されてしまうため、地球上からは観察できない。一方、月はこれを眺めるのに理想的な場所となる。アポロ16号の乗組員たちは月に着陸していた短い時間の合間に、地球から逃げていく水素ガスという驚くべき映像をとらえた。それはまるで太陽に向かって伸びていく不思議なオーラのようだった。というわけで、酸素は生命なしでもできる。しかし、この方法では酸素の発生に時間がかかりすぎ、ガリレオ探査機が見つけた豊富な酸素を説明することはできない。これほどの離れ業ができるのは生物だけだ。生物なら酵素系を操って水を分解し、並外れた量の酸素を作ることができる。

ガリレオ探査機は大量のメタンも見つけた。メタンは大気中に、生物がいない場合に考えられる量のじつに140倍も存在していた。この異常な量も酸素同様、その惑星に生命がいることを強く示唆している。メタンは大気中ですぐに水蒸気や二酸化炭素に変わってしまう。だから、生命のいない惑星ではほんの少ししか存在しないと思っていい。メタンが大気中に溜まるには、大気中に供給される速度の方が分解される速度より速くなければならない。地球では、湿地や東南アジアの広大な水田にいる嫌気性微生物のおかげで、毎年2億トン以上のメタンガスが大気中に放出されている。

ガリレオ探査機は、地球の表面で反射する光の組成も観測した。その結果も生物の存在、そして酸素に満ちた大気の源をたぐる糸口となった。というのもガリレオから送られてきた多くの画像では奇妙なことに、地球上の広大な面積で可視領域の赤色光が吸収されていたのだ。赤色光の吸収がこれだけ大規模に見られることは、ふつうの火成岩や堆積岩、また地球以外の太陽系惑星にある土壌では考えられない。どう考えても、光を取りこむ色素がかかわっているはずだ。その答えは、葉だった。緑色をした葉にある葉緑素は、やってくる可視赤色光の85％以上を吸収する。これだけの光エネルギーを吸収できれば、光合成で水を分解するのにも十分だろう。地表のかなりの面積が通常では考えられない量の可視光を吸収していて、このことからも植物が地球を広く覆っていることがよくわかる。大気中に大量の酸素があることもこれで納得できる。

ガリレオの地球接近がもたらした結果に科学者たちは自信をもった。もし、恒星を回る地球のような惑星が宇宙に存在し、それを私たちが発見するようなことがあったら、そこに光合成をおこなう生物がいるかどうか、私たちは外からでもきっと見分けられる。たとえその星の生物が、まだ進化の初期段階だったとしても大丈夫。たとえば20億年前の地球があったとして、他の星の宇宙船がそれに接近したならば、光合成をおこなう生物を十分発見できただろう。そのころの地球にいまのような植物がいなかったとしても、原始的な光合成生物であるラン藻や海藻が表面を覆っていただろうから。もちろん、そうした生物が植物と思える形をしているかどうかはまた別の話だ。しかし、ある星で大気が光合成の存在を裏付けるような組成をしていたら、葉緑素やそれに準ずるものが進化していることを期待するのは決しておかしなことではない(3)。

ガリレオの成果が予感させたとおり、その後、私たちは宇宙技術からさまざまな恩恵を受けとった。いまや宇宙からの地球観測は、地球の理解に革命的な進歩をもたらしている。たとえば人工衛星は、地球を見る顕微鏡ならぬ「顕大鏡」になっている。17世紀、ロバート・フックの発明した顕微鏡が自然をとらえる目に新しい像を与えたように、宇宙から覗く新しい「顕大鏡」は、自然や人間が地球にどんな影響を与えているのかを見せてくれる。ただ残念ながら、そこに見えるものの多くは私たちの不安をあおるものだ。

地球の観測が始まってすぐさま明らかになったことがある。雪や氷や氷河に覆われた部分のことを氷圏（クリオスフェア cryosphere ――ギリシャ語で霜や冷たさを指す kryo が語源）と呼ぶが、この氷圏がいま、驚くほど縮小しているのだ。北極海の氷は急速に減っていて、10年で50万立方キロメートルずつなくなっている。(4) 南極西部やグリーンランドでは陸上の氷床に動きがみられ、人間の経済活動と同じタイムスケールで海水面が上昇する恐れがある。氷河を支えていた氷棚も溶け始めていて、どんどん下方へ押しよせ、頭上に乗せていた氷の荷を海洋へと解き放ちつつある。(5) 南極大陸にある半島ではここ半世紀のあいだに気温が2～4℃上昇し、ハワイより大きな氷棚が崩壊した。人間活動は地球に尋常ならない影響を与えている。そして宇宙からなら、その爪痕がくっきり残っているのを簡単に見ることができる。

こんなふうに、宇宙の時代と呼ばれる今日の技術は、変わりゆく惑星の姿を私たちに見せてくれる。また、技術がもたらしたのはそれだけではない。21世紀の私たちに新しくて刺激的な知的瞬間を与えてくれそうなのだ。フランスの数学者であり物理学者でもあったアンリ・ポアンカレ［1854－1912］はこう語っている。「科学は事実である。ちょうど家が石でできているのと同じように、科学は事実でできている。しかし、石の積み重ねがかならずしも家にならないのと同じように、事実を積み重ねても、それが科学になるとは限らない」。ポアンカレの時代、いや、19世紀から20世紀にかけてずっと、科学は自然界を観察し、帰納的・演繹的両方の側面から推理し、仮説を組み立て、それを検証することで展開してきた。(7) そこに地球観測システムは、いままで経験したことがないほど豊富なデータが揃う時代をもたらした。科学者たちは地球に関する膨大なデータ――つまり事実――を得られるようになった。しかしそれは同時に、世界を理解するという難題を21世紀に突きつけた。世界を理解するには理論が必要だ。理論を作るとは、ある事実を説明するだけでなく、もう一つ上の段階に進むことだ。

新しい理論は、突然のひらめきからやってくることがある。ポアンカレの場合そのひらめきは、地質調査で野外を歩いているとき訪れた。彼は当時、数学の難問にずっと頭を悩ませていた。そこに突破口がやってきた。「一歩踏み出したその瞬間、あるアイデアが私に降ってきた。それは、問題の解決につながると思っていたいままでの考えとはまったく関係のないアイデアだった」[8]。ポアンカレの例はひらめきの典型といえよう。劇的な突破口へつながるひらめきは、しばしば、どこからともなく現れたようにみえる。アインシュタインも1952年に「アイデアの世界と経験の世界のあいだの理解しがたいつながり」について語った際、観察することと理論を思いつくことのあいだをつなぐような「論理的な道筋」はないと言っている[9]。では、惑星の生物、物理、そして化学を説明する理論につながる突破口はなんだったのか。それは、どんどん高度化する衛星技術だった。衛星技術はこの分野に、理論を生み出すという知的挑戦につながる新しい扉を開いてくれたのだった。

地上の植生を理解する道を切り拓いたのは、NASAのコンプトン・タッカーだった。1980年代に彼は、葉のもっている葉緑素を、人工衛星に積んだ計器で探知する理論を考えついた[10]。人工衛星のセンサーは、雲などの邪魔が大気中になければ、植物の緑の葉が作る光のコントラストをとらえることができる。緑の葉は可視赤色光を強く吸収し、赤外線の光は弱くしか吸収しない。人工衛星はこのコントラストをとらえる。だから赤外線部分が明るくて赤色部分が暗くなるという組み合わせがあれば、そこに植物が生えているというサインだ。植物の活動はいまや、このコントラストをはじめとするさまざまな方法で定期的に測定されている。この測定をするのは極付近に軌道をもつ人工衛星で、この衛星は毎日、地球の表面をスキャンしながら回っている。

ガリレオ探査機がとらえた緑の大陸の映像は、映画にも使われた。その映画では、北半球の大陸で春の緑が萌えだすさまを宇宙から眺められる。そしてこうした映像からも、氷圏でみられたのと同様に、人間活動が地球に及ぼした影響を目にすることができる。人間による影響はこの場合、森林が二酸化炭素の増加に反応するという形で現れた。たとえば、1989年に研究者たちが人工衛星データを解析したところ、過去200年間でもっとも温暖になった時期（1981年と1991年）には、北半球の高緯度地域一帯で森林の成長が著しく促進されたことがわかっている[11]。

人工衛星が海や陸の表面をスキャンした結果わかったのは、陸上や海洋の植物が大気から得た二酸化炭素を使って、毎年なんと1050億トンものバイオマス（生物の量）を合成していることだった[12]。驚いたことに、そのうちの約半分は海や淡水に漂う単細胞の植物プランクトンが合成している。ただ、地球に蓄積された総バイオマスにおいて植物プランクトンが占める割合は全体の1％にも満たない。一方、陸上植物は毎年の合成量の半分を受けもつと同時に、総バイオマスの90％以上を占める。このことからも、生物圏を実際に占めているのは陸上植物であることがよくわかる。

今後大切なのは、世界の森林の活動がどのように変わっていくのかを見極めることだろう。というのも、自然には地球温暖化にブレーキをかける能力があるが、そのブレーキが解除されたときには、森林の活動にも変化がみられると思われるからだ。温暖化へのブレーキは、森林が余分な二酸化炭素をスポンジのように吸いとることで成り立っている。人間は化石燃料を燃やし熱帯林を伐採することで、毎年約70億トンもの二酸化炭素を大気中へ送り出している。このうち約半分が大気にとどまり、大気中の二酸化炭素濃度を上昇させる。しかし残りの半分は、海中と陸上の植物がその半々を受けもつ形でぬぐい取ってくれている[13]。

自然は、私たちが出す余分な二酸化炭素をいつまで吸いとりつづけてくれるのか？　それはよくわからない。あと50年以内に、森林がこの能力を失ってしまう可能性もある。そのときは暑くて乾いた気候のなか、森林がバイオマス合成のために吸収する二酸化炭素より、呼吸のために排出される二酸化炭素が上回るようになる。[14] もしこれが起こったら――いや、モデルによればこれが起こることは確実なので、いつかこれが起こったときという方が正確だろう――大気中の二酸化炭素はますます増加し、気候の変化を加速させるだろう。[15] 実際に、大気中の二酸化炭素量が増加する速度は２００２年も２００３年も予想以上だった。さすがにまだ早すぎるとは思うが、このことから、森林はすでに人間がもたらした気候変化によって、炭素を吸収するより排出する側にまわってしまったと考える科学者も出てきている。[16]

本章はいままで、植物が地上を覆っていること、植物を私たちが宇宙から観測できること、そして植物が未来の気候に影響することを説明してきた。これら陸上植物について語ってきたことは、つきつめるとすべてある一つの器官に行き着く。驚くべきその器官とは、葉である。[17] 葉は、あたかも太陽光の収光アンテナのように働いている。葉の細胞には生化学マシーンが搭載されていて、毎日毎日、太陽光を集めて光合成という業務をこなしている。現在、地球の陸地表面の約75％が葉で覆われていて、生物圏でもっとも寒いマイナス56度という凍てつくシベリアの大地から40度を超える灼熱の砂漠まで、極端な気候にも耐えて広がっている。[18] 葉が存在しない裸の場所は、どうやっても生物が生きられない砂漠と、南極の氷上と、世界有数の高山の山頂くらいだ。花をつける植物25万種はそのほとんどが葉に依存していて、葉によって光を集め、光合成をおこなうエネルギーを得て成長する。花をつけない種となると、その多くが成長だけでなく生殖も葉に頼ることで次世代に命をつないでいる。自然界でみられる葉の形や大きさはすばらしく多様だが、どの葉も基本的には同じで、一つの柄から広がった形をしている。これにはちゃんと理由がある。植物は光合成のために平たい面が必要だが、その面は引力に逆らえるくらい硬くなければならないし、でも同時に、風の吹く日に傷つかないよう柔軟でなければならない。葉が直面するこうした工学上のジレンマも、一つの柄から広がるデザインならみごとに解決できる。

いま世界中にみられる植物からもわかるように、葉が進化することは植物にとって必然だった。葉なくして光合成をこなすことなど考えられない。ところが驚いたことに、植物はおよそ４億６５００万年前、陸上へ進出するという偉大な冒険の一歩を踏み出したときには葉をもっていなかった。植物のうち、上陸作戦の先陣を切ったのは葉のない「原始的な」仲間だ。地球の歴史上きわめて重要な瞬間を切り拓いたこの植物は、淡水に広くみられる緑藻の小さなグループ（シャジクモ科）に属していた。いま私たちの手元に残っている化石はその生殖器のかけらで、現在のコケ植物（ゼニゴケ類、ツノゴケ類、蘚類からなるグループ）によく似ている。[19] こうした化石のほか、いま生きている植物のうち別々の方向へ進化したものをピックアップしてその類縁関係を遺伝子で調べた結果、植物による陸上進出はつまるところ、緑藻からコケへの進化だったことがわかっている。ただおかしなことに、緑藻は海洋や沿岸部を占領したあと、５億年近くたってからやっと子孫を地上へ手招いた。なぜ植物はこんなにも長いあいだ海辺で「躊躇していた」のか？　これがいまも謎のままなのである。

シャジクモ藻類のような単純な光合成生物から現在のような維管束植物の祖先が登場するには、さらに約４０００万年の歳月がかかった（この年数は、くやしいことにまだ不確定で意見が一致していない）。そうやって登場した祖先にも葉はなかった。この祖先登場という重要な場面の化石が見つかったとき、はじめ研究者たちはその重要性をあやうく見逃すところだった。19世紀前半まで、植物の化石ハンターたちの頭の中は石炭紀の植物でいっぱいだった。石炭紀の堆積物からは葉のある植物がたくさん見つかっていて、すごくいい商売になったのだ。しかし１８５９年、エキセントリックなカナダ人ウィリアム・ドーソン［１８２０‐９９］が変わった化石植物を採集した。セント・ローレンス川がカナダの北西部に入りこむ河口の南、ガスペ半島の海岸露頭から見つかったそれは、いままで知られていたどんな化石ともまったく異なっていた。ドーソンの発見は古植物学界に衝撃をもたらし、植物学者たちはその説明に苦しむこととなった。というのも、その化石には葉がなく、単純な枝分かれがあるだけだったのだ。ドーソン自身は、自分が見つけたこの不思議な化石の断片が、石炭紀より数千万年はさかのぼるものであることを信じて疑わなかった。[20] しかし、当時の研究者たちはほとんどそれに同意せず、彼の主張は強烈な疑念とともに迎えられた。彼の化石を、根かシダの軸か海藻だと考える研究者さえいた。

結局こうした学界の流れが変わったのは50年近い年月が過ぎたあとだった。そのきっかけは二人の植物学者ロバート・キッドストン［１８５２‐１９２１］とウィリアム・ラング［１８７４‐１９６０］が、１９１７年から１９２１年にかけて初期の陸上植物のほぼ完璧な化石を報告したことだった。その化石とは、スコットランドのアバディーンシャーにある小さな美しい村、ライニーから出土した植物化石だ。それまで、初期の陸上植物に関する知識は断片的な化石に頼らざるをえなかった。ところがその認識がライニー植物発見後、完全に変わってしまう。ライニー植物は、ケイ素を豊富に含んだ火山性の熱水のおかげで当時の姿をそのまま残していた。この熱水は死んだ植物体の組織に浸透し、有機物の隙間で結晶化した。そのため化石はみごとな状態で保存され、研究者は細胞の細部までこと細かに再現できたのだ。おかげで、初期の陸上植物の全体像が明らかになった。その正体は、おかしな格好をした、単純な維管束をもつ植物で、裸の茎が光合成をおこない、葉はなかった。コケにしても本当の維管束植物にしても複雑な構造をしているのに、そのあいだにはこんな植物が存在したのである。

　ライニーで劇的な化石が見つかった数年後、ラングが栄冠をつかんだ。いままでだれも見つけることができなかった、最初期の維管束植物そのものを発見したのである。バラバラの断片だったその植物を、ラングはクックソニア *Cooksonia* と名づけた。それは彼が長年苦楽をともにしたオーストラリアの古植物学者、イザベル・クックソン〔1893－1973〕の名にちなんだものだった。発見に続いてすぐ記載がおこなわれ、1937年には独創性に満ちた論文が発表された。彼が論文で報告したクックソニアは、ウェールズのボーダーランド地域にある4億1700万年前の岩から出土した化石で、単純な維管束状の軸（原始的な茎にあたる）がつぶれて平たくなったものだった。ラング自身は、この軸がクックソニアのものだと確信していた。しかし、いかんせん説得力に乏しく、ほんとうに維管束なのかどうかは判断がむずかしかった。こうした疑いはささいなことにみえるかもしれないが、なにしろ初期の維管束植物発見という重大な問題がかかっている。並はずれた主張を通すには並はずれた証拠が必要だ。

　結局その後、より信頼できる証拠が発掘されるまで50年かかった。南ウェールズの古い岩石から、4億2500万年前のもっと状態のいい化石が見つかった。その化石には水の通導に特化した組織が見つかり、ここに至ってとうとうラングの主張が裏付けられた[22]。続いて、初期の維管束陸上植物の化石が大量に見つかった。それらはどれも一本あるいは枝分かれした茎があるだけで、葉がなかった[23]。華奢で葉のないクックソニアは、とても信じられないが、ほんとうに陸上植物のはじまりを告げる使者だったのである（図1）。発見された植物化石は昔、陸地にうねって流れている川の氾濫原を一面覆っていた。その景色は、それ以前の植物が作った緑のベニヤ板のような風情となんら代わり映えしない。しかしこ

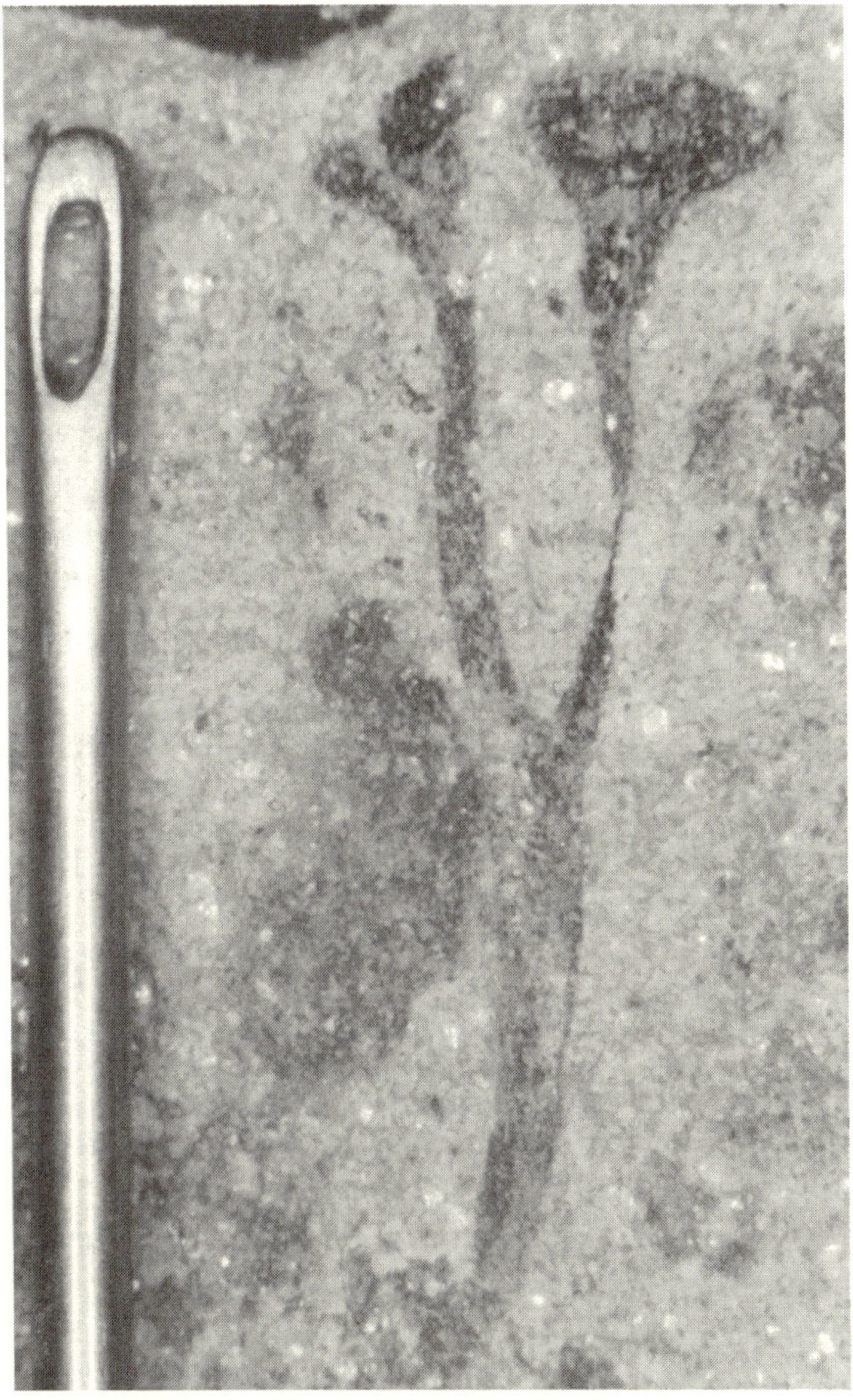

図１　最初の陸上植物，クックソニアの化石．華奢で葉がないクックソニアは，植物にやがてやってくる発展の始まりを告げる使者といえよう．

れこそが、現在の陸上生物すべてに続く第一歩を踏み出した姿だった。

このように地味なスタートを切ったのち、植物は繁茂しはじめた。それから6500万年間——4億2500万年から3億6000万年前までのあいだ——は、史上空前の爆発的進化と多様化が続いた[24]。この時代のことを、植物における「カンブリア大爆発」と呼ぶ人さえいる。カンブリア紀の大爆発とは5億4000万年前、地質学的にはわずか一瞬ともいえるような期間に、海洋無脊椎動物が単細胞から複雑な多細胞生物へと進化した時代である。一方、その植物版ともいえる「大爆発」では、陸上植物が変化し、現在見られる植物の青写真ともいえる姿を獲得した。たった数個の細胞でできた単純な姿が、あっというまに驚くほど複雑な構造と洗練された生活史をそなえるようになる。しかし、こうして進化はめまぐるしく展開したのに、葉はなぜか、その最後の瞬間までなかなか植物界に広がらなかった。

ここで化石記録からわかる葉の誕生、そして葉が植物に広がっていく進化過程をなぞってみよう[25]。はじめに上陸したのは膝丈くらいの低木のような植物で、彼らは光合成を裸の枝々でまかなっていた。そのあとは葉がないまま3000万年の歳月が過ぎる。そして徐々に——数千万年かかって——変化が生じた。正真正銘葉をもつ化石として見つかったのは、現在みられる樹木の仲間としては最古の化石で、いまは絶滅してしまった植物グループ、アルカエオプテリス *Archaeopteris* だった。この刺激的な化石からわかるのは、当時の植物は日光をとらえて光合成のエネルギーを供給するため、平たい太陽光パネルを備えはじめていたことだ。植物の光合成能力はそのころすでにそこそこ高かったらしい。そのあと葉は、トクサ類、シダ類、種子植物という三つの植物グループで別々に進化した[26]。そして3億6000万年前の石炭紀はじめまでには葉をもつ植物が定着した。

ここで試しに、時計の針を最初の維管束植物クックソニアの登場から動かしはじめ、大きな葉をもつ植物が多くなったところで止めてみよう。そうすると、確かでないところもあるが、地質学的な時間軸からだいたい4000万～5000万年という分厚い時代を切り取ったことになる。なぜこんなに長い時間がかかったのだろう？　どちらかというと簡単にみえる葉の進化になぜこんなに長い時間がかかり、それが進化したあとも、地球上に広まるまでなぜこんなに長い時代が必要だったのだろう？　たとえば霊長類から人類が進化するには、その10分の1の時間しかかかっていない。恐竜が絶滅したあと、ここそこ隅をうろついていた脇役の哺乳類がいまのように多様化して地球を独占するのでさえ、6500万年しかかかっていない。

葉をもつ植物が、なぜずっと遅れてしか進化の舞台に登場しなかったのか。この謎は、カナダの海藻化石と中国の不思議な植物化石の発見によってますます深まることとなった。カナダの海藻化石は、ウィニペグ湖の東岸沿いにある苦灰岩から見つかった。これが注目されたのは、平たい葉をもっていたからだ。幅が数センチしかないとはいえ、葉をもつ陸上植物より数千万年は昔の化石である[27]。一方、カナダとは地球の反対側にある中国では、雲南省南東部にある山の斜面の露頭の約3億9000万年前の岩石から不思議な陸上維管束植物が出土し、エオフィロフィトン・ベルム *Eophyllophyton bellum* と名付けられた[28]（図2）。エオフィロフィトンの化石は目を見張るものがあった。というのも、茎や枝に点々と小さな（直径1～2ミリ）、しかしちゃんとした葉が、現代の葉をもつ植物と同じようについていたのだ。これら化石になった不思議な植物をどのように解釈すればいいのだろうか？　もしかすると、海藻に見つかった広い葉やエオフィロフィトンの存在は、ある重要なことを私たちにささやいているのかもしれない。もしかすると、海の植物も陸の植物も、平たい光合成用器官を作る潜在的能力を、実現するよりずっと前から進化させていたのではないだろうか？

ただ気をつけなければならないのは、こうした証拠から、すべての陸上植物がすでに葉を作る能力を遺伝子に備えていて、進化史のしかるべき時に発現させることができたと考えるのは拙速だ。こうした考えを単なる憶測以上のものにするには、発生遺伝学のような分子生物学の助けを借りた方がいい。発生遺伝学とは、生物体を作るためにくり返し使われる遺伝的経路を研究する学問である。

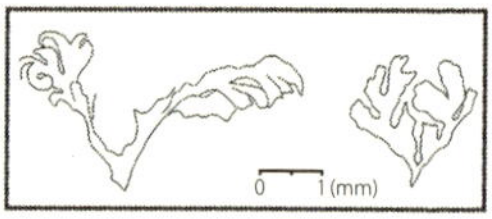

図2　デボン紀前期の謎の植物，エオフィロフィトン・ベルム *Eophyllophyton bellum*．そこには小さな葉がついていた．その後およそ4000万年経って，葉は世界中の陸上植物に広まった．

葉などさまざまな器官を作るには、ホメオボックス遺伝子のネットワークが必要となる。このネットワークは動物ももっているもので、細胞が体の位置に応じて正しい形と機能をもつように仕向け、成長や発達の統合を図る。植物では、knotted ホメオボックス（ノックス）遺伝子ファミリー（同じ機能のため使われる遺伝子の集合）が葉の形成に重要な役割を果たしている。[29] この遺伝子ファミリーは、緑藻類やコケ、シダ、針葉樹、顕花植物にも存在している。[30] しかも、異なる植物群でも似たような働きをしていて、シダのノックス遺伝子を顕花植物に入れても、またその逆をしても、ちゃんと機能する。言い換えるなら、植物は多様な進化を遂げたはずなのにどれもこのノックス遺伝子をもち、しかもその機能がほとんど変わることなく受け継がれている。ということで、この遺伝子の起源がとても古いのならば、ちょうど私たちの予想どおりといえる。

ノックス遺伝子のスイッチを切ることが、葉を作りだす最初のステップとなる。「ノックス・オフ」の状態になると、茎からは突起が成長するようになり、葉が作られはじめる。ノックス遺伝子のスイッチが入ったままだと、植物は茎をそのまま伸ばしつづけ、止まって葉を作りだすことはない。縁もゆかりもない植物分類群がまったく独立に、同じような方法で葉を作っている。そしてごく最近、進化生物学者がこうした葉の形成についてある発見をした。原始的とされるヒカゲノカズラ類でも、葉の形成は高等といわれる被子植物とほとんど同じやり方で制御されているという。[31] だとするとすべての植物が、その進化の道筋はちがっていても、葉を作るには共通の遺伝的メカニズムを使っているのではないだろうか。

葉を作るのにもう一つ大切なことがある。植物は、葉の表と裏の組みたて方を「知っている」必要があるのである。葉の表側は、日光からエネルギーをつかまえて処理するよう特殊化している。裏側は二酸化炭素を最大限吸収できるように工夫されている。こうした表裏の二分化は、葉が発達するときおこなわれるはずだ。そしてわかったのは、この二分化をつかさどる遺伝子も4億年以上さかのぼるほど古いということだった。[32] しかも、この遺伝子はもしかすると、維管束を作るときに使う遺伝子を「借りて」できたものかもしれない。[33] クックソニアのところでも話したように、維管束自体は葉ができるより5000万年も前に出現している。今後分子遺伝学者たちの興味が、従来の経済的有用性という面より、植物がどのように進化したのかというより根本的な問いに移りはじめれば、それにつれて刺激的な発見が訪れるにちがいない。いまのところ、葉の進化の裏側にある遺伝的メカニズムに関する私たちの知識はまだまだ足りない。それでもどうやら、葉を組み立てるのに必要な遺伝子のセットが、世界各地の植物化石で大きな葉がみられるずっと前から備わっていたらしいとは言ってもよさそうだ。

では、分子遺伝学者たちの見解が正しくて、植物には葉を作る遺伝的能力がずっと昔から備わっていたとしよう。だとすると、葉はどのように出現したのだろう？　古生物学者にとって嬉しいことに、この問いに答えてくれたのは化石だった。75年ほど前、ドイツのチュービンゲン大学にいた古植物学者ヴァルター・ツィンマーマン［1892－1980］は、葉がどのように進化したのかを詳しく描くという、世界で初めての試みを発表した。[34] 彼の出版した本には、初期の陸上植物がもっていた軸のような構造から葉がどのように進化したのかが描かれている。ちなみにツィンマーマンの研究の基礎にあったのは、ドイツの偉大なる詩人にして哲学者であるヴォルフガング・ゲーテ［1749－1832］だった。彼は1790年に独創的な論文「植物変態論」を出版している。ゲーテがこの論文の着想を得たのは、1786年から88年にかけて旅したイタリアだった。彼はこの旅の中で、植物のさまざまな器官がただ一つの器官から発達したこと、そのただ一つの器官とは葉――ドイツ語で blatt ――であること、といった考えを結晶化させた。ゲーテの仮説には、たとえば花びらは葉の変形したものだというものもある。[35] チャールズ・ダーウィンからツィンマーマンに至る多くの科学者が、ゲーテの挑戦的かつ独創的な仮説を受け入れ、ゲーテは植物変態論の祖として広く知られるようになった。

ツィンマーマンは、植物の形態に関するさまざまな学説に化石の証拠を組み合わせ、「テローム説」として発表した。彼はこの説の中で、葉ができあがっていく進化的な道筋を四つのステップで描いている。それぞれのステップは進化的に新しい段階を示していて、また、それぞれのステップにあたる化石が初期植物のいろいろなグループでくりかえし見つかっている。まず最初のステップでは、初期の陸上植物の茎が立体的に分岐するようになる。ライニー村のチャート層の化石でよくみられる形だ。二番目のステップでは主となる軸ができ、その脇から枝が生えるようになる。それまでとはちがって、主軸自体が二つに分かれることがなくなる。三番目のステップでは、脇から生えた枝がみんな同じ面に並ぶ形で枝分かれするようになる。この枝の集まりは、遠目で見ると平たく広がってみえるだろう。この中途半端な恰好から、葉が進化するまではあと一歩だ。最後のステップでは、平たく並んだ枝々が網状に絡みあい、光合成する細胞組織のシートで覆われる。平たい葉は、植物のいくつかのグループで独立に進化している。そうしたところをみると、右に書いたステップのうち三つの変化――平たくなって、網になって、くっつく――は、陸上植物で葉が進化する際、何度もくりかえし起こったことなのだろう。[36]

ツィンマーマンのおかげで、古植物学者たちは1930年までに葉の進化段階を示す学説を手にしていた。しかし、彼のテローム説には問題があった。というのもこの説は、いわゆる言葉どおりの「学説」というより、「どのように」葉が進化したのかを記載しただけなのである。ツィンマーマンの多大なる努力は、もっとやっかいな「なぜ」という問いをたくみにすり抜けてしまった。なぜ、葉は進化するのにこんなに長い時間がかかってしまったのか？　かくして、この「なぜ」の謎は解けぬまま残った。ツィンマーマンの「学説」はこの欠点を鋭く批判され、「すべてを記しているが、何も説明していない」と評された。[37]

植物は、木のように複雑な組織をもち洗練された生活史をくり返して繁殖するところまで、なんの問題もなくすみやかに進化した。それなのに、葉を作るのが難しかったとはいったいどういうわけなのだろう。葉を作るための遺伝子もすでに準備されていたというのに。葉の進化の遅れは、木に至るまでのすばやい進化と驚くほど対照的で、見て見ぬふりをして済むものではない。そこで考えてみると、新しい可能性が見えてくる。もしかして、生物内部の事情ではなく外の事情――すなわち環境――が葉の進化を抑えていたのではないだろうか？　新しい問いは科学の新しい扉を開き、ある発想にいままでとはちがう光を投げかける。その発想とは、葉が、その優れた光合成能力ゆえに進化せざるをえなくなったというものだった。

過激ともいえる発想の転換をおこなうには、しっかりした概念的枠組みが必要だ。今回その概念的枠組みをもたらした契機は、二酸化炭素に関するある報告だった。その報告によると、過去の大気の二酸化炭素濃度は過去4億年から3億5000万年前のあいだに著しく変化したという(38)。これはちょうど、植物が劇的に多様化した植物版「カンブリア紀の大爆発」の時代だ。そして、過去の土が化石のように埋没していたものを化石土壌と呼ぶが、当時の化石土壌の分析によると、二酸化炭素の濃度は90％も落ちこんだという。クックソニアやその仲間が陸上を占拠しはじめたころ、二酸化炭素は現在より15倍も多かった。気候も温暖で、植物たちは豊富な二酸化炭素のなか、この世の春を謳歌していたにちがいない。しかしその4000万年後――アルカエオプテリスという木が葉を茂らせ、陸上に最初の森を広げたころになると、二酸化炭素の濃度は10分の1に減ってしまった。過去5億年においてこれほどの減少は、現在わかっているかぎり前例がない。この減少値は化石土壌から求めたものだが、地球における二酸化炭素濃度の変遷を原理的に推定しようとしている理論家たちも、化石土壌の結果を支持している(39)。二酸化炭素濃度の低下は大気の温室効果を弱め、最終的には氷河時代をもたらした。南極に巨大な氷河が生まれ、成長し、隣接する大陸へと広がっていき、最終的には熱帯まで到達した。

しかし、これだけでは二酸化炭素の減少を葉の進化に結びつける証拠として不十分だった。そこにできたもう一つの証拠は、二酸化炭素自体が、葉の表面にある小さな穴――気孔――の数に影響を与えるというものだった(40)。二酸化炭素は、光合成でエネルギーを生産するときの原料になる。そして気孔は、葉が二酸化炭素を吸って水を排出するときの通過弁として機能する。

二酸化炭素が気孔の数に影響するという発見は1987年、ケンブリッジ大学にいたイアン・ウッドワードがネイチャー誌に出した記念碑的論文で報告された。ウッドワードは当意即妙な、ときには辛辣ともいえるユーモアの持ち主で、クリケットを好み、サッカーではシェフィールド・ユナイテッドをひたすら応援している。そんな彼が気孔の形成に二酸化炭素が影響するという大発見を得たのは、生きた植物ではなく、ケンブリッジ大学の標本庫に長いあいだ眠っていたイギリス産野生樹木の標本からだった。植物標本は、押し花のように植物体を押して作る。18世紀以降、多くのナチュラリストが植物を採集し保存してきたが、その遺産ともいうべきものが標本である。植物標本庫にはこうした遺産が大量に保存されている。これまで標本庫が存続してこられたのは、ある信念が標本庫を支えてきたからだといえるだろう——それは、多くの植物集団をその内外で較べ、変異のパターンを記録すれば、それぞれの種がもつ性質を理解するのに役立つはずという信念だ。（なお、種というものは現代の自然史研究がかかえる大きな謎の一つである。）スウェーデンのカール・リンネ［1707-78］やチャールズ・ダーウィンはもちろん、多くの科学者にとって標本庫は、植物の自然史を研究する際の常套手段ともいえるものを提供してくれる場所だった。リンネは、植物をその生殖器を基に分類して名前をつけるという、当時賛否両論を巻きおこした新しいシステムを導入した人だ（それまで名前のつけ方は確立していなかった）。彼は、何千もの植物を収めた巨大な標本コレクションを築いた(41)。その多くは今日、ロンドンのバーリントン・ハウス［ロンドンのピカデリーにある建物で、イギリスのさまざまな科学アカデミーの本部が入っている］に保管されている。ダーウィンはケンブリッジにいた時代、彼の師にあたるジョン・ヘンズロー［1796-1861］の植物標本に精通していた。ダーウィンは18

65年、ガラパゴス島旅行で採集した植物を日付や採集地ごとに同定したが、それが可能だったのも、ケンブリッジでの経験があったからだろう。[42] 彼の観察は細部まで注意深く、のちにガラパゴス島の植物が非常に固有度の高い（地理的に限られた場所にしか生えない）ものであることを示すうえで決定的な役割を果たした。残念ながら、鳥については植物ほど注意を払ったラベルを残さなかったようで、あの有名なフィンチについては、植物ほどの成果を示せずに終わった。[43]

ヴィクトリア時代の人々は、自分の標本が後世でこれほど重要な役割を果たすとは思っていなかっただろう。しかし彼らの努力のおかげで、標本が過去へのタイムトリップを可能にしてくれた。彼らの標本は、西洋で産業革命がはじまり、大気中の二酸化炭素量が増えたとき、植物がそれにどう反応したのかを示していた。標本を調べてウッドワードは驚いた。人間が産業革命を起こしているあいだに、樹木もひそかに革命を起こした証拠が見つかったからだ。樹木たちは、二酸化炭素の増加に気孔の数を減らすことで対抗していた。南イングランドの樹木の葉は現在、150年前にくらべて気孔が40％も減っている。さらに、この発見を裏打ちする決定的な証拠を出して、人々の不審を振りはらったのは実験だった。空気中の二酸化炭素濃度を変えることで、気孔の数を変化させる実験に成功したのである。[44] この実験ではもう一つ明らかになったことがある。気孔の数が減ると水の排出も抑えられるが、その理由がわかったのだ。二酸化炭素が豊富な環境では、植物は光合成を進めるため水を溜めておこうとする。気孔が少なければ、葉から水が蒸散してしまうのを抑えることができる。

のちの研究でさらなることがわかった。植物の体内には信号をやりとりできるシステムがあり、葉はこれから作られようとする別の葉に向かって、それらがもうすぐ直面するであろう環境に最適な気孔の数を教えることができるという。[45] 二酸化炭素濃度によって気孔の数が決まるこの仕組みに遺伝的基盤があることも、シェフィールド大学ジュリー・グレイの研究チームがＨＩＣ（High Carbon Dioxide の略から名づけられた）という遺伝子を特定することで明らかになった[46]。ＨＩＣ遺伝子は、大気中の二酸化炭素濃度に応じて気孔の形成をコントロールする。気孔形成のオン・オフスイッチは、気孔特有の細胞がもつ特殊な化学物質（脂肪酸）の蓄積に影響を与えることで操作するらしい。二酸化炭素がたくさんある環境ではスイッチがオンになり、脂肪酸がまわりの細胞に気孔作りをやめさせる。不完全なＨＩＣ遺伝子しかもたず、このスイッチをうまくオンできない突然変異植物では、脂肪酸があまりできなくなり、コントロールできないままどんどん気孔が作られてしまう。現在は、脂肪酸がどのように気孔形成を抑えるのかを明らかにすべく、研究が進められている[47]。

もしかすると、ＨＩＣのような遺伝子はかなり昔からある遺伝子で、大気中の二酸化炭素濃度が変化すると、それに応じてプログラムを変える役割を果たしてきたのかもしれない。ここでまた化石が、「なぜ葉をもったのか？」という論争に新しい光を投げかけた。植物標本の葉から得られた予想が、化石記録にみられる傾向とも一致したのである。化石の断片を調べると、二酸化炭素が豊富だったころの初期の陸上植物は、気孔をほんの少ししかもたなかったことが明らかになった。ほとんどの場合、１ミリ四方に五つ以下しかなかった[48]。現在の植物の葉は１ミリ四方に数百の気孔をもち、五つ以下などという低い値はふつうありえない。これに匹敵するのは砂漠の植物くらいだ。その後４０００万年のあいだに二酸化炭素が減った結果、初期のアルカエオプテリスの葉には、祖先にあたる軸のような植物にくらべて6倍の数の気孔がみられる[49]。葉をもつ植物が世界に広まったころには、気孔の数は10倍に増えていた。まるで植物たちは二酸化炭素に飢えて、息をしようとあえいでいたかのようだ。状況証拠から考えると、植物はこのような形で驚くほど長い時間――おそらく植物進化における全期間をかけて――二酸化炭素濃度の変化と折り合いをつけてきたのだろう。

いままでみてきたことを要約するとこうなる。いろいろな証拠から、二酸化炭素の濃度は初期の植物が登場したころとても高く、その後急激に低下したと推測される。この低下は、植物版カンブリア大爆発の時代に起こった。また化石記録から、葉が徐々に登場したこともわかった。葉は、最初は小さかったものがだんだん大きくなった。そしてそのあいだにも、二酸化炭素が乏しくなるにつれて気孔の数は増えていった。大きな葉の進化は異常に遅れたが、これを理解する鍵もここにある。気孔という小さな穴の数が、植物の体を涼しく保つことにもつながっていることに気づけば、もうわかるだろう。気孔は、いままで見てきたように二酸化炭素の摂取をコントロールする弁の役割を果たしている。しかし、気孔の役割はそれだけではない。気孔は同時に、蒸散によって水を逃し、葉を涼しく保っているのだ。気孔が多くなるほど、葉を涼しくする能力が高まる。[50] 葉が大きくなると、小さい葉にくらべて風が吹いても冷えにくくなるため、涼しい環境を維持することがどんどん難しくなる。だから大きな葉ができるには、大気中の二酸化炭素濃度が下がるまで待たねばならなかった。二酸化炭素濃度が下がれば、気孔をたくさん作ることで大きな葉でも涼しさを保てるようになる。

この考え方を使えば、現在の植物の矛盾点も説明できる。矛盾点とは、砂漠やサバンナや地中海地方などで、大きな葉もみられるし小さな葉もみられることである。多くの場合、砂漠植物は小さな葉を進化させた。これはぎらつく日差しにさらされる部分を減らし、体を涼しく保ちつつ、水の蒸散を抑える戦略だ。しかし地中海地方では、小さな葉の植物とともに大きな葉の植物もみられる。これは不思議なことだった。この矛盾を、ワイオミング大学のウィリアム・スミスが解決した。彼は南カリフォルニアのソノラ砂漠にあるコーチェラ谷の植物を調査し、焼けつくような暑さのなか葉の温度を測った。[51] すると、日差しにあぶられた大気の温度は40℃になっているのに、大きな葉をもつ多年生植物の体温は20度にしかなっていなかった。この温度差の理由は、すごい速さで蒸散をおこない、葉を冷やすところにある。灼熱の地でどんどん水を排出するとは一見矛盾した行動だが、これを可能にしていたのはこの土地特有の気候だった。ここでは年間を通じて十分な量の雨が降るため、水の確保が可能なのだ。そしてこれに合わせて葉の大きな植物は、光合成の生産性が低めの温度で最大になるよう進化していた。ソノラ砂漠の大きな葉は、極限の暑さに耐えるため進化が生みだした、もう一つの解決方法だった。

暑さをコントロールするという点では、面白いことに、変温動物も植物と同じことをする。変温動物は、体内の温度を太陽光で調節する。たとえばトカゲは、体内で熱を作ることはできず、体を温めるには太陽の熱に頼らなければならない。朝早い時間帯、まだ冷たくてのろのろとしか動けない彼らは、太陽光に直角になるよう寝そべって、光にさらされる面積を最大にして体を早く温めようとする。逆に、日中餌を求めて動いているうちに暑くなりすぎる危険があると、ときどき体を太陽にまっすぐ向けて光の当たる部分を最小にし、体を涼しく保つ。極限の状況では植物も同じことをする。葉をしおれさせ、太陽光に当たる部分を減らすのである。ただし、この戦略は短期的にしか使わない。

植物が暑さを調節する際のこうした原理を手がかりに、シェフィールド大とロンドン大の科学者チームはいままで出てきたアイデアを結集させ、葉の進化の謎に迫ろうとした[52]。そして、はるか昔に絶滅した単純な茎をもつ初期の陸上植物が、その体を涼しく保てたことを証明した。初期の陸上植物が涼しく過ごせた理由は、スリムな茎なら太陽にあたる面積を小さく抑えられたため、少ない気孔からの蒸散でも体を冷やすことができたからだろう。葉の進化の謎をより深く探るため、研究チームは仮想実験をおこなった。この小さな陸上植物が、もし平たい葉を進化させていたらどうなったかを計算してみたのである。もちろんこれは仮想の話で、実際に起こったことではない。計算の結果わかったのは、もしそんな植物がいたら、葉の温度は生存限界の約50度を上回り、煮えんばかりになっただろうということだった。50度という温度は、ほとんどの植物や動物が耐えられる最高限度らしい。もっと熱くなるとタンパク質が変性しはじめる。重要な代謝に関わるタンパク質が壊れはじめ、温度が低くなっても元には戻らない。この状態に陥ると生物はみんなすぐ死んでしまうだろう。なぜこんなひどいことになるのか？その理由はこうだ。平たい葉は、単純な細い茎の約3倍にあたる日光を受けとめる。それなのに気孔の数が少ないと、蒸散がひどく制限され、効率よく冷えることができなくなってしまう。初期の陸上植物は、タンパク質合成の化学法則を侵さずに大きな葉を進化させることはできなかったと思われる。

もちろん、この分析に疑問を抱く人もあるだろう。たとえばここでは、クックソニアが進化した4億2500万年前の大気は二酸化炭素が高濃度だったため、限られた数の気孔しかできなかったと考えている。しかし、もし気孔の数が二酸化炭素濃度と関係なく決まるとしたらどうだろうか。だとすると、我らが架空の植物は平たい葉を進化させても、気孔をたくさん作ることで効率よく体を冷やせたかもしれない。平たい葉があれば日光をもっとたくさん受けとめ、高濃度の二酸化炭素のなか光合成を促進できたかもしれない。このアイデアは面白いものだが、しかし、よく考えるとつじつまが合わない。このような植物がいたとして計算してみると、たくさんの気孔を通って葉から出ていく水の量は、当時の原始的な根や茎が供給できる量の10倍になってしまうのだ。そんなわけで、初期の陸上植物はこのような進化に対応することはできなかったと思われる。そんな葉ができるような突然変異がたとえあったとしても、それは死に至るだけだったろう。

クックソニアという画期的な植物が生まれたあと、4000万年の時が流れた。二酸化炭素の濃度も急降下した。それにつれて、光合成器官から奪われる熱を調整する際の損得も変化した。まず、根や茎の配管システムが進化した。化石土壌に残されたアルカエオプテリスの根の跡は、地中1メートルも伸びている。これだけの根があれば、体を支え、土壌から水や養分を効率よく吸いとれただろう。[53] 初期の陸上植物の、吸水量が限られたちっぽけな根とは大違いである。そして大気中の二酸化炭素濃度が下がると、気孔の数が増え、蒸散で体を冷やすこともできるようになった。洗練された根や茎の配管システムができていたから、すばやい蒸散に欠かせない水の吸収や移送も実現した。かくして、大きな葉が進化できる時代がとうとう訪れた。私たちが予想していたように、根、茎、葉――植物界の三種の神器――の進化が同時に起こったのは決して偶然ではない。[54] 初期の制約から自由になったことで、やっと葉をもつ植物が優位に立てるようになったのである。

もちろん、本当にこのような形ですべてが進んだのかどうか、実際のところはわからない。時がすべてを容赦なくぬぐい去ったいま、化石の断片からわかるのは過去の出来事のわずかな痕跡だけである。こうした断片をつなぎ合わせて、数億年前に実際に起こったことを再現するのはとても難しい。しかし、私たちが用意したシナリオは、いま残っている植物化石と矛盾なくつながる。植物は、温室ガスの濃度が変わるという苦境を、エネルギーや物質保存の法則に反しない形で切り抜けてきたはずで、私たちのシナリオは、こうした植物の生き残り方を理解した上で作られている。だからこそ、葉をもつ植物がなかなか現れなかった理由に二酸化炭素を持ちだすことには、かなりの説得力があると思っている。もちろん、だからといってこの説が正しいとは限らない。どんな仮説でも、それが本当に正しいかどうか知りたいのなら、観察によって反証が可能な具体的な事象について、正しい予想ができるかどうかを試せばいい。今回の仮説から考えられる予想は、二酸化炭素の濃度が減少して気孔が増えるのにあわせ、大きな葉が進化したというものだ。このタイミングで大きな葉をもつなら、太陽エネルギーを捕まえるときに生じる熱に、いままで以上に耐えられただろう。

この予想が正しいかどうか決着をつける証拠は、博物館に眠る化石から見つかった。つい忘れがちだが、自然史博物館というのは、ほんとうは躍動感あふれる場所である。広々した展示会場を飾る華々しい恐竜の骨があるだけの場所では決してない。植物の進化というドラマティックな物語をきちんと保存している場所なのだ。研究者たちは今回の予想を検証するべく、ヨーロッパの博物館を一つ一つ訪ね、植物化石を見直していった。その行脚はストックホルムのスウェーデン自然史博物館からフランクフルトのゼンケンベルク博物館、そしてブリュッセルのベルギー王立自然科学協会まで及び、分析した化石の数は300にのぼった。その結果わかったのは、二酸化炭素の濃度が下がるにつれ、やはり葉が大きくなったことだった[55]（図3）。もっとも大きいもの（約8センチに達した）は原始的なシダ種子類の葉で、その化石は二酸化炭素濃度が最低レベルに達したあとからしか出てこない。その後はシダ種子類につづいてさまざまな植物が、太陽光を捕まえて光合成を強化するべく大きな葉をもちはじめた[56]。アルカエオプテリスがその筆頭で、それにシダ種子類や針葉樹の祖先が続いた。このように、化石という証拠が二酸化炭素仮説の予想を裏付けていた。

葉の大きな植物が広まるのに、なぜ異常なほど長い時間がかかったのか――この謎を説明する新しい答えは、いま少し見えはじめたといえよう。その答えは、70年前に唱えられたツィンマーマンの学説から大きく飛躍し、二酸化炭素を指さそうとしている。すなわち、高濃度の二酸化炭素が障壁となって葉をもつことが妨げられ、その濃度が低下することでやっとその壁が消え去り、植物進化の扉が開いたという見方である。面白いことに、似たような「壁」を唱える説がカンブリア紀の大爆発にもある。当時

図3　葉がない植物と，葉を持った植物．上：ベルギーのゴエから出土した3億8000万年前のカラモフィトン・プリマエヴム *Calamophyton primaevum* の化石．スケールは10mm．下：二酸化炭素濃度が低下したあとに出てきた，大きな葉の典型的な例．アルカエオプテリス・オブトゥーサ *Archaeopteris obtusa* の印象化石で，約3億7000万年前，デボン紀後期のもの．スケールは10mm．

の海洋無脊椎動物にも、酸素濃度が低いという「壁」があったというのだ。[57] 海洋生物では、大気中の酸素濃度が上がったことと複雑な多細胞生物の（地質学的にいう）「急な」進化が重なっている。たしかにこの説には一理ある。というのも、大型の無脊椎動物が生きていくには、その代謝を支える多量の酸素が必要だからだ。進化発生学の研究によると、多細胞生物を作るのに必要な遺伝子セットは大型動物が実際に登場する何百万年も前から存在し、手つかずのまま保たれていたという。[58]

ここでは、気をつけねばならないことがある。私たちは、葉を作ったり複雑な無脊椎海産動物を作る特定の遺伝子セットが、活躍できる時を「準備万端待っていた」と考えてはいけない。植物や動物を作る基礎的な遺伝子セットには、それをオン・オフするスイッチや配置を決める遺伝子ネットワークが働いている。分子生物学者によると、動物が変わるのはこうしたスイッチや遺伝子ネットワークの進化が起こるときである。[59] 植物進化に関しては、鍵となった遺伝子についての調査がはじまったばかりだが、興味深いことに、動物との類似点が明らかになりはじめている。[60] たとえば、花をつける植物（大葉植物）と花をつけない植物（小葉植物）はずいぶん違った葉を作るが、どちらもよく似た遺伝子経路を使っている。[61] 最近わかってきたのは、陸上植物には遺伝子の発現をつかさどる共通の強力な制限因子があり、それはコケの生活史をコントロールしているばかりか、高等植物の花形成もコントロールしているらしい。[62] この注目すべき制限因子がどのように働いているのか、詳しいことはまだわかっていない。しかし、この因子がコケでも顕花植物でも似たような遺伝子ネットワークに影響を与えている可能性はある。もし、植物の葉がこうした因子を通じて進化してきたのなら、そこに環境が果たす役割はとても重要だっただろう。なぜなら、たとえ従来の遺伝子セットをコントロールする新しいスイッチが進化したとしても、そこからでてきた「原始葉」は、適さない環境のもとでは死に絶える運命にあっただろうから。

　ここではさらに、もう一つ気をつけるべきことがある。二酸化炭素の減少も酸素の増加も、植物や動物に起こった劇的な進化の「引き金」だったと見るのは単純化しすぎになる。どちらの進化にとっても、生物自身の生態こそが主役だった。カンブリア紀の動物の爆発的進化については、この見方に異論を唱える人もいたが[63]、いまではほとんど疑う余地はない。カンブリア紀の大爆発は、以前より大きくて多様な海洋動物が複雑な目や関節肢や堅い殻をもつように進化し、そのことが今度は、捕食に対抗した防御や逃走や保護などの備えを強化した複雑な生物の進化につながったのだ。ある優れた発生生物学者はこう語っている。「その場面で、遺伝子セットは重要な役割を果たしたにちがいない。しかし、そのセット自身はその進化を可能にする前提になっただけで、それが動物の運命を決定したわけではない。カンブリア紀のドラマで大きな鍵を握っていたのは、生態である」[64]。二酸化炭素濃度が下がることで、陸上植物には生態的に新しい可能性がもたらされた。そしてその生態こそが、陸上の生態系を変える決定的な役割を担った。それまでは、高濃度の二酸化炭素が大きな葉の進化を妨げていた。しかし、その濃度が下がって妨げが消えた。このときの植物の競走を想像してみるといい。隣りあう植物は、茎や根のシステムが進化するにつれ競走を激化させた。葉が大きくなると背が高くなり、光をめぐって争い、おたがいに陰になるのを避けようとした。このときの光景は化石に克明に記録されている[65]。背が高く葉を広げた木々は森となり、約3億6000万年前の石炭期初めまでには、目をみはるような森が世界中の陸上生態系に広がった。そのころ進化は最高潮に達し、植物の歴史における異例の章の終盤を飾った。

　化石研究は、いままでにも生物の歴史についてさまざまなことを語っていた。しかし、そこに遺伝子の研究が組み合わさることで、地球上の生命の進化についてこれまで以上に豊かなストーリーが立ち現れる。それは、進化プロセスの本質をより深く理解することにもつながっていく。こうやって二つの学問が力をあわせて葉の進化を解明していくことで明らかになってきたのは、葉の進化が、「遺伝子の潜在的可能性と環境が用意したチャンス」[66]の巡りあわせで起こったということだった。

さて、ここまで述べたことからまた一つ、大きな疑問がわき上がってくる。そもそも、二酸化炭素の濃度はなぜ低下したのか？　驚くべきことに、植物自身がその答えらしい。

植物はさまざまな方法で、二酸化炭素の出入りを調整するネットワークを乱すことができる。ここでいうネットワークとは長期的炭素サイクルと呼ばれるもので、二酸化炭素が岩石や海洋や大気のあいだを行き来するのを調整している。[67]わざわざ「長期的」と銘打たれているように、そのネットワーク作用はきわめてゆっくりとしか働かず、タイムスケールは何百万年という単位である。しかし、そんな悠長なペースにもかかわらず、このサイクルは、地球はもちろん他の惑星においても、気候を調整するうえできわめて重要な役割を果たしている。[68]私たちがふつうよく知っているサイクルは、植物での二酸化炭素の出入りだろう。植物は光合成によって二酸化炭素を取りこむが、いずれ死んで分解され、二酸化炭素を大気中に戻す。こうした自然のプロセスは、数年から1万年くらいの時間をかけて大気中の二酸化炭素量を調節する。しかし、いまから話す長期的炭素サイクルは、まったく別の代物だ。地球上の森や草原や土壌の作用による短期的なサイクルは、長期的炭素サイクルの前ではささいなものにすぎない。後者のサイクルは、地球の陸上生態系がもつ炭素の数百倍の量を、百万年のタイムスケールで循環させる。[69]

数百万年のスケールで動くこの炭素サイクルを、火山をスタート地点にして見てみよう。まず火山が噴火すると、地殻の奥深くから大気中に二酸化炭素が吐きだされる。この二酸化炭素は大気中で雨に溶け、弱酸性の炭酸を作る。この炭酸はケイ酸塩岩を溶かし、重炭酸塩やその他のイオンを川へ流しこむ。

重炭酸イオンは海にたどり着くと、海洋生物によって体の殻を作るために使われる。こうして作られた殻の一部は、やがて海底の堆積物に埋もれる。南イングランドのドーバーにある有名な白い崖も、白亜紀のこうしたプロセスによるもので、円石藻と呼ばれる植物プランクトンの炭酸カルシウムの殻でできている。この海底の堆積物は、高密度の海洋プレートが数百万年かけて低密度の大陸プレートの下に沈みこむとき、海底の深みへ沈められていく。海底の堆積物は高圧下で熱せられ、二酸化炭素がまた作られる。この二酸化炭素は、ふたたび火山によって吐き出される。もし地球に溶融した核（コア）がなかったとしたら、地殻は循環せず、地球上の二酸化炭素はすべて海底に溜まってしまうだろう。二酸化炭素は炭酸塩などの鉱物に閉じこめられ、温室効果はなくなり、地球は巨大な雪の玉になってしまう。

地球の地殻、海洋、大気をめぐる長期の二酸化炭素サイクルは、気候が暑くなりすぎたり寒くなりすぎたりするのを防ぐサーモスタットの役割を果たしている。ちょうど車のエンジンや家のセントラルヒーティングと同じだ。このサーモスタットは、地球上に生物がいなくても働く。というのも、ケイ酸塩岩が大気中の二酸化炭素を取りこみつつ風化するとき、その風化の速さを決めるもっとも重要な条件は温度なのだ(70)。気候が暖かいと風化は加速し、大気中の二酸化炭素量は減っていく。涼しいと風化は減速する。たとえば初期の地球環境を想像してみよう。当時は激しい火山活動がつづいていて、マントルから大気中へと大量の二酸化炭素が放出されていた。二酸化炭素が豊富な大気は温室効果の高い気候を作り、岩石の風化を促す。岩石は風化するとき二酸化炭素を大気中から取り入れるため、温室効果は小さくなる。二つの作用の差し引きの結果、気候は寒冷化する。このように、温暖な気候は寒冷な気候を呼び、寒冷な気候は温暖化につながるため、このループは負のフィードバック、または安定化フィードバックと呼ばれる。こうした負のフィードバックがここ10億年ほどのあいだ、地球が温暖化へと暴走するのを防いできたらしい。なお、この仕組みが作用するには数十万年から数百万年の時間が必要になる。残念ながら、人間が引き起こした地球温暖化を鎮めてくれるには時間がかかりすぎる。

先にも言ったように、この長期的炭素サイクルによる地球の気候調節は、岩石と海洋と大気のあいだでおこなわれるもので、生物がいなくても働く。そのため、他の惑星の気候が「うまくいっていない」理由も、このサイクルで説明できる。たとえば私たちのお隣の惑星、金星と火星を考えてみよう。[71] 金星の地表温度は４６０℃を上回る。一方、火星は大体マイナス55℃で、ときにマイナス１４０℃まで下がる。どちらの惑星も、気候調整がうまくいっているとは到底言えない。では何が悪いのだろう？　なぜ地球のように「ちょうどいい感じ」に気候が安定しないのだろう？　おそらくそれは次のような理由による。まず金星。金星の位置は、地球より太陽に近すぎる。そのため、どんな水分も蒸発してしまう。水分がなければ雨もなくなり、雨がなければ岩石の風化もなく、火山から放出した二酸化炭素が大気から取り除かれることもない。結果的に、金星は大気中に二酸化炭素が充満した、暑く乾いた惑星になってしまった。火星の状況はずいぶん異なる。火星は太陽から遠く離れている。地表の温度は、水が凍るよりずっと低くなっているはずだ。火星の気候がうまくいかない理由については金星の場合より憶測の部分が大きいが、おもな原因は火星の小ささにあると思われる。火星の直径は地球の半分しかないため、内部はすばやく冷却されてしまう。冷却されると、中心部に溶融した核を維持することができず、火山はすぐになくなってしまっただろう。火山がなくなれば、大気中に二酸化炭素を戻す役割が果たせず、炭素サイクルの鎖は断ち切られてしまう。やがて二酸化炭素の大部分は地殻に閉じこめられてしまい、気候の調整役ができなくなったにちがいない。

火星や金星の例は、二酸化炭素——風化——気候というサーモスタットがいかに脆いかということを浮き彫りにしている。ここで地球に立ち返ってみる。植物は、古生代の「大爆発」を経験するうちに、いままでスムーズに働いていたサーモスタット調節を乱してしまった。彼らの根（そしてそれに寄り添う菌のパートナー）の活動は、陸上のケイ酸塩岩が化学的に風化されるのを速め、大気中から二酸化炭素が取りこまれるのを速めた。根や菌根菌は、成長に必要な栄養分を得るため有機酸を分泌し、土壌の鉱物粒子を浸食する。また、根は土壌をつかむことで流出を抑え、鉱物が雨水に溶ける時間を長くする。一方地上では、落ち葉の層にたまった有機分が恒常的に湿った酸性環境を作りだし、土壌中の鉱物の分解を促す。地上のずっと上方では、森林が作る葉の層で蒸散による水の循環が進む。アマゾンでは、熱帯雨林が水を雨として何度も循環させてから太平洋へ戻す。その結果、雨は何度も土壌を洗い流し、鉱物の風化を促進させる[72]。植物と地下にいるそのパートナーの菌根菌はひそかに結託し、私たちの足下の岩石を少しずつむしばんでいく。綿密な調査から、植物や菌根菌によって岩石の溶解が5倍速くなることがわかっている。これはハワイの熱帯雨林でもスイスアルプスの針葉樹林でも変わらない[73]。

　こうしたプロセスを通じて、植物はひそかに大気中の二酸化炭素を取り除き、数千年の時の流れとともに地球の気候を変化させた。進化の初期段階の小さくて葉のない陸上植物なら、岩石の風化速度に与える影響も小さかっただろう。しかし、植物が多くの大陸や高地まで分布を広げると事態は変わっていった。陸地の緑化、そして葉と深い根をもつ植物の森林化は、岩石の風化を促進した。その規模は予想を超える大きさであり、その結果、大気中から大量の二酸化炭素を奪い去った[74]。二酸化炭素の濃度が下がると葉はより大きくなり、木々の成長競争が激しくなった。これとともに、根のシステムもより大きなものへと進化した[75]。植物、二酸化炭素、そして気候という三者の踊るダンスが、進化的な時間を超えてリズミカルに回るうち、二酸化炭素の濃度が下がり温室効果が低下して地球の気温が低くなっていった。地球が雪の玉へと変わる大惨事に近づき、植物自体そのほかさまざまなものの存続が危うくなったころ、ようやくサーモスタットのスイッチが入った。寒冷な気候では岩石の風化速度が落ち、大気から取りのぞかれる二酸化炭素の量も減った。気候は安定化し、植物も窒息状態に陥る事態をまぬがれた。

結局、植物が引き起こしたこの変化で、一番得をしたのは植物自身だった。世代を重ねるうちに二酸化炭素濃度を下げ、大きな葉の進化を促すことで、世界を次の時代へと静かに導いていったのである。ただし、この変化は単に原因と結果が連なっただけ。見通しも計画も存在しない変化だった。葉の進化を促すよう、植物が大気中の二酸化炭素を「取り除こうとした」というような表現は、正確に言えば適切ではない。植物が自分たちを取り巻く環境を変えたとしても、それは無意識・無目的におこなわれたことだ。

植物の進化が地球の環境を変化させ、その変化が次の世代の生物を変化させたとは、なんと不思議なことだろう。(76) 二酸化炭素濃度の低下は葉をもつ植物の進化につながったが、これが今度は陸上動物や昆虫の多様化を加速させた。地球上の生物が進化の道のりをはるか遠くまで歩いていけたのは、温室効果ガス、遺伝子、そして地球化学の相互作用のおかげだったのである。(77)

第2章
酸素と巨大生物の「失われた世界」

堆積と露出は、たがいに堅く結びついたプロセスである。片方の速度についていえることは、もう一方の速度についてもいえる。
——チャールズ・ライエル『地質学原理』(1867)

すべての多細胞生物にとって、命の糧となるのは酸素だ。では大気中の酸素濃度は、地球上に複雑な多細胞生物が進化したときも、いまと同じ21％だったのだろうか？　この問いの答えを見つけるため、科学者たちは何世紀ものあいだ地球がたどってきた5億年の道筋に目を凝らしてきた。

この問いに決着がついたのはつい最近のことだ。20世紀終盤、数人の科学者がやっとこの答えを見つけだした。いまわかったところでは、酸素濃度は約3億年前に30％まで上昇し、そしてその後15％という、肺があえぐような濃度まで下がったらしい。

この酸素の上がり下がりには、熱帯の湿地帯が重要な役割を演じた。湿地帯は動物の巨大化という、進化史における異例の現象を引き起こした。

酸素（酸素分子）は、空気に占める割合では二番目の気体だ。しかし、論争を引き起こす点ではダントツで一番の気体だろう。酸素の発見者というと、よく挙がるのがジョゼフ・プリーストリー［1733-1804］の名前である。彼は偉大な実験家で、1774年、ガラス容器にガスを発生させた。容器の中に酸化銀を入れ、太陽光をレンズで集めてこれを熱すると、色も匂いも味もないガスが発生する。こうして容器にできた新しい「空気」の中にネズミを入れると、ネズミはいつもより長く生き延びた。ろうそくもいつもより明るく燃え上がった。1775年にプリーストリーはこう書いている。「今月の8日、私はネズミを一匹手に入れ、ガラス容器の中に入れた。容器には水銀灰から作った気体が2オンス（約60㎖）入っていた。もしこの気体がふつうの空気だったら、大人のネズミは15分くらいしか生きられない。しかし私が作った気体では30分をゆうに生き延びた」[1]。後日の実験で、この気体中のネズミは通常の5倍長く生きられることがわかった。こうしてプリーストリーは、大気中の酸素が約20％であることを知ったのだ。

ほぼ同じころ、スウェーデンの科学者カール・シェーレ［1742-86］はウプサラで研究していた。彼は、空気には2種類の気体——一方は燃焼を促す気体（酸素）、もう一方は燃焼を遅らす気体（窒素）——が含まれていることを明らかにした。プリーストリー同様、シェーレは酸化銀を熱して燃焼を促す気体（「火の気体」）を作りだした。また別のやり方を考案し、硝酸を炭酸カリウムと反応させてその残留物を硫酸とともに蒸留し、酸素を作ることにも成功した。１７７７年、シェーレは自分の発見を『空気と火に関する化学論文』という本で発表する。しかし、そのころにはすでにプリーストリーの発見がヨーロッパ中で話題になっていて、またプリーストリー自身、最初の発見者は自分であると主張した。のちになってやっと、残されたノートや記録から、シェーレの方がプリーストリーより少なくとも二年早く酸素を作りだしていたことがわかった。発見者という名声を得るには、同業者との立ち回りで機転を利かすことが大切だ。これは歴史がくれた苦い教訓で、残念ながらいまでも通用している。才能あるシェーレは43歳で死んだ。彼の寿命を縮めたのは、青酸ガスのような劇物を換気の悪い部屋で吸いつづけたことだった。それでも彼の業績はすばらしい。彼は酸素以外に少なくとも五種類の気体を発見した。また銀塩に対する光の作用を報告し、これは近代写真術の基礎となった。１７７５年にはスウェーデン王立科学アカデミーのメンバーに選出された。

プリーストリーとシェーレはともに「燃素（フロギストン）」説の熱心な信奉者だった。この説は絶望的に的はずれな考えだったが、半世紀ものあいだ化学界を支配していた。もともとはドイツの学者で冒険家でもあったヨハン・ベッヒャー［１６３５−８２］が推し進めた説で、プリーストリーやシェーレが学んだ形にしたのはドイツ人の化学者ゲオルク＝エルンスト・シュタール［１６６０−１７３４］だった。シュタールの説は次のとおりだ。「燃素」は重さの計れない流体で、物が燃えるにはこの燃素を取りこむために空気が不可欠となる。空気がないところでは燃素の吸収ができないので、空気がないと物は燃えない。物が燃えると空気中に燃素が放出され、炎という形で目に見えるようになる。燃えたあとに残った不活性な物質は「脱燃素」となり、抜け出たガス（酸素）は「脱燃素空気」と呼ばれた。

この複雑怪奇な説をきれいに切って捨てたのが、近代化学の父、アントワーヌ・ラヴォアジエ［１７

図４　フランスの優れた化学者アントワーヌ・ラヴォアジエ

４３－９４〕だった（図４）。ラヴォアジエは「はなはだ虚栄心が強く、横柄で少なからず強欲な」人間だったといわれている。(2) フランスの裕福な家に生まれた彼は、頂点から人生を始めるという強みをもっていた。彼は注意深い実験を数々こなした末、物は燃えたあと質量が増えることを明らかにした。そして、重さがないという燃素説を覆してしまった。１７８６年、フランスアカデミーに提出したメモワールで彼はこう述べている。「どんな燃焼においても、燃えた物質の重量は増加する。そしてその増加分は、燃焼時に吸収された空気の重さと一致する」。プリーストリーは自説を守ろうとあがき、燃素は負の質量があると反論した。だから燃えたあとで質量が増えるというのだ。しかし彼の主張は、ラヴォアジエの驚嘆すべき分析力の前では勝負になりようがなかった。

ラヴォアジエはこの勝利に酔いしれた。当時彼は、社交界のエリートをもてなすためパリで夜会を開いていたが、ある晩、この有名な夜会で模擬裁判を披露した。このときの出来事は次のように伝えられている。

ラヴォアジエは有名人を大勢招くと、その前で模擬裁判を披露した。彼自身は数人の仲間とともに裁判官の席についた。そこへ一人のハンサムな青年が「酸素」という名前で登場し、容疑を読みあげた。被告人はやせ衰えた老人で、シュタールに似た仮面をかぶっていた。被告は罪状を否認した。しかし裁判官らは判決を下し、燃素説に火あぶりの刑を宣告した。そこへラヴォアジエの妻が登場した。彼女は巫女のような白いローブをまとい、おごそかな手つきでシュタールの本を持ち上げると、焚き火の中に放り投げた。(3)

このふざけた劇からまもない1794年5月8日、ラヴォアジエは、今度は自らが失脚を味わうこととなった。フランス革命という危うい政治の波に乗りそこね、逮捕されてしまったのだ。その日のうちに裁判が開かれ、午後にはギロチンによる死刑が宣告された。ラヴォアジエと同時代の数学者ジョゼフ＝ルイ・ラグランジュ［1736－1813］はこの死刑に際し、有名な言葉を残している。「あの頭を切り落とすには一瞬あれば事足りる。しかし、あれと同じ頭を作るには、百年あっても足りないだろう」。(4)

酸素の発見は、プリーストリー、シェーレ、ラヴォアジエ三人の、共通の手柄にされることが多い。しかし、この精力的な三人組がでてくる少なくとも170年前に、この空気の「魔法」を知る者がいたらしい。錬金術師である。1604年、ポーランドの錬金術師ミカエル・センディヴォギウス［1566－1636］は、「空気中には生命をもたらす秘密の糧が存在している」と書いた。彼はこの空気の作り方を、ドイツの才気あふれる発明家コルネリウス・ドレベル［1572－1633］に教えたかもしれない。(5)ドレベルは潜水艦を発明したが、彼の潜水艦に乗りこんだ人々が生きていられたのも、センディヴォギウスからこの気体の作り方を教わっていたなら納得がいく。1621年ごろ、ドレベルは三隻の潜水艦を作った。(6)潜水艦は作るたびに大きくなったが、基本構造はどれも同じだ。木で作った枠に、油を塗った革をぴったりかぶせてあった。最大の艦は16人乗ることができ、漕ぎ手がオールを漕いで前進した。オールは艦の脇から突き出ていて、その口は革の弁でぴっちり覆われていた。漕ぎ手の席の下には大きな豚革の袋があり、なかには水が入っていた。乗組員がこの袋を踏んで水を出し入れし、艦の浮力をコントロールした。

ドレベルの16人乗り潜水艦は、6対のオールを備えた堂々たるものだった。ジェイムズ一世の目の前でテムズ川を航海し、ウェストミンスターからグリニッジまでのあいだ約22キロを3時間かけて潜水した。こんなに長い時間、乗組員や乗客たちはどうやって生きながらえたのか？ この謎には白熱した議論が飛び交った。こんな説も流れた——きっと水面にチューブが出ていて、艦内でふいごをつかって空気を入れ替えたのだ——。しかし、有名な化学者ロバート・ボイルが書き残した記録によれば、艦内では「空気の精髄」を入れ替えるのに「化学薬品の液体」が使われているのを乗客が見たという。(7)

ドレベルがどのようにしてこの潜水を成功させたのか、いまとなっては確かめようもない。彼は自分の発明について、秘密主義を貫くことで有名だった。自分の発明品については、メモもなければ図も残さなかった。問題なのは、彼が酸素を作りだすのにセンディヴォギウスの手法を使ったかどうかだ。もし使っていたとすれば、酸素が私たちにとって欠かせないものであることを、明らかに彼は理解していたことになる。

ラヴォアジエが燃素説を追いはらった約百年後、彼と同じフランス人の古生物学者シャルル・ブロンニャール〔1859-99〕が、フランス中部のコマントリーで3億年前の石炭紀化石を発掘した。(8) シャルル・ブロンニャールは、有名な古生物学者で物理学者でもあったアドルフ・ブロンニャール〔1801-

76］の孫で、化学者かつ鉱物学者でそしてやはり古生物学者でもあったアレクサンドル［1770－1847］の息子にあたる。どうやらブロンニャール家にはその奥底に、化石に対する熱い血が流れているようだ。彼の発掘現場は昔、長さ9キロ幅3キロの細長い淡水湖だった。この湖のぬかるんだ岸辺には周囲の山々から大小の川が流れこんでいて、植物や動物が化石化するのに理想的な条件を作りだしていた。そしてあとでわかったことだが、とくに昆虫の化石にとって最高の条件だった。

1877年から1894年、これは驚くほど実りの多い発掘期間だった。ブロンニャールは未知の化石昆虫を何百と掘り出し、科学界の注目を集める。彼が見つけたもっとも見事な化石は、1894年、詳しい論文とともに世に発表された。それは古代の肉食トンボ、メガネウラ *Meganeura* で、羽を広げると63センチになった(9)。現在、彼のメガネウラ化石は、パリの国立自然史博物館に置かれている(10)。彼の素晴らしい発見が公表されたあと、他の研究者たちも石炭紀の地層から巨大昆虫の化石を次々と掘り出した。もちろんメガネウラほどの大物はなかったが、たとえば巨大カゲロウは羽を広げると16センチにもなり、アンデスのオオハチドリに匹敵する大きさだった。こうした目を見張る発見の末、19世紀が終わりを迎えるころには、古生物学者たちはある結論にたどり着く。石炭紀の昆虫たちは、さまざまな分類群で巨大化していたというのだ。

今日もっとも有名な巨大昆虫化石のうち、二つがイギリスの炭鉱で見つかっている。その炭鉱はイギリス・ダービーシャー州の、ボルソヴァーという小さな中世都市の近くにある。ここはとうの昔に閉山されていたが、1978年、この炭鉱の石炭の割れ目から化石がみつかった。まず、羽を広げると20センチになる化石が出てきた。そして次に出てきたのはそれより2倍は大きい、羽幅50センチはあろうかという驚異的な昆虫だった。現在生きているどんなトンボよりも大きい。この二つの化石は、巨大トンボのなかでもとくに大きくて古いものだった。この発見は世界中で大ニュースとして取りあげられ、最初に見つかった化石は「ボルソヴァーの野獣」というあだ名がついた（この「野獣」は、ボルソヴァーの英国議会議員、あの長期にわたって議席を占めてきた好戦的議員のデニス・スキナーのことではないのでおまちがえなく）。デイリー・テレグラフ紙は「世界最古のトンボ、炭坑から見つかる」と書きたて、ロンドン自然史博物館のあるクロムウェル通りには、展示された標本をひと目見ようと長蛇の列ができた。

こうした巨大昆虫たちは、しかし、序章にすぎなかった。次々見つかる石炭紀の化石からわかったのは、当時の植物や動物たちがみな巨大化していたことだ。ヒカゲノカズラやトクサのような、現在ではとても小さい植物や動物の仲間が、古代の熱帯湿地では巨大な姿で林立していた。ヒカゲノカズラの遠縁にあたる木は当時、40メートルの高さになった。この木の下にはトクサの古代版が15メートルの高さまで伸び、その下にはシダが生い茂っていた。巨大な植物の進化は動物たちに新しい食べ物やすみかを提供し、それにあわせるように昆虫やクモ、ヤスデなども巨大化した。湿地に棲んでいたムカデやヤスデは1メートルを超す長さになった。スコットランドでは2005年、石炭紀に生きていた6本足のウミサソリの移動跡が見つかったが、その跡から推測すると体長が1・5メートルもあったらしい[11]。両生類も当時は巨大だった。両生類は、進化の歴史では硬骨魚類と爬虫類のあいだに位置し、陸を制覇した生物だ。現在のイモリの祖先であるこの種類は当時、ワニが平たくなったような姿をしていた。大頭で鼻が短く、ずんぐりした手足をもっていたが、その体長は数メートルにもなった[12]。

こうした巨大生物の生態系はさぞかし見ごたえがあっただろう。熱帯林を巨大昆虫が飛び回り、その下では巨大な動物がうごめいていた。これは私たちが知るかぎり、もっとも奇想天外な生態系だ。しかもこの生態系は、進化がたまたま試したかりそめの実験ではない。約3億年前の石炭紀後期からペルム紀の始まりまで、5000万年もの長期にわたって続いたのだ。しかしペルム紀以降、こうした化石は忽然と消えてしまった。約2億5000万年前のペルム紀よりあとの岩石からは、巨大動物は一匹たりとも出てこなくなった。石炭紀の炭鉱から吐きだされた不思議な動物たち――彼らは説明のつかない謎に包まれていた。

1911年、この謎に立ち向かったのがフランスの二人組エドゥアール・アーレとアンドレ・アーレだった。彼らは巨大昆虫について、論議を呼びそうな仮説を提唱した。これらの昆虫が飛び回れたのは、石炭紀の大気圧がいまより高かったからだという。(13) 彼らの理屈は単純明快だった。大気圧が高いと、翼や体を覆う空気の密度（つまり抵抗）が高くなり、体は浮きやすくなる。このアイデアは独創的だったが前例のない案であり、また、これを支持するような証拠も当時は見つかっていなかった。たとえば、地質学の第一人者チャールズ・ライエルは1865年に書いた本『地質学入門』のなかで、頁岩の上に遺された雨粒の痕跡を見てこう語っている。「それは、現在雲から落ちてくる雨粒の平均とほぼ同じ大きさだった。このことから考えると、石炭紀の大気はいま地球を取りまいている大気とほぼ同じ密度だったと思われる。」ライエル以降、そうした観察結果はほとんど報告されず、フランスの二人組が持ちだした高い大気圧と巨大昆虫の謎は、陽の目を見ない場所へと追いやられた。

もしも3億年前の大気圧が現在より高かったとしたら、それは空気を占めている二つのガス、窒素と酸素のどちらか（もしくは両方）の濃度が高かったためとしか考えられない。窒素と酸素は、現在の空気のほとんど（約99％）を占めている。これ以外の気体で大気圧を変えようとすれば、その気体をとてつもなく大量に加えなければならなくなる。窒素と酸素以外でもっとも多いのはアルゴンだが、体積にして1％にしかならない。二酸化炭素は0・04％、メタンは0・00017％である。なお、窒素は酸素よりずっと不活性で、[14] そのため窒素は地球の歴史のごく初期に一定の濃度に達し、それ以来ほとんど濃度を変えていないと思われる。一方、酸素はきわめて活性が高い。したがって、大気圧の上昇には酸素が関わっていた可能性が高い。

つまり、私たちが解くべき問題の鍵は酸素が握っているということであり、解くべきなのは、地球の陸と海に生物多様性が花開いた5億年のあいだ、大気中の酸素がずっと21%だったのかという謎である。[15] これは現在の科学にとっても難問だが、1845年にはすでに、フランス人のジャック・エベルマン［1814-52］がかなり進んだ見解を出していた。[16] エベルマンがこの年に出した論文は、大気中の酸素や二酸化炭素の変遷に関わる根本的問題をはじめて論じたもので、着眼点が鋭かった。彼が考えたのは、植物由来の有機物や、岩や堆積物に含まれる硫黄化合物が埋まったり酸化することで、大気中の酸素量が長い時代を経て増減するというプロセスである（このプロセスが起こる理由については、もう少し先で明らかになることだろう）。残念ながら、当時の科学界は彼の斬新な考え方に――こうした革命的アイデアにはよくあることだが――ついていけなかった。支持者たちによる必死の宣伝もむなしく、彼のアイデアは無名の雑誌にしか掲載されず、その功績は170年以上も気づかれないままだった。[17]

ただ、だからといってそのあいだ、だれも酸素の問題に触れなかったわけではない。これを論じた研究者に、アイルランド人の植物学者で登山家でもあったジョン・ボール［1818-89］がいる。彼は、石炭紀の夾炭層（石炭の層を含んでいる地層）が大気中の酸素量にとって重要な意味をもつことに気づき、強い衝撃を受けた。夾炭層は、大規模な植物の古墳群にもたとえることができる。ボールは1879年、イギリス王立地理学会協会の講演でこう語った。「地球の歴史を生命の歴史の舞台として考えたとき、非常に重要な場面なのにあまり注目されない時代がある。それは石炭をもたらした時代だ[18]」。ボールは、石炭紀にできた石炭が大気中の酸素量にとって重要な意味をもつことにうすうす感づいていた。「石炭の産出量からいって、当時の植物は少なくとも450億トンの酸素を放出したにちがいない。だとすると、大気中の酸素量は4％くらい上昇したはずである」。過去のこうした言葉を振り返ると、科学が発展していく道のりには真実への「ニアミス」がいかに多かったのか、驚かざるをえない。エベルマン、ボール、そしてブロンニャール。この三人は同じ時代を生き、同じひとつの大きな科学の謎について、ジグソーパズルを埋める重要なピースを握っていた。大量の石炭、大気中の酸素、そして巨大昆虫——。しかし三人のうち誰一人、パズルを完成させることはできなかった。

なお、私はさっき大気圧を上げる気体の候補から窒素を外した。それは、窒素が不活性で量が大きく変化しないはずだからだが、窒素も大気中から微生物によって取りこまれ、わずかではあるが植物のつくる有機堆積物中にとどまる。では石炭紀の夾炭層が大気中の窒素量を大きく変えた可能性はないのか？　どうやら計算上、それはなさそうだ。石炭紀の夾炭層に入りこんだ窒素の量は、大気中にある大量の窒素にくらべればほんのわずかでしかない。よく見積もっても、大気中の窒素量をせいぜい0・01％しか落とさなかっただろう(19)。

生物が進化するにつれ、地球上の酸素はどのように変化したのか。この謎を解くリレーは、エベルマンのすばらしい基本構想をもって走りだした。しかしその次の世紀、バトンは落とされこそしなかったものの、どこへ行ったかわからなくなってしまった。1965年、このバトンを埋もれた研究の山から見つけだして握りなおし、また走りはじめたのが、テキサスにある南西部高等研究センターのロイド・バークナーとローリストン・マーシャルだった。彼らは、全米科学アカデミーが開催したシンポジウム「地球大気の進化(20)」で、大気中の酸素は、植物が光合成で生みだしたものであると主張した(21)。つまり、植物が進化し増殖した結果、約3億年前の石炭紀には大気中の酸素が大幅に増加したというのだ。酸素濃度は、その後に起こった有機物の腐敗でやっと平衡状態に戻ったという。腐敗は酸素を消費するからである。[22]

では巨大昆虫が登場したころ、地球の酸素はなぜ増えたのだろう？　まだ推測の域を出ないが、有力な説がひとつある。バークナーたちの研究から約20年後、地球化学の第一人者であるロバート・ギャレルズ〔1916－88〕が、この問題に果敢に挑戦した。[23]ギャレルズは化学技官の息子だった。その父は優れた運動選手で、1908年のオリンピックでは110メートルハードルで2位、砲丸投げで3位だった。ギャレルズ自身、科学の道に進んだものの、やはり運動にも熱心だった。科学者の同志を集め、水泳とボートと陸上のクラブ「バミューダ生物ステーション・アスレチック・クラブ（BBSAC）」を作ったくらいだ。科学における彼の偉大な功績は、彼の弟子にあたるロバート・バーナーの言葉に表れている「地球化学に本当に重要な影響を与えたと同時に、地球科学全般に影響を与えたという点で、この半世紀における稀有な存在だ。謙虚で、気さくで、親切で、思いやり深い彼の心には、革命家の魂が隠れていた」。[24]余談だが、そういうバーナーも、地球化学でも運動でも師匠に負けていない。BBSACのスターであり優れた水泳選手であるバーナーは、科学思想を革新した人物でもある。若いときから優れた業績をあげ、全米科学アカデミーの会員に選ばれている。あとで紹介するが、バーナーは地球上の酸素の歴史を発見するのにきわめて重要な役割を果たしている（図5）。

ギャレルズは、大気中の酸素量が陸上植物の進化と密接につながっていることに気づいた。[25]しかし、地球化学における彼の慧眼はそれだけではない。彼は、酸素量が地殻の循環とも密接な関係にあることをつきとめた。植物や微生物が日々おこなっている酸素製造という活動は、岩石や海底での堆積や炭素の埋没といった、ゆっくり進む長期的なプロセスにつながっている。その仕組みは、まず、植物が成長するときに光合成をして酸素を放出する。こうしてできた林が枯れるときは、（海中林でも陸上林でも）動物や細菌や菌類がその死骸を分解し、逆に酸素が消費される。有機物の分解には光合成と反対の作用があり、光合成で放出された酸素を回収し、代わりに二酸化炭素を大気中に戻す。ふつうに考えれば、これで出した酸素と消えた酸素が相殺される。しかし、ほんの少し――わずか1％にも満たないが――の植物体は分解を免れる。このいい例が現在北極でみられる。北極では有機物の分解が寒さや浸水のため遅くなり、泥炭地の形成を促す。また、有機物は大陸棚に溜まる。大陸棚には、陸地を流れる川から生物の死骸や陸上の炭素がどんどん運ばれてくる。たとえば世界最大の河川であるアマゾン川は、毎年7000万トンもの炭素を海岸へ運んでくる。[26] 海に放出されると、多くの炭素は沿岸の堆積物に埋もれてしまう。この堆積物は酸素をほとんど含んでおらず、したがって炭素の分解速度も遅くなる。こうして大陸の縁にある堆積物には、有機物が溜まった分厚い層ができる。

図5　イェール大学のロバート・バーナー．彼は，地球の大気中にあった酸素が過去5億年のあいだにどのように変化したのかを明らかにする研究できわめて重要な役割を果たした．彼が着ているＴシャツは，彼のお気に入りの元素である炭素（C）の詳細が書かれている．周期表での炭素の原子番号は６．

　陸上や海中の植物の死骸は、徐々に、しかし継続的に堆積する。このことはつまり、光合成によって放出された酸素のなかに、化学的プロセスや生物的プロセスで回収されないものがでてくるということだ。有機物が分解されずに残ることで、大気中の酸素量を毎年少しずつ増やしていく。何百万年もかかるが、やがては膨大な量が溜まる。にわかには信じがたいかもしれないが、湿地帯や大陸棚は、こうして何百万年もの時間をかけて少しずつ酸素を吐きつづける地球の肺なのだ。

ギャレルズたちはさらに、硫黄の循環も大気中の酸素を足したり引いたりしていることに気づいた。硫黄は海洋や大気や地殻のなかを、化学的または生物的プロセスによって巡っている。従属栄養生物の細菌は独立栄養生物とちがい、単純な化学物質から自分で栄養を作ることができない。代わりに他の生物を生きたまま、もしくは死んだものを消費する。こうした細菌には嫌気性のものもいて、硫黄を含む化合物を代謝して生きている。彼らは死んだ植物を分解し、硫黄を溶かして硫化水素を作りだす。これは一定の条件下で沈殿し、金色の黄鉄鉱となる。[27]海辺の潮間帯にある無酸素の泥のなかでは、このように細菌が有機物を黄鉄鉱に変える。この有機物はもともと光合成によってできたもので、しかし分解には酸素ではなく硫黄が使われるということは、結果的には酸素が大気中にとどまることにつながる。[28]以上のような仕組みから、海に黄鉄鉱が溜まるにつれ、大気中の酸素は少しずつ増えていく。

植物の死骸や黄鉄鉱を含んだ堆積物は、長い年月を経て熱せられ圧縮され、堆積岩へと変化を遂げる。こうして生まれた新しい堆積岩は地球の地殻奥深くに取りこまれるが、やがて地殻が隆起したり海が後退したりすると、山脈や新たにできた大陸の海岸線として地上に顔を出す。この堆積岩は雨や風でゆっくり風化し、中から出てきた有機物や黄鉄鉱が化学反応を起こす。[29]有機物は酸化して二酸化炭素と水になり、黄鉄鉱も酸化して酸化鉄と硫酸塩になる。堆積物として埋まることで酸素を生み出していた循環が、ゆっくりだが、今度は露出することで逆戻りして酸素を消費する。驚いたことに、微生物もこの循環に一役買っていて、堆積岩の有機物を二酸化炭素に変え、酸素を消費していることが最近明らかになった。実験によると、スーパー細菌と呼ばれる微生物は、頁岩（よくみられる堆積岩の一種）に含まれる

3億6500万年前の有機物を消化できるという。[30] 頁岩を食べる微生物が酸素消費の加速化にどれほど重要なのかはまだわかっていないが、それでも生物代謝の多芸ぶりには驚くばかりだ。

このように、植物や微生物の日々の営みは、地球の地殻の循環という名のゆるやかな踊りの輪のなかにある。有機物や黄鉄鉱は堆積岩中にとどまることで大気中に酸素を溜め、隆起し、露呈し、風化することで大気中の酸素を消費する。ギャレルズは、このゆったりした踊りの輪がもつ、地球上の酸素量コントロールというとても重要な役割に気がついた。そしてこれをすべて明らかにすることで彼は、エベルマンが130年前につかみかけた現象を再発見した。

現在、私たち人類は石炭や天然ガスなどの化石燃料を燃やすことで、有機物の「風化」を加速させている。自然の風化プロセスと同じように、私たちが化石燃料を燃やすと大気中の酸素が消費される。[31] だからといって、酸素の量が激減する心配はない。酸素を使いすぎて窒息して絶滅する心配もない。いまのような酸素消費を続けたとしても、酸素不足の危機が起こるには7万年以上かかるだろう。一方、化石燃料はあと千年ほどしかもたないといわれている。[32]

さて。ここまで述べてきたのが、地球上の酸素量の変遷を知るのに必要な理論だが、次にすべきことは、岩石からその変遷の跡を取りだすことだ。それには、有機物や黄鉄鉱を豊富に含んだ堆積岩の量が、どのように変化したのか長期にわたってリストアップする必要がある。これを可能にする技術は1980年代後半に開発された。「岩石存在量」法と呼ばれる方法で、岩石の何百万年にもわたるライフサイクル——その誕生と死——を決定するやり方である。前に登場したロバート・バーナーと、当時彼のもとで大学院生だったドナルド・キャンフィールドが開発した。[33] キャンフィールドは、珍しいほどひかえめな人間だ。彼の人柄を表すこんな逸話がある。彼は一時、カリフォルニアにあるNASAのエイムズ・リサーチ・センターにいたのだが、そのあいだ、いつもクローガー食品店というスーパーの従業員服を着ていた。チャックという男が捨てたものだ。当然のなりゆきで、彼のオフィス――NASAでもっとも権威ある研究所のオフィスだ――のドアの札は、「ドナルド・キャンフィールド」ではなく、「チャック・クローガー」と書かれていた。しかし、これをジョークと気づく人はほとんどいなかったという。

各時代の堆積岩量を明らかにすることや、それぞれの岩石が含んでいる平均炭素量や平均硫黄量を測ることは、むずかしい仕事のように思われるかもしれない。しかし実をいうと、多くのデータはすでに石油会社がそろえていた。彼らは20世紀、石油を求めて世界中を徹底的に調査したからだ。バーナーとキャンフィールドはこのデータを使い、堆積岩がいつの時代にどのくらいあったのか調べることで、およそ5億4000万年にわたる大気中の酸素量の変遷をシミュレートしてみた（図6）。曲線からわかるように、約3億年前の石炭紀中期に酸素量は大きく上昇し、最高で約35％に達した。そして2億年前になると、約15％に落ちてしまった。驚くのは、この酸素の急増、そして激減が、ブロンニャールの巨大昆虫をはじめとする動物の進化、そして絶滅ときれいに符合していることである。この曲線では、白亜紀にも酸素増加の小さな波がきたことを示している。そしてこの二つの波以外、酸素は過去5億年にわたってずっと安定した量を維持している。つまり、酸素の生産や消費は堆積岩の循環と厳密に対応していて、ずっと長いあいだ絶妙に調節されてきたということだ。ただし、ペルム紀から石炭紀にかけてと白亜紀の一部を除いての話だが。

この酸素量の曲線を見れば、大気の変遷に対する私たちの理論と観察はみごとに一致したと言いたくなるかもしれない。だが、それは表面だけの話で、実際には検証のできない、推測の部分や不確実な部

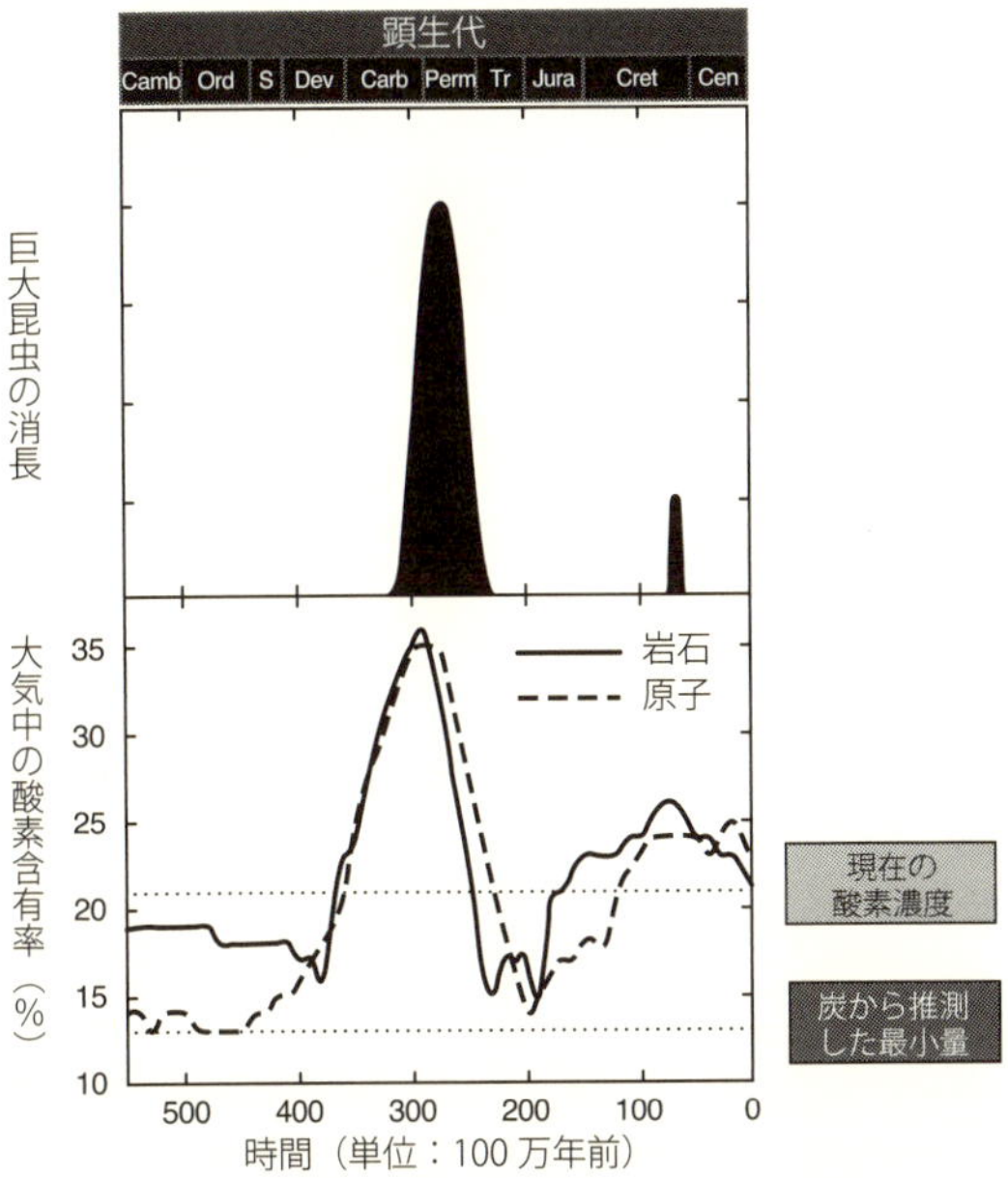

図 6　過去 5 億4000万年の地球における大気中酸素量と巨大昆虫の変遷．下のグラフにある 2 本の線は，「岩石存在量」法による計算と「原子存在量」法による計算で求めたもの．2 本の水平線のうち下の線は，炭の化石が存在することから考えられる酸素の最小量を示す．Camb = カンブリア紀，Ord = オルドビス紀，S = シルル紀，Dev = デボン紀，Cab = 石炭紀，Perm = ペルム紀，Tr = 三畳紀，Jura = ジュラ紀，Cret = 白亜紀，Cen = 新生代．

分が残っている。そのことにはバーナーとキャンフィールドもすぐに気づいた。自分たちの仮説が正しいと言うためには、まったく別の方法で酸素量の変遷を調べ、同じ結果が得られることを確かめなければならない。そこで今度は、岩石の量ではなく、個々の原子の量に目を向けることにした。過去の酸素濃度を原子でたどるにはどうしたらいいか。それには炭素と硫黄原子の同位体量を古い石灰岩や蒸発岩から測ればいい(34)。これは名案だった。植物は光合成するとき、炭素同位体のうち軽いものを選択的に取りこむ。その方が反応にかかるエネルギーが少なくて済み、光合成を速く進めることができるからだ[35]。このため有機物は軽い炭素同位体を大量に含んでいて、それが堆積物に埋まると、より重い炭素同位体が海や大気中に残される。また同じ理由から、有機物を食べて硫化水素を作りだす微生物も軽い硫黄同位体を使う。黄鉄鉱が埋まると重いほうの硫黄同位体が残され、海中や大気中の同位体の割合が変化する。したがって、もし石炭紀に酸素が大幅に増加していたとしたら、その痕跡が、昔海だったところに残った石灰岩や蒸発岩の同位体比に現れるにちがいない。

このアイデアはうまくいきそうに思えた。しかし実際には、あらゆることを試したのに、酸素の歴史を5億4000万年分再現することはできなかった。というのも、この方法で出てきた酸素曲線は、地球に生物が棲めない濃度まで大きく振れてしまったのである。試したシミュレーションのなかには、大気中の酸素量がマイナスになってしまうことさえあった。プリーストリーの燃素説が再来したみたいだ。ほかにも、酸素濃度があまりに低くなってしまい、事実とつじつまがあわない場面が出てきた。大気中の酸素が過去最低でどこまで減ったのか知るためには、化石となった炭が貴重な証人となる（図7）。なぜなら、炭の化石は森林火災でできるのだが、それには酸素が最低13％なければならない[36]。過去5億年のあいだずっと岩石や堆積物中に炭があるということは、大気中の酸素濃度が13％以下に落ちることはなかったことを物語っている[37]。

どうみても、「原子存在量」アプローチは設定に何かまちがいがある。それは何なのだろう？　重大な問題は、じつは植物側に隠されていた。私たちは、酸素が光合成に与える影響をみくびっていたのだ。このことは実験室で3億年前の酸素濃度を再現した結果、はじめて明らかになった。高濃度の酸素は、植物の二酸化炭素吸収能力や一次生産量を大幅に低下させたのである[38]。原因は、光合成にとても古くか

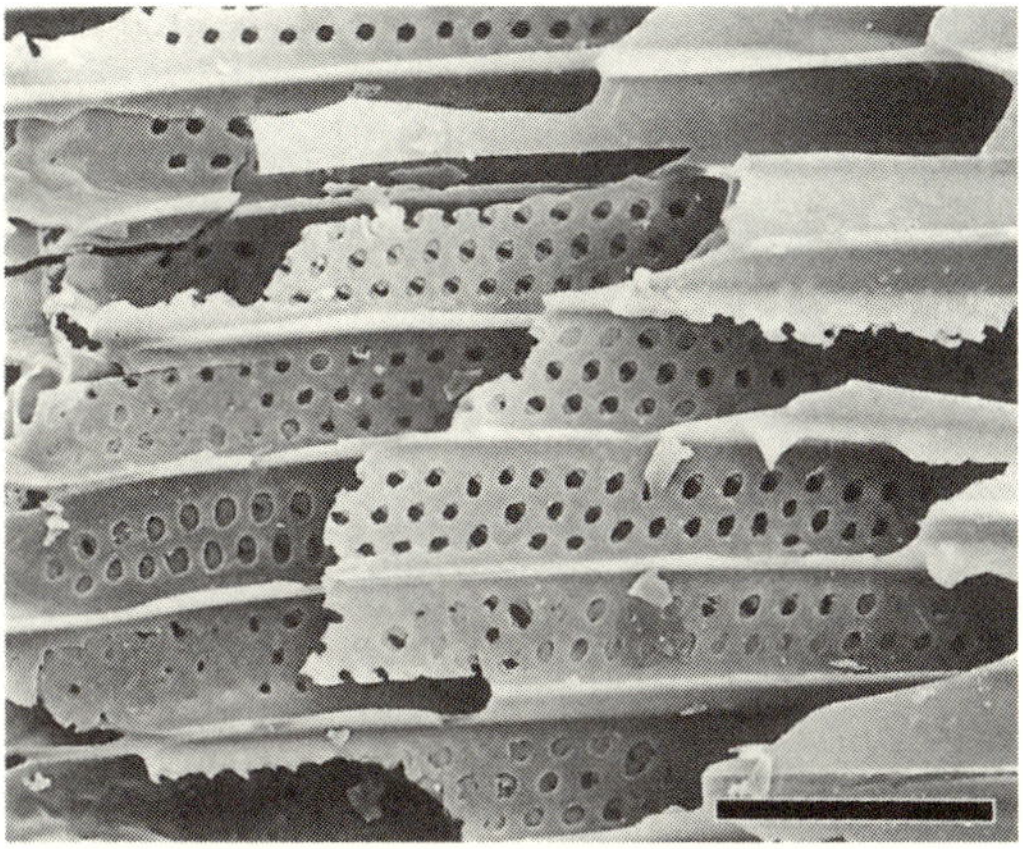

図7　3億年前に起こったノヴァスコシアの野火でできた針葉樹の炭化石．水が通る仮導管の細かい部分まで，みごとに保存されていることがよくわかる．スケールバー＝100μm.

ら関わっていた酵素、ルビスコ〔リブロースビスリン酸カルボキシラーゼ／オキシゲナーゼ〕にあった[39]。ルビスコは、約27億年前にシアノバクテリアから伝わったと考えられている酵素で、生化学的には中途半端なところがある。二酸化炭素にも酸素にも親和性があるのだ。二酸化炭素が豊富にある条件下では、二酸化炭素がこの酵素を惹きつけ、糖生成の化学反応経路が促進されるだけなので、とくに問題はない。しかし、酸素が豊富な状態ではルビスコの悪い面が表に出てくる。酸素との親和性から、光合成のスムーズな進行が妨げられるのである。実際にはかなり複雑な過程がからんでくるのだが、とにかく実験の結果、酵素が植物有機物の炭素同位体のうち重い同位体と軽い同位体の量を変えてしまうことがわかった[40]。この発見から考えると、過去にあった高濃度の酸素は、植物化石中に特異な炭素同位体比という指紋を残しているにちがいない[41]。

　酸素が植物に与える影響について、いままでわからずにいた詳しい実態がとうとう明らかになった。そこでその実態を「原子存在量」モデルに入れてみたところ、植物内の同位体の割合が酸素量の変化に応じて変化するようになった。植物と大気のあいだに起こる新しいフィードバック効果によってモデルの計算は安定化し、大気中の酸素量についていままでとは異なる曲線が描きだされた。今度できた曲線は、「岩石存在量」アプローチから得られたものととてもよく似ていた（図6）。別々のアプローチで得られた酸素量の歴史が、ここでみごとに重なりあったのである。[42] 植物は「原子存在量」アプローチが閉ざしていた扉の鍵を開けてくれた。そしてどちらのアプローチも、3億年前の酸素急増をはっきり示している。

もしも現在の植物を使った実験結果が過去にも通用するのなら、化石の同位体の割合にも同じ現象の跡が残っていないか調べればいい。これでなにかと反論の多かった石炭紀の酸素増大について、いままでとはちがう方法で検証できる。ということで実際に地球化学的手法をつかってこの痕跡を探したところ、世界各地の3億年前の化石からそれが見つかった。[43] 現在の植物を使った実験が3億年前の化石に隠された鍵を予測するなど、ほとんど妄想にしか聞こえないかもしれない。しかし、当時の植物もいまと同じで、光合成にはルビスコ酵素を使っている。だから過去も現在も生化学としては同じことが起こっていたはずで、この試みがまちがっているとは思えない。巨大な昆虫、それに一致する酸素濃度の変遷、そして化石植物中の同位体の割合——反論に打ち勝つ証拠がそろいはじめた。

またほかにも、もっとダイレクトな形で過去の大気中の酸素量を測る方法が浮上してきた。樹脂の化石、すなわち琥珀のなかに閉じこめられた気泡から、「空気の化石」を取りだして分析しようという試みだ。[44] その結果、小さなタイムカプセルに入っていた白亜紀の空気には酸素が30％も含まれていたという。当然ながら、この結果には数多くの批判がもちあがった。注意深くいくつもの検査を繰りかえしたにもかかわらずだ。その疑いは、琥珀の性能そのものに向けられた。中に入った気泡がそんな長いあいだ、手つかずの空気を閉じこめたままでいられるのか？――酸素は反応性のガスだし、琥珀は多孔質の樹脂なのに。[45] 研究者のなかには、閉じこめられたガスは気泡から漏れ出てしまうだろうと言う者もいた。漏れは非常にゆっくりしか進まないだろうが、何百万年も経てば気泡のなかのガス構成は変わってしまい、過去の大気組成についてまちがった結論を導いてしまうかもしれない。しかし、現在こうした疑いはみんな否定されつつある。琥珀の気泡から過去の酸素量について信頼できる情報が得られるかどうかも、いつかは明らかになることだろう。

琥珀の件はともかく、石炭紀に酸素の生産と消費のバランスが変わったことは確かなようである。この変化に対する従来の説明は、ゆっくり進行する地殻変動が何百万年もの歳月をかけて大陸の形を変え、沼地になりやすい水びたしの盆地ができる条件を生んだりなくしたりしたというものだった。だが、じつはもうひとつ面白い可能性が考えられている。それは植物自身がこの事態を引き起こしたかもしれないというものだ。[46]

いまをときめくこの仮説は以下のとおりである。まず石炭紀のはじめまでに、植物がリグニンという分子の合成能力を進化させた。リグニンは固い物質で、これがあるおかげで、植物は背が高くなっても体を支えることができる。しかし微生物にとって、この物質は新たな難関として立ちはだかった。この複雑な分子を消化するには、特殊な酵素がひと揃い必要なのだ。研究者のなかには、分解者である菌類や細菌類はこの反応系をもたず、森林でリグニンをたくさん含んだ堆積物ができても、なかなかそれを消化できなかったと考える者がいる。[47] もしこれが本当なら、世界中で消化不良が起こったにちがいない。沼地が増え、大気の酸素濃度はどんどん上昇していっただろう。その後、微生物や菌類もリグニン消化という難題を解決する代謝系を発達させた。そして数百万年のあいだに大陸の隆起や海水面の低下によって堆積岩が露出するようになると、微生物はそこに埋まっていた大量の有機物を消化しはじめた。酸素の濃度もやっと、ゆっくりではあるが元に戻れただろう。もちろん、植物が関与するというこのエレガントな説が真実だったとしても、多くはまだ推測の域を出ず、不明な点が残っている。たとえば、微生物がリグニンを消化できるよう進化するのに、なぜ数百万年もの時間がかかったのか? 巨大な集団で、しかも世代がすぐ回るのだから、もっとはやく進化してもよかったのではないのか?

理由はなんであれ、石炭紀の炭の量から考えれば、大量の炭素が一度埋まり、それによって酸素濃度が押し上げられたにちがいない。そして、かつて熱帯の湿地に群がっていたブロンニャールの見つけた巨大昆虫は、高い大気圧と酸素の濃い空気を喜んでいたにちがいない。実際、35%の酸素を含んだ大気は濃度がいまより3分の1も高く、大きな動物でも楽に飛べる環境を生んだだろう。(48) というのも、前にも説明したが、羽で濃い空気を押すと体は楽に浮き上がるからだ。ヘリコプターがふつう上空4キロメートル以上では飛べないのも同じ理由で、そこでは空気が「薄すぎる」。一方、「濃い」空気にも欠点があって、飛んでいる羽や体に大きな抵抗がかかるため、最高速度が落ちる。空気の抵抗が大きいと前に進もうとする運動がはばまれ、最高速度や加速度が制限されてしまう。ということは、石炭紀の巨大昆虫が群れながら飛び回っていたという想像は正しくなさそうだ。彼らは熱帯の沼地を、ゆったり堂々と飛んでいたのだろう。

アーレたちが想像しはじめてから一世紀が過ぎ、巨大昆虫の飛翔に大気圧の増加が関わっていたという仮説はだんだん現実味を帯びてきた。ただこの話は、高い大気圧で昆虫がよく飛べるようになったというだけでは終わらない。酸素の濃い空気を浴びた生物は、呼吸や生理でも得をする。がんばって飛ぶのは高くつく仕事だが、酸素はその勘定まで払ってくれていたのだ。昆虫は腹部に気管が通っている。

この気管はだんだん細くなりながら枝分かれしていて、これが酸素を運ぶことで飛翔器官の運動が可能になる。現在の昆虫の呼気と吸気はこの枝分かれの開口部付近で交換されるが、体の奥にいくと、ちょうど私たち脊椎動物の肺が膨らんだりへこんだりするように、体が動くことで気管が押されたり広げられたりして交換される[49]。ただ、昆虫の呼吸器は脊椎動物ほどよくできていない。一番細い管の空気は一度出ていくと自然に溜まるのを待つほかなく、筋肉への酸素供給が限られてしまう。昆虫がどのくらい長く飛べるか、どのくらい大きくなれるかは、おそらくこの細い末端の気管で決まっているのだろう[50]。巨大トンボはふつうより長い気管をもっていたはずで、空気交換もむずかしかったにちがいない。しかし、彼らは酸素が豊富な世界に生きていた。おかげで彼らはこの生理的な難問に打ち勝ち、飛翔筋が要求する燃料を十分得ることができただろう[51]。こうやって行きついた細胞のなかにはミトコンドリアという小さな発電所があり、酸素はここで燃料に使われる。だから酸素が多ければエネルギーも増えるというわけである。

こうした理由から、酸素が濃い過去の環境はいまとちがっていて、昆虫が受けている生理的制約もゆるく、大きな昆虫の出現が可能だったと思われる。それでは、酸素がまた濃くなって大気の密度が上がったら、また進化が起こってふたたび巨大昆虫が現れるだろうか？　実際に約7000万年前の白亜紀後期には、石炭紀ほどではないが酸素濃度が上がったようだ（図6参照）。このとき進化の実験がふたたびおこなわれたのかもしれない。少数しかないが白亜紀の昆虫化石、とくにカゲロウの化石を見ると、酸素濃度が約25%まで上昇したことでふたたび巨大化への適応が起こったようにも見受けられる。

石炭紀に起こったほかの動物の巨大化も、酸素濃度が上がったせいなら納得がいく。たとえば、両生類は皮膚呼吸をする。だから大気中に酸素が増えると、より多くの酸素が体に拡散し、エネルギー生産に必要な燃料も多くなったはずだ。陸に上がった両生類や節足動物は空気中で息をするようになって間がなく、その多くは原始的なエラと肺の組み合わせで呼吸をしていた。そんなときも酸素が濃ければ肺の能率が上がり、呼吸によって出てくる二酸化炭素を楽に取り除ける。また、石炭紀の酸素増加は、別の意味でも空気呼吸する生物の得になった。たとえば獲物を捕まえたり、天敵から逃れるために急な運動をしても、酸素が多ければ筋肉がすぐ回復できる。両生類から爬虫類が進化できたのも、もしかすると酸素が濃かったためかもしれない。陸を征服した爬虫類は、石炭紀に現れた。彼らは親類の両生類とはちがい、固い殻をもった卵を生んだ。このとき、固い殻に包まれた胚にまで酸素を拡散させるには、酸素が濃かったことも役立ったのではないだろうか？

こうした想像はなんとも魅力的だ。しかし困ったことに、どれも状況証拠にしか基づいていない。酸素が体の大きさに関係したという直接の証拠はどこかにあるのだろうか？　それは結局、端脚類という生物から出てきた。彼らの大きさが、自然状態でどの程度ばらつくのかという調査から得られたのだった。端脚類は、世界のさまざまな海や湖や川から見つかる小さなエビのような生物だ。端脚類が生息する多様な環境では、温度や塩分によって酸素の溶けこみ方がちがう。酸素は、塩水には真水により少ししか溶けないものの、冷たい水には温かい水よりたくさん溶けこんでいる。だから端脚類は、南極の冷たい水のなかでは酸素をふんだんに取りこむことができ、一方、マダガスカル沿岸のような熱帯の温かい海では酸素を十分取りこめない。そして彼らの体の大きさは、水に溶けこむ酸素量と直接関係がありそうだ。南極の端脚類は熱帯の仲間より5倍大きい。世界でもっとも大きい端脚類はバイカル湖の淡水に棲んでいて、ここは南極の仲間より酸素を多く取りこめる環境にある。水に溶けこむ酸素の量と端脚類の体の最大値には強い相関があり、極地域の仲間で体が大きいことも酸素濃度で簡単に説明できる。(53)

このように端脚類のサイズのちがいを酸素摂取量で説明できたことは、酸素濃度が高いと体サイズの制約がゆるめられることの立派な証拠になる。

ここまでの話からたどりつく結論の奥は深い。大気中に含まれる酸素の量は、石炭紀、またもしかするとほかの時代でも、陸上動物が進化する方向を決めたかもしれず、そしてそこでは植物が、主役級の働きをしたかもしれない。ただ、ここで注意しなければならないのは、酸素そのものが直接、巨大動物を進化させるわけではないことである。酸素は生理的な制約を弱め、また、飛ぶ動物にとっては航空力学的な制約を弱めることで、進化が起きやすい環境を作りだしただけだ。このように環境が整ったとき、自然はその能力を発揮する。このことを一連の実験でみごとに証明したのが、当時テキサス大学にいたロバート・ダッドリーだった。彼は大気中の酸素を石炭紀のように濃くし、ショウジョウバエがそれにどのように反応するかを調べたのだが、その結果に思わず息を呑んだ。酸素の濃い空気中では、ハエはわずか5世代で14%も大きくなったのである[54]。どうやら酸素はほんとうに、体のサイズにかかっていた制限をゆるめてしまうらしい[55]。さらに、最初高圧の大気で育てられたハエは、次に通常の大気圧に入れて交配させると、そのオスの子孫がふつうより14%大きくなった。つまり、酸素が体のサイズに対する遺伝子の手綱をゆるめ、そのゆるんだ性質が遺伝して次世代へ引きつがれたのだ。これと同じことが石炭紀に実際に起きていたのなら、それぞれの個体が競争するうちに体のサイズがどんどん大きくなったのも納得がいく。酸素の増加は、生物たちを巨大化への道へ否応なく引きつれていったのだろう。

過去の酸素の急増が動物にどんな影響をおよぼしたのかをさらに探るために、いま生きている昆虫を使って仮想実験を続けよう。酸素というものは諸刃の剣だ。エネルギーを作るのに必要な燃料になると同時に、活性酸素と呼ばれる有毒化合物の素となる。活性酸素は細胞の生存をおびやかす非常に怖いもので、DNA、タンパク質、脂肪を傷つける。老化や死にも深くかかわっているらしい[56]。どの生物も酸素量をエネルギー生産に足りるレベルで維持しつつ、しかし、活性酸素によるダメージをできるだけ低くするという技を両立させようと必死だ。では3億年前に酸素が30％まで上昇したとき、巨大昆虫たちはどうやって活性酸素の猛攻撃から身を守ったのだろう？　この疑問にも、いま生きている昆虫を使った実験から面白いヒントが得られるかもしれない。そこで、蛾の蛹を最大50％の酸素濃度にさらすという実験がおこなわれた。ところがその結果、気管中の酸素は4％前後に保たれたままだった。外の酸素濃度が上がると、蛹は気管の末端をできるだけ長いあいだ閉じてしまい、酸素の吸入を制限したのだ。末端を開けるのは、ときおり溜まった二酸化炭素を排出するときだけだった[57]。蛾の蛹は、4％の酸素しか必要としない。いまの濃度の21％よりずっと低いところをみると、やはり高濃度の酸素は有害なのだろう。もちろん、過去の巨大昆虫がいまの昆虫と同じふるまいをしたのかどうかはわからない。ただ、いま生きている多くの昆虫は通常は気管を閉じることはできないが、飛ぶためには高い代謝が必要なので酸素は溜まる間もなく使われてしまい、結果的に酸素の害を逃れている。きっと、巨大トンボの体内でも呼吸システムの仕組みと代謝活動の両方が、それぞれの要求と限度に見合ったバランスを保つよう進化していたのだろう[58]。

酸素濃度と動物の大きさについてさらに考えていくと、その先には当然、大きな疑問が待っている――のちに酸素濃度がギリギリまで下がったとき、何が起きたのだろう？　約2億5000万年前、ペルム紀の終わりには酸素が激減したが（図6）、そのときには？

じつをいうと、窒息による絶滅という話題が、正確な酸素の歴史がわかるより30年も前に、すでに論争となっていた[59]。ちょうどそのころの古生物学者たちは、絶滅の危機に瀕していた動物のなかに酸素要求量の高いものがいることに注目していた。たとえば、当時生活史がわかっていたもののなかで絶滅率も酸素要求度も高いのがイカの仲間と両生類で、サンゴやヒトデはやや下がり、最も低いのがイソギンチャクだった。酸欠による絶滅という説は斬新だったが、それが通説として受け入れられたのはずっとあとになった。受け入れられたのは、巨大昆虫と巨大動物全部の絶滅が、酸素が35％という頭がくらくらするくらいの高濃度から、15％という肺が搾りとられるような濃度まで減ったのちに起こったとわかってからだ。ペルム紀の終わりには、地球規模で起こっていた巨大化現象は終焉を迎えた。

ペルム紀の終わりに酸素危機が起こって、巨大昆虫はどのように終局を迎えたのだろう。それは残念ながらよくわかっていない。いま考えられているのは、酸素が濃いときに昆虫の呼吸が助けられたのと、ちょうど反対のことが起こったのではないかということだ。大気中の酸素が減るにつれ、巨大昆虫の体に届く酸素も少しずつ減っていったのではないか。ただ、このシンプルな説には、現在生きているバッタの観察から疑問がもちあがっている。このバッタでは酸素不足を経験した成虫が、より活発に換気をおこなって少ない酸素を補うことがわかっているのである。(60) ただ、幼虫のバッタは酸素不足にうまく対応できず、窒息するものが増える。このことから想像できるのは、成虫の巨大昆虫は酸素不足を生き延びたとしても、次の世代の幼虫はうまくいかず、結局絶滅してしまったということだ。

ペルム紀末の酸素不足が明らかになると、古生物学者はそのころ起こった動物の絶滅がこの酸素不足に関係したのではないかと考え、あらためて検証にとりかかった。(61) 検証に使われたのは、動物のいる高度である。どの動物も最低限必要な酸素量というものがあり、これが生存可能な高度を決める。たとえば人間が生存し繁殖するには、アンデス山脈では海抜５０００メートルが限度だ。(62) ペルム紀の終わりに低地で暮らしていた動物にとって酸素不足の危機は、ちょうど海抜５０００メートルの高みへ運ばれたようなものだった。ペルム紀に酸素濃度がだんだん低下していくと、山に棲んでいた動物は酸欠を避けるため、どんどん低地へ引っ越しただろう。そのため、低地は生物で大混雑したにちがいない。集団サイズが大きくなると食べ物の取りあいが起こり、絶滅さえ引き起こしたかもしれない。しかし、混みあうことで絶滅が起きたというのは妥当な仮説だろうか？　もっと証拠がないと、多くの研究者は納得してくれないと思う。

ただ酸素不足説は、ペルム紀の終わりにいくつも起こった、絶滅にまつわるふしぎな出来事に何らかのヒントを与えてくれるかもしれない。たとえば、この時代を生き延びた主要な脊椎動物は、豚のような姿をしていた。リストロサウルス *Lystrosaurus* という名で、胸が樽のような格好をしていた。おそらくその胸は息を深く吸えただろう。ではリストロサウルスは、低濃度の酸素条件にうまく適応できたから生き残れたのだろうか？　また、生き残った脊椎動物の化石は、高緯度地域に「混みあった」状態で見つかる。そこの気候は涼しかったはずだ。涼しい地域に生物が移動したのが、低酸素への抵抗だった可能性もある。涼しい気候では生物の代謝が遅くなるため、必要とする酸素量も減るからだ。

多細胞生物が我が世の春を謳歌していたとき、大気中の酸素はどんな歴史をたどったのか。この謎を明らかにするため使った「岩石存在量」アプローチと「原子存在量」アプローチが、当時は草分け的な存在だったことは忘れないでほしい。本章にも書いたように、これらの方法以前は、何が起こっていたのかほとんどわかっていなかった。そこにこの二つのアプローチが発案され、大気中の酸素濃度を決めるプロセスを説明する数学的な枠組みができ、それを利用したモデルを使うことで数百万年のあいだに起こった実態が明らかになった。これを成功させるコツは、実際には複雑に入り組んだプロセスを、酸素の変遷を知るのに妥当と思われるぎりぎりの線まで絞りこむことだ。もちろん、そこまで単純にする過程では、たくさんの自然現象が抜け落ちてしまう。でも、地球上のさまざまな要素のあいだで起こるフィードバックのうち、今回抜け落ちたものが果たしているであろう役割を見極めるためにも、一度ものごとを整理し、一歩離れた場所から眺め直すこと、そして、単純な前提条件のどれかをゆるめて考えてみることが大切だろう。

今回見過ごしたフィードバックのなかで、もっとも意見の分かれたのが火事だった[63]。1978年、当時レディング大にいたジェイムズ・ラブロックとアンドリュー・ワトソン、そしてマサチューセッツ大の微生物学者リン・マーギュリスがある説を提案した。大気中の酸素濃度は、火事によって安定化されているというのだ。この説を唱えたとき、彼らの念頭にはガイア仮説があった。ガイアとは、ギリシャ神話中の地球をつかさどる女神である。ガイア仮説は「地球上の気候や化学組成には、生物圏によって、生物圏のために最適となるよう安定化が働いている」という[64]。彼らは、生物が地球を自分たちにとって快適な状態に維持していると考えていた。そしてこの考えの後ろ盾として、酸素濃度を時代にかかわらず一定にするような仕組み――言い方を変えるなら、大気中の酸素濃度が自律的に安定化していることを示すような仕組み――を探していた。

問題は、火事が何百万年ものあいだ大気中の酸素量にどうやって影響を及ぼしえるのかということだった。ラブロックの考えはこうだ。酸素濃度が上がると、森林は雷などによって火がつきやすくなる。実験でも、高濃度の酸素中に紙テープを入れて火花を起こすと、ふつうより簡単に火がついて燃えることが示された。これと同じことが森にもいえるという[65]。ラブロックは、酸素濃度が高くなりすぎると自然発火が起きて植物にダメージを与えるというように、負のフィードバックが働くはずだと考えた。本章でも書いたように、植物が減るとやがては炭素の埋蔵量も減り、大気中に放出される酸素量も減る。この理屈からラブロックらは、石炭紀にずっと森林が存在したということは、酸素濃度が決して25％以上にはならなかったはずと主張した。「もし25％以上になったのなら、大火災が起き、熱帯林もツンドラもみんな燃えてほとんど生き残らなかっただろう」と彼は語っている[66]。

石炭紀に35％もの酸素濃度があったことは、ガイア主義者が唱える燃焼フィードバックとは相容れない事実だった。この齟齬の原因は、ラブロックが紙テープを使った実験室のできごとを、実際の森林火災にそのまま当てはめたところにあるらしい。紙テープは、森林を構成する木の皮や葉や材などの代用としてはお粗末すぎる。木はどの部分も、紙テープよりずっと厚いし水を含んでいる。燃え方も紙テープとはぜんぜんちがう。のちにおこなわれたもっと実際の森林に近い材料を使った燃焼実験では、火の広がり方は30％の酸素濃度でも21％のときと変わらなかった[67]。乾燥したものは、酸素の多いところでは燃えやすかっただろう。酸素濃度が高いときは、雷による野火もいまより多く起こったかもしれない。しかし、まわりのものが湿っていたなら、火事はほとんど広がらずに終わったはずだ。そうだとすると、ラブロックの印象深い言葉「熱帯林もツンドラも、みんな燃えてほとんど生き残らなかった」ということが石炭紀に起こったとは考えにくい。

一方、生物や地質や海洋と、大気中の酸素濃度がかかわるフィードバックとして、ほかにも面白いものが見つかりはじめている。たとえば、ある研究グループの指摘によると、大気中の酸素濃度が上がると海水に溶けた酸素濃度も上がり、その結果、堆積岩中のリンが閉じこめられてしまうという[68]。リンは海洋プランクトンにとって大切な栄養素だが不足していることが多く、そのためプランクトンの成長も抑えられている。この説では、酸素が多くなるとリンが閉じこめられ、栄養素が減ってプランクトンの成長が悪くなり、海底に埋まる有機物も減ってしまう。そうすると酸素のできる速度も落ちるというのだ。この一連の作用――酸素の増加、リンの減少、プランクトン成長の低下、埋蔵炭素の減少、そして酸素の減少――は負のフィードバックを作り、酸素の増加を抑える方に働いたかもしれない。

じつをいうと、海洋にリンが増えることと陸上で火災が起こること自体も一連の作用によってつながっていて、このつながりが、森林火災を増やす酸素濃度の上昇に終止符を打ったのかもしれない[69]。火事が起こると、焼け死んだ森は土壌の鉱物を分解できなくなり、リンが放出されなくなる。するとリンが川や海にあまり流れこまなくなり、植物プランクトンの成長は頭打ちになり、海底に埋まる炭素の量も抑えられ、結果的に酸素生産量が減る。このような話を聞くと、陸上のできごとは海中のできごととうまくつながっているように思えるかもしれない。しかしこの話にも難点はある。実際は、火事のあとには森林が急速に回復し、いままで以上に根を広げてどんどん成長していく。そうすると、土壌から放出されるリンの量は減るどころか増えていく。また、炭化した材は微生物に分解されない木炭となって埋まり、酸素量を増加させる方向へ正のフィードバックを生みだす[70]。

この手のフィードバック話は面白いが、どれも憶測の部分が多すぎる。「岩石存在量」アプローチや「原子存在量」アプローチのようなシンプルな地球システムのモデルに、これらのフィードバックを現実的な形で組みこむのはむずかしい。ただ、酸素濃度が増加するにつれ火事が多く起こるようなフィードバックはモデルに組みこまれたことがある。その結果は有機物の埋まる量が減り、酸素生産も遅くなった。そして地球上の酸素の変遷がいままでのアプローチで得られたものに近い形で再現された（ただし、火事のフィードバックを組み入れたモデルでは、石炭紀の酸素増加が27％に落ちる）。このように、火事がもつ負のフィードバックも、適度に見積るなら一つの要素になりそうだ。石炭紀の木々は厚い皮で火から守られていた。そんな時代でも大量の化石木炭が堆積したということは、沼地のような環境でさえ森林火災があったということだろう。[71]

地球の生物の進化に酸素がどのような役割を果たしたのかについては、いままでさまざまな憶測があった。たとえば19世紀の半ば、ヴィクトリア時代の科学者リチャード・オーウェン［1804–92］によると、「創造主」が中生代に恐竜を創ろうとしたのは酸素が足りなかったからだという。これは一見理にかなっている。というのも爬虫類は、あとで進化した哺乳類にくらべて代謝が遅い。オーウェンによると、そのあとの中生代では酸素濃度は上がる一方で、大気は「活気ある」ものに変わっていった。こうして酸素濃度が上がったことが、結局は恐竜や時代遅れの爬虫類を絶滅に追いやったという。[72] しかしこのオーウェンの主張にはなんの根拠もなかった。単に自分の信じることを前面に出して、慈悲深い創造主なら、それぞれの環境に合う生物をうまく当てはめたにちがいないというわけである。

現在の私たちの理解も、当時とたいして変わっていない。でも証拠が増えるにつれ、石炭紀とペルム紀に大気中の酸素量が大きく増加、そして減少したことは反論の余地がなくなった。疑いはやっと晴れ、私たちが吸っているこの酸素がずっと21％だったわけではないという考えも、受け入れられるようになった。いつの時代でも科学者は何かいままでとちがうことを見つけようと創意工夫をこらし、そのたびに新たな証拠のかけらがパズルにはめこまれていく。たとえば古生物学者たちはいま、35％の酸素が入った空気中でワニの卵を温めている。それでわかったのが、発育中のワニにとって酸素は、骨の構造を著しく変える働きがあることだった。酸素濃度が高いと成長は速くなり、体も大きくなるらしい。もしこれが本当なら、ずっと昔絶滅してしまった爬虫類の骨化石に残された年輪が新しい意味をもつようになる——過去の大気の酸素濃度を、骨の年輪からも知ることができるようになるのだ[73]。

地学、生理学、古生物学、そして大気化学。私たちは本章で、まったく異なる分野から出てきた証拠がひとつに集まると、驚くべき力をもつことを知った。これらの証拠は、酸素濃度が巨大で複雑な動物の進化に重要な役割を果したという、わくわくするような可能性を示している。過去5億年にわたる酸素量の増減を再現できたことから、古生物学者たちは、酸素濃度が動物の生理や生態に影響を及ぼすことで起こった進化について、さまざまな仮説を生みだすようになった。

いまから約150年前、エベルマンは酸素を理解する基礎を築いた。1845年の論文に彼はこう書いている。「それでも、過去には大気がいまより濃く、二酸化炭素や酸素が豊富な時代があったことを多くの状況証拠が物語っている……。大気の状態はおそらく、各時代に生きている生物と共につねに変わっていったのだろう。[74]」濃い酸素の世界でどんな生命が進化していったのか——この問いに対する、彼が語った言葉の意味の深さを、私たちはいまやっと理解しはじめたばかりだ。

第3章
オゾン層大規模破壊はあったのか？

君の説は狂気の沙汰だというのが、皆の一致した意見だ。いま皆のあいだで意見が分かれているのは、君の説が、真実の可能性があるほど十分に常軌を逸したものかどうかだ。

——ニールス・ボーア『サイエンティフィック・アメリカン』(1958) より

地表に生きる生物が過度の紫外線による害を受けずにすんでいるのは、成層圏にあるオゾン層が地球を取りまいているからだ。だが、オゾン層はもろい。１９８５年、南極の上空にオゾンホールが見つかったというショッキングなニュースが流れて以来、オゾン層のもろさは多くの人の知るところとなった。

ではこの「生物圏のアキレス腱」は遠い過去、自然現象でも傷つくほどもろかったのだろうか？　火山の大噴火や天体衝突、超新星爆発のように宇宙で起こる事件によって傷ついてきたのだろうか？　仮にそうだったとして、ボロボロになったオゾン層を通って殺人的な紫外線が届いたことが、大絶滅に関与することはなかったのだろうか？　紫外線の悲劇が起こった確かな証拠など、なかなか手に入るものではない。

ところがいま、その証拠が存在する可能性がでてきた。２億５１００万年前、地球史上最大の絶滅があったそのときにオゾン層が壊れていたことを、突然変異を起こした植物胞子の化石が示しているというのだ。これはほんとうにオゾン層破壊の証拠なのか——。まさにいま、その検証がはじまった。

ケンブリッジ大学――それは世界でもっとも古くから続く学び舎のひとつである。その威厳ある学府にふさわしく、伝統と歴史が深くしみこんでいる。いろいろな伝統が息づくのはもちろんだが、なかでもかなり奇妙だったのが、数学トライポス（学位試験）の結果公表だ。トライポスは、世の中の試験といえるもののなかでもっとも古く、もっとも大変な試験にあたる。そしてその結果の順位は、1909年まで一般に公表されていた。[1] 学生たちは10（いまは9）学期間集中して勉強した成果を四つの試験で問われる。その試験は一つ進むごとに難しくなり、9日間にもおよぶ厳しいものだった。試験の結果、上位30～40名がラングラー（一級合格者）と呼ばれ、その年の最高点をとった者はシニア・ラングラー（首席一級合格者）という、だれもがうらやむ地位を得る。毎年ラングラーはロンドン・タイムズ紙に公表されるのが伝統で、その際は当人の経歴や写真も紹介された。ラングラーになることはイギリス中から讃えられることであり、大学でも一目置かれる存在になることだった。

シニア・ラングラーになる競争は熾烈だった。試験では知識はもちろん、記憶力、集中力、そして精神力が要求された。数学の優等生たちのあいだにはシニア・ラングラーになりたいという欲望がはびこり、それに応じる家庭教師まで出てきた。家庭教師の多くは、彼ら自身も以前のトライポスで高得点をとった者だった。有能な家庭教師は、試験に欠かせない数学を教えるのはもちろん、時間内に問題が解けるよう、予想される問題の答えをたくさん用意する能力に長けていた。ラングラー制はやがて、永続性をもつ独自の自然なライフ・サイクルを進化させた。というのも有能な家庭教師は、週２回学生を一年間みるだけでかなりいい収入を得ることができ、しかもその多くは複数の生徒を持てたからだ。ウィリアム・ホプキンスという男は最高の家庭教師で、１８４９年までに17人のシニア・ラングラーと44人のトップ３を送りだした。上位ラングラーになると条件のいい特別研究員の地位を手に入れることもできたし、家庭教師となって、より多くのラングラーを生みだすべくキャリアを積むこともできた。

　ヴィクトリア朝やエドワード朝時代のケンブリッジでは、女性は学位を取ることが許されていなかった。しかし１８７０年から、トライポスを受けるだけなら女性にも許されるようになった。そうしたなか、上位の成績をとった最初の女性がシャーロット・スコットだった。彼女の傑出した数学の才能は、熟練の家庭教師の助けもあってみごと花開き、ラングラーのなかで８位を獲得した。トライポスでの女性の成功はもちろんそれにとどまることなく、10年後にはスコットの輝かしい業績もかすんでしまうような快挙が達成された。フィリッパ・フォーセットが１９８０年、「シニア・ラングラーより上位」という成績を取ったのだ。[2] フォーセットの成功はセンセーションを巻き起こし、大学の評議員会館〔ここでトライポスの結果が公表された〕では異例の大騒ぎで迎えられた。

　シニア・ラングラーのリストには、19世紀から20世紀に登場した偉大な科学者の名前もみられる。たとえば、イギリスでは当時最高の天文学者だったジョン・ハーシェル〔１７９２－１８７１〕とアーサー・エディントン〔１８８２－１９４４〕、数学者で物理学者でもあったジョージ・ストークス〔１８１９－１９０３〕やジョン・ストラット〔三代目レイリー卿、１８４２－１９１９〕。ここにラングラーの２位や３位を加えると、まるで19世紀と20世紀におけるイギリス最高の数学者と物理学者の出席簿のようだ。２位には電子を発見したジョン・〝Ｊ・Ｊ〟トムソン〔１８５６－１９４０〕、当時の物理学の第一人者ジェイムズ・マクスウェル［1831－79］、そしてウィリアム・トムソン［ケルヴィン卿、1824－1907］がいる。ケルヴィン卿の2位には有名な逸話がある。たいへん優秀だった彼は、試験で1位になることを疑っていなかった。そこで彼は使用人に命じて、大学の評議員会館へ行って誰が2位かを調べてくるように言った。やがて使用人は戻ってくるとこう伝えた「だんなさま、あなたですよ！」。その年（1845年）のシニア・ラングラーは、セント・ジョン・カレッジのウィリアム・パーキンソンだった。パーキンソンが1位になれたのは彼の暗記していた証明が試験に出たからだが、じつをいうとこの証明はもともとケルヴィン卿が公式化したものだった。パーキンソンはこれを暗記していたので難なく解答を書いた。一方、ケルヴィン卿の方は自分の証明を暗記しようなどとは思いもしなかった。そのため過去の仕事をわざわざやり直し、貴重な時間を使ってしまったのだ。

レイリー卿が数学の天才だったのは疑いようのないことで、彼が1865年にシニア・ラングラーになったとき、彼の試験を担当した一人はこう語っている。「彼の解答はあまりによく書けていたので、見直すこともなく新聞に発表したよ」。レイリー卿はその年、スミス賞の試験でも1位になった。このスミス賞はトライポスのあとにおこなわれる試験で、数学の能力や科学に対する理解を問い、トライポスより内容が濃いともいわれていた。レイリー卿と妻エヴリンの長男ロバート・ストラット［1875－1947］（図8）には父親の優れた資質が遺伝したようで、彼は卓越した物理学者になった。1919年に父が死ぬと、彼は称号を継いで四代目レイリー卿となり、自分も科学の道に進んだ。彼には有名な父という重圧があったが、それに負けない栄光をつかんだ。岩石の年代を知るのに、ウラン鉱物に含まれる放射性ヘリウムの濃度を測る方法を発見したのだ。(4) なお、彼にはもう一つ功績があるのだが、そちらについてはあまり知られていない。この功績というのが、オゾン層について新しい理解をもたらしたことだった。

オゾンは、酸素原子が3個くっついてできた非常に反応性の高い分子である。ドイツ人化学者クリスティアン・シェーンバイン［1799－1868］が最初に発見した。シェーンバインはある日、水を使って電気分解の実験をした。電流を流して水の分子をバラバラにするのだ。ところがその際、鼻にツンとくる匂いに気がついた。[5] 彼はまた、同じ匂いが落雷のあとにも漂うことに気づいた。落雷は、いわば自然がおこなう大規模な電気分解だ。電気自身には匂いがないはずだということで、1839年、彼は電気分解の結果できる正体不明の気体をオゾンと名づけた。これは、ギリシャ語で匂いを意味する ozon に由来する。[6]

オゾンはまもなく科学者の注目の的となった。とくにフランス人のマリー・アルフレッド・コルニュ［1841－1902］とイングランドのウォルター・ハートリー［1845－1913］の功績が大きい。コルニュが気づいたのは、水晶のプリズムを使って太陽光を分光すると、紫外線領域にあるはずの光がなくなっていることだった。[7] これは大気中の気体がこの波長域を吸収したためではないか――彼はこう考えた。一方、ハートリーはオゾンが紫外線をよく吸収することを発見し、コルニュの考える気体がオゾンではないかと考えた。[8] そして、オゾンが大気中のどこかに存在する可能性を指摘した。[9]

図8　ロバート・ストラット（4代目レイリー男爵）．オゾン層発見の要となった人物．

この気体に対して、レイリー卿は並々ならぬ関心

をいだいた。彼の心に火をつけたのは、同僚のアルフレッド・ファウラー〔1868－1940〕だ。ファウラーは彼に、いろんな星からやってくる光のスペクトル（分布帯）を見せた。このスペクトルでは特定の部分がいつも抜けた縞になり、紫外線の吸収され方の細かなパターンを識別することができる。[10]これをもっと詳しく調べようと、二人は小さな「オゾン発生器」を作った。それを使うことで、オゾンが吸収した光の特徴を実験室でじかに細かく観察できる。このときの彼らの発見の様子は、レイリー卿の言葉によく表れている。「観察をはじめてすぐ、太陽光スペクトルの紫外線の帯と、オゾンの吸収した光の帯が一致することに気づいた。それは劇的な瞬間だった」[11]。

レイリー卿は、この快挙で満足したわけではなかったようだ。今度は、光を吸収しているオゾンが大気の低い場所に漂っているのかどうかを突きとめることにした。1918年、彼は実験を思い立って、夜に水銀蒸気をつかった放電光を放ち、谷越しにそのスペクトルを写真に撮った。写真は小さな水晶のプリズムで分光して撮影した。この谷はエセックスのチェルマー渓谷で、谷のあいだの距離がちょうど4マイル（約6・4キロ）になる。[12]じつは、この実験には特別な許可が必要だった。当時のイギリスはドイツのツェッペリン飛行船の飛行を妨げようと、夜は灯火管制が敷かれていたのだ。しかし運がよいことに、彼の叔父のアーサー・バルフォア〔1848－1930、1902－05年に首相〕が当時、ロイド・ジョージ〔1863－1945、1916－22年に首相〕の内閣で外務大臣を務めていたため許可をもらうことができた。この実験で得られた写真から、4マイルの距離があっても、谷底では紫外線を通してしまうことがわかった。この研究はレイリー卿が余暇におこなったものだが、彼いわく、「これで、オゾンは大気の低い部分にはほとんどないこと、そして、太陽が低いときのスペクトルに見られるオゾンは、高い高度にあるものにちがいないこと、この二つがはじめて立証された」[13]。

オゾンが大気のどこにあるのか。これはなかなかわからなかった。やっとわかったのは1929年のことで、それはイングランドのジョージ・ドブソン〔1889－1976〕が信頼度の高いオゾン測定器を発明したからだった。ドブソンの測定器は、太陽からくる光の強度が隣りあう波長帯でどれだけちがうのか、その相対的変化を測ることができる。その変化は、装置と太陽のあいだ——つまり大気の一番下から一番上までのあいだ——にあるオゾンの総量と対応しているので、結果的にオゾン量を測れるというわけだ。ただ、これを正確に測るためには空が澄んでいなければならないが、それはオックスフォードではめったに望めない。そこでドブソンは、共同研究者のパウル・ゲーツ〔1891－1954〕に誘われてスイスアルプスのアローザへと旅立った。ここなら澄みきった山の空気に包まれて、測定に絶好の機会が得られる。アルプスで二人は、一日のいろんな時間帯にオゾン量を詳しく測った。時間が違えば太陽と測定器の距離も変わるはずだからだ。彼らの独創的な調査の結果、ほとんどのオゾンは海抜25キロ周辺に溜まっていることがわかった(14)。

ふりかえってみると、19世紀後半から20世紀前半にかけては目がくらむほど実り多き時代だった。先見の明のある科学者たちが独創的な頭を駆使し、空気中のオゾンの存在を確かめたばかりか、その大気中の量を測り、上空高く漂う場所まで突きとめた。しかも、進歩はそれだけでは終わらなかった。研究史のフィナーレを飾るもうひとつの謎——オゾンは上空にどうやって現れたのか——も明らかになったのである。この謎には、新進気鋭の地球物理学者シドニー・チャップマン〔1888－1970〕が挑戦した。彼は太陽光が酸素に及ぼす作用によって、オゾンの発生や崩壊を説明する簡潔な仮説（5段階の反応だけで説明できる）を作りあげた(15)。チャップマンの仮説は、オゾンがなぜ海抜15キロから50キロのあいだに存在するのかという疑問を説明する。彼はその深い洞察力によって、オゾン自体と酸素に紫外線が働きかけることで生まれたり壊れたりすると考えた。海抜15キロより下では、その上空にある大量のオゾン自体が生成に必要な強い紫外線をさえぎってしまうため、オゾンの発生は止まるという。50キロより上にオゾン層がないのは、酸素が十分ないため発生が崩壊に追いつかないからだ。

それだけではない。チャップマンの仮説は、ある重要な発見も合理的に説明してくれる。その発見とは1902年、フランス人のレオン゠フィリップ・テスラン・ド・ボール〔1855－1913〕が報告したものだ。テスラン・ド・ボールは計器を積んだ風船を開発したのだが、ある日、上空へ行くほど気温がおかしな変化をすることに気づいた。気温はまず、高度が上がるにつれて低くなっていった。ここまでは予測どおりだ。しかし、およそ11キロ以上になると気温は安定し、ときには高くなることさえあった。最初、彼はこれを太陽が計器を温めるせいだと思った。そこで彼は計器をコルクで覆ってみた。また彼は、風船を夜に上げることもやってみた。夜なら太陽の影響はなくなるはずである。しかし、温度の変化は変わらなかった。彼はこつこつデータを集めていき、飛ばした風船は236個にのぼった。そしてとうとう1902年、研究の成果を発表した。それによると大気は二つの層に分かれていて、上の方には暖かくてあまり動かない層があり、その下にはもっと冷たく、もっと濃くてもっと動的な層があるという[16]。彼は上の層を成層圏と呼び、下の層を対流圏と呼んだ。気温が途中から逆に高くなるのは、成層圏ではオゾンが紫外線を吸収するため空気が温められるからであり、しかも下の対流圏にある活発な対流の影響を受けないため、成層圏の空気はあまり動かない。気象学に対するテスラン・ド・ボールのこの画期的な貢献は賞賛の的となり、月と火星のクレーターに彼の名前がつけられた。

チャップマンの理論はこの発見とも符合し、簡潔で、エレガントともいえるものだった。しかし、年月が経つにつれ欠陥が見つかりはじめた。彼の理論だと、上空にあるオゾンの量が、気象学者が実際に測ったデータの5倍になってしまうのである。これはつまり、未知の要因で上空のオゾンが壊れているということだ。この謎を解くには、チャップマンの理論を根底から飛躍させる必要がある。これに成功したのは比較的最近、1970年になってからだった。ポール・クルッツェンという、当時はまだ若手の研究者が出してきたのは驚くような説だった。土壌中の微生物が窒素酸化物を作り、その窒素酸化物が触媒となって何キロも上空のオゾンを破壊するという。(17) 生物圏の窒素循環が地球全体のオゾン層に影響するなどという話は、ほとんどの人にはとても信じられなかった。地上の生命が成層圏の化学反応に影響するなんて。この地上と空の関係を明らかにすることで、クルッツェンは1995年、ノーベル化学賞を受賞した。彼は後年、このことをふりかえって語っている。

過去の文献を調べていくうち、大気中のオゾンの仮説について、私は何かがまちがっているという妙な気持ちを抱くようになった。そしてそれを解決する鍵は、窒素酸化物にあるのではないかと思うようになった。しかし、長いあいだ、私はその考えを発表すべきかどうか迷った。というのも、手元には何のデータもなかったからだ。そんな上空に窒素酸化物があることなど、当時はだれも知らなかった。また、そんな大それた発見をする学者はアインシュタインみたいな大人物で、私のようなふつうの人間のはずがないという気持ちもあった。(18)

このように1970年代後半までに、科学者たちはオゾン層に関する基礎的な情報をかなりつかんでいた。オゾン層がどこにあってなぜそこにあるのか、どうやってできるのか――以前はすべて謎だったのに、いまではすべて明らかになった。地球上のオゾンの約90％が成層圏にあり、そこでは酸素分子とオゾンそのものに太陽光が働くことで新たなオゾンが生産されている。

ところが、この次に起こったのは世界を震撼させるできごとだった。

イギリスの南極観測隊は、1956年からハリー研究基地で大気中のオゾン量を根気強く測りつづけていたのだが、あるとき、神の啓示とでもいうような発見をした。ハリー研究基地は南極の棚氷の上にのっかっている。建物は徐々に雪に埋れてしまうため定期的に建てかえねばならず、数年に一度、氷山に埋まったまま棚氷の端から姿を現すだけだった。こんな状態だったから、ハリー研究基地で観測されたデータをようやく解析することになったのも、いままで溜まった未処理分のデータを消去したいという理由からだった。ところが、ジョゼフ・ファーマン、ブライアン・ガーディナー、ジョナサン・シャンクリンの3人は、そのデータを見て驚いた。1976年以降、春のオゾン量が劇的に減っていたのだ(図9)。この傾向は純粋に自然現象のせいで、悪天候の際の測定を補正したためではない[19]。そう確信した3人は1985年、記念碑的論文を雑誌ネイチャーに発表した。南極の上空に、オゾンの穴——オゾンホール——を見つけたというのである[20]。すぐさま人々の関心は、それが本当なのか、そして、本当ならなぜいままでほかの科学者は気づかなかったのかという疑問に集まった。春になるとオゾンが激減するなんて劇的な事件に、なぜ誰も気づかなかったのか？　とくに、人工衛星によるオゾン層の観測データがあるのに、なぜそこからは報告が出てこなかったのか？

これはいい質問だ。この質問は、NASAのゴダード宇宙飛行センターを狼狽させた。というのもこのセンターでは、1978年10月から87年2月まで宇宙からのオゾン観測プログラムを走らせていたのだから。それはちょうど、春のオゾンホールが発達した時期にあたる。これに対する当時の説明は、人工衛星のコンピューターシステムが、データのうち異常に低いオゾン測定値は却下するようプログラミ

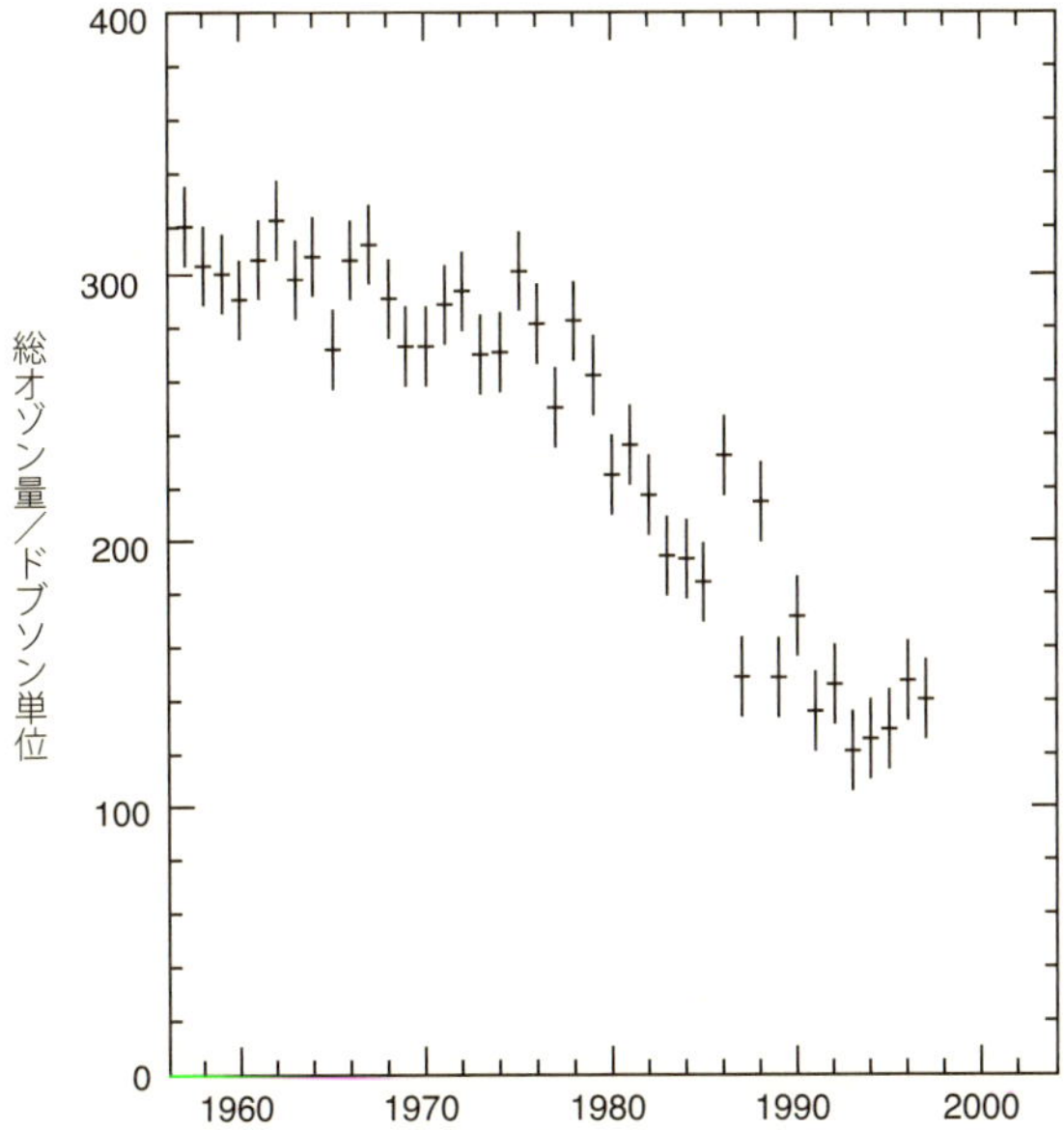

図 9　南極上空のオゾンホールの発達．グラフは1957年から1997年のあいだのハーレー港における総オゾン量の毎月の平均値（横線）と値の範囲（縦線）．

ングされていたというものだった。[21] しかし、これは本当の理由には思えない。というのもＮＡＳＡは後日衛星のデータを再解析して、オゾンホールが南極全体におよぶ広範囲の現象であるという論文を１９８６年に発表していたのだ。[22] ふしぎなことに、ＮＡＳＡチームが南極のオゾンホールを見逃した理由はいまだにわかっていない。[23] このオゾンホール発見のエピソードは、低予算の研究が衛星観測のような巨大プロジェクトに勝るときもあることを教えてくれる。ＮＡＳＡのオゾン観測衛星は、年間５０００万におよぶオゾン測定値をはじきだす。しかし、１９７０年代後半から１９８０年代前半に使われたコンピューターではこれほど大量のデータを処理できなかった。一方、ファーマンたちは一地点から集められた正確なデータを使って、春にオゾンが減ることをつきとめた。NASAではだれも、大量のデータからこれに該当する部分を見つけだせなかった。

オゾンホールの発見は世界の注目の的となった。地の果てでなにが起こっているのか——人々は驚きをもって見守った。そしてわかってきたのは、どうやら犯人はフロンガスだということだった。工業的に作られるフロンガスは長期安定的なガスで、当時、冷蔵庫やエアコンに使われていた。このフロンガスが太陽光によって分解されると塩素ができ、この塩素は成層圏に溜まっていく[24]。そして極地域の成層圏で、すごく寒い冬と初春に高い上空で氷粒子からなる特殊な雲ができると、フロンガスからできた塩素が氷粒子の表面でオゾンを破壊する形にどんどん変化し、オゾン層の破壊が進む[25]。この反応は太陽光がないと起こらないので、オゾンホールも春先にしか現れない[26]。

フロンガスがオゾン層に悪影響を与える可能性は、じつはこれより10年近く前から指摘されていた。しかしそのときのモデルでは、南極より低緯度でのオゾン層破壊はたいしたものにはならないはずだった[27]。それだけに、オゾンホールの位置や大きさに人々はさらに驚かされた。しかも、フロンガスは50〜100年と寿命が長い。モントリオール議定書でフロンガスのようにオゾンを破壊する物質の生産を減らす方策が制定されたが、これが履行されてフロンガスが放出されなくなっても、そのあと長期にわたってガスの影響は残ってしまう。したがって、オゾンホールが元に戻るまでには何十年もかかるだろう[28]。

春の南極でオゾンホールが発見され、地球上の生命を有害な紫外線から守ってくれるオゾンの盾が薄くてもろい存在であることが明らかになった。実際に、オゾン層を集めて海抜ゼロの高さにもってきたとすると、大気圧に圧縮されるため3ミリの厚さにしかならない。それでも私があえて「盾」という言葉を使ったのは、この薄い層があることで、地球上の生命が高エネルギーの短波紫外線Bから守られているからだ[29]。この盾がなければ、地球上には動物も植物も存在できない。なぜ生物がこんなに紫外線に弱いのかというと、紫外線を過度に浴びるとＲＮＡやＤＮＡ——生命の素ともいえる物質——が破損し、突然変異やがん化を起こすのである。人間は紫外線Ｂを過度に浴びると日焼けし、肌の露出が長引くと皮膚がんの発生率が高まる。いまの予測では、オゾン層が１％減少すると紫外線Ｂを２％多く受けるようになり、皮膚がんが４％上昇するといわれている[30]。

南極上空のオゾンの減少は１９８０年以来、紫外線Ｂを12％[31]も上昇させていて、南極周辺に固有の植物や動物群集にはすでにその悪影響が現れはじめている。南極半島の沿岸の端には自生の維管束植物がたった2種、アザラシやペンギンによる撹乱を免れて生えている。ナンキョクツメクサ *Colobanthus quitensis* とナンキョクコメススキ *Deschampsia antarctica* である。この2種はいままで氷河と同じような速度で成長していた。しかし、詳しい調査からわかってきたのは、オゾン層が薄くなって春に紫外線Ｂが過剰に降りそそいだ結果、この2種の成長が止まってしまったことだった[32]。こうした影響はほかの地域でも出はじめている。南洋の氷床沿岸でも紫外線Ｂの量が増え、海水面に生育し食物連鎖の底辺を支える植物プランクトンの光合成を阻害している[33]。

地の果てともいえる南極にオゾンホールが発見されたことは衝撃だった。そしてこの発見から、ひとつ重要な可能性が浮かび上がってきた。それは、オゾンの盾がいままで考えられていたのとはちがって、つねに存在していたものではないかもしれないということだった。オゾン層は植物や動物が進化したこの5億年のあいだ、ずっと存在していたわけではないのかもしれない。地球には天体の衝突や大規模な火山噴火が何度も起きている。こうした天災が、一時的にオゾン層を破壊したこともあったのではないか？　もしそうだとすると、動植物に起こった大絶滅には、はげしい紫外線の照射が関係していたかもしれない。(34)

じつをいうとこの考え方は、1928年にヴァージニア大学の古生物学者ハリー・マーシャルが唱えた説を逆転させたものだ。(35) マーシャル自身の説では、はげしい火山活動が長く続いたことで大量の灰が雲のようにかかり、それが地球への紫外線をさえぎった結果、動物にくる病や不妊、代謝の不全や神経障害などが起きたという。彼いわく、「変温動物は（灰の影響による）低温で体温が上がらず、のろのろとしか動けなくなって、ビタミンを含んだ食物を探すこともできなくなった。そのせいで成熟が遅くなり、新しい環境への適応進化が遅れてしまった」。彼の説は、いまでは的はずれだと考えられている。しかし逆の可能性――突然オゾンが減少するという災難を、生物が受けたという可能性――には一考の余地がある。こうした可能性を考えることは、生物の進化を変えてしまうような環境の力について、私たちの理解を深めることにつながるだろう。そしてこの可能性を突きつめていくと、異常な化石植物に行きつく。大昔にオゾンの大惨事が起こったという、論議を生むような仮説を生んだのも、この異常化石だった。

小天体の衝突や噴火活動が地球のオゾン層を周期的に破壊したとすると、その証拠はどこにあるのだろうか。これを明らかにするひとつの方法は、こうした現象が実際にあったとき、何が起こるかを観察することだ。少なくとも小天体の衝突は、あまり起こることでもないし起こってほしいことでもない。しかし、1908年の6月30日の朝、それは起こってしまった。中央シベリアのポドカメンナヤ・ツングースカ川流域にいた住民はこの朝、巨大な地球外物質が超音速のスピードで大気圏に突入するのに遭遇した。[36] 事件のスケールは、有史上例を見ないものだった。目撃者によると、巨大な青白い火の玉が空を横切り、ツングースカ川のはるか上方で爆発したという。この小惑星が爆発したとき放出されたエネルギーは20メガトンに達したと考えられている。[37] その結果起きた突風は、２０００平方キロにわたるシベリアの密林をなぎ倒した――これはイギリスのグレーター・ロンドンに匹敵する広さだ。木々の幹は、まるでマッチ棒のようにへし折られてしまったという。70キロ離れたヴァナヴァラという町の人々は、衝撃波によって地面に打ち倒された。この衝撃波は世界を二周駆けめぐった。

小惑星が大気を焼き焦がしつつ通りぬけたとき、小惑星のまわりに起こった衝撃波は通り道の空気を数万度に熱した。そのため、二つずつペアになっていた酸素や窒素の気体の分子はバラバラにされてしまった。通り道の空気が膨張し、やがて冷えてくると、熱でバラバラにされた酸素と窒素原子が結びつき、何千万トンもの一酸化窒素ができた。[38] 夜空は明るく深紅に染まり、ヨーロッパからアジアにかけて、その色は二週間続いたという。北半球のオゾンはこのとき45％も激減した可能性がある。[39] ただ、この事件は広範囲なオゾン観測ネットワークができる前に起こった。[40] オゾンの低下はカリフォルニア州ウィルソン山にあったスミソニアン天体物理観測所のデータをもとに報告されたが、当時の観測技術はまだ信頼できず、この報告も確実とはいえない。[41] なお、この事件にはいい面もあった。一酸化窒素が雨で流れおちた結果、タイガの森に窒素が供給されたのだ。[42]

残念ながらツングースカのあと、証拠に使えそうな大きな天体衝突は起こっていない。そのため、大きな衝突がオゾン層にどんな影響を与えるのか実際には観察できないままである。[43] しかし、大火山の噴火なら話はちがう。20世紀最大の火山噴火は１９９１年６月15日に起こった。フィリピン、ルソン島のピナツボ火山が、600年以上の眠りから息を吹きかえしたのだ。このときは人工衛星の記録から、大量の塵や灰やガスが驚くほどの速さで世界中に広がったことがわかっている。[44] 火山灰の重さで家がつぶれ、またちょうどフィリピンを通過していた台風ユーニャによる猛烈な雨もあって、300人以上の人が亡くなり、20万人以上が避難を余儀なくされた。

この噴火で硫黄を含んだガスや灰や破片が約3000万トン、成層圏の高度40キロまで吹きあがった。[45] 成層圏では亜硫酸ガスがすぐさま化学反応を起こし、硫酸の水滴やエアロゾルと呼ばれる細かい粒子に変わった。水滴やエアロゾルの表面で、フロンガスの分解によって成層圏に溜まっていた大量の塩素が活性化し、オゾンを破壊した。[46] 噴火後まもなく熱帯上空のオゾン層に小さな亀裂が入り、6月半ばの約2週間、破れたままになった。[47] その年の冬とそれに続く春、オゾン濃度は最低となった。[48] 同じようなオゾンの激減は、1982年の3月から4月、メキシコのエル・チチョンの噴火で亜硫酸ガスが成層圏に突入した結果起こっている。[49] しかし、こうしたオゾン層の撹乱にもかかわらず、地球の表面に届いた紫外線の量はいつもとほとんど変わらなかった。というのも噴火のあと、埃を含んだ大気が広がって太陽の光をはね返したため、オゾン層の減少した効果が相殺されたのだ。[50]

この二つの火山噴火は大規模なものだったが、たとえ二つをあわせたところで、長い地球の歴史上で起こった大噴火にくらべればたいしたことはない。過去5億年のあいだには巨大な火山噴火がくりかえし起こっており、そのたびに地質学的な時間からすればあっというまに何百万立方キロもの玄武岩が地上に吹き出した。こうしたとてつもない洪水玄武岩噴火では何百回も繰り返し溶岩が噴出し、それに伴って大規模な絶滅が起こった。[51] だとすると、大噴火が原因でオゾン層が大規模に破壊されたことがあっただろうと単純に考えたくなるのだが、事情はもっと複雑そうだ。私たちはまず、二つのタイプの噴火を混同してはいけない。通常の噴火と洪水玄武岩噴火はまったくちがうものだ。洪水玄武岩の噴火はふつう、ピナツボ火山のように爆発する噴火ではない。どちらかというとのろのろした噴火で、地殻の割れ目から溶岩がゆっくり、しかし大量に流れ出す。溶岩がゆっくり流れ出す場合、有毒ガスなどの化学物質を大量に成層圏に届ける働きはぐっと落ちる。また、天体衝突と同じく、オゾン層を破壊するという直接の証拠はほとんど観察されていない。最近起こったこのタイプの噴火というと、1783年から1784年のあいだにあったアイスランドのラキの噴火だけで、ラキでは25キロにわたる割れ目から15立方キロの溶岩が流れ出ただけで終わった。そしてこの噴火が起きた当時はまだ、オゾンの存在すら知る由もなかった。[52] そんなわけで、洪水玄武岩の噴火がハロゲンガスや硫黄を含んだエアロゾルのような、オゾンを破壊する化学物質をたくさん出すのかどうかはいまもまだわかっていない。[53] また前述のように、エル・チチョンとピナツボ火山の噴火時にはフロンガスがあった。フロンガスからできたものの不活性だった塩素が、成層圏まで吹き出した硫黄を含んだエアロゾルによって活性化してオゾン層を壊した。一方、洪水玄武岩噴火が起こった昔の大気には、スプレー缶もなければ冷蔵庫もなかったのだから、オゾン層への影響は噴火でどれだけの塩素が放出されたのかによる。

地球上に暮らす生物にとってはありがたいことに、地球のアキレス腱であるオゾン層の薄い盾に対してわき上がった最初の心配は、のちに根拠のないものであることがわかった。フロンガスが作ったオゾンホールは歴史上でも特殊な例外だったのである。現在わかっているかぎり、天体の衝突や洪水玄武岩の噴火は、オゾン層にとってあまり大きな驚異ではなかったはずだ。だからこそ、オランダ・ユトレヒト大学のヘンク・ヴィッセルたちの発表がどんなセンセーションを巻き起こしたか、想像がつくだろう。ヴィッセル率いる古生物学の国際チームはこう発表した。成層圏のオゾン層はずっと存在していた——

ただし、2億5100万年前、ペルム紀の終わりに消滅したのを除いて。

ペルム紀末の大絶滅は、あわや動物全滅という危機だった[54]。地球上に動物が誕生して以来最大の大絶滅で、全種類の95%近くが消え去った。生物群集は崩壊し、回復するには何千万年もの時間がかかった。では、この絶滅に研究者たちはどう向きあったのか。いままでの研究者たちは、当時の化石に残された海洋動物や陸上動物の絶滅の壮絶さを、ただただ記載することに何十年もかけてきたが、ヴィッセルたちは違った。動物の多様性が激減したころの、陸上植物の試練を追いかけたのである[55]。この方向転換は、グリーンランド東部の岩から化石が出たとき報われることとなった。彼らは、長いあいだ立ち枯れしていた針葉樹の森を発見した[56]。そしてこの森が衰退して空いた場所には、荒地に入りこめる草本のヒカゲノカズラが繁茂していたことも見いだした。

このヒカゲノカズラが化石となって残した胞子はどこか変だった。どうやらヒカゲノカズラは環境ストレスを受けていたらしい。というのも、グリーンランドの堆積物から出てきたその胞子は、尋常ではない形に変形していたのだ。本来なら四つに分かれるはずの胞子が、醜いひとかたまりになっている[57](図10)。ふつうこのようなかたまりは胞子の形成時にみられるだけで、それが外に分散することはない。どうやら当時、何かふつうでないことが起こって通常の胞子の形成が妨げられ、個々の胞子の分散ができなくなってしまったらしい。では、いったい何が起こったのだろう?

この胞子の異常さはそれだけではない。胞子のかたまりをさらに詳しく観察したところ、本来なら胞子が発芽する場所で互いにくっついていることがわかった。おかしなことに、あれだけ繁茂していたヒカゲノカズラは胞子が異常になり、子孫が作れなくなったらしい。これに似た状況は、現在でもみられることがある。分布が孤立してしまった植物集団で個体数が減り、過剰に同系交配をくりかえすように

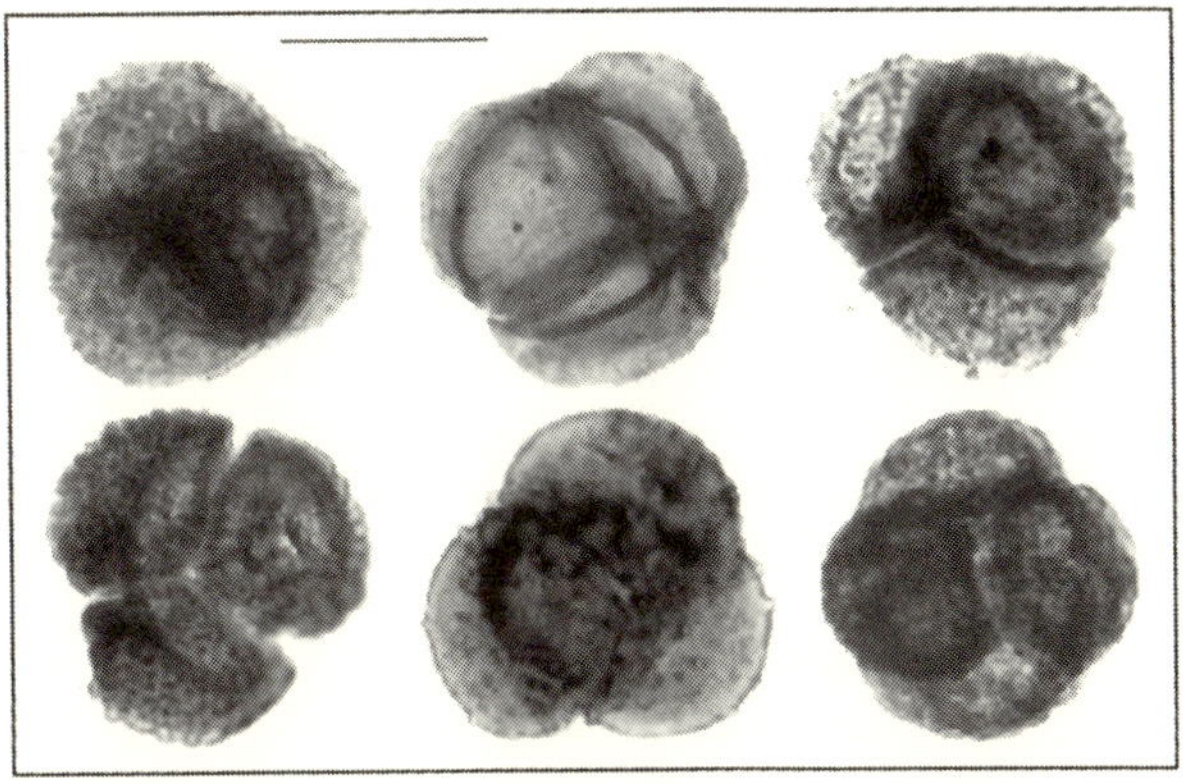

図10　２億5100万年前の突然変異胞子の化石．４つの胞子がうまく離れずに異常なかたまりを作っていることに注意．スケールバー（左上）＝50μm（１μmは1000分の１ミリ）．

なったときだ。たとえばサハライトスギ *Cupressus dupreziana* は、地中海地方アルジェリアのタッシリ・ナジェールにしか生育していない。現存するのはわずか２３０本あまりで、深刻な絶滅の危機に瀕している。[58] この種は同系交配の結果、正常な花粉ができず、作られる花粉は互いにくっついて発芽できなくなっている。この危機的状況のイトスギには、寂しい未来しかないだろう。ペルム紀末のヒカゲノカズラも同じような状況だったようだ。ただ、彼らには奥の手があった——無性生殖ができたのだ。[59] 針葉樹の森には災難だった環境の変化が、ヒカゲノカズラが残るには功を奏す結果になった。

なお、異常な胞子がいくらたくさん出てきても、それがグリーンランドの東部にあるわずかな地層から見つかっただけだとしたら、そんなに大きな意味はないだろう。しかし、ヴィッセルたちは似たような異常な胞子を、同じ時代と思われる世界中の地層から見つけだした。ペルム紀末の地層なら、北アメリカ、ヨーロッパ、アジア、アフリカのどこをとっても、ふつうにない頻度で異常胞子が見つかった（図11）。それまでの研究者たちはこう

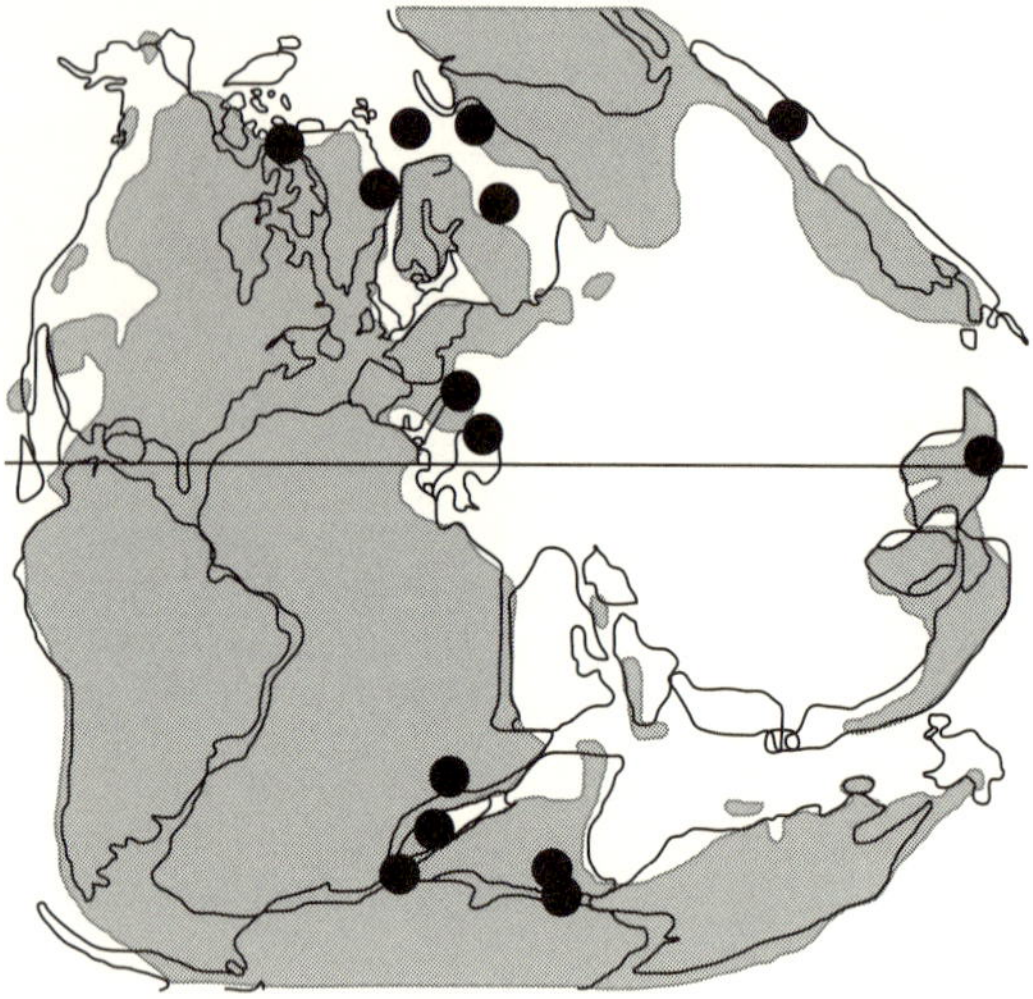

図11　地球規模で異常発生が起こった証拠？　世界中から見つかった，異常な植物胞子や花粉の化石分布．黒丸は，ペルム紀末の岩から高頻度で異常な胞子や花粉が見つかった場所を表す．大陸の配置は２億5100万年前のものにしてある．

した異常な化石を新種の胞子とまちがえていたため、その重要性に気づかずにいたのだが、ヴィッセルたちはこれらの化石を、植物の遺伝的組成がおかしくなるような環境変化が起こったという、衝撃的な証拠としてとらえたのである。

その翌年には別の研究者たちも、ペルム紀末の岩石の地層から突然変異を起こした化石を見つけた。ただし今回の花粉は、ロシアから中国北西部にかけて広がる針葉樹の森の、生き残った木から飛びだしたものだった。[60] 正常な針葉樹の花粉は風で分散するため二つの空気袋（気嚢）をつけている。ところがロシアや中国の岩から見つかった異常な花粉は、複数の空気袋がくっついていた。それだけだったらそれほど異常とは言わないかもしれない。花粉の形成がうまくいかなくなることなど、自然界でもしょっちゅうあるからだ。しかし、ペルム紀末の岩から見つかった異常花粉は、通常の域を超える多さだった。

世界中の同じ時代の地層からこれだけたくさん異常な花粉化石が出てきたものだから、ヴィッセルたちはこれを、異常を引き起こすような環境変化が地球規模で起こった証拠ではないかと考えた。そして、ドイツの有名な古生物学者オットー・シンデヴォルフ［1896－1971］の意見にも似た、大胆な推論を打ちだした。このような異常現象は、地球規模でオゾン層が破壊されたからではないかというのだ。オゾン層が減って紫外線Bの照射が増え、大絶滅をまぬがれた植物に突然変異を引き起こしたのではないか――。シンデヴォルフは反ダーウィン主義を貫いたことで有名な学者で、第二次世界大戦後チュービンゲン大学の古生物学の教授となったのち、大絶滅に関する独自の考えを展開した。彼の考えでは、超新星の爆発が宇宙線を急増させ、それがさまざまな生物の突然変異率を高めたという。[61] しかし彼の説は証拠が少なすぎ、信じるには足りなかった。

皮肉なことに、いまや突然変異を支持する証拠が現れたものの、それが他の星からの宇宙線の放射によるのではないこともわかってきた。[62] 星が爆発すると、その中心部は潰れてブラックホールや中性子星に変わる。巨大爆発の結果、銀河宇宙線（電荷を帯びた原子核）やガンマ線（明るく、高エネルギーの放射）を出す。つい数年前、天文学者たちは中性子星から届いた明るいガンマ線放射を検知し、その膨大なエネルギーを垣間見ることとなった。その中性子が1秒に出すエネルギーは、太陽が25万年間に出すエネルギーの総量にあたったのだ。[63] このとき地球の近くで超新星が爆発すると何が起こるのか、はじめて真剣に調査がおこなわれ、科学関連の出版界も大いに湧いた。その際は長期にわたってオゾン層が消滅したと主張されたが、その後、オゾンの再生に関わる重要な化学反応を見過ごしていたことが判明した。この反応を計算に入れると、それが緩衝材の役割を果たし、オゾン層は宇宙から降り注ぐ過剰な光線に侵されにくくなる。[64] 実際のところ、地球上のオゾン層が超新星爆発から影響を受けるのかどうかは、爆発の近さに依存している。銀河系における地球の位置から考えると、オゾンを大きく減らすほど近くで超新星の爆発が起こる確率はかぎりなく低い。おそらく15億年に一度くらいの確率だろう。[65]

天文学者たちは、しかし、ひるまなかった。[66] 自分たちの想像力を駆使しつづけた結果、宇宙で起こった事件がオゾンの破壊を招くことで地球規模の絶滅を引き起こした可能性について、つい最近、新たな仮説を打ち出している。[67] それによれば、地球はいつも太陽風の磁気と地球自身の磁場で宇宙線から守られているが、過去にこれらの保護が両方とも消えたことがあるという。二つの磁気の保護が両方とも消えてしまうと、オゾンは大きく破壊され、紫外線が急増して生物も被害を受ける。[68] そして紫外線がはげしく降りそそぐ状態は、地球の核が磁場をふたたび取り戻すまでつづく。その長さは1000年から1万年――生態系が損なわれてしまうのに十分な長さである。ただ、太陽風と地球の磁場の両方が同時に消えてしまう確率は低い。磁場を低下させるような、密度の高い星間ガスを通り抜けるには約百万年かかる。一方、地球の磁場が反転するのは平均で20万年に一度だ。ということは、二つが同時に起こる確率は星間ガスと出会う確率の5分の1ということだ。[69] まあ、絶対起こらないという確率ではないが、これが起こったと考えてもいいのは、鉱物から読みとれる磁極が反転した時期と、大絶滅の時期が一致した場合だろう。しかし、いまのところこれにあてはまる例は、3300万年前の始新世後期に起きた小規模の絶滅しかない。[70]

ということで、どうやら地球外宇宙線説は、異常胞子の化石が出てきた説明としては旗色がよくない。そして、天体の衝突や大規模な火山噴火も、オゾン層を破壊する候補と考えるには無理があることはすでに説明したとおりである。では、ヴィッセルたちが主張する、2億5100万年前に起こったオゾン大量破壊の犯人は誰なのか？

彼ら自身が提案しているのは、地球の歴史上でも最大規模の火山噴火――シベリアの大規模火山活動が引き起こした環境変化だ。この火山活動がどれほど大きかったのかは、シベリア・トラップと呼ばれる、玄武岩が幾重にも重なった巨大な段丘からわかる。[71] 噴火の痕跡は少なくとも500万平方キロメートルに及び、それから換算すると、約50万年のあいだに約400万立方キロメートルの溶岩が、大地の裂け目から地球表面へと吹き出したことになる。さらに、この噴火のピークは大量絶滅の時期と一致していた。[72] 大量絶滅との一致は、この噴火を研究していた地球科学者たちを喜ばせたにちがいない。

ただヴィッセルたちは、このシベリア・トラップもオゾン層破壊の直接の犯人ではないと考えた。[74] 代わりに彼らが注目したのは、シベリアの氷床の下に眠る、地球最大規模の石炭と岩塩の堆積物だった。[73] この二種類の堆積物のせいで、シベリアの噴火によるオゾン層破壊が激しくなったというのだ。ずいぶん前の話だが、中央シベリア高原で石油を探すため、穴が掘られたことがあった。その調査でわかったのは、噴火の際に溶岩の多くは古い岩石でできた分厚い層の下に流れこんだことだった。この層には石炭や石油が多く含まれていた。[75] 実際、シベリア・トラップの約50％にあたる溶岩が、有機物を大量に含むこの堆積岩にサンドイッチのように挟まれている。ヴィッセルたちのストーリーはこうだ。噴火がはげしくなって溶岩がどんどん噴き出したとき、溶岩のすべてが地表に流れるのではなく、過去に溜まっていた石炭と岩塩のレンズ（岩石にはさまれたレンズ状の異物）の間にしみ出し、熱水と混じりあった。その結果、レンズ中に熱が広がり、熱水は太古の塩を溶かし、地下の状態はまるで圧力鍋のようになった。この圧力鍋は、有機ハロゲンと呼ばれるハロゲン化した化合物〔ここではおもに有機塩素化合物〕を合成した。この化合物は反応性が高く、オゾン破壊を引き起こす。[76] こうして50万年もしないうちに大量の有機ハロゲン化

合物が合成され、オゾン層が破壊されて強烈な紫外線が世界中に降り注いだという。(77)

この説を聞くと、二つの疑問が湧いてくる。まず、このメカニズムがほんとうに、広範囲のオゾン破壊を引き起こすだけの力をもっていたのだろうか？　また、シベリア・トラップがもっと直接的な役割を果たした可能性をそう簡単に捨ててしまっていいのだろうか？　シベリアの噴火が、爆発的な活動が集中して起こる珍しいタイプのものだったとしたら。火山学者からすると、粘性の低い玄武岩溶岩ではガスが抜けやすく、爆発的な噴火につながりにくいので、この認識はおかしいという。しかし地質学的な証拠から、この火山が尋常ではない凶暴性を伴ったことがはっきりしている。玄武岩が流れ出すとき、溶岩の通り道から大量の噴石も飛び出した。(78)　噴石には、溶岩の通り道より1キロほど深いところにあった岩が大量に混じっている。10キロもの深さから出てきた岩石のかけらも、まれではあるが入っている。シベリアの噴火時に出てきた全物質のうち、じつに20％近くがこうした火山砕屑物だと考えられている。(79)北米のコロンビア川には玄武岩群があるが、これを生み出した噴火はシベリアのものより若く、研究も進んでいる。(80)　その噴火から類推すると、シベリアの噴火では大量の塩素が放出し、その多くは爆発時の力で成層圏に突入し、オゾン層に甚大な被害を与えた可能性がある。

シベリアの噴火が各種のガスをどのくらい放出したのか、また噴火がどのくらい長く続いたのかは、まだよくわかっていない。しかしこうした疑問にも、数学モデルを使って当時の大気の化学反応をシミュレートすれば答えられるということが、ケンブリッジ大学とシェフィールド大学の共同研究からわかってきた。(81)　この共同研究チームは、率直な疑問を二つとりあげた。一問目は、石炭と岩塩層が熱せられることで放出される有機ハロゲン化合物が、オゾン層にどんな影響を与えたのかということ。二問目は、その影響と、シミュレーションで出したシベリア噴火の影響とではどんな相違点があるのかということ。

研究チームが出した答えからみえてきたのは、ペルム紀の幕が閉じようとするころ、人はいなくても自然の力によってオゾンホールが開いた可能性である。

　研究チームが見つけたのは、まず、熱くなった石炭が有機ハロゲン化合物を生んだという従来の考え方では、オゾン減少の広がりを説明できないことだった。それだけでは、大気中の化学システムに深刻な打撃を与えることはできない。一方、噴火の方はずっと大きな力をもっていた。ただ、オゾン層破壊がどれほどのものだったかは、噴火の長さに依存する。年代測定によると、噴火活動のピークは数十万年続いたという。これが本当だとしたら、成層圏には噴火によって膨大な量の塩素が突入し、深刻なオゾン減少を引き起こしただろう。[82] さらに、有機ハロゲン化合物を合成する可能性を秘めたもので、まだ取り上げられていないものがもうひとつある。それは、シベリア盆地の古い岩塩層と岩石が溶岩で熱せられた際にできた物質だ。この岩塩層と岩石には有機物が広く散在していた。その量は、石炭が熱くなってできる量より１００倍多かったと見積もられている。シベリア・トラップの噴火で、塩素の突入と同時にこれが大気中に放出された結果、大規模なオゾン減少――じつに北半球では40%の減少、南半球では20%の減少――を引き起こしたらしい[83]（図12）。

　このシナリオでは、オゾン層破壊はきわめて大規模だった。そうなる一因には、ペルム紀末の大気がふつうとは異なる構成をしていたことも関わっている。当時の大気は、少なくともいまの4倍以上の二酸化炭素を含んでいたらしい。その結果、低空域の熱が上へ逃げるのを妨げ（俗にいう温室効果だ）、成層圏を冷やしてしまっただろう。成層圏が冷たいと、高い上空で氷の粒子が雲を作るのを促す――これは、南極上空でオゾン層の破壊を媒介したのと同じタイプの雲だ。冷たいペルム紀の（とくに南半球の）成層圏でできたということを除けば、この雲も噴火で出てきた塩素を、オゾンを破壊する形に変性させ

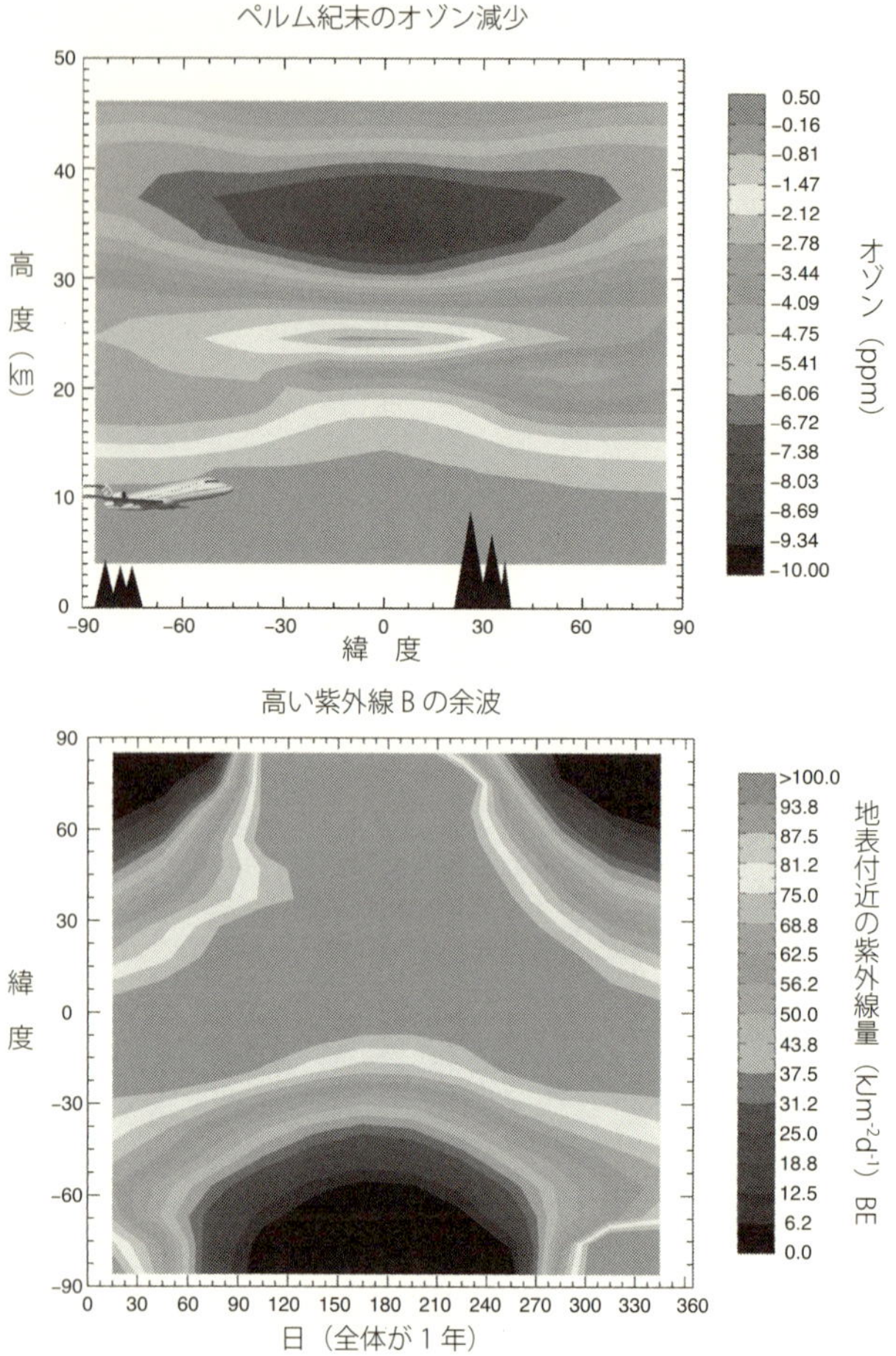

図12　ペルム紀末のオゾン減少と紫外線Ｂ量．上の図は，２億1500万年前に起こったシベリア・トラップの噴火のあいだに，塩素化合物の放出によって減ったオゾンの量をコンピューターでシミュレートしたもの．緯度と高度の比較用に，ヒマラヤのエベレスト山，南極横断山地のヴィンソン山，大西洋を横断する飛行機の一般的な航路高度を描き加えてある．下の図は，薄くなったオゾン層を抜けて地表まで届いた紫外線Ｂ量．20度を超えると植物のDNAを不安定にする．ここで示した結果は，主要な噴火期間を10万年だったと想定してシミュレートしたもの．

ていった。そして地球の表面に、高レベルの紫外線Bをもたらしただろう（図12）。

酸素の濃度も関係している。酸素濃度は、ペルム紀の終わりにかけてずっと史上最低の15％だったと考えられていた。第2章でみた巨大昆虫たちを締め出すような低さである。これだけ低いと、巨大昆虫を窒息させるだけでなく、噴火が進んだときにオゾン層を「自己回復」させる能力も抑えてしまった。成層圏にはブルーアー＝ドブソン循環と呼ばれるゆっくりとした空気の対流があり、そのおかげでオゾンには自動的に元の状態に戻るメカニズムが働く[84]。この循環は、1949年から1956年にかけてその存在を推測したゴードン・ドブソンとアラン・ブルーアーにちなんで名づけられたもので、おもに熱帯でできたオゾンを上昇・横断させたあと、中・高緯度で下降させる。その結果、オゾンの大半は極地域で下に降りる。オゾン層は日光による化学反応で作られるが、ブルーアー＝ドブソン循環のせいで、生まれたはずの熱帯でもっとも薄く、極地域でもっとも厚くなる。しかし酸素濃度が低いと、熱帯でのオゾンの発生量は抑えられ、極へ運ばれる量も減ってしまう[85]。ちなみに、このときの酸素濃度がここまで低かったのは、おもに植物が原因だった。それはペルム紀のあいだに大陸の乾燥化が進み、地球上の植生が大きな森林から草原へとゆっくり変わっていったためだ。ペルム紀末期の森林崩壊もこれに拍車をかけた。こうした変化が、有機物——何千万年ものタイムスケールで大気中に溜まる酸素の源——の埋蔵量を減らしてしまった[86]。

オゾン層をシベリアの大噴火が破壊するメカニズムと、石炭が熱せられたことで破壊するメカニズムでは、生成されて大気中に放出されるハロゲンの量が異なる。シベリア・トラップから排出された塩素のうち成層圏に届くものは一部でしかないが、それでさえ、シベリア地下の有機物に富む堆積物が熱せられてできた塩素全体の、約3倍だったと考えられている。

こうした状況を考えると、化石となった植物の異常胞子から浮上した仮説——2億5100万年前のペルム紀末期にオゾン層の世界的減少があったとする仮説——は、どうやら本当だった可能性が高い。いま私たちが直面しているオゾンホールが、昔もできていたのかもしれない。もっとも、昔といまでは重大な違いがあることを忘れてはいけない。前にも書いたが、人の作ったオゾンホールは回復するのに何十年もの歳月がかかる。フロンガスの分解には長い時間がかかるためである。一方、昔できたオゾンホールは、噴火が化学物質を大気中に放出しなくなればすぐ修復される。塩素は雨に溶けて大気中からすみやかに洗い流されるため、噴火が終われば10年もしないうちにオゾン層は完全に回復する。[87]

当時の環境悪化とオゾン層減少の話はまだ終わらない。じつは、生物が絶滅の瀬戸際まで追いやられた環境条件として、巨大噴火が引き起こした環境悪化だけでは十分ではないことを、地質学者たちが証明しようとしているのである。彼らはほかに、海底からのメタンの大量放出と世界の海洋循環の停滞という二つの環境悪化を挙げ、それらを含んだ「殺戮モデル」というおぞましい名前のモデルを作った。[88]このほか天体の衝突も候補に挙がっているが、この衝突については賛否両論ある。衝突があった証拠として、オーストラリア北西部の沖合に埋まっている衝突跡のクレーターが見つかったと騒ぐ者もいれば、[89]炭素分子に閉じこめられた地球外ガスとおぼしきものを感知したと語る者もいる。[90]しかし、こうした報告はどれも強い批判を受けている。なお、この衝突が事実だったとしても、私がすでに説明したように、異常花粉の化石を作った犯人とは考えにくい。

メタン放出や海洋循環の停滞は、たしかにオゾン層に決定的な影響を与えたかもしれない。シベリアの大噴火が大量の二酸化炭素を吐き出した結果、はじめ地球は温暖化し、大陸沿岸の海底にあった氷が溶け、中に溜まっていたメタンガスを放出したという。[91]氷が溶けて地球温暖化が進むにつれ、わずか数万年のあいだに途方もない量のメタンが解き放たれたと考えられる。これは温室効果を強め、さらなる温暖化を促しただろう。オゾン層にとってメタンの放出は致命的だった。まず、放出されたメタンの一部は数年のうちに低空（対流圏）で酸化して水蒸気となった。もちろん、そのすべてが成層圏まで達するわけではない。対流圏の上方は寒く、空気はむしろ「乾燥凍結」状態になりやすい。しかし、対流圏をそのままくぐり抜けて成層圏に達したメタンガスは、そこで酸化して水蒸気を生み出す。これに日光が当たると小さくて反応性の高い断片ができ、オゾンを破壊する。メタンがどれほど放出されるとオゾン層が破壊されるかについては、いま研究が進められている。[92] もしこれが想定範囲の上限に近い量だったとすると、オゾン層を非常に薄くしただろう。そして、それまでにもシベリア・トラップのせいでダメージを受けていたオゾン層を、さらに壊してしまったかもしれない。[93]

シベリアの噴火やメタンの放出と並ぶ「殺戮モデル」の三番目の要素が、海洋循環の停滞である。この可能性は、絶滅が起こる前のペルム紀の岩石、そして絶滅が起きたあとの三畳紀の岩石を詳しく調査した結果から指摘されていた。[94] 絶滅が起きる前、海底にあった岩石には多様な貝殻と骨の化石や、堆積物を食べ進む底生脊椎動物の穴がみられた。しかし絶滅後、こうした堆積岩は劇的に変化した。ずっと暗い色になり、動物の生きていた痕跡が広い範囲でみられなくなった。そして動物相の変化と岩石の地球化学的な分析から、当時の海洋に大きな変化が生じたことがわかってきた。酸素の豊かな海水が、事実上、酸素がまったくない水に変わっていたのだ。こうした変化は、中国、イタリア、北米に至るさまざまな地域の岩石から見つかった。酸素が極端に減る状態――アノキシア（無酸素化）と呼ばれる――は、海が温暖化して溶解した酸素が減ったこと、そして、海洋循環が停滞するようになったことで起こったと考えられている。[95]

海洋の広い範囲でアノキシアが起こった結果、バクテリアの作る硫化水素が溜まってしまった可能性があり、さらにそのことが、大量の硫化水素を突然大気中に放出することにつながったかもしれないと考えられている。そうやってできた有毒な大気がオゾン層を破壊した可能性もある。[96] なお、この仮説は面白いとはいえるが、その検証はまだ予備的な段階にある。無酸素状態の海洋からそこまで大量の硫化水素が出て、地球規模でオゾンを減らすまでに至ったのかどうか、まだほとんどわかっていない。

さて、ここまでくればずいぶんはっきりしたと思うが、ペルム紀末の大絶滅の原因として古生物学者が挙げている環境の悪化には、オゾン層破壊につながったであろう三つの要因が含まれている。それをいまわかる範囲で重要と思われる順に並べると、トップはシベリア・トラップになる。あとの石炭の高温化、そしてメタンと硫化水素の大量流出については、これが実際に起こっていたとしても、オゾン層破壊へ影響した疑いがあるという程度だろう。

過去に実際にオゾンホールがあったとして、次に考えなければいけないのは、化石記録にみられる突然変異が紫外線Bの増加とほんとうに一致しているのかということである。これについては、現在生きている植物からの情報が役に立つ。いま植物では突然変異に関わる生物的プロセスが次々明らかになっていて、これが私たちの議論にもさまざまなことを教えてくれる。突然変異が起こるには、少なくとも二つの条件が必要だ（もしくはこの二つの条件で十分かもしれない）。まず一つは、胞子または花粉の突然変異が遺伝子の制御に由来すること。もう一つは、紫外線Bが強まると植物の遺伝子の安定性が弱まること。では現在わかっていることから、この二つの条件について何が言えるだろうか？

第1章でもみてきたように、分子生物学は生物の形成に使われる遺伝子のネットワークや制御系を解明してきた。この壮大なテーマを追う植物学者たちがとくに好んで研究しているのは、シロイヌナズナ

Arabidopsis thaliana と呼ばれるアブラナ科の小さな雑草である。控えめなシロイヌナズナは、何もかもが小さい。草丈は数センチにしかならず、五つの染色体に2万程度の遺伝子と、ゲノムの量もかなり小さい。[97] 小さくないのはただひとつ、科学者が向ける多大な関心だ。このシロイヌナズナのゲノムを精査することでスタンフォード大学の分子遺伝学者たちは、正常に発達中の花粉粒がバラバラになるためにはたった二つの遺伝子があればよいということを明らかにした。[98] この二つの遺伝子がノックアウトされると、花粉粒は離れずに四粒がくっついたまま、かたまりの状態で出ていく。このかたまりは独特の形をしていて、ペルム紀の堆積物から見つかるものに似ている。さらにこの二つの遺伝子の機能を研究していくと、かたまりになる理由もわかってきた。どちらでもいいのだが少なくとも片方の遺伝子が損傷を受けると、ペクチンというねばねばする高分子化合物が分解される過程に不備が起きる。ペクチンは花粉母細胞とそこから生まれる花粉粒をつなぐ役割を果たしており、ペクチンが分解されないと花粉粒が離れることもできなくなる。[99] この二つの遺伝子の機能は、花粉母細胞の細胞壁を分解するか構造を変化させることだと考えられる。このことからも、異常な花粉ができるには遺伝子の制御が関わっているといえるだろう。

次に必要な条件は、植物の遺伝子が有害な紫外線Bにさらされることで不安定になることだ。これについては、実験や観察からたくさんの証拠を挙げることができる。ほんの数年前にも、フエゴ島のオゾンホール下の植生を調べていた研究者から報告があった。フエゴ島は南米南部にあるフエゴ国立公園内の奥地に浮かぶ島で、ここに生える野生の草本植物グンネラ・マゲラニカ *Gunnera magellanica* は、強まりつつある紫外線Bを浴びた結果DNAの損傷を受けているという。[100] オゾン層が世界的規模で破壊されていることを考えると、この報告は氷山のほんの一角で、強力な紫外線Bを浴びた結果起こった突然変異は多数あると思われる。(101) シロイヌナズナを使った実験では、高レベルの紫外線Bにさらされると DNAの突然変異が起こり、それは世代を追ってひどくなった。このシロイヌナズナではDNA修復にかかわる遺伝子の発現に、遺伝し、かつ蓄積していく変化が起こったと考えられる。もしもシベリアの大噴火のせいで数十万年のあいだオゾン層が壊れていたのなら、そして、ここに挙げた一連の実験結果が実際にも起こりうるならば、はげしい紫外線が長く降りそそぐ環境が破壊的な突然変異をもたらしたかもしれない（図12を参照）。

高レベルの紫外線が花粉の突然変異を誘発したという証拠は、チェルノブイリの原発事故後におこなわれた環境モニタリングからも出てきている。1986年4月26日、チェルノブイリの原子炉四つのうちの一つでメルトダウンが起こった。冷却装置を一時的に止めてしまうという人為的な過ちから起きた事故だ。この過ちは爆発を生み、核の火は10日間燃えつづけ、周辺地域から13万5000人の住民が避難した。(102) 放射性のセシウム、ストロンチウム、プルトニウム、その他の放射性同位体が大量に大気中に放出され、雨によっておよそ20万平方キロの範囲に降りそそいだ。現場の周囲半径30キロ以内が、もっとも高い放射能を受けた。このとき生き残った植物や動物が受けた影響について、その後数十年にわたってモニタリングをおこなった生態学者たちは、驚くような話をいくつも報告した。(103) なかでも驚いたのは白いツバメの出現だった。ツバメは、まれに起こる突然変異のせいで部分的に白くなることがある。チェルノブイリでは、そんな白いツバメが他の地域より10倍近い頻度で現れた。(104) しかしもっと興味深いのは、松の木が異常な花粉を大量につけるようになったことである。(105) その異常な花粉は気嚢をいくつももった独特の形をしており、ちょうどペルム紀末の大異変の時代にできた化石とそっくりだった。

このように、現生植物は強い放射能にさらされると突然変異を起こし、それは化石に現れる胞子や花粉に似た形になる。その理由も、個々の遺伝子のレベルまでわかっている。したがって化石にみられる突然変異花粉は、ペルム紀末にあったであろうオゾン層の破壊とつながっている可能性が高い。そこまででも証拠としては有力と思うが、しかし、過去のオゾン量がわかる実際のデータをこれに結びつけることができれば、もっと納得のいく話になるだろう。以前ならとても実現不可能に思えたことだが、じつはもうすぐこれが可能になるかもしれない。紫外線Bが増えると、植物内で体を保護する色素が増加するという研究が現れたからだ。[106]この色素は複雑な有機分子の形をしており、いつもは化学的に安定で陸上植物の葉や胞子や花粉にみられる。化石の植物からでさえ見つかっている。[107]この色素のことがわかって以来、植物化石が地球の過去の紫外線環境を教えてくれる未開の玉手箱である可能性がでてきた。[108]

この可能性に向かってささやかな一歩を踏みだした研究がサウス・ジョージア島の例である。南極に近いサウス・ジョージア島での調査によると、ヒカゲノカズラの胞子内にある保護色素は、現在の方が40年前より40％も増加していたという。40年のあいだにオゾン層は14％減少しており、色素はその減少につれて増えていた。[109]ヒカゲノカズラは、ペルム紀が終わるころ針葉樹と入れ替わりに栄えるようになった草本植物の仲間で、突然変異を起こした胞子自体も、過去のオゾン濃度のデータを秘めている可能性がある。ただ、この貴重な情報を信頼できる形で取り出すのは技術的にかなり難しい仕事で、地球科学の中でも最先端の分析技術を要するだろう。

本章で、私たちは驚くほど長い科学の道を旅してきた。そして、旅はまだ終わりそうにない。19世紀と20世紀の、大気に関する化学者や物理学者の画期的な研究は、21世紀における古生物学者たちの思いがけない発見やセンセーショナルな学説へとつながった。この旅は、私たちを科学の未開拓地まで連れていってくれたが、未開拓地にはつきものの、論争の渦にも引きこんだ。

本章のはじめに引用した言葉は、ニールス・ボーア［1885－1962］がヴォルフガング・パウリ［1900－58］に対して語ったものだ。パウリは20世紀初頭の、物理学の黄金時代に現れた巨人である。ボーアのこの言葉は、パウリが素粒子理論における未解決の謎をすべて解いたと発表したときのものだ。ボーアの考えでは、パウリの解はまったく途方もないものだったが、しかし、それが正しいかもしれないという一筋の光を見いだすほど「十分に常軌を逸している」にはわずかに足りなかった。偉大な数理物理学者であるフリーマン・ダイソンもこの会に出席していたが、彼はより穏やかな言い回しでこう語っている。

重大な新機軸が生みだされるとき、それはかならずといっていいほど曖昧で、不完全で、混乱した形で現れる。それを発見した本人でさえ、半分しか理解できていないものだ。他の人にとっては、それはほとんど謎としか見えない。どんな推測であっても、それが最初は常軌を逸して見えないとしたら、それが真実である望みはまったくない。[110]

古生物学者が叩きつけた挑戦状も、この逸話に近いものかもしれない。2億5100万年前にオゾン層が破壊されてしまったなどという刺激的な考えは、ほんとうに信じられるのだろうか。ヴィッセルはその優しい物腰にそぐわず、非常に鋭い知性を備えている。そして彼が議論するときは、科学的な細部に至るまで綿密な注意を払うことで有名だ。だから彼の研究チームが出してくるアイデアは、真剣に受けとる価値があると思う。地球の大気の化学モデルに関する最新のシミュレーションによると、シベリア・トラップの噴火はオゾン層の広範囲な破壊をもたらした有力候補と考えられる。もし、さらなる研究がこの説を支持するのであれば、ペルム紀の終わり、化石に突如現れた異常な胞子や花粉に意味を見いだしたヴィッセルたちの洞察力に拍手を送らなければならない。この先も、もっと新しい発見がかならず待っている。ペルム紀末の大絶滅を取りまくさまざまな環境悪化に、強力な紫外線という要因が加わるのだろうか。最終的にその決着をつけるのは、仮説と観察を結ぶ研究にかかっている。

第4章 地球温暖化が恐竜時代を招く

地球上の生物は、しばしば恐ろしい災難にみまわれる。
地球の全地殻をはげしく揺さぶるような災難に。
——ジョルジュ・キュヴィエ『化石骨と地学上の大異変』(1812)

過去5億年のあいだに、海洋生物には五つの大量絶滅が襲いかかった。これらの絶滅時の環境は、さまざまな謎に包まれている。しかし、陸上植物はこの絶滅を生き延びた。そのおかげで、植物化石にはこの謎を解く貴重な手がかりが残されている。

約2億年前、三畳紀とジュラ紀の境界にも大量絶滅が起こった。その原因をめぐっては論争が渦巻いていたが、グリーンランドの東岸から見つかった植物化石が鍵となり、その論争に決着をもたらした。この絶滅では二酸化炭素濃度が急上昇し、「超温室」状態になったことがわかったのだ。この温暖化は原始的な爬虫類を駆逐し、恐竜が生態系の勝者になる道を開いた。温暖化が起きた第一の原因は、大気中に二酸化炭素が蓄積し、地球を容赦なく温めたことだと考えられる。

人間活動はいま、このときのシナリオを再演しはじめている。次から次へと起こるできごとが地球温暖化への警告だということに、私たちはやがて気づくことになる。

ウィリアム・バックランド［1784―1856］は、英国の教区牧師であると同時に古生物学者であり、また、1813年にオックスフォード大学地理学教室の初代教授になった人でもある（図13）。チャーミングで雄弁であっただけでなく、講義の達人でもあった。彼の講師像は、1894年に出版された伝記によくまとめられている。「バックランド博士の話は、とてつもなく陽気な空想と、とてつもなく深遠な考察が合わさることで例を見ない効果を生む。この効果の大きさを、実際に博士の話を聞いたことがない者に伝えるのは不可能である。この二つの融合こそ、博士の話術のすばらしさだった[1]」。彼は頭脳明晰だが、エキセントリックなことでも有名だった。一度など、ブリストルで開かれた英国学術協会の会合で、堅苦しい同僚たちを前にニワトリのまねをして講義室を歩きまわった。古代の鳥がどのように泥の中に足跡を残したのかを説明するためだった。また、あるときなどは、

有名なダッドレー洞窟内での講義で、数千人の聴衆を魅了した。洞窟はその日、講義のため特別に明かりが焚かれていた。そのすばらしさに心奪われた彼は、聴衆の愛国心に訴えたい衝動にかられた。彼は高らかにこう宣言した。私たちの目の前に広がるこの壮大な鉱物の宝庫は、決して自然の気まぐれでできたのではない――これはわれわれ英国民が、この贈り物を使って世界でもっとも豊かでもっとも強い国になれという、神の思し召しなのだ。これを聞いた聴衆はバックランドを先頭に、一同に国歌を歌

い叫びながら、陽の降りそそぐ洞窟の外へと向かった。[2]

バックランドはまた、自分が研究した動物の分類群をすべて食べたと豪語していた。フランス国王ルイ14世の心臓（防腐処理されていた）も味見したと語った。これは、彼の友人だったカンタベリー大司教の嗅ぎタバコ入れにあったものをくすねたという。彼のこのエキセントリックな動物食を可能にしたのは、息子であるフランシス・バックランド［1826‐80］だった。フランシスはヴィクトリア期の有名な博物学者であり、英国鮭漁業の監査役をしていたこともあった。彼はあきらかに父親のエキセントリックな性格を受け継いでいて、ビールを飲む猿や、ネズミやウサギたちとともに暮らしていた。注射器にベンゼンを入れてゴキブリに火を放つのを、スポーツだといって楽しんだ。フランシスは、ロンドン動物園から死んだ動物の切れ端を貰い受けられるよう取り計らった。そのおかげでバックランド家の食卓には、ネズミのパイとかモグラのローストはもちろん、ときにネズミイルカの頭のスライスが並ぶこともあった。

図13　1833年のウィリアム・バックランド．19世紀はじめに書かれた書物によると，彼は「明るくユーモラスかつ賑やかで，つねに本物のウィットをきかせた雄弁な語り口で話した．彼の“青かばん”は有名で，どんなときも，たとえ華やかな夜会の席でさえ欠かさず持ち歩いていた．そしておどけつつ，洞窟から見つかった最近の“掘り出し物”をかばんから取りだしては，聴衆を驚きと笑いの渦に引きこんだ」．

イングランド南西部にあるドーセット州ライムリージスは、「コブ」（堤防）に縁どられた港とジョン・ファウルズの『フランス軍中尉の女』で有名だが、ウィリアム・バックランドにとっても思い出の土地だった。ここは三畳紀の地層が海に沈む場所で、その上には厚い粘土と薄い石灰岩からなるブルー・リアスと呼ばれるジュラ紀後期の地層が崖を作っている。その崖はやや深い熱帯の海の堆積物からできていて、昔は生物が大量にいる海だったらしく、豊富な化石を含んでいる。ここでは、鉛筆のような形のベレムナイトとか、渦巻き状のアンモナイトなどは簡単に見つかる。ただ、たとえば魚竜（海棲爬虫類）や魚の化石は珍しい。ここの地層には陸上生物の痕跡も残っていて、木や昆虫や恐竜など、2億年前に海へ流された生物の化石も見つかっていた。バックランドはここから6マイル離れたアクスミンスターで生まれ、子供の頃この崖をよく訪れた。のちに彼はこう書いている。「そこは私にとって、地学の教室のような場所だった。……その崖は、私の顔をまじまじと見つめて優しくささやく、『どうぞ、どうぞお願いだから、地質学者になっておくれ！』と」[3]。この崖からは、みごとな恐竜の化石が大量に見つかった。見つけたのはメアリー・アニング［1799-1847］という、19世紀きっての優秀な化石ハンターだった。ほかにも不思議な化石が見つかった。バックランドが手に入れたのは、すでに絶滅した巨大爬虫類の糞の化石である。彼はこの化石を使って、いままでとはまったく異なる新しい研究分野を切り拓いた——当時の動物の食性を調べたのだ。彼のエキセントリックな性格にぴったりなテーマだっただろう。バックランドとこの場所の結びつきは、コブ港裏の町にあるフィルポット博物館でいまでも垣間みることができる。そこには彼の机が所蔵されており、机には断面をみがいた糞化石が埋めこまれている（図14）。この机について息子のフランシスはこう語っている。

「この机をほめる人の多くは、自分が何を見ているのかわかっていなかっただろうね！」

　こうした奇行もよく知られていたが、やはりバックランドの功績でもっとも有名なのは、恐竜を題材に初めて科学的研究をおこなったことだろう。1818年頃、彼のもとにある依頼がやってきた。ジュ

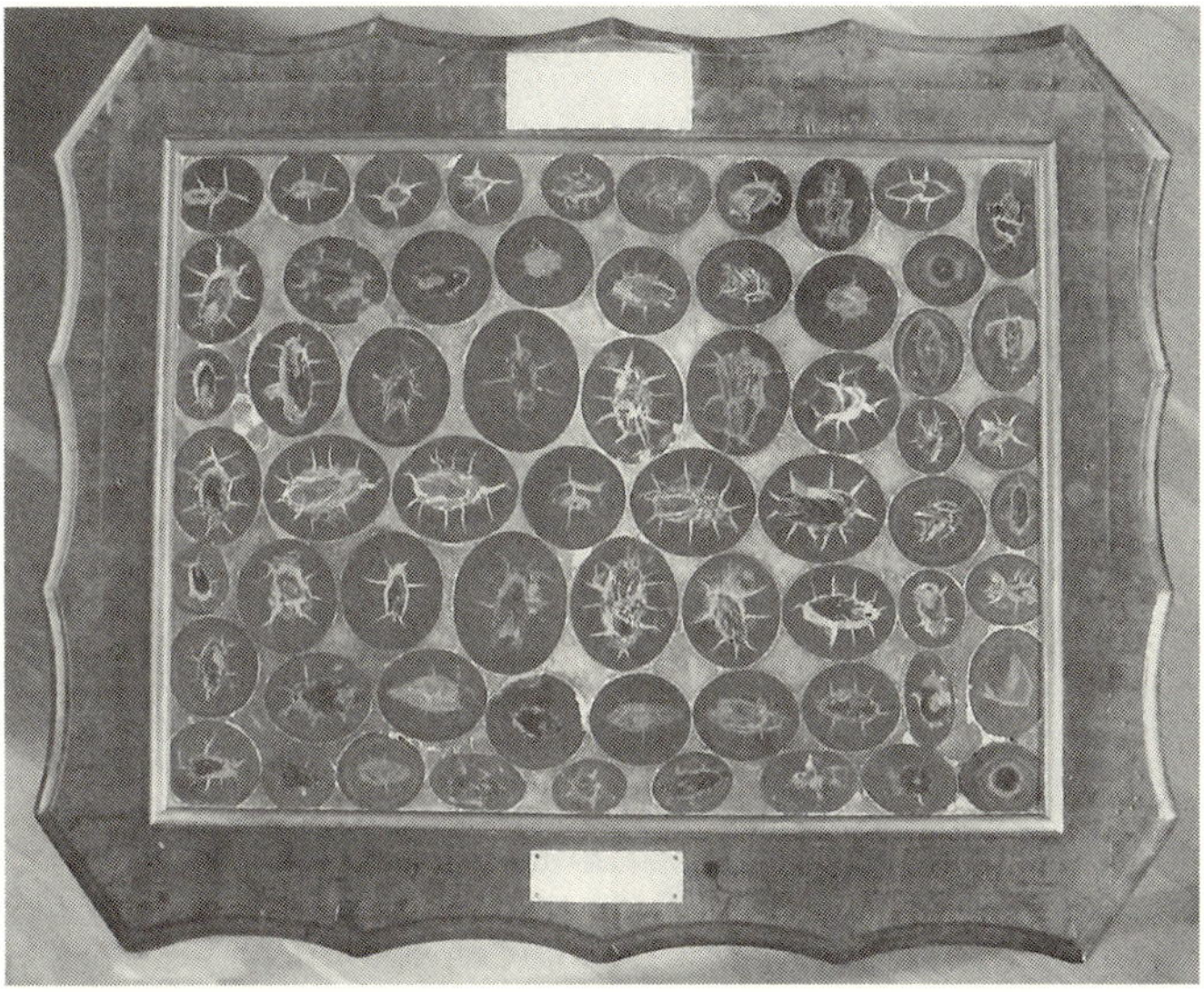

図14　バックランドの机．断面をみがいた糞石が並んでいる．ライムリージス，フィルポット博物館所蔵．

ラ紀の岩石から見つかった、巨大な肉食性爬虫類の骨の化石を同定してほしいという。6年にわたって詳しい調査を続けたあと、おそらく若いライバルに先を越されそうになって、彼はこの骨にメガロサウルス *Megalosaurus* という名前をつけた。これは「巨大なトカゲ」という意味で、その骨の大きさにちなんでいる。残念ながら、このメガロサウルスはトカゲではなかった。12メートルにもなる、巨大な肉食恐竜だったのである。それでも今日バックランドは、恐竜に正式な学名を与えた歴史上最初の人物として知られている。メガロサウルスという名前は、いまでも彼の見つけた恐竜化石の名に使われている。

バックランドが恐竜の最初の名づけ親だったとすれば、前述のリチャード・オーウェン（80ページ）は1842年、恐竜という言葉を初めて使った人物だ。オーウェンは、ヴィクトリア時代の優れた解剖学者かつ古生物学者だった。彼はメガロサウルスとイグアノドン *Iguanodon* の化石を調べていたとき（その多くは、彼のライバルであるギデオン・マンテル［1790－1852］が採集したものだった）、あることに気づいた――これは、いま知られているものとはまったくちがう動物群ではないか。脊椎動物ではあるが、鱗のような、ときには鎧のような皮膚をしている。卵を産み、大腿骨の先端が内側に曲がっていて、まるで哺乳類のように腰の骨の穴にはまっている。オーウェンはこの骨の形を見て、その動物がワニのようにガニ股で歩くのではなく、胴の真下に脚がくる姿で歩いていたのではないかと考えた。そしてこれをほかの生物と区別するため、彼は新しい名前――ディノサウリア *Dinosauria*（恐竜類）――を作りだした。ギリシャ語で「恐ろしい」とか「恐ろしく大きい」という意味の「デイノス deios」と、「トカゲ」を意味する「サウロス sauros」が合わさった名前だ。

ちなみにオーウェンは、彼が記載した恐竜同様、不快で恐ろしい人物だった。いつも自分のライバルの信用を傷つけることに心を砕き、彼らが苦労して採集した標本を利用しながら、そこから得られた研究成果を独り占めしようとした。彼は1892年に亡くなったが、最期まで反ダーウィン主義を貫き、そのキャリアのほとんどでさまざまな対立を引き起こした。結局彼の評判は、トマス・ハクスレー［1825－95］をはじめとする多くの宿敵によって切り刻まれ、ボロボロにされてしまった。

メガロサウルスの骨など過去のさまざまな巨大生物が発見されたことで、ヴィクトリア朝のイングランドでは化石への夢がふくらみ、古生物学の英雄時代が始まった。チャールズ・ディケンズでさえ、『荒涼館』という小説に恐竜を登場させたほどだ。「11月の天気には救いがない。道には泥があふれている。まるで、地球の表面から水がどんどんと湧き出しているみたいだ。これではたとえ、メガロサウルスが40フィートの巨体をかかえてオオトカゲのように、よちよちとホルボーン・ヒルを歩いていても不思議はない――」（『荒涼館』より）。先駆的な化石ハンターが見つけた驚くばかりの品々は、1854年、南ロンドン郊外のハイドパークに建てられたクリスタルパレス（水晶宮）にてお披露目された。この建物はジョゼフ・パクストン〔1803－65〕が設計し、鉄骨のガラス温室としては史上最大の建物だった。このほか、公園には200エーカー（約80万平方メートル）の土地が地学展示のために用意された。展示は彫刻家ウォーターハウス・ホーキンス〔1807－89〕によって作られ、人工島の上にメガロサウルスやイグアノドンなど、実物大の恐竜が再現された。展示は大人気だった。ただし、恐竜のなかにはまるで無骨なサイのように、四足で歩く姿に再現されたものもあった。これは、骨を調べて全体像を推測したオーウェンがまちがった指示を出したためだった。ホーキンスの恐竜は、いまでもロンドンのシデナム・パークで見ることができる。長い年月風雨にさらされたためぼろぼろだが、それでも、ヴィクトリア時代の人々がどのように恐竜を誤解していたのかを、自分の目で確かめることができる。当時の人々は、恐竜は神が洪水で滅ぼしたのだと信じるような人たちだった。しかし、ずっと昔絶滅した動物の骨に、そうやってふたたび命を吹きこもうとした彼らの志は高かった。

この時代以降、恐竜の生活史に対する理解は、世界中でつぎつぎに発掘される化石によってどんどん変わっていった。すばらしい発見によって、卵や胚や幼体などの構造が詳しくわかるようになり、彼らがどのように立って、歩いて、群れを作っていたのかを知るヒントも手に入るようになった。とくにこの20年の進歩はすごかった。おそらく古生物学者にとっては、いままでの2世紀のなかでもっとも実りの多い20年だったにちがいない。そしてこの20年で明らかになったのは、恐竜――いやそれどころか地球上のおよそ半分の生物が、6500万年前の白亜紀と第三紀の境で絶滅してしまったことだった。(4)

この絶滅の詳細は、北米西部の奥地にある、白亜紀の恐竜化石を大量に含んだ発掘現場から明らかになった。この現場では、のちに世界中の博物館を飾ることとなったティラノサウルスのみごとな骨格も見つかっている。そして恐竜をめぐっては、いまも激烈な論争が起きている。それは恐竜が（地質学的な時間としては）突如といえるほど短期間で地球上から消えたのか、それとも長い時間をかけて死に絶えていったのかという論争だ。ご存じのようにと思うが、化石はほんとうに気まぐれで、北米のこの発掘現場にあってさえ、恐竜の化石は比較的まれにしか見つからない。おかげで、それを徐々に絶滅した証拠とすることもできるし、突然絶滅した証拠に使うこともできる。(5) いまの情勢は、「徐々組」が少数派で、「突然組」が多数派のようだ。(6)

恐竜はなぜ絶滅したのか？　この大きな謎をめぐる論争も火花を散らしつづけている。これは「徐々組」と「突然組」の論争とも深く関連している。(7) 論争に火をつけたのは、カリフォルニア大学バークレイ校のルイス・アルヴァレス［1911－88］たちだった。彼らは、巨大隕石が恐竜を一掃したという大胆な仮説を打ちだした。(8) 彼らの説の根拠は、通常はまれにしかみられないイリジウムという物質が、60倍もの濃度で存在する層が見つかったということで、高濃度のイリジウムを地球にもちこめるのは、小惑星か隕石だけである。だからそれが大量に発見されたということは、こうした物体が衝突した可能性を匂わせる。その後イリジウムの層は世界の100を超える地点で見つかり、その化学的特徴からも、地球外起源であることが確認された。アルヴァレスが最初にもちだしたのは、黙示録のようなシナリオだ。まず、衝突によって膨大な量の粉塵や破片が飛び散り、太陽光が遮られた。これによって世界は凍りつき、光合成も阻害された。「核の冬」のもと、食物連鎖は崩れ、恐竜などの動物は飢えて次々絶滅していった。衝撃で地球外へ飛びだした物質が戻ってきて大気圏に突入し、熱せられて地上で火事を起こした。酸性雨も降った。こうしたものが事態をさらに悪化させたのだという。(9)

このアルヴァレスの説は、当初はすさまじい反論にあった。しかし、10年後に衝撃的な証拠がもちあがった。メキシコ湾ユカタン半島の地下に、彼らの説と生成時代が一致する巨大クレーターが発見されたのだ。[10] このクレーターは直径１８０キロもあることから、直径10キロくらいの――高さにすればエベレスト相当の――天体が地球に突っこんだと考えられる。天体の衝突がどのように大量絶滅を引き起こしたかについてはまだ検討が続けられているが、[11] 衝突の証拠自体は集まりつつある。突然の災難が降ってきて、地球上の生物の進化に大きな影響を与えたのはまちがいない。

白亜紀／第三紀境界における恐竜の伝説的な大絶滅は、しかし、ここ5億年のあいだに地球の生物を襲った大量絶滅のなかでは単に最新というにすぎない。[12] イギリスの地学者ジョン・フィリップス［１８００－７４］は１８６０年、『地球上の生命――その起源と絶滅』という記念碑的な本を発表した。大量絶滅の研究は、ここからはじまったと言っていいだろう。この本でフィリップスは、イギリスに堆積した化石を使い、海洋生物の多様性の上昇と降下を追った。彼の仕事の斬新かつ慎重な点は、化石の数を、それぞれの地層にある堆積物の厚さ（１００フィートごと）で補正したところだった。この補正のおかげで、単位時間あたりの多様性についておおまかなイメージを得ることができた。この方法は、現在では多くの古生物学者に使われている。というのも、化石記録は生物の本当の歴史をややゆがめた形で取りだしてくるので、その偏りを明らかにしておく必要がある。[13] 偏りを処理する最善の方法は、フィリップスがやったように、化石の入った各時代の岩の量を補正することだ。彼の細心の注意のおかげで、ペルム紀末と白亜紀末の大量絶滅が明らかになった。[14] ちなみに、彼自身にとって大量絶滅は一番の関心事ではなかったようで、彼の望みは、地質時代を大きく三つ（古生代・中生代・新生代）に分けるべきだということを、ほかの地質学者に示すことだったらしい。各時代に世界で共通した化石が見られることを示そうとしたのも、こうした目的のためだった。その研究がはからずも、二つの巨大絶滅の発見につながった。

その後、化石記録に出てくる生物の登場と退場の時期については、古生物学者たちが20世紀までに近代的なデータベースを作りあげた。このデータベースの目的は、地球上の生物の進化と絶滅についての詳細な歴史を明らかにしようというものである。殻をもつ海洋生物は化石に残りやすいのでよく調べられている。そこでこれらの多様性の変化を研究したところ、通常の絶滅とは明らかにちがう大きな絶滅が五つ確認された。これが、いわゆる「五つの大量絶滅」である(15)。

データベースに入っている情報は、いまに至っても十分とはいえない。地球上の全生物にくらべ、発見される化石はほんの一部にすぎないのだから。ただ、ここに入った海洋生物データに10年近く修正や追加がおこなわれたあとでも、はじめに示した多様性の増減パターンを変えることにはならなかった(16)。このことから、データベースの生みの親であるシカゴ大学のジャック・セプコスキー［1948－99］はこう語っている。「大規模な多様化や大量絶滅のように、生物の歴史で実際に起こったできごとは、たとえ不完全なデータからでもはっきりみえてくるはずだ」。科学者たちもこの結果に勇気づけられ、今度は全生物の化石の多様性がどのように変化したか、すべてをリストアップするという壮大な試みにとりくんだ。微生物、藻類、菌類、植物、動物――すべてを含む全生物である。こうしてできたリストからわかったのは、地球の生物多様性は過去5億年間ほとんど絶え間なく増加しているが、しかし、五つの大量絶滅――もともと海洋動物から発見された例の五つの大絶滅――が、その増加を中断したということだった(17)。

五つの大量絶滅のうち、もっとも謎が多いままで研究が少ないのは、2億年前に起こった三畳紀／ジュラ紀境界の絶滅だろう。[18] ある研究によると、この大量絶滅では海洋動物全科のうち5分の1が消えてしまったという。[19] かつては原始の海に群れなしていた二枚貝類や腹足類の多くが死に絶え、サンゴ礁をつくる動物たちも世界規模で消滅した。何百万年ものあいだ海に満ちていた巨大な海棲爬虫類も消え去り、またコノドントという、ウナギのような姿をした原始的魚類と思われる謎の生物も、三畳紀が終わるよりずっと前に減ってしまった。陸上動物も海洋の仲間同様危機に瀕し、全科のうち4分の1が絶滅していった。この三畳紀末の謎の絶滅は、白亜紀／第三紀の絶滅より規模が大きく、絶滅した生物の割合も多かった。[20] もし、五大大量絶滅を環境へのインパクト順に並べるならば――たとえば、生態系がどれだけ早く回復できるか見積もるなどして並べるなら――この三畳紀末の絶滅は、最悪から三番目にあたる。[21]

三畳紀からジュラ紀への移行期に生物多様性が大きな危機に陥ったことについては、議論の余地がないほどたくさんの証拠がそろっている。だからといって、みんながこの絶滅を認めているわけではない。絶滅のタイミングと規模について、意見が一致していないのだ。ただ、地球上のさまざまな証拠を集めて特定したはずの絶滅が、単なる統計上の作りごとだなんてことがありうるのだろうか？　世界に散らばる三畳紀／ジュラ紀境界の地層から化石を調べた結果、動物の多様性は三畳紀終わりに向かって徐々に減少したことがわかっている。[22] しかし、このゆるやかな減少はデータベースからは検出できておらず、反対意見はこの点を指摘する。また逆に、もしこのゆるやかな減少が本当なら、三畳紀末に大量絶滅が「突然」起こったと考えるのはおかしい。ほかにも異論はある。セプコスキーが作った海洋生物化石の属リストを使って新たな解析をおこない、三畳紀末の絶滅を五大絶滅に入れることに疑問を呈する研究者もいる。こうした研究者は、この絶滅を「大量減少」に降格すべきだと主張している。[23]

こうして論争は続いているが、これを単なる定義上のいさかいと思ってはいけない。たとえば、現在の生物多様性が減っているのか回復しているのかは、過去の絶滅が理解できないと評価のしようがない。自然が起こした「実験」は、地球環境の変化に生物がどれほど弱いのかを教えてくれる。だから、その絶滅が本当はどの程度のものだったのか確定することは、私たちの研究が目指す中心課題ともいえよう。将来新たな事実が発見されれば、2億年前にほんとうは何が起こったのか、もっと正確にわかるだろう。とりあえず、いまのところ研究者たちのあいだで意見が一致しているのは、三畳紀が終わりに近づくにつれて生物多様性は段階的に低下し、ジュラ紀との境界で減少のピークを迎えたということだ。

三畳紀末の絶滅がどの程度のものだったにせよ、バックランドやマンテルのようなヴィクトリア時代の恐竜ハンターが見つけた恐竜にとって、それは特別な意味をもっていたにちがいない。多くの海洋動物や原始的爬虫類のライバルが死に絶えたなか、恐竜たちはこの絶滅を生き延びた。そればかりかこの絶滅のあと、彼らには明るい未来が待っていた。ジュラ紀のはじめ、恐竜の個体群や多様性は増加した。彼らは食う者と食われる者に分かれ、世界に散らばっていった。淡水沼や森、河口にまで進出してこの世の春を謳歌した。巨大な肉食恐竜は、登場したとたんに主役となった。このような恐竜の多様化には、ライバルとなる生物の消滅も加担したらしい。というのも、資源に制限がなくなることで生態的な余裕が生まれ、陸上のさまざまな場所に入りこむことができただろうから。自分たちが進化する初期の段階で偶然起こったできごとが、運命の味方になってくれたのだ。ただ、やがては同じように偶然から大絶滅が起こり、彼らも消滅して哺乳類に代わられることになる。(24)

三畳紀末の絶滅は謎だと書いたが、謎が解けない理由には、絶滅の原因がわかっていないことも関係している。隕石の衝突、大規模な火山の噴火、地球規模での気候の変動——大量絶滅を引き起こしたのはそのうちのどれであってもおかしくない。これに対し化石という証拠は、くやしいほど断片的な答えしか与えてくれない。それぞれの仮説の相違点を明らかにするにしても、有力な容疑者を確定するにしても、化石だけでは限界に突きあたってしまう。しかし、化石に限らずもっと広い分野から証拠を積み重ねていけばどうだろう？　もしそれができれば、当時起こった事件の真相に近づき、少なくとも当時についてより鮮明なイメージを得ることができるのではないだろうか。三畳紀の絶滅のシナリオとしてもっとも有力なものは、おそらくもっともやっかいなシナリオでもある。それを明らかにするには、パンゲアという超大陸から地殻の奥深くへと踏みこむ必要がある。いまは静かに眠っている気候が、かつて暴れ狂った姿を目の当たりにしなければならない。しかもそれは、私たちが地球温暖化を進めることでふたたび揺り起こすかもしれない気候の姿である。

パンゲアとは、ギリシャ語で「全世界」を意味する。巨大恐竜が進化した時代にあった未分割の広大な大陸で、地球史上、最大の陸塊である。パンゲア超大陸ができたのは約2億5000万年前のペルム紀だった。いくつかの大陸が集まり、南極から北極までつながった。周囲をパンサラッサ海と呼ばれる巨大な海に囲まれる一方、赤道付近には生物の棲めない過酷な砂漠が広がっていた（図15）。これだけ大きな大陸になると、海による温度の安定化が働かないため強烈な大陸性気候が発達し、ひどい暑さと寒さから極端な季節性気候とモンスーン性気候をもつようになる。内陸の広い範囲で平均夏気温[25]が40度を超え、日中は45度以上になった。西側の海岸の低緯度地域には風が吹きすさぶ砂丘が広がったが、毎

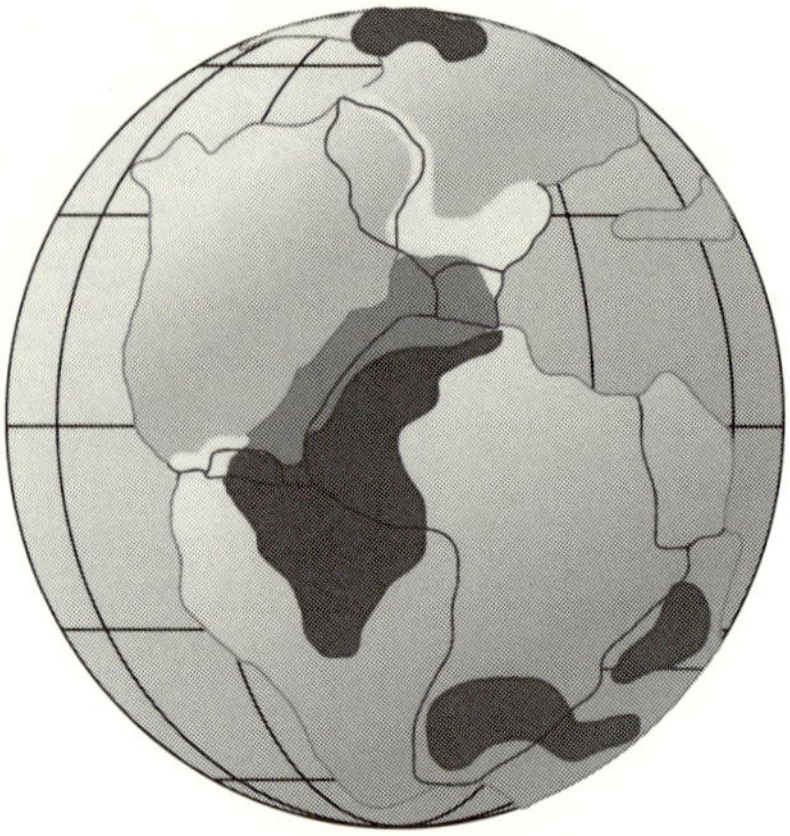

図15　パンゲア超大陸．大きな大陸がすべてつなぎ合わさったことで，南極から北極まで伸びる広大な大陸となった．北と南の影をつけた部分は，それぞれ2億5100万年前のシベリア・トラップ噴火と6500万年前のデカン・トラップ噴火で噴出した溶岩を示す．中央の影の部分は，2億年前の三畳紀／ジュラ紀境界の時代に吹き出した溶岩の範囲を示す．この溶岩は，中央大西洋マグマ分布域を形成した．

夏、極端な季節性の雨が降るとあたりは水浸しになった。パンゲア超大陸が存在したあいだに砂丘の深さは2・5キロメートルに達し、世界でもっとも分厚い砂丘堆積物となった。当時の砂丘の跡がナバホの砂岩だ。北米の南西部に位置し、ユタの渓谷や崖に壮大な景観を作りあげている[26]。パンゲア超大陸にいた生物が極端な環境を耐え忍び、生と死のあいだできわどい綱渡りをしながら生きていたことはまちがいない。

地球の生物多様性が急に落ちこんだ三畳紀の終わりに、暑くて乾いた気候がどのように変化したのかはよくわかっていない。当時の地球史を知るのに肝心な部分のうち、海底にあったものの多くは、2億年にわたる地殻変動によって破壊されてしまった。岩石記録でまだ残っているものは、北米の西部、ペルー、オーストラリア、ヨーロッパの西部といった広い地域にほんの一握り見つかっているにすぎない。しかも数百万年にわたる浸食の後とあっては、古代の気候について信頼できる記録が残っているのかどうか、調査が進まないとわからない。ということで、肝心な部分を含んでいたはずの海の記録のほとんどが「行方不明」だとしたら、代わりに植物の化石記録からこれを明らかにするしかない。なぜ植物かというと、陸や海の動物が滅びてしまったなか、植物は絶滅を免れたからだ。

陸上植物が絶滅を免れたのはべつに不思議なことではない。植物はふつう、動物よりは大量絶滅を乗り切りやすい。植物なら、種子をばらまいたり地下に球根を作るなどして次世代を確保できる。いつか環境が改善されたら、こうした種子や球根から復活すればいい。[27] もちろん、植物は絶滅しないというわけではない。それどころか絶滅に弱いところもある。しかし、2億年前の災難においては植物の粘り強さが功を奏して、三畳紀の終わりについてもたくさんの化石を古生物学者に残してくれた。そこで私たちが挑戦すべきなのは、これらの化石に埋めこまれた気候や大気の情報を解読し、当時の地球全体の気候変化というジグソーパズルを完成させることだろう。

三畳紀からジュラ紀にかけての植物化石がもっとも豊富に残っているのはグリーンランドである。グリーンランドは世界最大の「島」で、北の方が南より幅広い。[28] 山がちな台地状の内陸部全体が永久氷床に覆われている。氷床の中心部は厚さ3キロにもなり、数百キロの広さまで壊れることなく広がっている。氷床は深いフィヨルドを通って海に出ていく。そこでは船が出ていくように氷山が次々と放出され、西側ではセントローレンス川の河口へと放たれる。そして夏の暖かい期間には東端の突き出した海岸部分へのアクセスが可能となり、そこでむき出しになった岩や化石を見つけることができる。そこにみられる化石の層は、とてつもなく分厚い。あまりに分厚かったため石炭層ができ、1823年にはイングランド人の北極探険家ウィリアム・スコアズビー［1789－1857］とスコットランド人の鉱物学者ロバート・ジェイムソン［1774－1854］が、これを数億年前の石炭紀の層とまちがえたくらいだ。このまちがいを修正すべく立ちあがったのが、優れた古生物学者トマス・ハリス［1903－83］だった。彼は1926－7年にかけてこの層の時代修正にとりくみ、北極の化石植物相について世界でも最高レベルの研究を完成させた(29)。

グリーンランドの化石植物に関するハリスの調査は、そののち、三畳紀末の環境変動を明らかにするうえで非常に重要な役割を果たすことになった。ただ、そもそも彼がこの化石に興味をもったのは、偶然ともいえるようなきっかけからだった。1925年、彼がケンブリッジ大学の学生だった頃のことである。その25年前、コペンハーゲンにある地質学調査部はケンブリッジ大学の古生物学者アルバート・スワード［1863－1941］に、石炭紀の資料とまちがってグリーンランドの三畳紀／ジュラ紀の石を送ってしまった。まちがいがわかったとき、この化石はそれに「ぴったりな人」が現れるまでスワードの手元に置いておくことになった。やがてハリスがやってきたとき、スワードは彼こそが「ぴったりな人」と確信し、化石を託したのだった。この化石は、東グリーンランドのスコアズビー湾でおこなわれた初期の探検で採集されたもので、15箱におよび、一目見ただけでも宝の山であることがわかる。それからまもなくして、ハリスは突然グリーンランド地質調査部に招待され、グリーンランドへと旅立つことになった。彼はのちにこう語っている。「彼（コッホ）が私にこう聞いてきた。『東グリーンランド探検に一年行くんだが、一緒に来るかね？　出発は来月だ』。瞬時に思ったのは、これは理屈で考えて動くべきときじゃないってことだった。だからすぐ『はい！』って答えたよ」。1925年の夏、スコアズビー湾の化石層をさらに発掘すべく、ハリスはグリーンランドの東へと旅立った(30)。この探検では何トンにもおよぶ化石を得ることができた。ハリスがじっくり調べたところ、化石は自分たちのもつ秘密を次々明らかにしてくれた。こうしてハリスは、1931年から1937年のあいだに記念碑的研究ともいえる5巻本『東グリーンランド、スコアズビー湾における化石植物相』を出版した。当時北極の古植物に関する第一人者だったトール・ハレ［1884-1964］は、のちにこう書いている。「断言してもいい。中生代の植物相については、いままでの古植物学の研究すべてをあわせても、この東グリーンランド研究のすばらしさにはかなわない[31]」。

その後70年近い年月が経ったところで、ハリスのグリーンランド化石コレクションに新たな重要性が加わった。二酸化炭素濃度が増えるにつれて葉の作る気孔が少なくなるという驚くべき発見のおかげだ（第1章参照[32]）。この相関関係は、古代の地球の大気に二酸化炭素がどれだけあったのかを検出したいときシンプルかつエレガントな手法として役立つ。そしてハリスの化石にも、この重要な情報が織りこまれていた。植物生理学者の研究からわかってきたのは、気孔を減らすことで、植物は乾燥した環境でも貴重な水を確保できるようになったことだった。気孔が二酸化炭素を取りこもうと口を開くと、葉脈から乾いた外気へと水が出ていってしまう。しかし、二酸化炭素の濃度が高まったのなら、それにつれて気孔の数を減らしても光合成は抑制されず、水のロスは少なくなる。気孔の口は光合成の経済をつかさどる存在で、二酸化炭素はその通貨ともいえよう。

こうして新しい発見のもとに証拠の見直しがはじまった。それまでの数十年、グリーンランドの東海岸から発掘された葉の化石は、コペンハーゲンにあるデンマーク地質博物館に眠ったまま忘れ去られていた。それがここにきて、気候変動を明らかにするドラマチックな証拠として活躍することになったのだ。そしてなんと、二酸化炭素濃度が三畳紀とジュラ紀の境で急上昇したことが初めて明らかになった[33]。この驚くべき結果は、スウェーデンの化石によっても確かめられた。当時の二酸化炭素濃度はわずか数

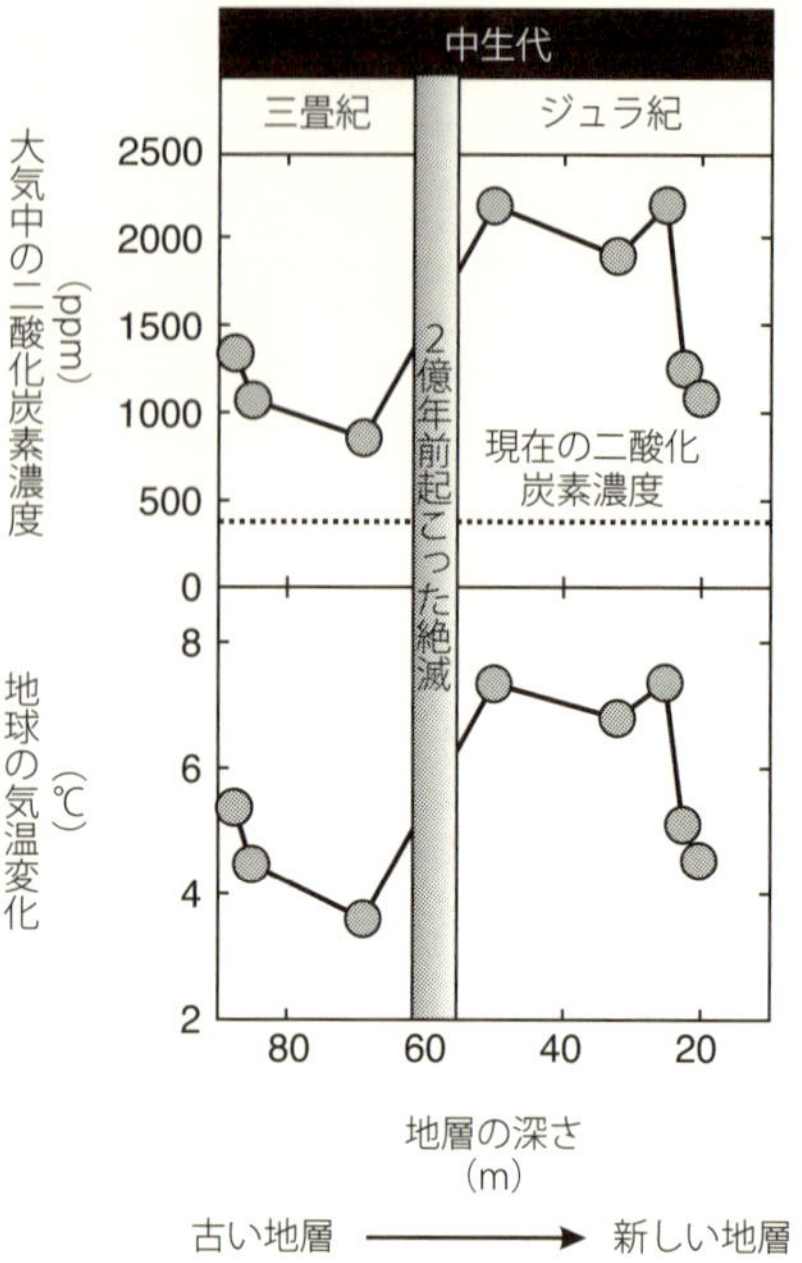

図16　グリーンランドの葉の化石に記された，三畳紀／ジュラ紀境界の二酸化炭素濃度（上部）と気温（下部）の劇的変化．平均気温の変化は，二酸化炭素が引き起こした「温室効果」から算出したもの．右にいくほど地層は若く，より最近の値を示している．

十万年のあいだに3倍になり、その後また元に戻った（図16）。温室効果があることから、二酸化炭素濃度が上がると地球は温暖化へと暴走しただろう。最大で8度気温が上昇したと考えられる。8度とは、私たちが過去一世紀のあいだに経験した温暖化のじつに10倍にあたる[34]。

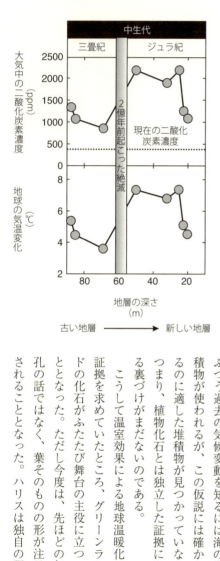

ただ、この仮説はまだ証拠不十分だ。ふつう過去の気候変動を知るには海の堆積物が使われるが、この仮説には確かめるのに適した堆積物が見つかっていない。つまり、植物化石とは独立した証拠による裏づけがまだないのである。

こうして温室効果による地球温暖化の証拠を求めていたところ、グリーンランドの化石がふたたび舞台の主役に立つこととなった。ただし今度は、先ほどの気孔の話ではなく、葉そのものの形が注目されることとなった。ハリスは独自の調査を続けていくうちに、90メートルの厚さの岩層で、はっきり異なる植物種からなる二つの層を見つけた。下側の、三畳紀にあたる厚さ30メートルの層から出た化石によると、当時の森はイチョウ *Ginkgo* の仲間など、縁がなめらかで大きい葉をもつ木が多かったらしい。しかし、その上の厚さ60メートルからなるジュラ紀の層では、小さい葉や細かく分かれた葉をもつ樹木の森に置きかわっていた。ハリスはのちにこう語っている。「たくさんの層それぞれの植物群をまとめてみたところ、大きく異なる二つの植物群が浮かび上がってきたのです。一つは上部60メートルの層、もう一つは下部30メートルの層です。二つの層の境界には両方の植物群が混じり合う層が5メートルほどありましたが、それ以外はくっきり分かれていました」(36)。二つの植物群がこれだけすみやかに置きかわった理由は、おそらく地層の堆積が遅くなり、長い時間がたっても薄い層しかできなかったためだろう。

グリーンランドの地層における化石の「突然」の置きかわりは、確かに驚くべきことだし、また、事実にちがいない。しかし、だからといって本当に、暑くて二酸化炭素が豊富な気候が突然やってきたと考えていいのだろうか？　そこでシェフィールド大学の研究チームは、化石の葉の構造を独自に分析し、こうした解釈が正しいのかどうかを確かめることにした。さまざまな証拠を総合した結果、出てきた結論は以下のとおりだ。

まず三畳紀後半、熱帯の木々は大きな葉をもっていても暑さをしのげたらしい。それは葉の表面の気孔が多く、水をたくさん排出できたためで、ちょうど哺乳類が汗をかいて暑さをしのぐのに似ている。ところが、大気中の二酸化炭素が豊富になることですべてが変わってしまった。気孔の数が減って「汗かき」で熱を調節することができなくなってしまい、オーバーヒートして枯れてしまうおそれがでてきた。気温がより高くなると、事態はますます深刻になった。とうとう三畳紀の終わりに暑さは最高潮に達し、小さな葉や分裂した葉をもつ木しか耐えられなくなった。[37] 小さい葉や分裂した葉は、日光に当たる部分を少なくすることでオーバーヒートのおそれを減らすことができる。また、幅が狭くなることでまわりに風を呼びこむことができ、熱を効果的に分散することができる。こうした観点から考えると、グリーンランドの化石が広い葉から小さい葉に置きかわったことも、極端な地球温暖化にうまく対処した結果であることがわかる。大気中の二酸化炭素が増えるにつれ、三畳紀の気候はより暑くなっていった。広い葉をもつ木々は、光合成するにはあまりに暑いため数が減っていき、小さな葉をもち、暑さをやり過ごすことができる木々が増えていった。超熱帯ともいえる世界では当然の結果といえよう。

いつものことながら、こうして化石をせっせと組み合わせることで見えてきたストーリーは、さまざまな答えを出してくれると同時に、同じくらい疑問も産み出す。二酸化炭素が増えたというが、大気組成の内訳を変えてしまうほど大量の二酸化炭素は、いったいどこからやってきたのだろう？　偶然とはすごいもので、二酸化炭素の増加を示す証拠が発表されたちょうどその年、カリフォルニア大学の地球科学研究チームがある刺激的な発見を報告した。巨大火山の噴火跡を年代測定したところ、2億年前の大量絶滅の時期と一致したという。[38] この噴火跡というのは中央大西洋マグマ分布域〔別名「中央大西洋大規模火成岩区」〕と呼ばれる巨大火成岩区（ＬＩＰ）で、いままで推測されていたよりずっと大規模なものであることが明らかになった。[39] その溶岩はいくつかの国でバラバラになって発見されているが、それを2億年前の大陸の位置に並び替えてみると、大西洋中央部から放射状に広がっていることがわかる。溶岩の多くは地中深くに沈んだり侵食されてしまったため、当時噴出した玄武岩の量については推定がむずかしい。しかし、おそらく２００万から４００万立方キロメートルの溶岩が、ほんの20ないし30万年のあいだに地球内部から吹きだしたと考えられる。[40] 現在、溶岩は北米、南米、東アフリカなどに残っており、その面積は700万平方キロメートルにおよぶ——グリーンランドの約3倍の広さだ。その噴火跡を見たければ、マンハッタンへ行くといい。マンハッタンからジョージ・ワシントン橋を渡るとき、ハドソン川の岸辺に沿って残っているのが見渡せる。

中央大西洋マグマ分布域が、地学的には非常に短いといえる時間でどうやってできたのか、少し説明しよう。世界中の海底の割れ目からは、溶岩がつねに吹き出している。しかし、こうした噴火は静かに起こる、いわば日常風景とでもいえるもので、それと中央大西洋マグマ分布域を作った大噴火はまったく異なる現象だ。(41) どうしてこれが起こったのかを理解するには、新しい説明が必要だった。1960年代後半、この謎に対して過激な仮説を唱えた科学者が出てきたが、なかでも抜きんでていたのがトロント大学のカナダ人地球物理学者ツゾー・ウィルソン［1908‐93］と、それに続くプリンストン大学のジェイソン・モーガンの二人だった。(42) ウィルソンとモーガンは、地球のマントルが二つのモードで循環している可能性を示した。マントルは延性のある物質でできた厚さ3000キロメートルの層で、より内側にある熱い核と、外側にある薄い地殻のあいだに挟まれている。通常モードのとき、マントル内では熱い核に熱せられることで大規模な対流が起こり、地表に浮かんでいるプレートを突き動かして移動させる。しかしもう一つのモードでは、奥深くから熱い物質がマントル内の細い通り道を抜けて柱のように噴き出される。これをプルームと呼ぶ。噴き出したプルームの先端は火炎噴射器のように、マントルの上のプレートを熱しながら外へ抜け出る。これが起こると、その地域一帯は長いあいだ火山活動に見舞われることになる。俗にいう「ホットスポット」だ。プレートが移動するにつれ、ホットスポットは一連の火山島を生み出していく。太平洋海底のホットスポットからできたのがハワイ諸島である。ハワイ諸島が北西に向かって伸びていることから、700万年のあいだ続いたホットスポットの上を、太平洋プレートがどのように移動していったのかがわかる。

どうやら中央大西洋マグマ分布域は、パンゲア超大陸の大陸プレートの下に湧いた、異常に熱いマントルプルームが作った火山噴火でできたらしい。このときプルームは超大陸の下に、巨大なキノコの傘のようなものを作ったのだろう。細くつながった尻尾のような部分を通して、マントルから熱くてドロドロに溶けた物質が次々送り出され、キノコの傘は直径数百キロメートルまで広がった。超大陸の地殻は、北アメリカが南アメリカやアフリカから離れて太平洋を生んだのに合わせ、伸ばされてすでに薄くなっていたが、キノコはその薄い地殻の下にできた。(43) このように、ちょうどパンゲア超大陸がゆっくりと割れていくあいだに熱いマントルプルームができたものだから、プルームの先端の下では地殻が上に押し上げられ、数百キロメートルにわたる巨大な凸型ドームを作った。熱いマントルが地球の奥深くから上がってくると、減圧によって、まるで旧式の釣鐘型潜水器が水中から水面にもち上げられたみたいになる。ただし、マントルでは減圧によって熱が生み出され、地殻を通り抜ける際に「燃える」。マントルの裂け目から噴出した大量の溶岩は、もち上がったドーム状の斜面を流れ落ち、いずれ北アメリカ、西アフリカ、南アメリカとなる超大陸の連結部分の上に広がった。のちにこの部分が崩れて陥没すると、溶岩はもっと爆発的な勢いで流れるようになったのだろう。

パンゲア超大陸の崩壊を告げたこれらの噴火は、溶岩とともに大量の二酸化炭素や亜硫酸ガスなどを吐き出し、大気や海洋の化学組成を変えてしまった。このときにどのくらいの量の二酸化炭素が吐き出されたのかを、私たちはハワイのキラウエア火山から推測することができる。キラウエア火山は、噴出した玄武岩1立方キロメートルにつき約1000万トンの二酸化炭素を排出している。パンゲア超大陸が分裂したときはその割れ目から地球の表面におよそ400万立方キロの溶岩が流れたから、この計算でいくと、およそ400億トンの二酸化炭素が排出されたことになる。これは、化石燃料が保持している二酸化炭素量の10倍だ。亜硫酸ガスも同じくらい排出されたが、そちらはすぐに硫酸に変化し、酸性雨となって降り注ぐことで大気中からは取り除かれただろう。(44) しかし二酸化炭素の方は、熱いマグマ流が地殻を通って上昇し、その際に炭素を豊富に含む層を溶かすことで、より大量に大気や海洋へ注がれたことだろう。(45)

中央大西洋マグマ分布域が実際に形成された時代と範囲が明らかになるにつれ、この噴火は三畳紀末の大量絶滅を示す決定的な証拠と目されるようになった。ちょうどチチュルブに残る巨大隕石のクレーターが、白亜紀／第三紀境界の恐竜の絶滅を示す証拠であるのと同じである。じつのところ、大規模な火山噴火と絶滅という組み合わせは研究者にとって心惹かれるものらしく、似たような説は以前から出ていた。(46) 五つの大量絶滅のうち四つまでが、火山噴火や火成岩地帯区形成と同時に起こっているようにもみえる。ただ、この結びつきが原因にあたるのか逆に結果にあたるのかについては意見が大きく分かれている。(47) 最近起こった「大規模」と思われる絶滅では、じつに10件中7件が大規模噴火と相関があるといわれ、そのつながりを支持しているようにみえる。ただし、大規模噴火によって大量の生物種が一掃される――とくに海洋生物が一掃される――ことについて、説得力のあるメカニズムはまだ明らかになっていない。(48)

絶滅との関連はともかく、三畳紀末に起こった気候の激変については、理屈の通ったシナリオを得ることができた。そしてこの気候の変化が、当時の生物が生態的に安定した状態でいられたかどうかに関わっていたことも、たくさんの地質学的な証拠から見てとれる。想像してみてほしい。地中奥深くから噴き出してきたマントルプルームが、パンゲア超大陸分裂によって薄くなった地殻の下にホットスポットを作った。火山噴火によって地上に大量の溶岩が降りそそぎ、海や空に大量のガスが吐き出された。吐き出された亜硫酸ガスはおそらく酸性雨や硫酸霧となって地球を冷やしたかもしれない。しかしそれも束の間のこと。二酸化炭素がどんどん増えて温室効果を強め、地球温暖化を進めていった。ちなみに研究者のなかには、酸性雨こそが当時の生物に大打撃を与えた犯人だという面白い説を支持する者もいる。毒の雨が生態系を崩壊させ、生物を絶滅に導いたというのである[49]。

三畳紀末の絶滅がこの大規模噴火だけと結びついていると考えられたら、話は一番シンプルかつエレガントなのだが、噴火だけがすべてとは到底考えがたい。というのもそれだけでは、グリーンランドの葉の化石から明らかになった事実の細部を説明できなかったのである。その細部とは、三畳紀とジュラ紀のまさに境界から見つかった葉を調べると、炭素のなかでも軽い安定同位体（^{12}C）が急増していることだった。^{12}Cの急増は同時代のほかの堆積物からも確認されている。遥かカナダのクイーン・シャーロット諸島の岩礁の潮だまりから、ハンガリーの森林丘陵地を通り、南西イングランドのサマセット海岸にあるセント・オードリー湾までの一帯で見つかっている[50]。徐々にわかってきたのは、これが地球全体で起きた現象らしいということで、どこか新しい場所で三畳紀／ジュラ紀境界の岩を調べるたびに、^{12}Cの急増が確認される。世界各地でこのような同位体の異常が見つかるということは、大気や海洋や岩石をめぐる炭素サイクルの過程が、この絶滅と時を同じくして激変したということだ。

当時の陸上や海にいた植物は、光合成の際に大気中の二酸化炭素を吸っていたことだろう。世界中の岩石で^{12}Cの急増が同時に見られるということは、植物が吸っていた大気中の二酸化炭素の同位体構成が、一度に大きく変わったとしか考えられない。では、何がそんな変化をもたらしたのか？「大規模噴火」を支持する研究者は、噴火時に大気中に吐き出された二酸化炭素によって大量の^{12}Cが加えられたせいだという。ほかの研究者は、もっとちがうところから二酸化炭素が加わったと考えている。[51]

噴火説を検証する一つの手立てとして、モデルによる解析がある。三畳紀末の温暖化した世界で、二酸化炭素が大気、海洋、岩石をどのように循環していたかを数理モデルで表し評価するのである。[52] この数理モデル解析の結果、大気中の二酸化炭素の同位体組成に対して火山が与えた影響は小さかったこと、そして、全世界で起きた^{12}C急増の主要因にはなりえなかったことがはっきりした。その理由は単純で、火山が出した二酸化炭素の同位体の割合は、大気中にすでにあるものと同じだからだ。火山からどんなに大量の噴出があったとしても、大きな変化を生むことはできない。多めに見積もっても、せいぜい^{12}C急増の3分の1程度しか説明できなかった。

この数理モデルからは、三畳紀が終わる頃の地球温暖化を火山噴火がもたらしたという仮説に対して、もう一つ重要な問題が指摘された。それは火山噴火による二酸化炭素の排出が、数十万年の年月をかけてゆっくり起こったということ。地球が備えている通常のフィードバック機構でもこの増加を収めることができたはずだった。大気中の二酸化炭素が増えると、温室化効果が強まってさらに気候が温暖になり、大陸のケイ酸塩岩の化学的風化が進むため二酸化炭素の消費が強まる。ちょうど第1章に出てきた、地球の気候を安定化するフィードバックシステムである。これがサーモスタットのように働いて、温暖化した地球を冷やしてくれる。だから、中央大西洋マグマ分布域を作った火山活動だけでは、当時の植物化石が示すほどの高濃度まで大気中の二酸化炭素を増やすことはできなかったはずだ。葉の化石が過去の大気の状態をきちんと記録しているのなら、この二酸化炭素の急増と同位体の偏りは、どこかよそから加わったものによると考えざるをえない。[53] そして、この「どこか」の候補として上がってきたのは、海の底に眠る氷に閉じこめられたメタン生成菌だった。

メタン生成菌は、生物の進化をなぞった系統樹のなかでも根元の方に位置する「古細菌」の仲間である。つまり、もっとも初期に登場した生物グループに属している。彼らは酸素がない場所で、非常に基礎的な代謝としてメタンを合成してエネルギーを得る。彼らのエネルギー源は、水素ガスや死んだ動植物の分解物だ。メタン生成菌は深い海底で生活できる。水深何百メートルにもなる堆積物内で生きることができ、そこでは彼らによって大量のメタンガスが合成される。そして、このメタンガスのすべてに^{12}Cが豊富に含まれている。このメタンは、海底の途方もない圧力と低温のせいで、水分子の檻のなかに閉じこめられ濃縮される。これがメタンハイドレートと呼ばれる結晶化合物で、氷のような姿をしていて、地表にもち出されると蒸発して白い「もや」になってしまう。この「もや」に火をつけると燃える(図17)。はじめこのメタンハイドレートは多くの大陸周縁部の水域で発見されたが、とくに寒い極地域に多いことがわかっている。そして、5兆から9兆トンの炭素を含んでいる。これは計算上、世界中の森と土壌を合わせた量の数倍にあたる。[54]

じつは、海底の堆積物中にガスハイドレートの形で凍っているメタンこそ、主要な^{12}Cの供給源なのである。これは放出されると、すみやかに二酸化炭素に転換する。こうして大量のガスが突然排出されると、大気中の二酸化炭素の同位体構成が簡単に変わってしまう。この二酸化炭素が海中や陸上の植物の光合成に使われると、合成物に含まれる同位体構成も変わるというわけだ。ただ、このシナリオが成り立つためには、ガスを放出する引き金が必要となる。その引き金として、火山噴火がふたたび舞台に呼び戻される。[55]というのも、中央大西洋マグマ分布域の噴火が大気中の二酸化炭素蓄積量を徐々に増やし、地球が温暖化することにつながったと考えられるからだ。数千年の年月のなかで、海の表面で温められた水が対流によって海底へと運ばれ、凍っていたハイドレートを揺り起こし、メタンガス放出の引き金

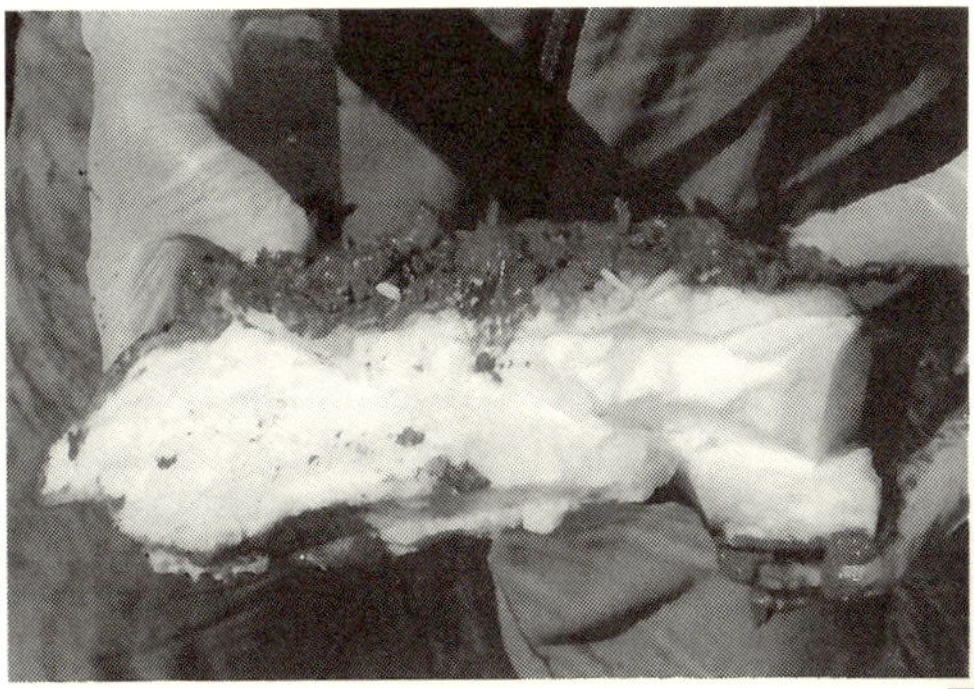

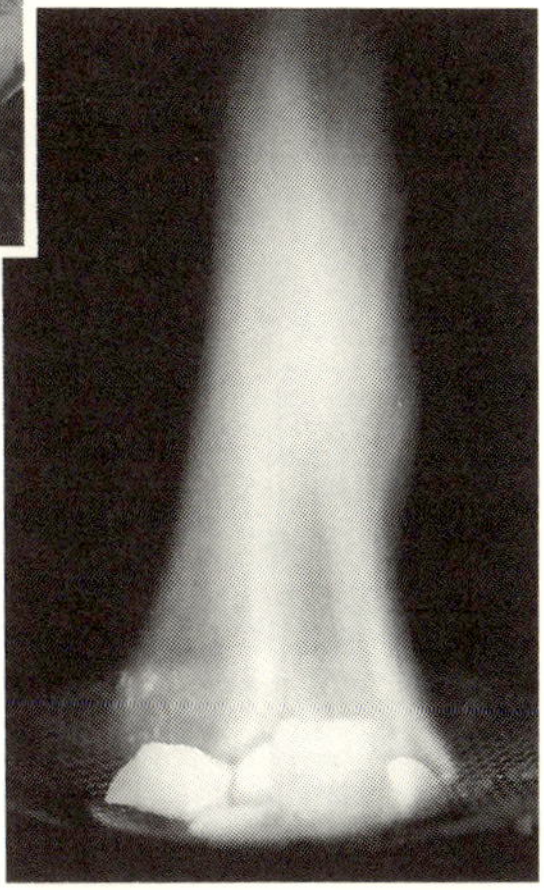

図17　左：海底から採掘した固体のメタン・ハイドレート．右：大気中で燃えるハイドレートの破片．

を引いたのかもしれない。数値モデルでは、海底の凍った檻から莫大なメタンが突然放出したことで急増した二酸化炭素量は、葉の化石から推定される二酸化炭素量とつじつまが合う結果になった。大気や海洋中に^{12}Cが急増したのもこのメタンのせいで、グリーンランドの葉の化石や世界中の堆積物内の海洋生物から^{12}Cの急増が検出されたこともこれで説明がつく。

当時のいろんなできごとを見直してきたが、やっと答えが見えてきたようだ。この説なら、2億年前に起こった大量絶滅を統一的に説明でき、しかも、手に入れた証拠すべてとつじつまが合う。もちろん、この説とて推測の域は越えていない。しかし、理屈のすべては事実に合っている。しかも、どのできごともこれ一度きりに当てはまるのでなく、ほかの時代の大量絶滅にも応用できる。

5500万年前、暁新世の終わりにも地球温暖化が突然起こった。このときの絶滅については三畳紀末の絶滅より詳しいことがわかっていて、私たちの仮説はこちらの絶滅にもよく当てはまる。[56] 暁新世の終わりには海洋表面の温度が急上昇した——わずか数千年のあいだに6度も上がったという。そしてこのときも突然メタンが増加したことを、世界各地の海洋堆積物で^{12}Cが急上昇したことから読み取ることができる。[57] ちょうど三畳紀/ジュラ紀境界の岩石で見つかったのと同じだ。メタンが酸化して二酸化炭素を作るとき、海は急速に酸性化が進む。そしてこの酸性度を中和する化学反応が起き、海底にある炭酸カルシウムの分厚い層が溶かされる。[58] ちなみに、私たちが化石燃料を燃やすことで大気中に二酸化炭素を放出したときにも、これと似たような結果が起こる。だから、このままいくと今後数十年のうちに、サンゴや石灰質プランクトンなど、炭酸カルシウムを骨や殻に含んだ海洋生物にとって困った問題が起こるにちがいない。[59]

では5500万年前の場合、海底から途方もない量のメタンを放出させる引き金となった環境要因は何だったのか？　これを突きとめるのは難しい。そんななか支持を集めつつある説は、メタンの放出が、北大西洋火成岩区（NAVP）の噴火で二酸化炭素の排出が強まったことと関連している可能性を指摘した説である。有孔虫という、とても小さな海洋生物の殻を化学分析したところ、次のようなことがわかってきた。すなわち、NAVPから放出された二酸化炭素に対応したらしく、大気や海洋は徐々に温暖になり、しまいにはある限界を越えて太平洋の循環を変えてしまったという。[60] 海洋の循環パターンが変わることで温かい水が海底へと注がれるようになり、その結果、海底の堆積物に凍った形で閉じこめられていた大量の氷とガスが解き放たれた。こうして大量のメタンガスが放出され、世界をますます温暖にしていった。この一連のできごとが、暁新世末に気温が6度も急上昇した原因らしい。そしてこのシナリオは、そのまま三畳紀末のシナリオを彷彿とさせる。

もちろん、三畳紀／ジュラ紀境界の絶滅は、暁新世末の温暖化より4倍も古い時代に起きたことなので、残った証拠も少ない。かろうじて残った証拠も、正しく理解できるとはかぎらない。2億年前に起こった二酸化炭素による漸進的な温暖化が、パンゲアを取り囲んでいた広大なパンサラッサ海の対流をほんとうに変えてしまったのかどうかは、まだよくわかっていない。しかし、葉の化石から得た証拠を使ったコンピューター・シミュレーションでは、パンゲア超大陸の気候が二酸化炭素の急上昇に対応していることを垣間見ることができる。このシミュレーションによると、数百万平方キロメートルにわたるパンゲアの大地が容赦ない熱と極端な乾燥にみまわれ、生物は厳しい水不足と暑さのストレスに襲われたという。(61)

三畳紀の終わり、生物が絶滅の淵へと追いやられた。このときの環境は実際どれほど荒れ果てていたのか。いままでに出てきた証拠をすべて使って、それを再現してみよう。鍵となる事件は、中央大西洋マグマ分布域で起こった噴火だ。このときわずか数十万年のあいだに、400万立方キロメートルのうち半分以上の溶岩が地球表面にあふれ出た。(62)そして亜硫酸ガスや二酸化炭素など、さまざまなガスが大気中へと吐き出された。こうやって出てきたガスのうち、まず亜硫酸ガスが酸性雨をもたらしただろう。一方、二酸化炭素はもっと長く影響を及ぼした。それは長期にわたる温暖化を招き、温暖化は深い海の底にまで伝わり、凍っていたガスハイドレートからメタンを大量に放出させることになった。大量のメタンガスと二酸化炭素の放出によって、海は急速に酸性になったと思われる。その結果、炭酸カルシウムをつかって殻や骨格を作っていたサンゴ礁や石灰質プランクトンは危機に陥った。(63)また、大気中に温室効果をもつガスが増えたことで地球はますます温暖になり、それによって凍ったガスハイドレートがますます溶け出しただろう。つまり、地球は温暖化を促進させる正のフィードバック循環にはまってしまった。海が温かくなるにつれて海水中に溶ける酸素の量が減り、海中の動物は酸欠状態に陥っただろう。[64] こうした極端な気候条件は生物を生存できる限界から追い落とし、集団を潰し群集を崩壊させ、絶滅を引き起こした——まずは陸上で、つづいて海中で。[65] 三畳紀が終焉に向かうにつれ厳しい環境に直面した動物は、「適応か滅亡か」というところまで追いつめられた。[66] そして、絶滅が多くの動物を一掃した一方で、適応できた生物は残された資源を自由に使える立場となり、多様化した。その結果、恐竜が生態的に優位に立つ時代がやってきた。

ここまでくると、次に浮かぶ疑問はおそらくこれだろう。こんな劇的な事件から、生き残った動植物はどうやって生態的に回復できたのか？　この疑問に対する答えは、やはり地球のもつサーモスタット能力にかかっている。はたして十分な時間があれば、地球のサーモスタット機能は混沌とした気候環境にふたたび秩序をもたらすことができたのだろうか？　気候が温暖になるにつれ、大陸の岩石は風化を速めていっただろう。風化は大気中から二酸化炭素を取り除き、気候をより涼しい状態へと揺り戻し、新しい平衡状態に導く。二酸化炭素の放出が、中央大西洋マグマ分布域が噴火していた頃のように（地質学的観点でいえば）ゆっくり安定したものになると、サーモスタット機能がはたらきはじめる。メタンが海底から放出したように二酸化炭素も大量かつ突然吹き出していた頃、サーモスタット機能は追いついていかなかった。それが元の状態へ回復するには、おそらく何十万年もの歳月がかかっただろう。劇的な温暖化とそこからの回復——この過程を私たちは、同位体の構成が突然変わることから読み取ることができる。その同位体は浸食された岩石から流れ出した元素が海水に入りこんだもので、南西イングランドの三畳紀／ジュラ紀境界の堆積地層に保存されていた[67]。

三畳紀末の絶滅につけたこのシナリオが正しいのかまちがっているのか。それはまだわからない。ジグソーパズルのピースがすべて出揃ったのも、ここ10年ほどのことにすぎない。温暖化と三畳紀／ジュラ紀の大量絶滅を結びつける仮説を、すべての研究者が受け入れているわけでもない。大気中の二酸化炭素が劇的に上昇したという証拠が発表されると、当然研究者たちはその真偽を確かめるべく、別の方法でも大気の構成を調べて上昇の跡を見つけようとした。なかでもブルームバーグ大学のグループは、古土壌を調べた。そして２００１年に彼らがネイチャー誌に発表したのは、古土壌では三畳紀／ジュラ紀境界において大気中の二酸化炭素に変化はみられなかったという結果だった[68]。ただ、これが超温室温暖化による絶滅説をノックアウトするほどの証拠かと問われると、どうだろう?

ここで問題なのは、この古土壌の研究と、先に説明した葉の気孔の研究とのあいだに、地質学的にみても長い空白期間があることだ。ものごとの原因（ここでは二酸化炭素）と結果（ここでは地球温暖化）に対する主張をきちんと評価するためには、それぞれが起こったタイミングと期間が明らかでなければならない。二酸化炭素濃度の上昇は、おそらく10万年以下の長さしか続かなかった。上昇のピークは、噴火やメタン放出のピークと重なっていただろう。その後については私たちが先程みたように、地球の気候は新たな平衡状態へと自然に戻っていった。しかし、古土壌の研究で、ジュラ紀の初期に二酸化炭素が高濃度だったという痕跡を探すため解析された土壌は、どうやら二酸化炭素濃度が「定常状態」に戻って数百万年が経ったあと形成されたものらしい[69]。それでも古土壌の研究が正しく、二酸化炭素の濃度は三畳紀／ジュラ紀の境界でも変わらなかったと仮定してみよう。そうすると今度は、陸上や海中で起きた絶滅と、炭素同位体の異常について説明することが難しくなってしまう。ブルームバーグのグループはこの難題を、海中生物の絶滅と海水準の変化を結びつけることで解決しようとしている。マントルプルームの先端の活動に連動した地殻の屈曲によって海水準が変化したため、海中の生物が生息できる領域も変化したというのだ。これ自体はある程度正しい。ただ、海水準の低下では、陸上動物が絶滅したことや、グリーンランドの森林構成が変わったことを説明することはできない。この問題については、酸性雨を考えれば解決できるかもしれないが、酸性雨はすみやかに過ぎ去ったと思われ、数万年にわたるグリーンランドの森の環境変化をもたらしたとはとても思えない。[70] そのうえ、海水準の変化も酸性雨も、世界中で確認された軽い炭素同位体の急増を説明することはできない。

この絶滅期に起きたことについて、また別の説を支持する研究者もいる。そのもっとも雄弁な語り手は、コロンビア大学ラモント・ドハティ地球観測研究所のポール・オルセンである。彼が信じるのは、巨大天体もしくは巨大隕石が地球に衝突し、三畳紀末の生物を滅ぼしたという説だ。[71] オルセンたちは北アメリカ東部にある中央大西洋マグマ分布域の跡で、岩石に残された動物の足跡や恐竜の骨、そして植物化石を調べた。この場所の三畳紀とジュラ紀の地層のあいだには、爬虫類と恐竜の変遷がみられる堆積物がはさまっている。オルセンたちはこの堆積物から、通常の6倍にあたる高濃度のイリジウム層を発見した。[72] ただ、濃度が少し上がるくらいなら小規模の衝突で起こりうるし、この程度の濃度なら通常のプロセスでも、または大規模噴火から溶岩が噴き出すことでも簡単に濃縮されるだろう。前にも書いたが、白亜紀末に天体衝突が起こったことは疑いようもない事実で、このときのイリジウム濃度は60倍になった。しかもこの濃度上昇は、世界中の100以上の地点で観測された。三畳紀／ジュラ紀境界での濃度上昇も地球外起源のものだったのかどうかは、境界の岩石をさらに化学分析すれば突きとめることができるだろう。

オルセンのグループはほかにも、隕石衝突の動かぬ証拠を二つ、北アメリカにある三畳紀／ジュラ紀境界の岩石から見つけ出してきた。シダと衝撃石英（石英中の微小な結晶構造が集中的な圧力によって独特の損傷を受けているもの）だ。ペンシルヴァニアの岩石には三畳紀／ジュラ紀境界の地層が含まれていて、そこにはシダの胞子の化石が大量に入っている。[73] シダは、荒廃地にすかさず侵入してはびこる植物で、遠く離れた親元からも胞子が風で運ばれるので、火山噴火で更地になった場所に最初に入りこむことが多い。逆にいえば、シダが繁茂しているということは生態系の回復がはじまっている証拠でもある。イリジウムが高濃度になったときにシダが繁茂していたということは、そこが天体衝突で破壊された状態だったことの証拠ととれるかもしれない。同じようなことが、天体衝突でできたクレーター近くにある白亜紀／第三紀境界の地層でもみられる。

天体衝突を支持する第二の証拠は、石英粒子に見られる衝撃の跡だ。ただし、三畳紀末の衝撃石英はいまのところイタリアの北アペニノ山脈にある岩石からしか見つかっていない。[74] これも白亜紀／第三紀境界の場合と大きく異なる。後者の時代の衝撃石英はクレーター周辺に大量に見つかるのである。

天体衝突説には、ほかの面からも疑問の余地が残る。まず、その説に見合う規模のクレーターなど、決定的証拠がまだ見つかっていない。三畳紀後期以降、地球外天体の衝突によってできたクレーターは五つある。最大はカナダ北東部のケベックにあるマニクアガンのもので、一部侵食されているが直径100キロメートルにおよび、地球表層で現在見られる最大級のクレーターだ。[75] ただその衝突は、またほかの四つの隕石の衝突も、三畳紀／ジュラ紀境界の大量絶滅より1000万年以上前に起こっている。[76] もちろん、クレーターがいままでは何かに覆われて見えなかったり、侵食されてしまった可能性もある。どこかにひっそり隠れていて、いつか発見されるのを待っているのかもしれない。最近見つかった期待できそうな証拠は、イングランド中部に広がる異常な堆積物の地層だ。これは100万平方キロメートルという広大なもので、巨大地震の後に見つかるような衝撃波に荒らされた痕跡を残している。おもしろいことに、この堆積物は三畳紀末の絶滅とほぼ同じ頃のものだった。ただし、この衝撃波を起こしたであろう衝突によるクレーターは、まだ同時代から見つかっていない[77]。

いまのところ、イタリアから見つかったシダの繁茂も衝撃石英も、三畳紀／ジュラ紀境界に天体衝突があったという十分な証拠にはならない。この説が仮説のままで終わるか、それともより確実な証拠を得られるかは、時を経なければわからない。

このほかに、隕石や彗星などの衝突につながる糸口をマントルプルームの証拠と一致させようとしているのが、いわゆる「ヴェルヌショット仮説」だ[78]。この説の名前は、もともとの考案者だったフランスの有名なSF作家ジュール・ヴェルヌ〔1828－1905〕からつけられた。「ヴェルヌショット」とはここでは高圧ガスの噴出イベントのことで、地殻の下の地球深部から湧きあがったガスが噴出して、通常とは異なる軌道に動かしたとする説だ。これも面白い仮説ではあるが、きちんと証明することは難しく、かなり不確かな説といわざるをえない。

スコットランドの地質学者で自然哲学者でもあったジェイムズ・ハットン〔1726－97〕は1785年、エジンバラ王立協会の聴衆の前で斉一説に関する二つの発表をおこない、近代地質学の基礎を作ったといわれている。このときハットンが唱えた説は、のちの1795年に二巻本『地球の理論』として出版され、後世に多大な影響を及ぼした。この本が主張したのは、地球の形状がどうして現在のような状態になったのかはいま見られる現象と同じプロセスで説明できる、ということだった。観察から得られた豊富な事実の裏づけのもと、ハットンはこの本の中で慎重に論じていく。十分な時間さえあれば、現在見られるのと同じプロセスによって、山は浸食され、海底には堆積物が溜まり、またいつか隆起して山をつくりだす、と。終わることないこの繰り返しを彼は次のように語り、これはいまでは有名な一節となっている。「そこに始まりを見つけることはできず、そして終わりも見つからない」。この革新的アイデアから出た結論は、地球がいまのような形状になるには、当然ながら、聖書の標準的な解釈である6000年よりずっと長い時間がかかるということだった。聖書に出てくる大洪水のような天変地異がなくとも、地質に残る記録は説明できるというわけである。

ハットンの説は当時の流行となったが、激しい反論にもさらされた。それは、地質がこれまで残してきた記録を説明するには短期的に起こった天変地異が絶対必要だという、根拠のない反論だった。ジョン・プレイフェア〔1748－1819〕はスコットランドの数学者かつ地質学者で、ハットンの友人でもあった。彼はハットンの難解な著作を巧みかつ魅力的に統合し、一冊の本を書くことでハットンを助けた。プレイフェアの本は1802年に『ハットンの地球の理論図説』という題で出版され、ハットンの説を流行させるのに一役買った。反対する人々を尻目に、斉一説は着実に浸透していった。そして、チャールズ・ライエル〔1797－1875〕がバトンを上手に引きつぎ、ハットンの説を新たに拡張して『地質学原理』を出版した。のちの科学に大きな影響を与えたこの本は、ヨーロッパ旅行中のライエルが野外調査で得た証拠をもとに書かれている。ライエルもハットン同様、いま目の前で地面に作用しているのと同じプロセスが、地質時間のように果てしなく長いスパンでも働いていることに気づいていた。

ハットンやライエルの説は、のちにアーチボルド・ゲイキー〔1835-1924〕によってまとめられた。ゲイキーは印象深い言葉を残している。「現在は、過去を解く鍵である」。

いま、地球環境を人間が変えつつあることに多くの人々の関心が集まっている。ハットンやライエルが地質学に与えた貢献は非常に深遠なもので、こうした現在の環境問題にも拡張できるだろうし、実際に拡張されて使われることもある。いわば「過去は、現在を解く鍵である」といえよう。過去にあった温室状態の地球と、将来の温かい地球をイコールで結べると言いたいのではない。[79] 過去の温暖な気候を作ったプロセスを解明できれば、私たちのもとにやがて来るであろう気候についてもよりよく理解できるにちがいないと言いたいのだ。

19世紀半ばから、私たちは化石燃料を燃やしつづけてきた。それにつれて、大気中の二酸化炭素量も増えつづけている。大気中の二酸化炭素濃度はすでに、ここ数百万年、いや、おそらくここ2000万年なかった高さまで上昇している。著名な気候学者たちも、温暖化の理由が二酸化炭素など温室効果ガスの大気中への蓄積であることを認めている。[80] 地球の平均表面温度は、20世紀の初め以来すでに平均0・8度上昇した。これは通常みられる気候変動の範囲を超えた値で、少なくとも過去数千年に経験したなかで飛び抜けて高い値である。[81] 陸だけではない。海も温まりはじめている。[82] 過去40年のあいだに、海水は温室効果で高まった熱の85%を吸収してきた。吸収できなかった熱は、氷河を溶かし、大気や陸を温めていった。温暖化はおもに海洋の上層部に集中し、大西洋は、太平洋とインド洋を合わせたよりも温暖化した。現在の海は、過去200～300万年のなかでもっとも温かくなっているだろう。

海洋の表面が温まりつづけ、熱が深いところまで広がって海底に達するようになると、そこで凍ったまま眠っているガスハイドレートは安定したままでいられるだろうか――温暖化につれて、こうした心配が高まっている。この凍った保管庫には、温室効果を生むガスが詰まっている。その量たるや、いまあるすべての化石燃料に入っている温暖化ガスを合わせたものに匹敵する。過去の経験から予測されるのは、この保管庫が海洋の温暖化にとても敏感だということだ。最近のモデル研究から、重要なのは海洋の温暖化とハイドレートの溶解にかかる時間の長さだということがわかってきた。もしこれがゆっくり起こるとしたら、その結果はあまり劇的なものではないだろう。しかし、これが速かったら事態は深刻だ。より温暖になってより溶解が進み、さらなる温暖化を呼ぶという正のフィードバックのループに入りこんでしまう。[83] こうした悪夢のシナリオが実際に起こるのかどうか――その可能性への意見はまちまちだが、少なくともこうした悲劇に陥るかもしれないことを警戒しておく必要はある。

海底でガスを貯めてきた蓄電池は、数千年、いやおそらくは数百万年のあいだエネルギーを蓄えつづけてきた。地球温暖化という時限爆弾には長い導火線がつながっているが、私たちはとうとうそれに火をつけてしまった。深い海のゆったりとした海流に合わせて、この火がいま、徐々に燃え進んでいる。人間活動による温暖化が海深くまで届いたというサインがみられるようになれば[84]、地球温暖化への対策を促すベルが鳴ったと思ったほうがいいだろう。

第５章
南極に広がる繁栄の森

科学の最大の悲劇は、美しい仮説が醜いデータによって打ち消されることにある。

――トマス・ハクスレー『随筆集』（1870）

過去は暗闇から手を伸ばし、私たちを捉え、その物語を聞かせはじめるのだ。

――アルバート・スワード（1926）*

極地を探検した勇気ある人々は、そこに森のなごりの化石を見つけた。この森はかつて、両極点から千キロにもならない大陸を緑で覆っていた。そこは、凍ることのない場所だった。

この発見からほどなくして、過去の極地の気候が明らかになりはじめた。昔、極地は暖かく、ちょうど現在の地中海北部の海岸地方のようだったらしい。冬は穏やかで、夏は暖かかった。極地の森の全貌がわかるにつれて、新たな謎が浮き彫りになった。なぜ、北半球の森では落葉樹の化石ばかり見つかるのか？ この問題は欧米の研究者に論争をもたらし、その議論は一世紀近く続いた。まちがった見解まで横行した――北極の冬は長く、暗く、落葉樹はそれを乗り越えるために葉を落としたのだ、と。

いま進んでいる研究は、当時のこの見解を時代遅れのものとし、もっとちがう理由を見つけはじめている。極地をかつて埋めた、植物たちの華やかな足跡の理由を。

* The Cretaceous plant-bearing rocks of western Greenland. *Philosophical Transactions of the Royal Society* B215. 57-173.

ノルウェーの探険家ロアルド・アムンゼン［１８７２－１９２８］は、１９１１年12月14日、南極点に到達した。ロバート・ファルコン・スコット大佐［１８６８－１９１２］に率いられたイギリス隊より一月以上早い到着だった[1]。１９１２年1月17日、スコットたちが南極点に近づいていくと、その先にノルウェーの黒い旗が立っているのが遠くからでも認められた。彼らの心は引き裂かれた。南極点にはアムンゼン隊のキャンプ跡があり、スキーやソリの跡のほか、たくさんのイヌの足跡が見つかった。つまり、アムンゼンたちはイヌをつかって先制攻撃をしかけ、勝利をつかんだのだ。一方スコットたちは、人がソリを引いて南極点を目指した。ロンドンのタイム誌はこのちがいを見逃さなかった。アムンゼンらの偉業を冷ややかに記し、こう書いた。「これまでの南極探検がもちつづけていた公平で開かれた競争とは相容れない」。疲れきったスコットたちはその翌日、南極点周囲の観測をおこない、「惨めなユニオン・ジャックの旗」を立て、その前で記念撮影をおこなった（図18）。写真は、バワーズ大尉がシャッターを切る紐をひっぱって撮影した。この一枚はおそらく、この探検のなかでもっとも有名な写真であり、もっとも悲しい写真でもある。まるで来るべき悲劇を予言するかのような、心痛む写真だ。みんな疲れきっており、また、どことなく自分たちの運命を知っているようにさえ見える。寒い天候と氷のような風、そして惨めな現実を受けとめて、スコットは自分の日記にとげとげしい一文を残している。「偉大なる神よ！　ここはひどいところだ。一番乗りという栄誉なくしてたどり着くには、あまりにつらすぎ

（左）アルバート・スワード．スワードは，スコット隊が採集した化石を研究した古植物学者．彼は，昔の極地の環境では常緑樹も落葉樹も十分生育できたと推測した．

図18　南極点でのスコット隊．左から，バワーズ大尉，スコット大佐，ウィルソン博士，シーマン・エヴァンズ，オーツ大佐．彼らの横にあるユニオン・ジャックはアレクサンドラ王女より贈られたもので，南極点に到達したら立てるようにといわれていたもの．この写真は，スコット大佐たちが息絶えたテントの中で見つかったネガから起こしたもの．

る場所だ[2]。」

このときまでに、スコット隊は何週間もソリを引きつづけていた。そしてみんな脱水症状に苦しめられていた。疲労と高山病のせいである。南極の台地は、海抜3000メートル近い高さがあるのだ[3]。隊のうち3人——オーツ大佐、シーマン・エヴァンズ、そしてバワーズ——は、鼻と頬のひどい凍傷に悩まされていた。まだこれから、帰るための旅路が待っている。その長さは、自分たちが二番手だったという心理的な打撃も加わり、ほとんど耐えがたいものに感じられた。21日間厳しく冷たい風に吹きさらされながら、彼らは重い足取りで歩きつづけ、やっと食料と燃料の貯蔵場所にたどり着いた。それでも行きより6日早い到着だった。

　1912年2月8日。ひどい状態ながらもまだ元気があった彼らは、ビアドモア氷河周辺の地質調査をおこなった。南緯82度にあるこの氷河を、先へ進む前に調査しておこうということになったのだ。ビアドモア氷河周辺は、あのつらかった台地よりはずっと暖かい場所だった。

　貴重な化石を発掘するためにそこにしばらくとどまったことは、彼らにとっては大事な休養にもつながり、疲労の極限から回復する手助けにもなった。この日、スコット大佐は日記にこう書いている。「ここのモレーン（氷堆石）はとてもおもしろい。何マイルか進んであの風から逃れることもできたので、今日はここでキャンプして残りの時間を地質調査に使うことにした」。つらい帰路のなか、彼らが地質調査に割いたのはこの日一日だけだった。[4] それでもすばらしい化石が見つかり、束の間だが彼らのあいだに活気が戻った。隊の地質学者だったウィルソンは、興奮した口調で日記に書いている。「ビーコン・スタンドストーンの崖はすごい……モレーンのなかに石灰岩のかたまりが……いつもと同じ調査をしただけなのに、短時間で素晴らしい物が見つかった[5]」。このとき見つかった地質標本には「幾層にも重なった葉のみごとな痕跡[6]」などが含まれ、彼らが引いていたソリはすでに荷物を積みすぎた状態だったのに、さらに16キロもの荷を積む結果になった。疲れきった彼らのことを考えると、これは賢明なことには思えない。ただ、彼らが愚かだったとは言いきれないだろう。彼らが引っ張っていた荷の総量からすれば、地質標本の重さはたいしたものではなかったからだ。彼らが引いていたソリで深刻だったのは重量ではなく、雪とのあいだの摩擦抵抗だった。

　それからちょうど一週間後のことだった。「エヴァンズが倒れた。ふらふらとよろめき、スキーを履いてソリの脇を歩くことさえできなくなってしまった[7]」。エヴァンズは1912年2月17日、静かに息を引き取った。それまでの3ヶ月半、彼はなんと1200マイル（1930キロメートル）もの距離を歩いたのだ。残りの隊員も、自分たちの悲しい運命に気づきはじめていた。気温がどんどん下がっていき、オーツ大佐の体調が悪化したため、他のメンバーの歩調も遅くなっていった。3月16日か17日（正確な日付ははっきりしない）、オーツ大佐はもう歩けなくなった。彼は自分が他の隊員の足手まといになっていることに気づき、雪を這ってブリザードのなかへ進むことで、自ら死へと旅立っていった。彼がこのとき告げた別れの言葉は、いまでも多くの人々の心に残っている。「ちょっと外へ行ってくるよ。しばらく帰らないかもしれない」。スコットは、オーツ大佐のこの気高い行動について日記に書きとめている。「私たちは、オーツが死ぬために出ていったことを知っていた。みんな彼を止めたいと思ったが、しかし、彼が勇敢に、そして英国紳士らしく死んでいくことに納得していた。みんな、できれば自分たちも同じ心意気で最期を迎えたいと思った。そして、その最期はもう遠くないこともわかっていた(8)」。

残った3人の隊員は、まず、必要最少限以外の荷物を捨てることにした。しかしウィルソンの希望で、地質標本はソリに残された。3月19日、食べ物や燃料を置いてあった場所まであと11マイルのところまで来た。そこまで行き着けば、命は助かるかもしれない。しかし、ブリザードが彼らを襲った。計画では、ウィルソンとバワーズが凍傷のひどいスコット大佐を残し、食料などを取って戻ってくるはずだった。しかしこの計画も断念した。結局、スコット大佐と2人の隊員は粗末なテントのなか、寒さと飢えによって亡くなった。テントはすぐ雪の下に埋もれてしまった。

彼らの遺体や装備が見つかったのは、それから8ヶ月経ってからだった。1912年12月12日、救援調査隊によって、1メートル近い雪の下から遺体と装備が見つかった。テントからはノート類、手紙、日記、時計などが見つかった。バワーズが撮った写真など、フィルムも2ロール分見つかった。調査隊は、スコット大佐が最後に使っていたノートの後ろに、彼が残した「人々へのメッセージ」と最期の言葉を見つけた。そこには「神よ、我らの家族にご加護を」と書かれていた。自分たちはもう帰れないという、恐ろしい真実に向き合った末に書いた言葉だ。テントの外には雪に埋まったソリがあった。そこに調査隊は、化石の標本を見つけたのだった。こうやってとうとう日の目をみた化石はやがて、地球の歴史を理解する上で重要な役割を果たすことになる。

スコット隊の悲劇の探検についてはたくさんの本が書かれている。探検がこれほど悲惨に終わった理由には、よくいくつかの問題点が挙げられる。まず、スコット大佐が雪上車に頼りすぎたこと。極地には弱い馬を使ったこと。南極点へ行って帰ってくるためには4人分の装備しかなかったのに、5人を向かわせたこと。こうしたことが積み重なったため、探検が失敗したのはスコット大佐にリーダーシップが足りなかったためだという伝説ができてしまった。しかし、そうした見方が生まれたのはじつは、ベストセラー『スコットとアムンゼン』（1979）を書いたローランド・ハントフォードによるスコット大佐への誹謗中傷が大きな原因だったろう。この本は1986年、題名を『地球最後の場所』に変えてペーパーバックでも出版された。ありがたいことに、スコット大佐への根拠のない非難は修正されつつある。ハントフォードのまちがった主張やゆがんだ中傷が明らかにされ、スコット大佐たちの偉業が改めて評価されはじめた。(9) 南極点到達に成功したアムンゼン隊の一員は、のちにこう語っている。

スコットらの偉業は、はるかに我々を上回っていた。アムンゼン隊の我々は、自分たちを卑下するわけではなく、心からそう思っている……。考えてもみてほしい。スコットたちは、自分たちでソリを引いて南極点へたどり着いたのだ。南極点まで行って帰ってくるためのすべての装備や食料を、自分の力で引いたのである。我々は出発時、犬を52頭連れていた。しかし帰ってくる頃には11頭しか残っていなかった……ところがスコットたちは、犬ではなく自分たちでソリを引いたという。あの探検に行った者なら、彼らの偉業に脱帽しないでいられるはずがない。あんな忍耐力を示せる者が他にいようとは思わないし、あれと同じ偉業を誰かができるとはとても思えない。(10)

さらに科学的な分析がおこなわれた結果、スコット大佐が無能だったという伝説の実情も明らかになってきた。コロラド州ボルダーにある米国海洋大気庁のスーザン・ソロモンによって、スコット隊の遺産は新たな脚光を浴びることとなった。彼女はスコット隊が経験した気象条件の詳細を調べ、南極の観測基地から得られたデータと比較した。彼女の分析によってわかったのは、スコットたちがただただ不運だったということだ。(11)著書『極寒のマーチ』のなかでソロモンは次のように書いている。

１９１２年の南極点周辺の台地は、ひどい天候が２月末まで長引くという異常気象に見舞われた。気温は長期平均より10℃低いところまで落ちこみ、しかも異常な寒気は３週間も続いた。ここまでひどい天候は、過去38年間にあと一度起こっただけだった。この寒さが問題なのは、雪の表面を凍らせて紙ヤスリのようにしてしまうことだ。氷の結晶が溶けないため、ソリと雪のあいだが滑らかにならず、人力でソリを引くのにたいへんな苦労を強いることとなる。新たにできた氷の結晶が、ソリにとってはブレーキとして働いてしまうのだ。

ソロモンによると、南極点から帰る行程が遅くなったのは、この極端にひどい状況では当然のことだった。もしこの年がもっと暖かだったなら、スコット隊は備蓄基地までたどり着くことができただろう。スコットはこの苦境をこのように書いている。「この地面の条件では、以前の半分も進むことができない。行きより2倍近い労力がかかっている」[12]。さらに彼らは、二重の不運に見舞われた。スコットが凍傷にかかり、ブリザードのなかで休息を取らざるをえなくなったのだ。南極のブリザードは、ふつうなら2日くらいでおさまる。だから、バワーズとウィルソンはふつうならば食料に辿りつけただろう。しかし彼らは、スコット隊長を置いていくことを拒んだのだった。

イギリス探検隊が見せた並外れた勇気と、彼らがおこなったさまざまな観測は、けっして無駄ではなかった。とくに彼らが持ち帰った化石は、地質学上最重要ともいえる価値があることがわかった。

１９１２年5月、この化石標本はロンドンに到着した。ケンブリッジ大学のアルバート・スワード（前掲図18下）は当時から卓越した古植物学者で、大英自然史博物館の招きでこの化石を調査した[13]。調査の結果、グロッソプテリスの葉や茎の化石が見つかった。グロッソプテリスは小型の木になる、いまは絶滅した初期の裸子植物だ。葉の形にちなみ、ギリシャ語の「舌 glossa」から名前が付けられた。ペルム紀にみられる植物で、スコット大佐の化石も2億７０００万年前のものであることが判明した。こんな南の地でグロッソプテリスが見つかったのは初めてのことで、南極点から３００マイル（４８２キロメートル）以内に、かつては緑があったことの動かぬ証拠となる。ペルム紀の時代、南極はいまよりずっと暖かな気候だったことがはっきりしたのだ。

南極でグロッソプテリスが見つかったことは、「大陸移動説」が確立する上で重要な役割を果たした。大陸移動説は、大陸の位置が時とともに移りゆくと考える説で、現在ではプレートテクトニクス理論と呼ばれている。

エドワルド・ジュース［1831-1914］はドイツ人の羊毛商人の息子で、ロンドンで生まれた。彼は19世紀の終わり頃、初期の大陸移動説をまとめることに精力を注いだ。ジュースは、大陸の岸の形に似かよったものがあることに気づいていた（このことに気づく者は彼以前にもいた）。とくに南アメリカ東部とアフリカの西海岸は、ジグソーパズルのピースのようにぴったり合わさりそうだ……。この二つの大陸からは、ともにグロッソプテリスの化石が大量に含まれた、ペルム紀の堆積物が見つかっている。そこでジュースは、現在のアフリカ、オーストラリア、そしてインドが、かつては大きな一つの大陸、ゴンドワナを形成していたと主張した。ジュースが言ったように、ゴンドワナはたしかに存在した。ただ、それができたメカニズムについてはまちがっていた。彼の説は、ちょうど、りんごの皮が乾くと縮むように、山などの地形は地殻が冷えたときに縮んでできたというものだった。そして、ゴンドワナの残りの部分は海に沈んでしまったと考えた。

「大陸移動説」のかなり正しいモデルができたのは、1915年になってからだった。ドイツの気象学者アルフレッド・ウェゲナー［1880-1930］が作ったもので、のちにその正しさが評価されることとなる。しかし、当時の学界はウェゲナーの優れた案を受け入れる土壌ができておらず、1915年にドイツ語で提出された説は却下された。1922年、同じ説が英語に訳されたが、このときも却下された。1936年、今度はフランス語版が『大陸と海洋の起源』というタイトルで出されたが、これもまた却下された。結局、さらに40年のあいだ熱い論争が続き、それがやっと収束した結果、大陸移動仮説はプレートテクトニクス説に生まれ変わった。最終的に何が決定打になったかというと、その地殻の動きが実証されたことだった。すなわち、まず深い海の底で薄い地殻ができ、大陸を押しだしてバラバラにしていったことが明らかになった。また他の地域では（太平洋の西側の縁であることが、現在ではわかっている）、海洋の地殻はもっと厚い大陸の地殻の下にもぐって、マントルへと沈みこんでいく。地球の表面の地殻はこのようにして生まれ、そして消えていくと考えると、ジュースが考えたように地球が縮まなくても、大陸が動くことをきれいに説明できる。

1920年代と30年代はそんなわけで、ウェゲナーの説をめぐって激しい論争が吹き荒れていた。当時の地球物理学界の重鎮たちは、大陸移動説など「ありえない説」とみなしていた。そんなとき、スワードがスコット大佐の化石をもちだしたのだ。ジュースが指摘したように、スコット大佐の発見以前、グロッソプテリスは南極とは遠く離れた場所から見つかっていた。おもに南アメリカの南部や南アフリカ、インド、オーストラリアから。スコット大佐の発見は、このジグソーパズルで欠けていたピースにぴったりと当てはまった。ペルム紀のあいだに各大陸があった場所を組み立てなおすことで、グロッソプテリスがかつて南半球にあった一つの巨大な陸塊上の、当時はひとつづきに見えたであろう分布域を覆っていたことがわかった。スコット大佐の化石は、この超大陸を証明する重要な、しかしそれまで見つからずにいた証拠だったのである。

運命をつなぐ歴史的な赤い糸は、南極のスコット大佐からあらゆる方面へとつながっていく。そのいい例が、マリー・ストープス〔1880－1958〕だ。ストープスは、女性が自分たちの性をコントロールしたり楽しんだり、家族計画をおこなう権利をもつべきだと訴えた先駆的な人物で、「20世紀中もっとも注目すべき女性のひとり」とされる。[14] 彼女はのちに優れた詩人かつ劇作家となったのだが、じつは初恋の相手は古植物学だった[15]。そして鋭い洞察力から、南極で植物化石を見つける重要性に気づいていた。だから彼女は1908年、マンチェスターで開かれたディナーパーティーでスコットに話しかけた。それは南極探検の資金集めに開かれたチャリティーパーティーで、そこで彼女は、彼と一緒に南極に行きたいと話したのだ。スコット大佐には、彼女の希望を叶えることはできなかった[16]。ただ彼は、その後マンチェスターに戻ってきて、マンチェスター大学にあるさまざまな化石を見て回った。このとき専門家として案内をしたのがストープスだった。彼女がスコットにグロッソプテリスの化石を見せたかどうか――それはわからない。もし見せていたとしても、その情報がウィルソンまで伝わったとは思えない。というのもウィルソンが残した日記には、彼らが南極でおこなった一日限りの地質調査で見つけた葉の化石は「形や葉脈の走り方がブナに似ている」と書かれているからだ。同じ化石をあとでスワードが精査したところ、ブナの葉と言われたものはグロッソプテリスだった。悲しいことにスコットたちは、自分たちがソリに積んでいた化石の重要性に気づかないまま亡くなったらしい。その化石が、地球の歴史の見方を覆してしまうのに一役買うなどとは、思ってもみなかったにちがいない。

一方、地球の反対側の北極は、スコットたちより30年ほどさかのぼった時代に探検されていた。そして、フリチョフ・ナンセン〔1861－1930〕をはじめとする北極探検家たちが、北極点にごく近い場所からすでに化石を見つけていた[17]。この荒涼とした北極の地で化石が発見されることなど、それまでにはなかったことだった。

最初の化石発見は1883年にさかのぼる。見つけたのは、アメリカ騎兵隊のアルドファス・グリーリー中尉率いるレディー・フランクリン湾探検隊だった[18]。この探検隊のうち3人の隊員は、北緯83度24分にあるグリーンランド北端に到達した。これは、300年間破られたことのなかったイギリス人による「最北」到達記録を塗りかえ、その後も13年は追随されることのない偉業だった。この探検隊の一員であるデイヴィッド・L・ブレイナード軍曹［1856‐1946］は四角いあごを持つ兵士で、第二騎兵連隊に参加し、インディアンのスー族やネズ・パース族と戦った人物である。そののち彼はカナダの極地域にあるエルズミア島を探検し、樹木跡の化石を見つけた。これは樹木のあった跡がそのままの姿で残ったもので、「ブレイナードの森」として知られている。かつては北極域にも木が――もしかすると森さえ――あったという、驚くべき証拠だ。

この探検隊は、気象学的資料の収集では多大な成果をあげたが、悲しいことに探検自体は悲劇のうちに終わり、当時論争を引き起こすこととなった。彼らの補給物資を届けるはずの船が到着しなかったのだ。1882年の夏、そして1883年の夏も補給に失敗した。その結果、飢えで18人が亡くなり、ブレイナード軍曹、グリーリー中尉のほか、4名だけが生き残った。瀕死の体験がセンセーショナルに報道され、彼らは人肉食の罪で議会の公聴会にかけられた[19]。しかし結局のところ、グリーリーはその死に際して、アメリカの英雄として讃えられた――隊員たちの反逆を受け、人肉食を体験したほか、一隊員を処刑し、そして探検ではほとんどの隊員を失ったにもかかわらず。

極地探検の初期に見つかったものは、全貌のごく一部にすぎなかった。次なる化石が、カナダ、グリーンランド、スピッツベルゲン島、南極で見つかった。なかには、高緯度地域に恐竜が生きていた証拠となる驚くべき化石もあったし[20]、単なる材や葉の化石ではなく、森があったことを示す化石も見つかった。1992年には南極山脈中部の、スコット隊が化石を収集したビアドモア氷河に近い場所で、ペルム紀のみごとな化石林が見つかった[21]。この「森」には15本の幹が残っていた。パーミネラリゼーションと呼ばれる作用で、鉱物分を大量に含んだ地下水が流れこんだ結果、死んだ木の組織が腐食されていくときに水晶や炭酸カルシウムの細かな結晶に置き換わったものである。この幹の根が張った部分には、グロッソプテリスの葉の化石が大量に散らばっていた。つまり、この胸躍るような化石はグロッソプテリスの若い森の跡だと思われる。2億7000万年前、そこは南緯85度にあっても暖かい夏に恵まれ、若い森がぐんぐん育っていた。現在の気候からは考えられない話だ。

いままで極地で発見された森のうちもっとも壮観なものは、カナダの高緯度極地域にある。見つけたのは、カナダ地質調査センターの目利きパイロット、ポール・タッジだ。1985年、タッジはアクセルハイバーグ島の稜線に切り株が出ているのを見つけた。そこでは切り株が、極地のきつい風にさらされてむき出しになっていた。ただちに専門の地質学者からなるチームが組織され、現地の調査に向かった。驚いたことに、そこには古生物学者にとって宝の山が広がっていた――いままで極地で発見されたどんな森より保存状態がよかったのだ[22]。その森はいまから約4500万年前のもので、北緯75度から80度の地帯に生えていた。極にこれほど近いのに、木の高さは40メートル近くあった。エルズミア島で見つかった木は南極のものと同じくパーミネラリゼーションによって残った化石だったが、アクセルハイバーグ島の東端で発見されたのは、厳しい気候と冷たい風によって木がミイラ化したものだ。幹のあいだを埋める腐植土には、きれいに残った葉の化石が何層も残されていた。もっとも多く見つかった葉は、その羽根のような形からメタセコイア *Metasequoia glyptostroboides* であることがすぐわかった。これはいまでは世界中の公園や庭によく見られる、秋になるとその葉が燃えるようなオレンジ色に変わる木だ。

ここまで読めば気づくかもしれない。私たちにとって、極地に森があるというのは異常な状況に思える。しかし実際には、森があるほうが地球にとってはふつうだったらしい。私たちが知っている極地は氷床と氷河に覆われた世界で、季節によってそれが溶けたり増えたりする程度の場所だ。ところがそんな先入観に反して、過去5億年のうち80%近い期間は、極圏まで森が広がっていたらしい。[23] この事実を新しいプレートテクトニクス理論に照らし合わせた科学者たちは、次のような疑問をもった。この森は、ほんとうに高緯度に広がったものだったのだろうか？ それとも、本来はもっと暖かい場所で生育していたのに、地球の流動的なマントルがおごそかに地殻変動を押し進め、自分たちを乗せた大陸がその地殻変動の波の上を漂ったおかげで、いまのような不毛の地まで運ばれてしまったのだろうか？ その後、岩石中の鉄に封じこめられた過去の地磁気の方角を調べることで、極大陸の昔の位置が明らかになった。そして、森が広がっていた場所は、当時もいまも極圏内だったことが判明した。

極地に森があったという話は、極地の気候の変遷と切っても切れない関係にある。というのも過去の気候こそが、南北の高緯度地域に森林が分布できたのかどうかの鍵を握っているからだ。現在の北アメリカの寒帯林は、マツ、カラマツ、モミなどの針葉樹がおもで、そこにカバノキやポプラなどの落葉広葉樹が混じっている。しかし、こうした森が分布できるのは北緯69度までだ。69度を越えると、地表付近まで永久凍土に覆われ、木が必要とする水を凍らせてしまう。液体の水がないと木はまばらになり、生えるのは背丈の低い草ばかりになる。これが北極地方のツンドラで、おもに被子植物やコケ、地衣類からできている。もっと高緯度の地域では、あまりに寒くてツンドラさえできない。そこは砂漠同然で何も生えない荒野が広がっており、例外的に生えるのは、厳しい環境にもっとも強い地衣類やコケ植物、そしてごくまれにある被子植物だけである。似たようなパターンは、シベリアやロシアの北極圏でも見られる。落葉性のカラマツがもう少し北の北緯72度まで分布するが、やはりそれより北ではカラマツさえまばらになり、あとはただただ北極の荒野が広がっている。北の森林の境界線は森林限界であり、それより北へは寒さのため進むことができない。木の生存率や成長、繁殖成功率が落ちてしまうのだ。(24) 北極圏における森林限界は、7月の平均気温が10℃の地点を結んだ線とだいたい一致している。この線は永久凍土の分布の南限とも一致する。いまはツンドラや荒野となっている場所にかつて森があったということは、こうした地域が昔はもっと暖かかったということなのである。

では、中生代や新生代前期の、極地まで広がった森林が全盛期を迎えた頃というのは、いったいどのくらい暖かかったのだろう？　それを知るには、化石の生物で、その仲間が現在では暖かい地域にしか分布していないものを調べるといい。そのような証拠になるみごとな化石をいち早く発見したのが、スウェーデンの古植物学者、アルフレッド・ナトホルスト〔1850‐1921〕だった。ナトホルストは1890年、白亜紀のものと思われるパンノキ *Artocarpus dicksoni* の葉と花と実の化石を、グリーンランド西部の海岸の堆積岩から見つけた。(25) この木は姿がよく、早く育つ種で、現在はニューギニアからインド・マレー諸島を越えてミクロネシア西部まで分布している。これらの地域は熱帯性気候で、冬は暖かく夏は暑い。パンノキの化石が出てきたということは、北極域の気候も、白亜紀には同じように亜熱帯だったということだ。

この発見から一世紀経って、こんどはカナダの北極諸島にあるアクセルハイバーグ島の西端から化石が見つかった。こちらも白亜紀の堆積岩で、化石はカンプソサウルスの骨だった。(26) カンプソサウルスはすでに絶滅した爬虫類で、大きさも姿もワニ（クロコダイル）に似ており、淡水に適応して魚を食べていた。植物同様、この発見から当時の気候について次のようなことがいえる。ワニの仲間は、熱帯または亜熱帯にしか分布していない。だから、カンプソサウルスも暖かい地域にしかいなかったと思われる。(27) 白亜紀に彼らが北極にいたということは、当時の北極地域の冬が暖かく、気温も0℃以上、おそらく5

℃程度まであったと思われる。夏には25℃から30℃くらいの暑さになっただろう。

当時の極地が暖かかったという証拠はほかにもある。南極も北極も、陸地を森林が覆っていた頃にはまわりの海も温かかったことがわかっているのだ。白亜紀、南極の海岸線[28]と北極周辺の陸塊[29]を囲んでいた海は、10℃から25℃という驚くほど高い水温に達していたらしい。

その後の時代――新生代前期（4000～5000万年前）――の環境が明らかになったのは2004年だった。その年の8月、統合国際深海掘削計画の北極コアリング調査隊が、北極海の海底から堆積物を回収し分析した。ちなみに、その堆積物は回収すること自体たいへんな作業だった。巨大な砕氷船が二艘出て氷を周囲から一掃し、実際の掘削をおこなう三番目の船の位置が、荒海のなかでも変わらないようにしなければならなかった。こうした難作業で得られた貴重な堆積物は地球化学的分析にかけられた。その結果わかったのは、北極周辺は新生代においても白亜紀同様、温室のような環境にあったということだった。夏の海水温は18℃にまで達し、現在のフランス・ブルターニュ地方の海と同じくらい温かかったらしい[30]。想像できるだろうか？　北極海が、泳げるくらい温かかったというのだ！　気候の変化について、偏見のないものの見方を与えてくれるのは地質学くらいのものだろう。一方、正反対の地球の端はどうだったかというと、南極シーモア島の堆積物から軟体動物が見つかり、その殻を化学分析した結果、南極の水も同じくらい温かかったことが判明した[31]。

中生代と新生代前期の極地では森林が広がり、ひときわ暖かい気候を謳歌していた。夏は暑く、冬もおだやかだった（ただし、氷点下にならないわけではなかった）。当時の高緯度地域の気候は、降水量を除けば、現在の地中海北部の沿岸気候のようなものだったらしい。しかし、なぜこんなに暖かだったのだろう？　確かな理由はだれもわからない。ただ、どうやらそれを部分的に説明できる鍵は、温室効果ガスが大気中に高濃度で溜まっていたことにあるらしい。たとえば白亜紀は、海洋プレートの生産が活発だったことが地質学者のあいだで知られている[32]。このときの火山活動が二酸化炭素に富む大気を生みだし、強い温室効果をもたらして地球を暖めたのだろう[33]。

高緯度地域では、日射量が季節で極端に異なる。このことも、両極地に生える木々に影響を与えた。現在、人口の70％は北緯30度から南緯30度のあいだに住んでいる。これだけの人が中緯度地域に集中して住んでいることを考えれば、極地の日射量の季節変化がどれだけ大きいか、ここで強調しておいても無駄ではないだろう。この極端な季節変化は、地球の自転軸が垂直より23・5度傾いていることから生まれる。この傾きのせいで、地球が自転すると北極圏は夏に太陽と向き合い、数ヶ月間ずっと昼が続くことになる。北極で地上から空を見上げていれば、太陽は地平線に完全に落ちることなく、ずっと空で円を描くように回っているだろう。同じ頃、南極圏は暗闇に包まれている。南半球が太陽から外れた方向を向いて自転するからだ。北緯70度では、日光の途切れない夏が5月の半ばから7月初めまで9週間続く。逆に暗い冬も同じ長さだけ続く。緯度をもう10度上げればもっと極端な状態になり、夏と冬の長さが二倍になる。南緯85度にあった南極の森は、驚いたことに年の半分は暗闇に包まれていたわけだ。そのあいだ、光合成をすることは不可能だっただろう。

極地の森は、暖かい気候と極端な日射の季節変化という異常な組み合わせにどう対処していたのだろうか。この疑問に答えてくれたのは、材の化石に残っていた年輪だった[34]。年輪は、環境が木の成長（生産量）に与える年ごとの影響を、目に見える形で示してくれる。材では、暖かい春に大きな細胞が作られ、夏が過ぎて雨が減るにつれてだんだん小さな細胞ができるようになる。そして最後に冬がきて、休眠状態になる。年輪のきれいな境界線は、前の年の秋冬にできた小さな細胞と、次の春にできた大きな細胞の、くっきりとしたコントラストで作られるのだ。自然がこんな仕掛けを用意してくれたおかげで、一つ一つの年輪のもつ細胞の詳しい情報から、その木がどのように成長したかがわかる。毎年、新しい細胞が去年までの材の上に作られ、幹を徐々に太らせていく。年ごとの年輪を連続して眺めれば、気候の特徴的なパターンをつかむことができる。[35] 年輪の幅が広ければ、木の成長にとって良好な年だったことが、幅が細ければ、よくない年だったことがわかるわけだ。ロンドン大学のウィリアム・シャロナーとジェフ・クレバーが、木は過ぎ去った気候のことを「すみずみまで書きつける日記書き」だという忘れがたい言葉を残している。[36] 現在残った化石の材は、数百万年前に森がどのように成長したかを教えてくれる。スコットが残した日記のように、材は、他のだれも見ることのできない過去のできごとを残してくれる。その材をうまく分析できれば、過去の木々の生涯を読みとることができるのだ。

材の化石が書いた日記からわかったのは、当時の「植物の私生活」が驚くべきものだったことだ。北極・南極どちらの地域の森でも、木々はみごとに幅の広い年輪を作っていた。ふつうでも数ミリ、多くは1センチ以上の幅があった。[37] 先ほど紹介したペルム紀の南極林の年輪幅は、平均でも4ミリ以上、一番広いと11・5ミリもあった。いま北方でがんばっている木もあることはあるが、寒さと乾燥で成長が抑えられ、過去にくらべるとずっと見劣りしてしまう。北緯72度のシベリアに生えるカラマツは、年平均でせいぜい2ミリの年輪しかない。北緯75〜79度にあるカナダの北極諸島に生える小型のヤナギなど、毎年0・5ミリ成長するのがやっとだ。[38] これを考えると、その広い年輪幅からいって、化石の木々の生産性はとてつもなく高かったはずである。では、実際の生産量はどのくらいだったのだろう？　これを知るには、幹が毎年太ることによってどれだけ材ができるのかを計算すればいい。木の幹がほぼ円錐形だと仮定すると、材の量は、年輪の幅と木のだいたいの高さを使った単純な幾何の関係式から求めることができる。木の高さは直接測れないが、残った切り株の幅に正比例することから推定値を出すことができる。[39] まれではあるが、木がどのくらいの密度で生えていたかわかる場所が残っていて、その情報を使えば森全体の生産量もわかる。

過去の木々を復元させるこの手法でいままでにない大きな成果を出したのが、アクセルハイバーグ島のナパルテュリクにある化石林の研究だ。[40] ナパルテュリクとは、イヌイット語で「森のあるところ」を指す。ペンシルヴァニア大学の研究者たちはこの森で、あちこちに散らばった丸太や半分埋まった木の先端、直立した株、そして敷き詰められた葉の層を調査した。その多くはメタセコイアのものだった。研究者たちは化石の森を蘇らせようとした。木の成長率を割り出すのに化石の年輪でデータが足りないときは、東京大学の演習林に植えられたメタセコイアを切り倒し、それを測って補った。こうして現在の森に助けられながら、約４千５００万年前の北極圏に存在したナパルテュリクの森の生産量が明らかになった。そこでわかったのは、その生産量が現在のチリ南部にある温帯湿潤林とほぼ同じだったということだ。これは思いがけないことだった。この結果は、極地林の生活史に対する見方をまったく変えてしまう。どうやら当時の極地林は、潤沢な二酸化炭素によって暖かくなった気候を満喫していたようだ。[41]

このように、新しい研究によって過去に極地の森で起こったことが次々と明らかになってきた。だが謎はまだ残っている。なかでも生態学的に解決していないのが葉の習性である。当時の北極周辺から見つかる化石の大部分はメタセコイアなど、現在では落葉樹に分類される仲間だ。[42] 北極の森はいったいなぜ落葉樹が多かったのだろう？　この謎には一世紀ものあいだ適切な答えが見つからなかった。北極の化石林について当時の研究者たちがもっていた典型的な意見は、１９８４年、当時イェール大学にある

有名なピーボディ自然史博物館の館長だったレオ・ヒッキーが語った言葉に表れている。彼いわく、
（気候が温帯だったことより）もっと驚いたのは、そこにあった植物の種類だ。……当時そこは亜熱帯気候だったにちがいないのに、ヤシやチャノキなどが見つからないのだ。ワニやカメなど、亜熱帯にいる脊椎動物から連想すれば、当然発見が期待できるような常緑樹がぜんぜん見つからない。

ヒッキーの目から見ると、この森は異様だった。なにしろ、「落葉の植物相と亜熱帯の動物という落差」をもつ森なのだから(43)。

北極の森に広がる落葉樹の謎は、大西洋を隔てたアメリカとヨーロッパの研究者のあいだに、一世紀近くつづく論争を引き起こした。論争の口火を切ったのはスワードである。彼はスコット大佐の化石を調べたあと、次のような見解を打ちだした。グロッソプテリスの化石を重視して考えると、「北極や南極の植物にとって、冬をしのぐためには、ヨーロッパの冬を耐える落葉樹のような姿であっても、または常緑であっても大して難しくなかっただろう。というのも、日照時間が長いあいだに大量生産した養分があったのだから(44)」。彼の意見の根拠となったのは、現在の北極でも常緑のセイヨウネズと落葉樹のホッキョクヤナギが並んで生えていることだった。そうした木は昔の森のように数十メートルもの背丈にはならないが、スワードによれば、それは現在の気候が昔にくらべると「異常なほど」寒いせいらしい。スワードはこの発言から10年後、同じ意見をあらためて表明した。そして彼が現役として活躍しているあいだは、この考えに異論を唱える者はいなかった(45)。

それから30年が経ち、スワードの意見がすっかり忘れられた頃、まったく異なる見解がでてきた。き

っかけは１９４６年、マサチューセッツのボストンにさかのぼる。それは一見ごくふつうのシンポジウムで、テーマは北アメリカの植物相の進化だった。シンポジウムには、カリフォルニア大学バークリー校の古植物学者、ラルフ・チェイニー〔１８９０－１９７１〕が出席していた。チェイニーは影響力の大きなアメリカ人研究者で、化石ハンターのなかでもニュージェネレーションの部類に入っていた。すなわち、化石植物の「なに」とか「いつ」にはあまり興味がなく、「なぜ」に惹かれる人間だった。[46]シンポジウムの席で、彼はスワードとは異なる意見をもち出した。「セコイアもヌマスギも、寒くはないが真っ暗の冬を乗りきれたのは、葉を落としたからではないだろうか[47]」。言葉を変えれば、こうした木々の落葉する性質は、暖かくて暗い極地の冬を生き抜くために適応した結果だというのだ。チェイニーの研究室出身のハーバート・メイソン〔１８９６－１９９４〕もバークリー校で研究を続けながら、彼はチェイニーの意見をさらに一歩推し進めた。暖かい冬は常緑樹にとって大問題だったにちがいなく、その理由は、冬に呼吸率が高くなってしまうからだという。「熱帯林や暖帯林は、それどころか温帯林だったとしても、高緯度地方で生息し、成長することは不可能だと言わざるをえない[48]」。チェイニーとメイソンによれば、極地方の森が落葉樹でできていたのは、呼吸という「抱えきれない」重荷を避けるためだった。この考え方は、常緑樹も落葉樹も等しく極地に適応できたとするスワードの意見とまったく反対の立場といえよう。

チェイニーとメイソンの「落葉樹説」は、極地の常緑樹が抱えるであろう問題を根拠にしていた。彼らのような北米の研究者の考えでは、常緑樹は暗い冬のあいだ、呼吸で自分たちの蓄えを浪費してしまうというのだ。呼吸とは、いわば「発電」ともいえる作業である。細胞は、呼吸によって酸素と糖を燃やしエネルギーを得る。そして、人間と同じように二酸化炭素を排出する。ただ木の場合、呼吸で失う二酸化炭素はもともと光合成で蓄えた炭素（炭化水素）で、炭素は成長のために支払う貨幣であり、生存のために燃やす燃料にあたる。ここで常緑樹の場合を考えてみよう。木に生い茂った葉は冬も呼吸する。しかし、冬は暖かくても暗いため何ヶ月も休眠せざるをえず、光合成によって新たな燃料を補充することができない。

メイソンの考えはこうだ。暖かい冬は細胞の代謝を促進し、その維持にますますエネルギーを使わせる。こうした困った事態が起こると、木はまたたくまに燃料を使いきってしまうだろう[49]。それだったら、落葉という性質を受け入れたほうがずっといい戦略に思える。春がくるまで葉を落として冬眠することは、葉を生かしておくコストがかからず、大切な炭素の蓄えをとっておくことができる。

そう聞くと、チェイニーとメイソンの意見も納得できそうに見える。極の冬を乗り切るために落葉するというのは、直感的にも受け入れやすかった。この受け入れやすさもあって、落葉説は支持されつづけ、やがて通説として定着した。ここでふたたびヒッキーから引用しておこう。彼は支持を広げたこの意見について以下のようにまとめている。

（極地の森が落葉性だったのは、）何ヶ月も続く極の暗い冬のせいだった。このような冬では、常緑という生き方は不利だっただろう。この（常緑という）状態を続けるには、蓄えた養分のかなりの部分を使ってしまう必要がある。一方、落葉樹は長い極の夜のあいだ葉を落としてしまうことで、こうした問題を避けることができただろう[50]。

1980年代から90年代のあいだ、大西洋を隔てた二つの研究者集団はチェイニーたちの説をもてはやし、高緯度地域の堆積層から落葉樹の化石が出るたびにこの説を擁護した。今日ではこの考え方が定着し、多くの研究者たちが自信ありげに「暖かい極地では、落葉樹の方が長く暗い冬を生きるのに適しており、冬が寒い場合は常緑が有利になる」と語る。[51]

大西洋の端と端で考えられたこれらの説には、しかし問題があった。彼らのアイデアは直感や「常識」に基づいたもので、科学的な仮説が必要とする確固たる基準を満たしていなかったのだ。「落葉樹説」が含んでいる前提条件に、だれも批判的な目を向けようとしなかった。また、常緑樹も落葉樹も同じように暖かい冬を生きることができるというスワードの説にも、それが本当かどうか、だれも批判的に向き合おうとしなかった。とくに、落葉樹説をとりまく状況は心配だった。科学者集団にこんなにも受け入れられていながら、それを支持する証拠が限られていた。推測だけで事実に乏しい「学説」が、直感以上のなんの支えもないまま、どうやって多くの支持を集めていられたのだろう？　本などを通して次の世代へ伝わっていくうち、この説は、学説というより信仰に近いものとなっていった。

それでも、チェイニーとメイソンの「落葉説」から時が経つと、これが最初に予想されたほど明白な事実ではないかもしれないという証拠が出てくるようになった。正直者の科学者が、暖かい冬に呼吸で浪費する炭素は、単純に予想していたほど多くはないらしいと警告しはじめた。[52]彼らは実験から証拠を導きだそうと、カリフォルニアのホワイト山脈に生えるイガゴヨウというマツを海抜0メートルの場所に移植した。すると、高度が低くて暖かい気候に急にもちこまれたイガゴヨウは、葉の呼吸速度を進ませるどころか遅らせてしまった。[53]急な気候の変化は、呼吸に関わる酵素の触媒としての活性を変えてしまい、エネルギー産出に必要な代謝物の供給量を変えてしまったのだ。[54]そののち、好奇心旺盛な植物学者ジェニファー・リードと地質学者ジェーン・フランシスが、南半球の常緑樹に、暖かくて（5℃）暗い冬を10週間過ごさせるという実験をおこなった[55]。多くの木はなにごともなく生き残り、ダメージを受けた木は見つからなかった。スワードが1914年に予測したとおりだった。こうした一連の実験が語るのは、数百万年前の暖かい冬が、常緑樹にかならずしも高い呼吸速度をもたらしたとはいえないということである。

このほかにも、落葉説を支えていた根拠の妥当性に疑問がわき上がってきた。それは、植物園の温室でもふつうに観察できる現象から生まれた疑問だ。街の植物園にいくと、そこにはよく熱帯園とかヤシ園といった温室がある。中に入ると、熱帯の木々が緑の葉を茂らせ、色とりどりの花を咲かせて私たちを出迎えてくれる。じつは私たちはこのとき、温室という環境によって、本来とは異なる緯度に熱帯植物が生えている現場を目撃しているのだ。イギリスのキュー植物園はロンドンに近い場所にある。北緯は51度である。ここには熱帯産や亜熱帯産の植物が130種あまり植えられているが、補助の明かりなどなくてもふつうに花を咲かせ、実をならせている。もっと北にいくと、スウェーデンのストックホルムの北、ブルンスヴィーケン湖の西岸に植物園がある。北緯59度のフレスカティにあるベルギアンスカ植物園だ。そしてここでも、キュー植物園と同じ状況がみられる。これらのことから事実は明白だ。熱帯の常緑樹は、実際生えている場所より数百キロ北の、冬には日照時間が減る環境でも厳しい寒ささえなければふつうに生きられる[56]。では、極地に常緑樹が生えていたとしたら、長くて暖かい、しかし暗い冬を、いまの温室の植物同様に生きられただろうか?

こうしたさまざまな角度からの証拠が、落葉説に挑みかかってきた。それでも研究者のなかには、この「宗教」を捨てようとしない者がいる。化石の証拠から、南半球の高緯度地域には常緑樹があったことが明らかになってもだ[57]。自説を捨てるかわりに、彼らはこう書いている。「高緯度地域が暖かくなった頃には、すでに常緑樹はすたれていたのかもしれない。なにしろ冬の呼吸速度が大きすぎて、蓄えていた代謝産物を使いはたしてしまっただろうから」[58]。一方、ほかの研究者たちは、きちんとした実験による検証がいますぐ必要だと思った。冬のあいだ冬眠することが、落葉樹が極地で生きていくために必要な生態的条件なのかどうかを検証すべきである。とうとう、大西洋を越えて科学者たちが集まり、協力しあうことになった。一時代を築いた伝統的学説に挑もうと、彼らはともに新しい道を歩みはじめた[59]。

彼らはまず、化石記録が残る樹種を高緯度地域に植えてみた。落葉樹では、扇のような葉が特徴的なイチョウの木と、針葉樹のヌマスギとメタセコイアを。常緑樹では、広葉樹のナンキョクブナと針葉樹のセコイアを（図19）。これらの多くは、チャールズ・ダーウィンが「生きた化石」と呼んだ種だ。化石から出てくる葉が現在の仲間とそっくりなため、「時の流れを乗り越えた証人」とも呼ばれる。なかには、最初は化石しか知られていなかったため絶滅したと思われていたが、あとから生きたものが発見されたという種もある。その典型的な例がメタセコイアだ。1946年に発見されるまで、ずっと絶滅したと考えられていた。四川省で現存することがわかったときは、大ニュースとして伝えられた。中国中央部の片隅が、この木の最後の避難場所となっていたらしい[60]。アクセルハイバーグ島などから化石が見つかり、メタセコイアがかつては生物地理的にも生態的にも大成功し、北アメリカ、ヨーロッパ、そしてアジアまで広がっていたことがわかった[61]。イチョウだって、中生代には生物地理的にも生態的にも繁栄していたが、その後衰退をたどり、いまでは絶滅寸前になっている。イチョウがかろうじて残ったのは、日本の寺などで僧侶たちが植えつづけたおかげらしい[62]。いま公園や庭で色づいているイチョウは、そうした生き残りから殖やした個体の末裔だ。

植林実験に話を戻そう。この実験では、右に挙げた5種類（落葉樹3種と常緑樹2種）の木を人工気象

図19　始新世の極地林の化石（写真左）．南極半島にあるカナダ北極圏のアクセルハイバーグ島で見つかった．この化石はメタセコイアの株と思われる．

メタセコイアは鳥の羽のような葉をもつ落葉樹で，現在広く植栽されている（写真右）．

施設に植えた。この施設はハイテク技術で気候をコントロールし、白亜紀の極地環境を再現する。冬は暖かく夏は暑く、日照は北緯69度と同じようにし、二酸化炭素を加えた。環境を整えたあと、研究者たちは3年のあいだ木の成長を測定し、落葉説の検証をおこなった。落葉説を観察に基づいた検証可能な仮説として捉え直すなら、その主張は次のように言い換えられるだろう。「暗い極地の冬には、常緑樹の呼吸を通じて消耗する炭素量が、落葉樹の葉を落とすことで消耗する炭素量を上回る」。ただ実際にはもう少し複雑で、落葉樹も根や枝は呼吸するし、常緑樹も少しは葉を落とす。だから、もし落葉説が正しいなら、実験の結果は図20上のようになるだろう。はたして予想どおりになるのか？　かくして実験がはじまった。

実験の結果、わかったのは予期しないことで、それなりにセンセーショナルだった。苦労して手に入れた炭素を湯水のように使っていたのは、常緑樹ではなく落葉樹だった。計算してみると、常緑樹が冬

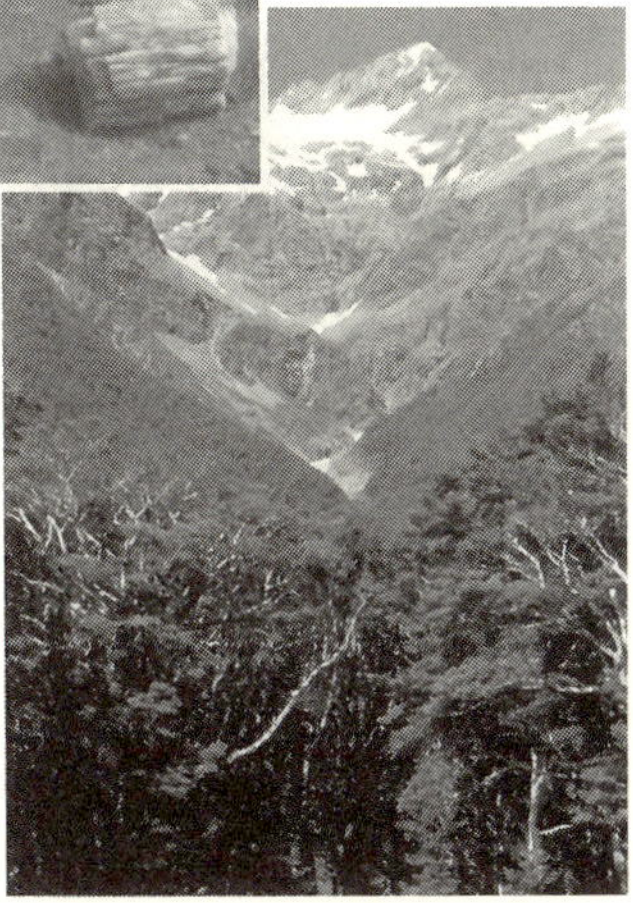

南極で見つかった白亜紀の化石（写真上）はナンキョクブナという，ニュージーランドに広がる自然林をつくる木（写真右）の仲間.

に呼吸で失う炭素より、落葉樹が葉を落とすことで失う炭素の方が20倍も多かった。実験で得られた炭素収支の結果を図にすると、落葉説が予言したものとは正反対になった（図20下）。これが本当だったら、白亜紀の極地では落葉樹の生き方は不経済で、常緑樹でいたほうがよかったことになる。[63]

もちろん、研究がこのような結果になったからといって、落葉説を完全に否定できたとはいいがたい。この実験ではまだ足りない点があることは確かなのだ。すぐ目につく問題は、この実験が北緯69度という、ある一つの緯度における環境を模しているにすぎないこと。もっと高緯度では暗闇がより長く続き、常緑樹が呼吸で失う炭素は多くなる。そうなったら炭素収支も落葉樹の方がよくなるかもしれない。さらに問題なのは、この実験

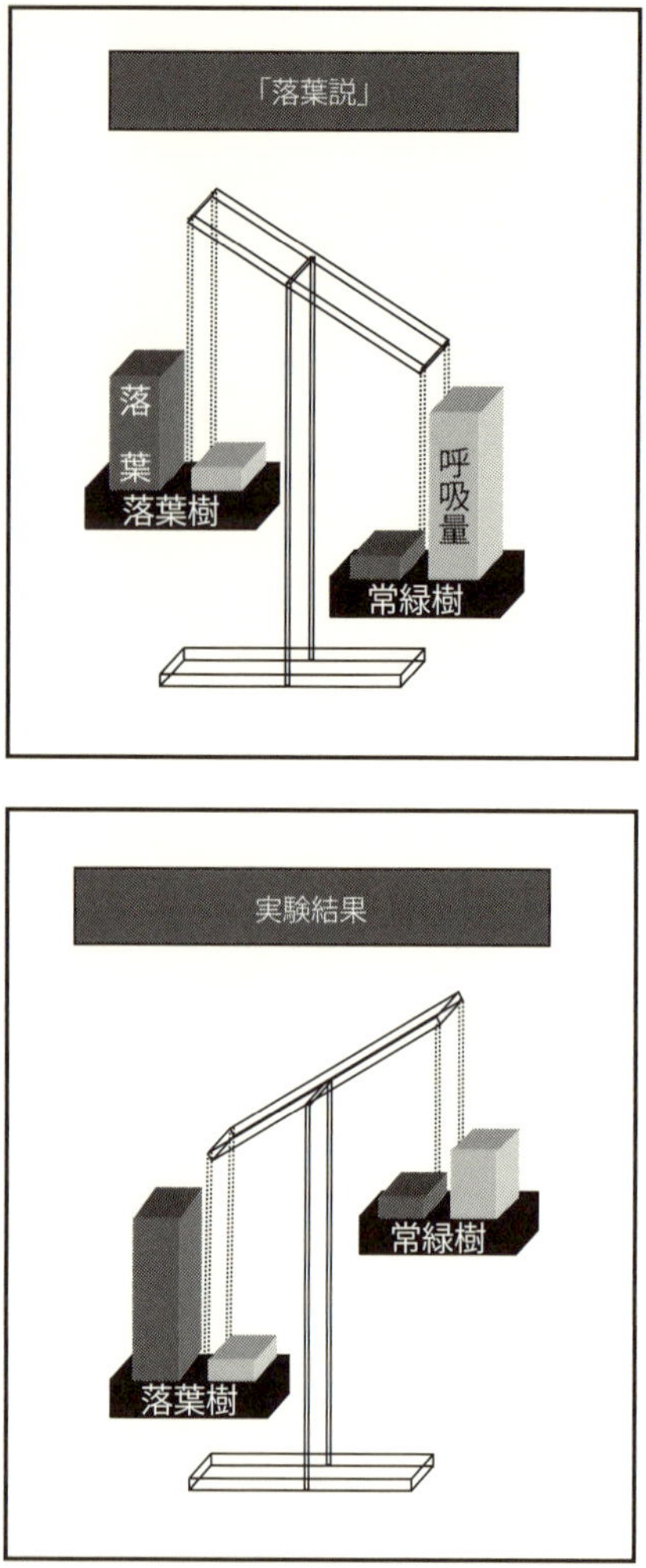

図20　極地域の冬における常緑樹と落葉樹での炭素収支．上の図は，いわゆる「落葉説」で考えられている状況．冬のあいだは呼吸量による支出が多いため，常緑樹が失う炭素の方が落葉樹よりも多くなる．下の図は，実際の実験で得られた結果．予想とは逆で，落葉樹が失う炭素の方が常緑樹より多かった．

が3年しかおこなわれなかったことだ。これでは木はまだ若くて小さいままだ。もっと大きくなった常緑樹では呼吸する葉がたくさん茂るだろうし、落葉樹の方も落とす葉の量が多くなる。このことから、成木ではなく若い苗木を使った実験では、自然条件と結果が異なるかもしれない。

このほか、遺伝的浮動の問題がある。生物は、親とまったく同じクローンというわけではない。遺伝子コードはわずかだが偶然で変化し、これが次世代の遺伝的構成に加わっていく。何百万年ものあいだに、こうした違いの累積が「遺伝的浮動」を生みだす。私たちは、「生きた化石」として知られる種だったら昔の化石種と同じだと期待してしまうが、その遺伝的構成がまったく同じであるはずがない。化石の葉が子孫の現生種と似ているということは、これらの仲間が何百万年たってもゆっくりとしか種分化しなかったということだろうが、もしかすると、遺伝的浮動が昔の生理的な性質を変えてしまっているかもしれない。だからといってその変化が、実験を実際と異なる結果にするほどのものかどうかも、議論の余地があるだろう。

この実験はつまるところ、白亜紀の極地に似た環境での、木の状態の一面を垣間みたものにすぎない。木のサイズや緯度についてもっと条件を揃えた完璧な研究をおこなうには、数学モデルを使ってバーチャル・フォレストを作り上げる必要がある。(64) そんなわけで、洗練されたコンピューターモデルが、地質学者の振り下ろすハンマーの代わり……というよりは、信頼できる地質学のハンマーを補助する形で、いまでは古植物学の新しい実験道具として使われるようになった。21世紀としてはあたりまえの展開だ。本物の森と同じく、バーチャル・フォレストには葉があり、幹があり、根がある。成長には日光と雨が欠かせない。光合成で得られる炭素と呼吸で失う炭素、そしてこれらの収支にあたる生物量——これらを数式を使って制御することで、本物の木の動向を複製する。このモデルの目的は、森が、二酸化炭素の多かった白亜紀の大気による気候変動や肥沃化にどう応答したのかを、いまわかっている知識を総動員して、できるだけリアルに描き出そうというものだ。気候さえ適切に設定すれば、バーチャル・フォレストは地球上のどの場所でも育てることができ、同時に木を通じた炭素の流れを、コンピューターによって細部まで追跡することができる。

シミュレーションの結果は次のとおりだ。まず、白亜紀の北半球高緯度地域に育つバーチャル・フォレストでは、葉を落とす戦略は葉を保ったまま呼吸を増やす戦略より高くつく。モデル・シミュレーションによると、成木の落葉樹が「支払う」炭素量は、極地では緯度にかかわらず常緑樹の2倍になった。呼吸による常緑樹の負担は、たしかに緯度が高くなるほど大きくなる。しかし、それは葉を落とす負担に比べればずっと小さい。先に紹介した幼木を使った実験結果を成木に当てはめたらどうなるかも、簡単な計算でシミュレーション結果と照合できる。実際に照合してみたところ、両者はぴったりと一致した。[65] すべての結果から導きだされた全般的な結論では、落葉樹が冬のあいだに節約できる呼吸のコストは、毎年葉を落とすことで失う代価にはまったく見合わないということだった。[66]

こうして私たちは、実験、そしてバーチャル・フォレストというコンピューター・シミュレーションの両方から、長く続いた落葉説に終止符を打つような強力な証拠を得ることができた。しかし、話はここで終わらない。じつは、白亜紀の化石から新しい証拠が出てきたのである。これこそ落葉説にとどめをさすものだった。南極とニュージーランドの植物化石を改めて調べた結果、そこには驚くほど高い頻度で常緑樹が含まれていた。[67] 落葉樹が極地の冬を生き残るための適応だとすれば、これは予測できない事態だ。

極地の森に関する通説は、いまや見直す必要がある——70年ものあいだ多くの科学者がまちがったまま抱いてきた信仰を、いまや捨てざるをえない証拠がそろったのだから。極地が暖かい時代に森が落葉樹で覆われていたと知ったとき、ヒッキーたちは頭をひねった。結局、彼らの疑問は正しかったのだ。ただ彼らは、常緑樹が呼吸で使うエネルギーの方が、落葉樹が秋に葉を落とすことで失うエネルギーよりずっと小さいということを見通すことができなかった。後者が失うエネルギーは、じつに前者の倍以上だった。いまから思うと、落葉説は頭のなかで創りだされた説といえるかもしれない。落葉という性質が、極地に続く長くて暗い冬を生きるためにできたという説は、一見説得力があり、実感に逆らわない説明だ。しかし、極地の森の生態において葉の性質がどのような意味をもつのか、私たちが新しい方法で見直したいまとなっては、教科書を書き換えるべきかもしれない。

なお、ここまできてまだ、面白い矛盾点が残っている。もし、極地の冬を生き残るために落葉樹が高いコストを払わなければいけないのなら、そもそもなぜ彼らは繁茂できたのだろう？　確かに、いままで仮定した環境条件だけなら、彼らはすぐ常緑樹に置き換わってしまうだろう。しかし落葉樹には、極地でのサバイバルゲームに勝てる、最後の切り札があった[68]。彼らの葉は、太く短く生きる。短いが暑い夏に乗じてどんどん光合成し、常緑樹の葉を追い抜く。一年をトータルで考えれば、落葉ウサギと常緑カメの競争は引き分けなのだ。落葉樹は、すべての成長を短い夏に賭ける。常緑樹は、もっとのんきに二酸化炭素を吸いつづけながら、日照と気温が許すかぎりゆっくりだが着実に成長をつづける。結局、炭素の貯めこみ方のパターンは異なるが、最終的には一年でだいたい同じ程度の生産量を達成し、引き分けることになるのである[69]。

極地の森にあった落葉樹の謎は、まだ解明にはほど遠い。しかし、少なくとも誤った説明をひとつ、リストから外すことができた。さらに進んで、植物の葉の性質と極地の森の生態をもっとよく理解するためには、また新しい道を探らなければならない。自然が残した踏み跡には、多様かつ入り組んだ手がかりが落ちている。[70] たとえば疑問なのは、常緑のイチイ類や落葉のブナ類はイギリスの地で共に旺盛に茂っているのに、なぜ葉の維持方法ではまったく反対の戦略を取ったのだろう？ また、北米最南端の霜も降りないような場所になぜ落葉のヌマスギが生えていて、一方で、常緑の針葉樹より北になぜ落葉のカラマツが生えているのだろう？

こうした疑問に答えることは、学問という象牙の塔の住人にしか意味がないと思われるだろうか。いや、この場合はちがう。そこには私たちの将来の気候にかかわる、重要な問題が含まれている。

冬のあいだ、落葉樹が並んでいる場所では地面に雪が積もる。雪は太陽エネルギーを反射して空に返すので、地表付近の温度は上がらない。一方、円錐形で色の濃い常緑樹が覆った場所では、雪が積もらず、太陽エネルギーを吸収するので大気は温められる。こうしたちがいがあるため、将来地球が温暖化したときは、極地が常緑樹に覆われるか落葉樹に覆われるかで、気候に与える影響が正反対になるのだ。[71] いまツンドラ植生が占めている場所に常緑樹が侵入すれば、温暖化は増長されるだろう。逆に落葉樹が入りこんだなら、温暖化の影響は小さいだろう。来たるべき気候変化を正しく予測するためには、木々がもたらす生態的な問いに答える必要がある。

極地にあった森や寒い地域にいまも残る森をより深く理解するには、長年北シベリアの針葉樹を調べてきたロシアの植物学者の研究が役に立つ。彼らはもう70年以上、常緑のマツが落葉のカラマツと隣り合って生えていることに気づいていた。[72]常緑と落葉の木はなぜ一緒にいられたのか？　この謎を解く鍵は、土壌にあると考えられている。シベリアの常緑マツは、水はけのよい砂地の土壌にしか生えない。もっと肥沃な土壌には耐えられず、そのようなところには落葉のカラマツが生える。肥沃な土壌は冬になるとすぐ凍り、春になってもなかなか溶けない。このような環境では、カラマツの根は凍ったままなのに地上は暖かいという日がしばしば訪れる。これが常緑樹だと、「凍結干ばつ」という悲惨な状況を生みだす。地上では蒸散によって水が失われるのに、土壌は凍っているため、根が水を吸えないのだ。このような状況では、光合成をおこなう精密機械である葉は干上がってしまい、再生不能なダメージを被る。木全体の健康状態にも致命的な衰えが生じる。[73]落葉のカラマツなら、土壌が溶ける初夏まで先端部の成長を遅らせ、凍結干ばつの危機を避けることができる。

また、常緑樹と落葉樹の分布を決める要因として、土壌の養分が重要な役割を果たしているらしい。[74]太く短く生きる葉をもつ落葉樹は、養分の要求度が高い。夏のあいだに二酸化炭素をたっぷり吸いこんで生産量を増やすには、酵素のための養分が必要となる。一方、常緑樹はゆっくり生きるため、養分が少ない土壌でも不自由なく暮らしていける。かくして、水はけのよい細かな粒の土壌は養分が少ないため、マツのような常緑樹が有利になり、もっと養分の多い粘土質の土壌では、落葉樹のカラマツが有利になる。

土壌におけるこの「持つ者」と「持たざる者」の分かれ道には、わずかではあるが木からのフィードバック効果も効いている。長生きするマツの葉は、たとえ落葉してもゆっくりとしか分解されないため、葉のもつ養分も土壌へはゆっくりしか戻らない。このような状態だと、土壌の養分は不足し、要求度の高いカラマツは追い詰められてしまう[75]。反対に、カラマツの短命な葉はずっと速く分解するので、土壌の養分も高いまま保たれる。このような生態系のフィードバックがあると、葉の寿命と養分の循環がそこに生える植生と土壌の結びつきを強めるため、極地の森林の生物地理にも影響するだろう。最近では、化石の年輪に残された細胞を詳しく調べることで、当時の葉の寿命がわかるようになってきた。こうした研究方法の発達によって、極地林の生物地理の解明に一歩近づいたといえよう[76]。

速く成長する落葉樹と、遅い成長の常緑樹——二つの異なる戦略は、さらに、極地の森になぜ落葉樹のほうが多かったのかを教えてくれる。堆積物に大量の石炭化石が見られることから、当時、極地域には火事が頻繁に起こったことがわかっている。ちょうど北米の寒帯林と同じだ。北米寒帯林では、平均して50年から60年に一度火事が起きている。成長の速い木は焼け跡にすばやく侵入できるため、火事が起こりやすい場所では有利になる。彼らはゆっくり育つ常緑樹を追い越して成長し、常緑樹を寒くて暗い環境に封じこめる。火事がすごく頻繁に起こったのなら、常緑樹に森を占める機会は訪れず、落葉樹が繁茂するままであっただろう[77]。

こうやって針葉樹の分布を決める要因を突き詰めていくことは、じつは、来るべき地球温暖化で起こることの予測につながる。ある気候モデルによると、気候が温暖化するにつれて、高緯度地域の降雪は少なくなるという。そうなると、雪がもっていた地面の保温効果がうすれ、土壌は冷たい空気にさらされて、いままでより冷たくなる[78]。私たちが最初に立てた仮説によれば、冬に土壌が冷たいと落葉樹が有利になる。凍結干ばつの危険が増すからだ。また、いま予測されているように温暖化によって夏が暖かくなるのなら、土壌はより温まり、微生物の活動が活発になって有機物の分解が進む。私たちが二番目に立てた仮説に従うと、土壌の養分が増えるので、また落葉樹のカラマツが有利になる。というわけで、いまわかっているかぎりでは、どちらの仮説からいっても、将来温暖化が進むと高緯度地域では落葉樹が優勢となり、常緑樹が衰退すると思われる。

土壌の凍結と養分に関するこうした考えを、極地域の森にも適用してみよう。そうすれば、なぜ北半球の高緯度地域で常緑樹より落葉樹が優勢になったかという疑問に対し、前に説明した火事の歴史という検討材料とともに、答えにつながるヒントが得られそうだ。

もし、中生代や新生代前期の冬の気候が、穏やかではあるもののときに凍結が混じるものだったとしたら、落葉樹に有利な「凍結干ばつ」の有無が重要な決め手となっただろう。しかし、冬に凍結したことを示す証拠は限られている。それにくらべると、養分の有無の方が答えとして有力かもしれない。始新世や白亜紀、北極の土壌がどんなものだったかについては情報が少ない。それでも当時の状況は、細かく水はけがよいというよりは、粘土質で水が溜まりやすい土壌だったと思われる。粘土質の土壌は、暖かい冬のあいだに分解された養分をより多く蓄えている。このような土壌では、成長が速くて養分要求量が高い落葉樹が有利となるだろう。

過去と現在の森林生態学は、今後もっとしっかりした足がかりを得て結びついてくかもしれない。ただ、それには直感的なアイデアに現実世界での観察をちゃんと組みこみ、また、現実の観察結果との対比によってアイデアが評価されることが肝心だ。

いま緊急の課題となっているのは、これまで述べたような憶測をきちんとした自然科学に変えていくことだろう。というのも極地が温暖化しているのだ。ここ30年のあいだに、北半球の高緯度地域にあたるアラスカで、冬の気温が２～３℃も高くなっている。地球全体の平均にくらべて、３倍もの上がり方である。(79) すでに植生にも動きがみられる。北緯68度にあるアラスカ・アイカク川周辺の景観を現在と過去の航空写真でくらべたところ、灌木やトウヒなどの樹木が北へ広がり、ツンドラ地域まで侵入していることがわかった。(80) この地域は人による撹乱がほぼ考えられない場所であり、犯人は気候温暖化だと思われる。つまり、人間の産業活動が大気の化学組成を変え、気候を温暖化し、ずっと昔に絶滅した森の生態系を復活させたのだ。人間の開発が環境保全の究極ともいえる働きをしたとは、なんとも皮肉な話ではないか。

ただ、いまは皮肉などと言っている場合ではない。北極海をとりまく大陸の温暖化は加速度を増している。1990年代の温度上昇率は、測定をはじめた1960年代の2倍になった。ここまで加速したのは、季節によって雪が溶けるようになった結果ではないかと考えられている。(81) 雪の積もっている季節が短くなると、植物や土のように色の濃い場所が広くなり、太陽光をより多く吸収して大気を暖める。一方、温暖化によって木や灌木が北に進出すると、植生も変わっていく。もし、私たちが閾値を超えてしまったのなら、そして背の低い植生だったツンドラの生態系が、背の高い木々に置き換わっていったのなら——気候は、植生が叩くビートに合わせて踊りはじめる。もしこんな事態になったら、気候変化のペースはさらに加速していくだろう。

スコット大佐が南極の化石を見つけ、極地の森という論争に火をつけてからほぼ一世紀が経った。そのあいだに、この遙かなる森に対する私たちの知識には驚くほどの進展がみられた。初期にわき上がった多くの疑問には、すでに答えが見つかった。しかし、くやしいことに、生態についてはまだたくさんの疑問が残っている。いま、高緯度地域の状況は当時のそれにだんだん近づいており、未来の気候にも影響を与える可能性がでてきた。それにつれて、残った疑問に答えることが差しせまった課題になりはじめている。ここでは最後にまた、スワードの言葉をとりあげておこう。１９１４年、スコットの化石を研究したのちの彼の言葉は、いまも私たちの心に響く。

スコット隊の英雄的な努力は無駄ではなかった。彼らは私たちに、確固たる礎を残していった。彼らの成果は私たちの未来に希望を与え、彼らに続く挑戦者たちの、さらに上を目指す心をかきたててくれるだろう。

私たちの議論はまだまだ終わらない。

第6章
失楽園

一瞬それはカワセミのように飛んだかと思うと、すぐまた視界から消えてしまった。あるときは牡牛の頭くらい大きくなったかと思うと、すぐ猫の目くらい小さくなってしまう。……そしてとうとう葦原に戻っていき、そのなかを飛びまわっていた。

——ジョルジュ・サンド『愛の妖精』(1848)

いまから５０００万年前の始新世の時代、赤道と北極の気温はほとんど違いがなかった。当時の異常な状況は、北極から見つかる動植物の化石が明白に物語っている。それなのに、過去の大気中の二酸化炭素量を使うだけでは、気候モデルでこの異常な状況を説明することはできない。

ここに、その理由を知るうえで重要なヒントを与えてくれたのが、氷の奥深くに眠る氷床コアだった。氷のコアには、過去の気候の記録が残されている。そこで明らかになったのは、最終氷期以来気候が暖かくなるにつれて、二酸化炭素以外の温室効果ガス——たとえばメタン——の濃度も上昇したことだった。これらの温室効果ガスの効果について、いままで知られていなかった因果関係の一連をモデルに組みこんだところ、始新世の二酸化炭素による温室効果は増幅された。

ただ、そこまでしたにもかかわらず、モデルは始新世における極地の異常な気候を再現するには至っていない。過去からの教訓を考えると、この再現に成功しないかぎり、温室効果ガスの増加がもたらす結果の大きさを、私たちが過小評価してしまう恐れは消えない。

シェピー島はイングランド南東部ケント州の北海岸沿いの島で、テムズ川の河口にある。ローマ人にはインスラ・オリウム insula orivum として知られ、何世紀ものあいだ、船でしか近づくことができなかった。本土からスウェール川をまたぐ橋が架かって人が常時行き来できるようになるには、1860年まで待たねばならなかった。島はさまざまな用途に使われた――低地農業、観光、商船の運行……。その用途は、東から西へ走る低い丘で区切られた地域で異なった。島の南側に広がるエルムリー湿原には、冬になるとカモやガン、サギなどが何千羽も訪れる。その東にはスウェール国立自然保護区があり、放牧地に混じって塩性湿地が点在し、コミミズクやハイイロチュウヒが生息する。北部の海岸沿いにある古い街レイズダウン・オン・シー近辺にはすばらしい浜辺が並んでいて、観光客が多数訪れて地元の経済を潤している。北西沿岸へ抜ける深い水路が発見され、1669年にはシーアネスに英国海軍工廠のドックが作られた。シーアネスの港は栄え、290年後にはドックも新しいものに作り変えられた。そのドックは潮の上下にかかわらず巨大な船も停泊可能なため、いまでも重宝がられている。

歴史に登場した初めから、この島の文化や経済にはその地質や海が深くかかわってきた。(1) 19世紀前半には、海岸付近でパイライト（黄鉄鉱）が採集され、革や布産業に欠かせない緑ばん染色の原料となった。ちょうど同じ頃、天然セメントのために石灰岩（亀甲石）を採掘する産業もささやかだが繁盛した。しかし、海岸沿いの亀甲石はすぐ底をつき、もっと安くセメントを作る技術ができた結果、この産業はすたれてしまった。はかなかったセメント産業は、そのままはかないシェピー島の存在を象徴するようだった。というのも、島は毎年何メートルも崖を波に削りとられ、急速に縮小していったからだ。地質学的時間からいえばもうあとほんの一瞬で、シェピー島も島の住人も消えてしまうだろう。

いずれシェピー島の一生を終わらせるであろう力強い波は、しかし、島の崖を削ることで、海岸沿いに隠されていた地球の歴史の豊かな記録を掘り起こしてくれる。ミンスターからレイズダウン・オン・シーに伸びる北海岸は、近づきやすく、また、浸食によって次々と化石が出てくるため、三世紀にわたって化石ハンターを魅了してきた[2]。亀甲石の採掘やパイライトの採取場所で働いていた人々の多くは、この古生物の宝庫から化石を集めては売って回り、その金を副収入にしていたくらいだ。エドワード・ジェイコブ［1710－88］はケント州の有名な古物商で、ナチュラリストでもあり、植物のコレクターでもあった。彼はシェピーの崖から洗い出した動植物化石の多様さを描き出そうと、1777年に『ファヴァシャムの植物』という本を出版した。この本のほとんどの部分は、当時現地に生えていた植物の名前をアルファベット順に並べたリストで占められている。しかし、その付録として「近隣のシェピー島から産出する化石に対する見解」が収められていて、そこではシェピーの化石について魅力あふれる記載をみることができる。この付録を読めば、ジェイコブが自分の発見に驚いている様子がうかがえる。彼が見つけたのは、オウムガイやヤシなど、ふつうだったら熱帯や亜熱帯に見られる生物の化石だった。彼いわく、

これらの崖から見つかったじつに多様な化石が、この地とはまったく異なる気候の生物であることを考えると、このようなことを起こしたのは、世界的な大洪水にほかならないと結論できるのである。

当時からすれば、過去の生物の化石を「ノアの大洪水」の証拠と解釈するのは当然のことだった。それは聖書に書かれている「周知の事実」であり、化石もそれと合致しなければならなかった。ただ、ジェイコブの優れた洞察力は当時いたほかの誰よりも早く、これらの化石が過去の気候——18世紀後半のイングランド南東部にくらべると、ずっと暖かかった気候——を物語っていることに気づいていた。

ジェイコブの尽力から一世紀も経たずして、偉大な古植物学者ジェイムズ・バワーバンク［1797-1877］が、同じシェピーの堆積物から見つかった多様な化石を喜び、1840年にこう書いている。「都市に近くて簡単に行けるのに、その存在がほとんど知られていない、すばらしい地質学のフィールドだ」。彼は、シェピーで化石を探そうという愛好家にこうアドバイスしている。「宿に落ち着いたら、ブーツ氏にヘイズ氏への取り次ぎを頼むといい。ヘイズ氏ならいい化石——カニとか、ロブスターとか、魚の一部とか果実の化石とか——を手頃な値段で譲ってくれる」(3)。彼のアドバイスは多くの人々に聞き入れられたらしい。というのも、イングランドでは化石への関心が一気に高まり、古生物学会まで立ち上がったくらいなのだ。同じ年、バワーバンクは彼の傑作、『ロンドン粘土層における果実化石および種子化石の歴史』を出版している。これはシェピー島で彼が発見した驚くべき化石を記述したもので、熱帯や亜熱帯を圧倒的に好むような植物の化石が大量に記載されている(4)。

バワーバンクの著作からまた一世紀して、今度はエレノア・リード［1860-1953］とマージョリー・チャンドラー［1897-1983］という二人のイングランド人古植物学者が新しい傑作を生みだした。この二人は、植物学史上最高の組み合わせに挙げられるかもしれない。化石植物に関するみごとな論文を書き上げ、多数の種を体系的に記載して名前をつけた(5)。彼女たちはこの研究によって、太古の環境を解釈するのに必要な枠組みを作り上げた。そして自分たちが研究した植物化石の90％の属で、もっとも近縁な現生種が熱帯に分布していることを明らかにした。残りの属にしても、現在生きている近縁種は広域に分布し、熱帯と温帯の両方に見られるものだった。この化石の宝の山でもとくに重要な発見は、マングローブに生えるヤシの仲間、ニッパヤシ属 *Nypa* の種子だった。この仲間は、亜熱帯気候を示す決定打ともいうべき植物だからだ。

ジェイコブらがシェピー島で見つけた化石は、ロンドン粘土層を含んだ堆積物から産出したことがいまではわかっている。この層は、ロンドン北東部にあるエセックス湿地からノースダウンズの西端へと、南西に向かって伸びている厚い堆積層だ。昔から化石で有名で、それらは5500万年前から3400万年前にかけて続いた始新世という、地球の歴史上でも注目に値する一時代を記録している。このロンドン粘土層から過去三世紀にわたって化石ハンターが発掘し発表した化石は、始新世のイングランド南部が現在とはまったく異なっていたことを教えてくれる。

4500万年前、そこは暖かい熱帯の海に囲まれ、サメやエイ、メカジキやチョウザメがたくさん泳いでいた。岸辺近くにはワニ（アリゲーターもクロコダイルも）やカメがいて、泥の上でひなたぼっこをしたり、ニッパヤシが茂るマングローブ湿地にひそんでいたりした。マングローブは河口付近や海岸線を覆っていたが、それさえ小さく見えるほど壮観な湿潤亜熱帯林が背景に広がっていた。現在みられる植生でこれに似るものといえば、東南アジアの沿岸だろうか。当時のイングランド南部の海岸生態系は、シダや葉の茂った小枝や、針葉樹の球果や、ときには木の幹や枝を海に落とし、浅い海底の堆積層に沈んで化石化した。そして、この「失楽園」の記録を驚くほど大量に残した。

20世紀の終わりになると、シェピー島の化石はあとに続くたくさんの発見の予兆にすぎないことがわかってきた。世界中の岩や堆積物から、同じようにみごとな証拠がつぎつぎと現れた(6)。たとえば北米大陸では、始新世のヤシの化石がワイオミング（北緯約45度）でも発見された。いまならヤシは、南カリフォルニア沿岸やフロリダなど、（通常は）霜の降りない場所にしか生育しない。[7] さらに北にいくと、ワニやトカゲやカメなど暖かい場所を好む生物の化石が、北極圏カナダの堆積物から見つかっている。[8] 地球の反対側では、ニッパヤシの葉や果実、種子などの化石が、南緯40〜45度のタスマニア島から発掘された。タスマニアといえば、南半球のイングランドとでもいえる北の島だ。[9] もっと南に下ると、南極半島にあるシーモア島から、かつて南アメリカに生息し、いまは絶滅してしまった哺乳類や有袋類の化石が、背丈が1メートルを超える巨大ペンギンの化石と一緒に出てくる。[10] これらの哺乳類や有袋類は、現在のパタゴニアにある湿潤林に特有の種だ。このことからも、5000万年前には南極が異常なほど暖かかったことがわかる。

では、始新世前期の気候はどのくらい暖かかったのだろうか。新生代という、より大きな時代区分のなかでくらべてみよう。新生代は、6500万年前から現在まで続く「哺乳類の時代」で、その気候については驚くほど細かいところまでわかっている。これは有孔虫と呼ばれる単細胞の海洋プランクトンの殻に含まれる炭素から、気候変化を再現できたためだ。有孔虫は海に大量に生息していて、海底の堆積物中に溜まった有孔虫の化石を調べれば、海の上部と下部の環境を知ることができる。[11]

小さな有孔虫から明らかになった地球の長期的な気候変化をみると、始新世前期は新生代のどの時代よりも暖かかったことがわかる（図21）。始新世以降になると、地球の気候は急速に寒冷化に向かい、現在のように凍った北極と凍りきった南極をもつ「氷室地球」状態へと進んでいく。ジェイコブやバワーバンクたちが見つけたのは、その前の約500万年間、地球で熱波が続いたことを示す証拠だった。そして、約三世紀のあいだ陸上の岩石や海の堆積物から化石が掘り出され、より全体が見えてくること

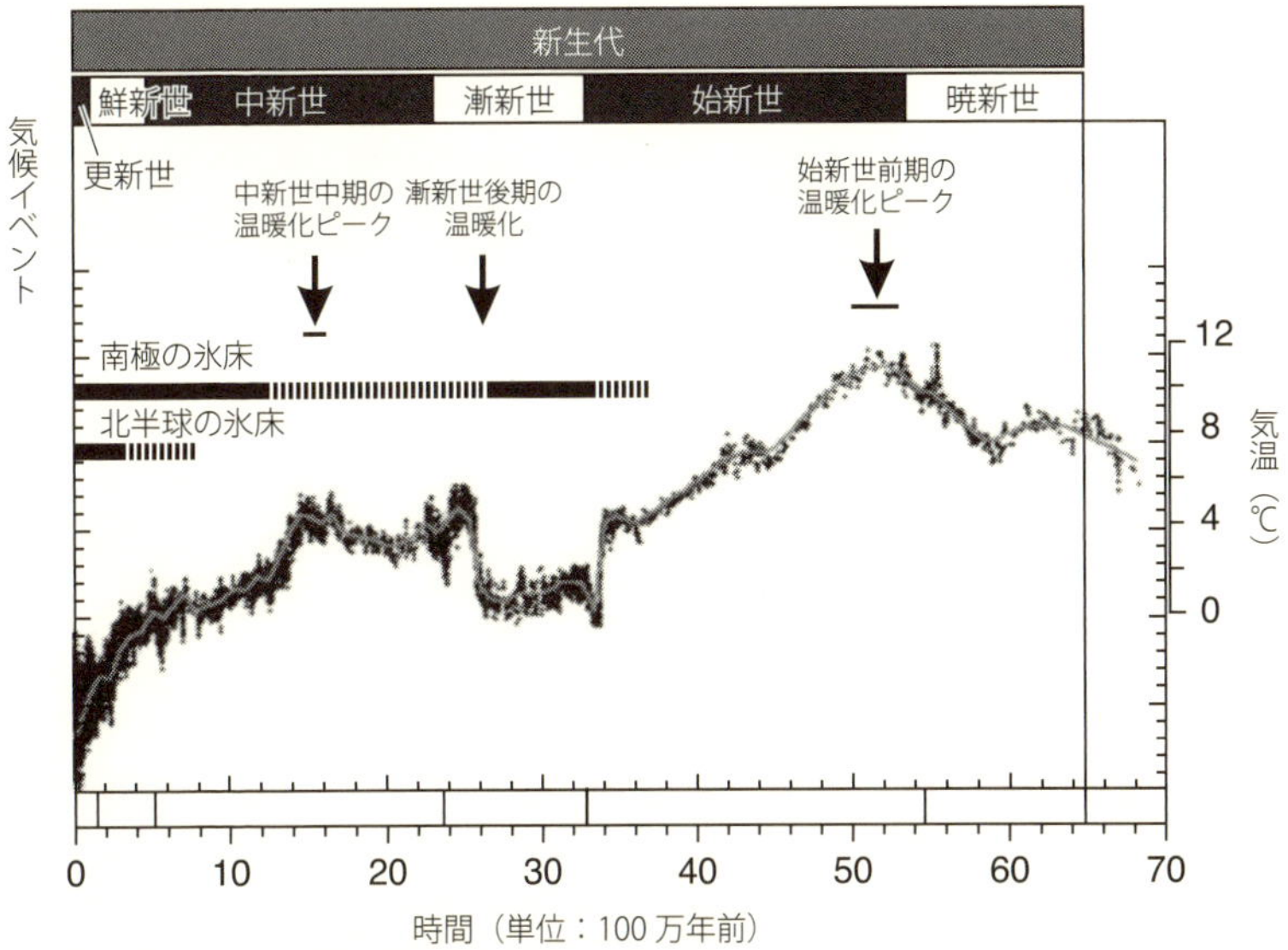

図21　有孔虫化石の酸素同位体変異から割り出した，過去6500万年間の地球の気候変動．3400万年より前の線は深海の温度の変化を表し，それ以降の線は深海の温度と大陸の氷の量を合わせたものを表す．

で研究者たちの前に現れたのは、気候にまつわる興味深い一つの謎だった[12]。すなわち、いったい何が、地球の歴史に異常に暖かい一コマ――「温室地球」とでもいうべきひととき――をもたらしたのか？　なぜ、氷に覆われるはずの北極や南極までもが温暖な気候を迎えることになったのか？

このドラマチックな地球温暖化が可能になるには、いくつかの筋書きが考えられる。しかし、そのなかで有力候補といえるのは二つだけだ。一つは、海流の流れが変わって、熱帯から高緯度地域へ熱が伝わりやすくなった可能性。もう一つは、大気中の温室効果ガスの濃度が高まった可能性だ。

もともと、始新世の気候の謎を解く鍵としては海流の可能性が指摘されていた[13]。海洋は地球の熱機関にたとえられるほどで、熱帯の熱を溜めこみ、表層流によって極地域へと熱を再分配する。この流れは、地球上の風の吹き方や、海水の蒸発によって海水中の塩分濃度が変化することで作られる。熱を運ぶ海流として有名なのがメキシコ湾流だ。フロリダから始まって大西洋を渡り、北ヨーロッパへと流れこむ。この海流のおかげで、ヨーロッパの温度は数度高くなっている。そこで考えられたのが、始新世に楽園ができたのは、海流による熱の移動が増加したためではないかということだった。しかし、この説明には問題のあることがわかった。極地域を十分温めるためには、北へ熱を運ぶ海流がいまより30%も増えなければならないのだ。数十年にわたって世界中の気候学者が取り組んだにもかかわらず、海流の増加をそこまでまかなえる説明はまだだれもできていない。表層流がそこまで活発になったとか、深海の対流がそこまで速くなったという事実は見つかっていない[14]。

海流を原因と考えるもう一つの説に、太平洋の赤道域が温暖化を促したというものがある[15]。太平洋の赤道域の水温が変動する現象で、赤道太平洋東部の温かい状態が「エルニーニョ」、冷たい状態が「ラニーニャ」だ[16]。ラニーニャでは貿易風が太平洋西部の温かい水を停滞させるため、南米沖の海底から冷たくて養分に富んだ水が湧き上がってくる。実際にこのときは、インドネシアの海水面がエクアドルより1メートルも高くなる。現在は数年おきに起きているエルニーニョでは、西向きの貿易風が弱まり、温かい水が西から東へ流れる。始新世に起こったエルニーニョのパターンに関してとくに興味深いのは、それが気候全体にどんな影響を及ぼしたのかという問題だった。ラニーニャのとき、東太平洋は熱帯の空気中から熱を吸収し、それを深い層に沈めてしまう。しかし、エルニーニョの年には海水が浅いところも深いところもすごく温かいため、空気中の熱は行き場を失くしてしまう。その結果、地球全体がゆるやかに温められ、気候にさまざまな異変が起きる[17]。典型的な例が、熱帯からの熱移動の増加や[18]、北米の大陸気候の温暖化だ[19]。どちらの現象も、始新世に「温室地球」が起こった謎を説明するのに役立つ。
では、地球がずっとエルニーニョ状態になることはあり得たのだろうか？　そして、太平洋の赤道域は大気を冷やすことができなくなり、地球は温暖化したのだろうか。そうだとすれば、始新世の温暖化にまつわるさまざまな謎が解けるので、この説は魅力的に見える。しかし、最先端のコンピューター・シミュレーションによると、始新世の太平洋は恒常的エルニーニョという概念とは相反する状況だったようだ。シミュレーションでは、エルニーニョは恒常的というより、現在と同じくらいの頻度だったという結果になった。ただし一つ違いがあった。当時の海洋は温度によっていくつもの層ができたため、赤道域の熱の移動を促進するより、むしろ遅らせたらしい[20]。

海からはうまく答えが見つからなかったことから、研究者たちは空へと目先を変えてみた。まずは二酸化炭素だ。二酸化炭素は水蒸気の次に重要な温室効果ガスで、地球を毛布のように包みこみ、宇宙へ出ていくはずだった熱を溜めこむ。地球温暖化を引き起こす張本人なのだから、始新世の温暖化も二酸化炭素の濃度が上がったせいじゃないのか？　これは簡単に思いつく疑問だが、答えるのはとても難しい。地球は、過去の大気についてはその実態をなかなか教えてくれない。5000万年前の二酸化炭素濃度を調べるのは至難のわざなのだ。

この問いに答えるべく、研究者たちが複数の方法でアプローチを進めているが、いまのところ合意に至る答えは得られていない。異なる方法を使うと、異なる答えがでてきてしまうのだ。ある研究者チームは、北米の岩石から見つかったイチョウの化石を使い、葉に残った始新世の空気の情報を取り出そうとした。彼らは測定した値を、実際にいろいろな二酸化炭素濃度下でイチョウを育てた結果によって補正してみた[21]。すると驚いたことに、始新世の二酸化炭素は現在と似たような濃度となった。別のチームは、有孔虫化石の殻からホウ素同位体の構成比を調べてみた[22]。この調査方法は、海水の酸性度が大気中の二酸化炭素量に応じて敏感に上下すること、そして、海水の酸性度によって有孔虫の殻に含まれるホウ素同位体比も変わるという性質を利用している。どちらかというと間接的な調査方法ではあるが、その結果は、始新世の大気のほうが現在より10倍も二酸化炭素が多いというものになった。これらまったく異なる結果をもっとも好意的に解釈するとすれば、実際の二酸化炭素量の下限と上限を示したとでもいえるだろうか。

では、実際の値はこのあいだのどこにあるのだろう？　その答えにつながるヒントをくれたのは、さらにまったく異なる方法で当時の空気を測ろうとする試みだった。すなわち、海底の堆積物中にある海藻の化石から炭素同位体を分析する方法である。海藻は光合成するとき、炭素のなかでも軽い^{12}C同位体を、重い^{13}C同位体より選択的に使おうとする。この傾向は、大気中からの二酸化炭素が海水中に多く溶けこんでいるほど強くなる。何層も連続する堆積物から海藻の化石を取り出し、その炭素の同位体比を分析すれば、何百万年ものあいだに二酸化炭素量がどのように推移したのかをグラフにすることができる。しかし、ここで触れたほかの方法同様、この方法も絶対確実と言うにはほど遠い。海藻の成長速度やサイズなどによって、結果が変わるおそれがあるからだ。こうした恐れはあるものの、海藻からは、4500万年前の二酸化炭素量はいまの4倍だったという結果が得られた[23]。

ということで、二酸化炭素濃度が高かったことも、始新世の気候の謎を解く鍵となりそうだ。……と思ったのだが、気候モデルに4倍の二酸化炭素を組みこんだものの、化石にでてくる動植物がいるような熱帯の楽園を再現するのには失敗してしまった[24]。極地の冬は夏のような暑さにはならず、暖かくはなったものの、極地域や北半球の大部分では雪が残ってしまった。結局、地球を温めて雪を溶かし、高緯度地域にもヤシやワニがいるような熱帯環境を作りだすには、いまの8倍の二酸化炭素濃度が必要だということがわかった。しかしここまで二酸化炭素が多いと、今度は熱帯域の海水温が上がりすぎるという問題が起きる。(25)これらの結果をまとめて考えると、始新世の気候は私たちに重大な事実を指摘している。すなわち、私たちの手元にある最新の気候モデル——一世紀の観察データに基づき、今後の気候変動を予測するために最高の技術を集めたモデル——は、いまだに不完全ということだ。地球の循環システムには何か隠れたフィードバック効果があって、二酸化炭素による温暖化を増幅させる力を持っているらしい。地球という惑星がどのように機能しているのかをより完全に把握するためには、このフィードバック効果を突き止めることが重要になる。これは科学にとって大きな挑戦といえよう。

現在、地球温暖化について交わされる政治的な論争では、二酸化炭素ばかりが注目されている。映画スターやロックスターに関する話題は、豪華な暮らしぶりで有名な彼らが罪ほろぼしに木を植えたりハイブリッドカーを運転するなど、とにかく二酸化炭素の排出量を抑えようとするものが目立つ。それなのに、他の温室効果ガスが地球温暖化に与える影響にはまったく関心が集まらない。(26)

他のガスはなぜ無視されるのか？　その理由の一つは、これらのガスの大気中に占める割合が、二酸化炭素にくらべるとほんのわずかでしかないことだ。(27)たとえば、現在の大気中には二酸化炭素が385ppm（体積で0・0385％）含まれている（なお、毎年百万分の2ずつ上昇している）。これは1カートン2・5リットル入りの牛乳385カートン分を、オリンピック用プールで薄めたのと同じ濃度だ。(28)一方、メ

図22　アイルランドの著名な物理学者ジョン・ティンダル．1884年ごろの写真．

タンは水蒸気と二酸化炭素についで三番目に多い温室効果ガスなのだが、同じプールに2カートンも入っていない。オゾンと亜酸化窒素（一酸化二窒素）も、二酸化炭素を除けば「温室効果ガス御三家」に入るが、濃度はもっと低く、プールにそれぞれ150ミリリットルと775ミリリットルしか入っていない。このように、これらのガスは量としてはたいしたことはない。しかし、ここで気をつけなければならないのは、それでもメタン、オゾン、亜酸化窒素が合わされば、気候に甚大な影響を与えかねないことだ。これについて、いまから検討してみよう。

これら「他のガス」と始新世の温暖な気候をつなぐ鎖に欠かせない連結部は、いまから約一世紀半前のヴィクトリア時代に渦巻く科学のるつぼの中で鋳造された。鋳造の決め手はアイルランドの傑出した科学者、ジョン・ティンダル［1820－93］の発見だった（図22）。ティンダルはヴィクトリア時代の科学の指導者的存在で、教師としても、実験者としても、理論家としても、きわめてすぐれた人物だった。彼はマイケル・ファラデー［1791－1867］の後継者として、英国王立研究所の所長も務めた。

ティンダル以前の科学者たちは、熱の吸収や伝達について研究をしても、固体や液体しか対象にしてこなかった。気体について同じような研究をしたくても、その測定がとてつもなく難しかったからである。しかしティンダルは、比分光光度計という新しい装置を開発することで気体も測定できる道を切り拓いた（図23）。彼は自分の日記にこう書いている。「一日中実験していた。これで完全にものにした

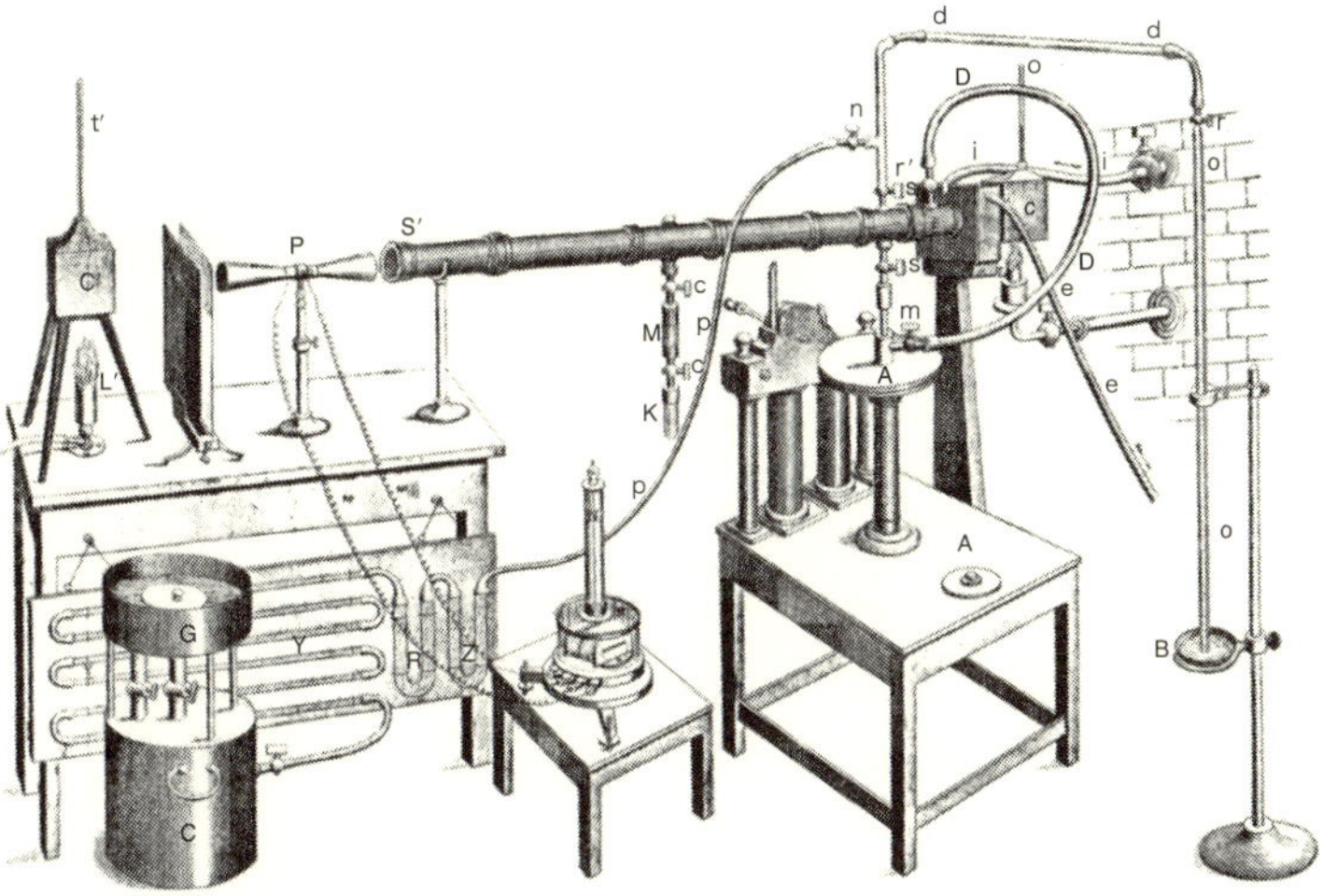

図23　ジョン・ティンダルの比分光光度計.

ぞ！」[29]。この装置は二つの放熱源を備えていて、片方は長い管を温め、もう片方は正反対の衝立を温める。管の中は測定したい気体で満たされている。熱はそれぞれの方向から小さな円錐形の筒で集められ、サーモパイル（温度差を利用して熱エネルギーを電気エネルギーに変換する装置）で電流に変換され、検流計に流れる。ある気体が赤外線の熱を吸収するかどうかを調べたいなら、その気体を管に満たす。衝立を通った熱と管を通った熱でサーモパイルにやってくる熱の強さが違うと、その温度差から検流計の針がふれる。ふれが大きいほど、管の気体の温室効果の高いことがわかる。この独創的な装置はいまも現物が残っていて、ロンドンのピカデリーにある王立研究所に保管されている。この研究所でティンダルは自然学教授に選ばれ、科学を世に広める熱心な伝道者となった。

　ティンダルはガスの研究を通じて、「まったく無色で見えない気体たち」が、熱の吸収力では驚くほど異なることを明らかにした。二酸化炭素、メタン、亜酸化窒素、そしてオゾンは温室効果の高い気体で、一方、酸素、窒素、水素は温室効果が低い気体であることを突きとめた[30]。

ティンダルが使った放射熱（赤外線）のエネルギーは、気体分子の化学結合を原子にまで切り離すには弱すぎ、代わりに気体中の分子がもつエネルギーを高める。二酸化炭素（CO_2）、メタン（CH_4）、亜酸化窒素（N_2O）、オゾン（O_3）の3原子は非対称に並んでおり、分子のエネルギーが増えると分子の振動がより大きくなる。そして分子の衝突を介してこの熱が伝わっていく。というのも、これらの気体は電磁大気中に占める割合は少ないものの非常に温室効果が高い気体だ。メタン、亜酸化窒素、オゾンは、ペクトル中の特定の領域の電磁波を吸収することで、分子ごとの熱の捕獲効率がほかの気体より高くなっている。実際、メタン、亜酸化窒素、オゾンのもつ地球温暖化への効果は、二酸化炭素よりそれぞれ25倍、200倍、そして2000倍高い[31]。

これだけでも相当たいした結果だが、ティンダルの発見でもっとも目を見張ったのは水蒸気の温室効果だった。彼は、水蒸気の吸収する赤外線熱が空気の80倍であることに驚き、水蒸気が気候に果たす重大な影響に気づいた。「水蒸気は」——彼は語っている——「太陽からの入射熱より、地上からの反射熱に強くはたらく。この効果によって、熱を地上にとどめ、宇宙に放射しない[32]」。気候における水蒸気の重要性に気づいた彼は、こう書き残している。

この水蒸気というものは、イングランドの植物にとって毛布のような役割を果たしている。植物にとって水蒸気は、人間にとって服が重要であるよりもっと重要かもしれない。たとえばある夏の一夜、この国を覆っている水蒸気を大気中から取り除いたとしよう。すると、氷点下に弱い植物ならば一本残らずすべて枯れてしまうだろう。畑や庭を取り巻いていた熱はすべて宇宙へ去っていき、翌朝上ってきた太陽の下に広がるのは、凍りついた大地だろう。

温室効果ガスに関する一連の発見からティンダルが導きだした推論は、これらのガスが「地質学者たちの研究でわかったすべての気候変動」の原因かもしれないということだった[34]。のちに彼の推論は正しかったことがわかる。一世紀半後、過去の気候に関する膨大な記録が復元され、分析された。その結果、これらのガスと気候の結びつきについての真相が明らかになった。

南極とグリーンランドから掘削された氷のコアには、たんに気候の記録だけではなく、ティンダルが突きとめた温室効果ガスを含む空気も、少しずつだが残されていた。とくに注目すべきコアは南極東部の氷床から得られたもので[35]、最深部はなんと74万年前までさかのぼり、過去8回にわたる気候サイクルが保存されていた[36]。そのコアには、温室効果ガスと気候変動とのつながりを示す強力な証拠が残っていた。何十万年ものあいだには地球の軌道が揺れ動き、地表に注ぐ太陽エネルギーの分布や季節が変わることで気候変動が繰りかえされたが、その変動に合わせて、空気中に含まれる二酸化炭素、メタン、亜酸化窒素の量もアップダウンを繰りかえしたことがわかったのだ。

これら地球の変化について残されたすばらしい記録から、過去の気候についてわかったことがたくさんある。その一つは、気候が暖かくなると大気中のメタンの量も増えるということだった。グリーンランド氷床の最高点から掘削された氷床コアを、カリフォルニア大学サンディエゴ校のスクリップス海洋学研究所が詳しく調べたところ、最終氷期が終わりに近づき、気候が暖かくなりはじめて数十年後になると、大気中のメタン量が急速に増えたことがわかった[37]。つまり、大気中のメタンが増えるのは温暖化の結果というわけだ。メタンは、二酸化炭素のように気候に従順だ。[38] ということは、メタンには正のフィードバック・ループ効果があることになる。気候が暖かくなるとメタンが増え、メタンが増えると温室効果で気候が暖かくなる。さらに重要なのは、この温暖化増幅メカニズムは生物の存在まで考慮しなければ抜け落ちてしまうことだ。メタン生成菌という、沼に生息する原始的な嫌気性微生物がこのフィードバックを駆動する。彼らは有機物を消費してエネルギーを獲得するが、その代謝の際に副産物としてメタンを発生する。メタンは沼から泡として浮かび上がり、不気味な白い霧をつくる。そしてときに発火して燃える――ちょうど19世紀のフランス人作家ジョルジュ・サンド［1804-76］を魅了した鬼火のように。

沼からのメタン放出量を決めるのは気候だ。気候はメタン生成菌の代謝や彼らが消費した有機物の分解に影響を与えるため、気候によって沼から湧き上がってくるメタンの量も変わる。もっと大きなスケールでみると、気候変化は北方の湿地の生産量や分布範囲を変える。こうした要因から、気候が暖かくなったり寒くなったりすると、湿地や沼地でのメタン発生が進んだり遅れたりする。[39] また、大気中の二酸化炭素量が増えると、湿地からのメタン発生が促進される可能性がある。地球のシステム内で正のフィードバック・ループが起こるのだ。アメリカのチェサピーク湾でおこなわれた最近の研究では、湿地に二酸化炭素を振りまくと、植物が地中から吸い上げる有機物量が増加し、メタン生成菌もその恩恵を受けて、メタンガスの排出が80％も増えることがわかった。[40]

話はまだ終わらない。ティンダルが見つけた温室効果ガスの本命である水蒸気も、ここで重要な役割を果たす。二酸化炭素は大気の化学状態に影響を与えないが、メタンは化学反応を起こす。メタン分子は9年ほどそのままの姿で残るが、その後は反応性の高いヒドロキシルラジカルによって分解され、水蒸気や二酸化炭素に変わる。ヒドロキシルラジカルとは、大気圏の上方において、水蒸気の存在するところでオゾンが太陽の紫外線に分解されるとき生成される物質だ。寿命が短く、大気の浄化剤のような役割を果たしていて、空気中に何か異物があると洗い落としてしまう。こうしてメタンから作られた水蒸気の一部がよく乾いた成層圏に飛びだすと、それ自体が強力な温室効果ガスとしてふるまう。メタン由来の水蒸気は最終的に、メタンによる気候への影響を約15％強めることにつながるらしい[41]。

亜酸化窒素の働きについては不明な点が多く、またより複雑になる。それでも、メタン同様にふるまい、温暖化すると大気中の濃度も上がることが氷床コアから明らかになっている[42]。ここにもメタン同様、微生物がかかわっている。陸上生態系から排出される亜酸化窒素の3分の2が熱帯の土壌に棲む微生物によって作りだされており、その排出量は降水量や気温と密接に結びついている。つまり、土壌からの排出も気候に呼応しているということだ。海洋に棲む微生物もこのガスを生みだす大きな要因で、大気中へ放出される総量の、じつに3分の1が海洋微生物由来である[43]。メタンにしても亜酸化窒素にしても、土壌や水における微生物反応を通じて、生物が気候に影響を与える。

ここまでくるとよくわかると思う。ヴィクトリア時代の化学者が実験室で独りで始めた研究が、凍りついた氷床から採取したコアを対象に、現代の物理学者や気象化学者たちが最新の機器をそろえて進める研究とつながっている。その研究がいま、気候とメタン、また気候と亜酸化窒素のあいだに正のフィードバックがあり、そのフィードバックが始新世の地球温暖化を促進したかもしれない可能性を明らかにしている。想像してみてほしい。遠い昔、よどんだ湿地のなかに微生物による発電所があり、メタンを作ってはせっせと大気中へ送りだしていた。同じように、熱帯の土壌では亜酸化窒素を大量生産していた。メタン生成菌は有機物を「食べて」暮らしていたが、当時の森は空気中にたっぷりあった二酸化炭素を吸いこんでどんどん有機物を作っていたため、メタン生成菌の「食糧」も十二分にあったわけだ。
それだけではない。メタンなどの影響は始新世のときの方がもっと大きかった。メタン工場である湿地も熱帯林も当時は広大で、現在の面積などくらべものにならない。大陸には氷床がなかったため水が抱えこまれず、海水面が上昇して岸を洗った。河口には巨大な三角州ができ、低地にはマングローブの生える塩性湿地が広がっただろう。それはちょうど、エドワード・ジェイコブがシェピー島に見たような景色だったにちがいない。内陸は暖かく湿潤で、熱帯でもツンドラでも広大な淡水湿地が横たわっていた。

岩石には始新世の石炭が広い範囲で残っており、そこから当時の湿地がどれほど栄えていたかを見ることができる。おもに内陸だが、当時の海岸線の先端周辺にも「石炭質」の堆積物がみられ、その面積はおよそ600万平方キロメートルにわたる。これは現在みられる湿地の約3倍の広さである。[44]しかもこの面積は岩石の浸食で失われた分を考慮していないため、実際はこれより広かった可能性が高い。この太古の石炭分布から推測できるのは、低緯度地域にかなり広い熱帯湿地があったことだ。このことは、現在の熱帯の大気中に予想を超える高濃度メタンが存在することとも合致する。[45]

以上の証拠から、始新世の温暖化の要因についていままで説明しきれなかった部分を、メタン、そしてほかの温室効果ガスが担ってくれそうなことがわかった。しかしじつをいうと、こうした研究の10年前にはすでに、ミシガン大学の地球科学者チームが岩石中にメタンの痕跡を見つけていた。そして、始新世の温暖化の大きな要因としてはじめからメタンを有力視していた。[46]その指摘自体は大きな前進だったものの、実際にそれを証明するのは至難の業だった。二酸化炭素の場合とちがい、100万年以上前の大気については、メタンを分析する方法がなかったのだ。世界でもっとも古い氷床は100万年前のもので、メタンのみならずティンダルが見つけた温室効果ガスのどれについても、それ以前の量を測る方法が見つかっていなかった。そのため、始新世の温暖化の原因を探ろうとモデルを作っていた気象学者たちは、大気中の気体の組成を産業革命以前と同じ設定にしていた。もうおわかりだと思うが、この設定はほとんど確実にまちがっている。

いまここでぜひとも知りたいのは、始新世の気候という難問においてこれら謎のガスが果たしていた役割だ。そして、これも時代の流れだろうか、その解明に役立ったのは、化石がごろごろ転がっている現場での昔ながらの探偵作業ではなく、気候予測の精度を高める新モデル、いわゆる、地球システムモデルだった。序章で私は、地球をより統合的なシステムとして捉えようとするモデルの発展をコペルニクス革命にたとえた。このモデルによって、地球の挙動を研究する方法が一気に多様化したからだ。モデルにもピンからキリまであるが、そのもっとも先端的なものはとてつもなく複雑で、スーパーコンピューターを駆使する。そして、モデルの目的は地球システムそのものを記述することにある。海洋や大気の物理、化学を支配する方程式、そして生物がいる星として欠かすことのできない生物的プロセスを用いて、地球システムをできるだけ正確に表すのである。モデルがもつ大きな強みは、海洋や大気圏、氷圏や生物圏といった異なる要素を、可能なかぎり現実的な設定で相互に作用させ、地球が本当に辿ったであろう挙動を再現できることだろう。

こうしたモデルはすべて、太陽からの熱放射で始まる。この熱放射が、地球の自転との兼ね合いで地球規模の天候や気候パターンを決める。モデルは地面から成層圏まで広がる地球の表面全体を対象とし、緯度、経度、高度を使って、たとえば空間を数百立方キロメートルのマス目で区切って、それぞれの区画が気体や粒子、エネルギー、運動量を隣の区画と交換するように設定する。なお、最先端モデルとはいっても、まだ沢山の不確定要素が含まれていることは認めざるをえない。重要な物理プロセスや生物プロセスの動向を決める要因にはわからない部分が多く、現在の知識の空白部分は不確定とするしかないのだ。その最たる例が雲だろう。雲は気候に多大な影響を与えるが、気候に関わる要素のなかでもとくに不明な部分が大きい。なぜなら、モデルが設定した数百平方キロメートルの区画より小さいスケールで発生し行動するからだ。このようにまだ不確定な部分は多いものの、地球を相手に「実験」できるという点では、地球システムモデルは私たちが手に入れた道具のなかでも比肩するものがない。そして、より正確なシミュレーションをおこなう能力も、新しい発見にともないどんどん進化している。

地球システムモデルの到来以降、科学者たちは巨大コンピューターを駆使して、始新世の前期にメタンなどの温室効果ガスが温暖化の増幅に果たした役割について、理論的により確かな根拠を提供できるようになった。地球システムモデルを使って始新世における失われた楽園を調べようという試みは、まずイギリスの研究者チームによっておこなわれた[47]。彼らは始新世の気候を幅広く仮定してシミュレーションをおこなった。先にも述べたような不確定要素を解消するため、二酸化炭素の濃度は最大で現在の6倍まで高めてみた。彼らの試したどの仮定においても、気候がフィードバック効果をもたらし、海陸両方の生物圏で発生するガス量や大気中の化学組成に影響を与えるという設定にした。そして、コンピューターが新たにはじき出した温室効果ガスの濃度が、今度は気候に影響するよう設定した。要するに、微生物や植物の働きが気候や大気中の化学組成と相互作用をするという設定を、はじめて取り入れたのだ。気候が安定平衡に達したときだけシミュレーションを止め、温室効果ガスの濃度や気候の変化を計測した。

シミュレーションが出した結果は劇的だった。大気中のさまざまな温室効果ガス（メタン、亜酸化窒素、オゾン）の濃度が高くなり、その値は最近の研究結果のなかでもっとも高い値となった。また、気候へのフィードバックが、二酸化炭素による温暖化を激烈に増幅させることも明らかになった[48]。このコンピューター・シミュレーションによる仮想世界では、メタン生成菌は温暖な気候に刺激されて大気中にメタンを放出し、その量を3500ppbまで高めた。これは現在の濃度の2倍にあたる。湿地から絶え間なく供給されることでメタンの濃度が高く保たれ、それが酸化されて水蒸気、すなわち強力な温室効果ガスとなり、乾いた成層圏に放出された。湿地の微生物がメタンを生産する一方、熱帯林の土壌にいる微生物も暖かく湿った気候のなか大いに繁殖し、想像を超えた量の亜酸化窒素を吐きだした。

地球システムのシミュレーションは、こうして過去の堆積物に隠された秘密を示唆したのだが、ある意味、ここまでの結果は予想の範囲内だったともいえる。シミュレーションから得られた結果でもっとずっと意外だったのは、強力な温室効果ガスであるオゾンの濃度が、対流圏（大気圏の下層部分）で50％近く増加したことだった。

なぜ、オゾンは対流圏で増加したのだろう？　この疑問に最初に答えたのが、オランダ人のアリー・ハーゲン＝シュミット［1900－77］がおこなった有名な研究である。ハーゲン＝シュミットは、1940年代半ばにロサンゼルスで起こった穀類の大凶作を調べていて、地表近くに高濃度のオゾンが溜まっていたことに行き当たった[49]。当時オゾンは、酸素分子が太陽光線によって分解されてできるもので、成層圏でしか作られないと考えられていた。だから、地表近くにこんな高濃度のオゾンのある理由がわからず、科学者たちは頭を悩ませていた[50]。そんななかハーゲン＝シュミットは、自動車や工場から出た炭化水素と窒素酸化物が、日光の下で反応するとオゾンを作ることを突きとめた。オゾンは都市のスモッグの大部分を占めているが、それはハーゲン＝シュミットのいう「スモッグ反応」によって作られ、その生成には窒素酸化物が重要な役割を果たしている。

このことをドラマティックに証明したのは、2003年の8月に北米で起こった大停電だ。このときは100以上の発電所が影響を受け、アメリカ北東部とカナダ南東部に住む何百万人もの人が悲惨な目にあった[51]。しかし、この災害をチャンスととらえユニークな実験を実施したのが、メリーランド大学の研究者チームだった。彼らは大停電中のペンシルヴァニアで空気を採集し、それを一年前の夏、発電所がフル稼動していたときの空気と比較した。すると、大停電が起こったその日のうちに大気の質は向上し、対流圏のオゾン濃度は50%も減少したことがわかったのだった。

始新世の頃はどうだったのだろう? もちろん当時は、炭化水素を出すような産業活動などなかった。代わりにあったのは森林で、これが揮発性有機化合物と呼ばれる炭化水素を放出していた。揮発性有機化合物は、マツ林やユーカリ林に漂う、かぐわしい匂いの素になっている化合物だ。当時の森林は赤道から極地方までの大陸全体を覆い、太古の「化学工場」として活動を続けていた。そして暖かい気候に刺激されて炭化水素をどんどん放出し、対流圏のオゾン合成を促進させた[52]。当時の熱帯気候では嵐も起こっただろう。嵐で稲妻が落ちて火事が始まり、その結果窒素酸化物が生成されて大気中の気体と混じり合い、そこに日光が差しこむとやはり対流圏のオゾンを増やしたことだろう。

一定の条件さえ整えば、現在の森林でもオゾンを作ることがある。カリフォルニアのシエラネバダ山脈では、ナラの木がイソプレンと呼ばれる活性炭化水素を排出し、これが工場の排ガスから風で運ばれた窒素酸化物とすばやく反応してオゾンを作りだす[53]。ときにナラ林の排出するイソプレンは、ハーゲン＝シュミットが解明したスモッグ反応によって、地域にあるオゾンの70%を生むこともあるという。オゾンはこのようにスモッグ生成につながることがあるため、1980年、当時の大統領候補だったロナルド・レーガンが次のように言ったのは有名な話だ。「私たちが抱える大気汚染の約80％は、植物が吐きだす炭化水素によるものだ。だから、人間が出す排ガスにあまり強い規制をかけるのはやめよう」[54]。この発言を聞いてマスコミはレーガンを非難したが、彼は少なくとも部分的には正しかった。

オゾンがスモッグ反応にどう加わるのかを見たいならば、オレンジの皮を搾ってオゾンの瓶に入れればいい。皮から飛んだ揮発オイルの細かいしぶきがオゾンと反応して、瓶のなかに白い飛行機雲を作る[55]。アメリカのスモーキーマウンテンやオーストラリアのブルーマウンテンの森林地帯はよく「青いもや」に包まれるが、その原因もこの反応だ[56]。もしかすると始新世時代の森も、同じような不気味なもやに覆われていたのかもしれない。

始新世の大気に高濃度のオゾンが存在したというのは、一見、パラドックスをもたらす話にも思える。というのも、対流圏のオゾンはたいへんに有害であることが知られていて、当時の森林生態系に悪い影響を与えかねないようにも思える。実際にロサンゼルスの風下で、対流圏オゾンによる植物群集の被害がはじめて観察されている[57]。では、始新世のオゾン濃度も森林に害を及ぼしたのだろうか？　おそらく答えはノーだろう。大気中のオゾン濃度が将来上昇したときに森林生態系におよぼす影響については研究が進んでおり、その結果からいっても、二酸化炭素濃度が高ければ、木々はオゾンによる害から守られることがわかっている[58]。その理由は気孔にある。二酸化炭素が多いと、葉の表面にある気孔の一部が閉じるため、害を及ぼすオゾンが葉に入りこむおそれも少なくなるのである。ウィスコンシン北部の森林でおこなわれた大規模な野外実験でも、二酸化炭素が豊富だと森林はオゾンによる害から守られるだけでなく、なんとその災いを福に転じてしまうことが報告されている[59]。

本論に戻ろう。私たちが知りたいのは、メタン、水蒸気、オゾン、そして亜酸化窒素のような温室効果ガスの詰まった大気が、二酸化炭素による地球温暖化をどのくらい増幅させるのかということだ。こうした温室効果ガスは、太陽の放射熱が地球の表面や大気圏から宇宙へ逃げるのを妨げることで、地球のエネルギーバランスを乱す。だからガスによる影響を測るには、地球のエネルギーバランスがどれくらい乱されるのかを測定すればよい。温室効果ガスがこうした作用で地球を温める能力を、私たちはガスが気候を「強制する」能力として定量化する。NASAのゴダード宇宙研究所所長のジェイムズ・ハンセンは、この考え方をクリスマスツリーの電飾にたとえて説明する。[60] クリスマスツリーの電飾に使う小さな電球は、約1ワットの熱を出す。人間由来の温室効果ガスは、地球の表面1平方メートルあたり約2ワットの熱につながる。つまり人間はいま、地球の表面1平方メートルごとに、クリスマスツリーの電球を2個ずつとりつけたところだというのだ。これだけ聞くと人は不可解に思う――そのくらいの温暖化で、地球の気候が変わるのだろうか? 答えは、「変わる。ずっと明かりをつけていれば」だ。電飾の明かりを昼も夜もつけつづけ、何年もつけっぱなしにすれば、いつかは海洋の表面が温まり、地球の気候全体も暖かくなってしまう。

この「強制」の概念を使うと、それぞれの温室効果ガスが地球温暖化にどのくらい影響をあたえるのかを、同じ基準からの相対値にしてくらべることができる。ちょうど私たちが株式市場で、ポンドやドルを基準にして外国通貨を表すのと同じだ。それぞれのガスに対して気候システムは複雑な反応を示すだろうが、この概念を使えば複雑な部分を切り離し、それぞれのガスが結果的にどのくらいエネルギーバランスを乱すかという尺度で議論できる。始新世に、メタン、亜酸化窒素、対流圏のオゾン、そして間接的ではあるがメタンからできる水蒸気によって放射強制力がどれくらい増えたかというと、1平方メートルあたりクリスマスツリーの電飾電球を2個半つけ足したくらいだったろう。これは小さくみえるかもしれないが、忘れてはいけないことがある。この増加量は、始新世の気候に関する初期のモデル研究で見過ごされた分にすぎないのだ。もし、始新世の大気に現在の2倍ではなく6倍にあたる二酸化炭素が含まれていたならば、どの温室効果ガスも、気候が温暖になった分だけ多く排出されたはずだ。その結果、二酸化炭素が増えるにつれて正のフィードバック・ループももっと強くなる。

こうしたシミュレーションからも、始新世の気候と温室効果ガスのあいだに正のフィードバックがあったことが示唆されている。その効果をまとめると次のようになる。始新世の気候が現在の2倍の二酸化炭素濃度で温められた場合、温室効果ガス全体の効果は地表の温度を平均4・5度高くしただろう。当時の気候が現在より4倍高い二酸化炭素濃度で熱された場合、温室効果ガスは温暖化をもっと増幅し、平均5・5度高くしたはずだ。これらの数字はそれだけでも驚くに値するが、どの地域が温暖化するのかを知ったなら、もっとびっくりするだろう。温暖になるのは高緯度地域や大陸の内陸部で、場所によっては冬が10度以上も暖かくなったのだ（図24）。

地域によっては、放射強制力の話で出てきた値よりずっと温暖になるという結果になったのだが、この地域差はなぜ生じるのだろう？　その答えは、モデルが設定した初期条件にある。先にも述べたが、たとえ当時の二酸化炭素が現在の6倍の濃度だったとしても、シミュレーションで復元される気候は、暖かいとはいえ、南国の植物や動物の化石が出てくるには寒すぎる。その結果、冬のあいだ高緯度地域の内陸部が雪で覆われることになり、そうなると太陽からの熱は反射されて地面を温めなくなる。ちょうど夏に白いTシャツを着れば涼しいのと同じだ。ところが、二酸化炭素以外の温室効果ガスの濃度が高いと、Tシャツがわりの雪が溶けてしまい、その下の黒っぽい植生がむき出しになる。これが太陽の日射を溜めこんで大気を温め、温暖化を強めてしまうのだ。雪を溶かすこの温暖化サイクルは、温暖化

北半球が冬の時期の温暖化

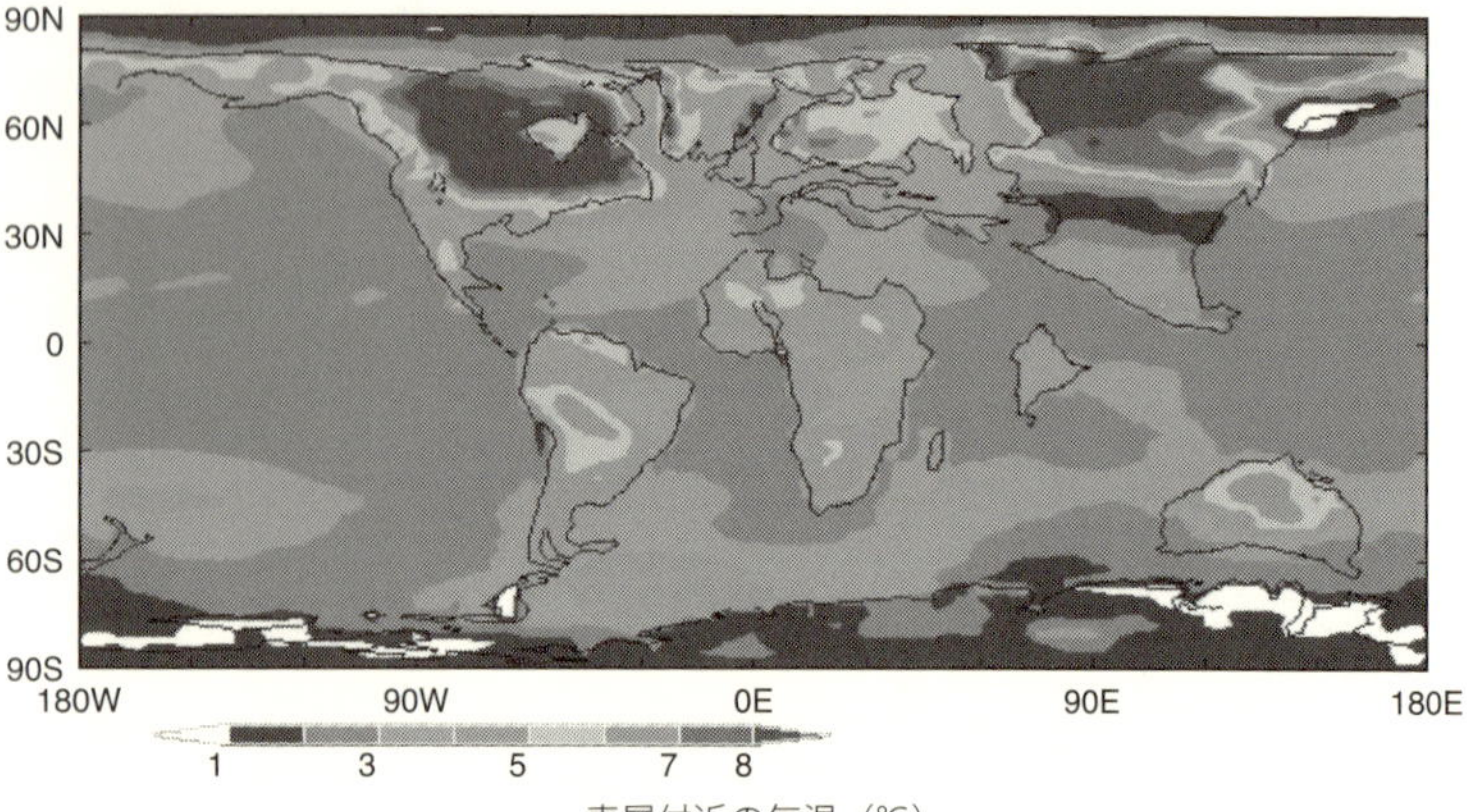

南半球が冬の時期の温暖化

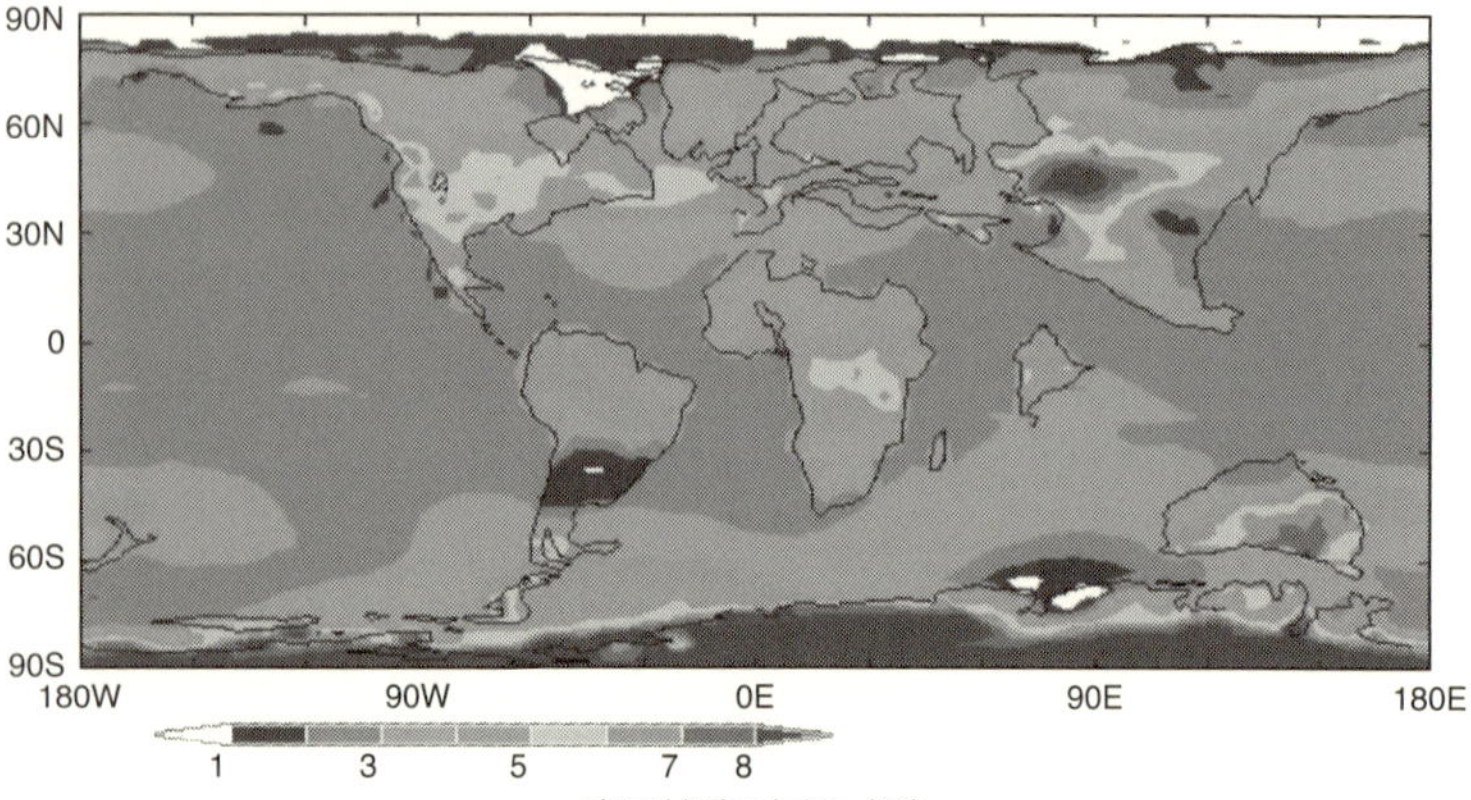

図24　始新世前期に，二酸化炭素以外の温室効果ガスが原因で起こった地球温暖化．上の図は北半球が冬の時期（12月～２月）の温暖化．下の図は南半球が冬の時期（６月～８月）の温暖化．

を増幅してさらなる正のフィードバック・ループを作る。

こうしたシミュレーション研究の発達はいまでも十分刺激的だが、じつを言うとこんなのはまだ序の口だ。いまのモデルでは、まだ始新世の大気の化学組成を正確に反映した気候にはなっていない。大気中に残存する時間がメタンは8年、亜酸化窒素は120年なのに対し、オゾンはほんの2、3週間だ。そのため、オゾンの濃度は地域や季節によって大きな勾配ができてしまう。始新世の場合、森林が広がる地域では水蒸気が放出されることで（窒素酸化物が十分あったならば）オゾン濃度がほかの地域よりずっと高くなっていただろう。とくに極地域は夏の日射時間が長いため、オゾンの生成や存続時間が増えたにちがいない。こうした高濃度オゾンがどのくらい気候に重要な役割を果たしたのかについては、いまおこなわれているよりもっと現実に即した検証を早く進める必要がある。いまのところ、（水蒸気は違うが）メタンと亜酸化窒素によって放射強制力が増加した分は、二酸化炭素の増加分と同じくらいとされている。しかし、オゾンによる放射強制力は大陸に新たな熱を再分配することにつながるため、始新世の気候をめぐる謎を解く鍵となるかもしれない。

証拠が積み上げられていくにつれ、二酸化炭素以外の温室効果ガスが、始新世の暖かな気候を作りだすのにとても重要な役割を果たしていたことが明らかになってきた。これらのガス一つ一つの効果は小さいが、積み重なると大きな力を発揮する。大気中に高濃度まで溜まることはなかなかなかったが、その効果を考慮に入れると、あの南国の動植物の化石ともつじつまが合うような温暖な気候パターンができるようになった。

温室効果ガスが重要な役割を果たした可能性を、一世紀半も前にティンダルはすでに指摘していた。彼の先駆的な発想に私たちが追いつくには、氷床コアを採取して分析できる知識と技術、そしてコンピユーターの力が必要で、それが揃うのにこれだけ時間がかかってしまった。ティンダルがもし、過去の地球の変遷を記した氷床コアを見ていたら、そして、地球システムをモデル化する私たちの試みを知ったらどう思っただろう。目を輝かせて喜んでくれることを願いたい。というのも、水蒸気と二酸化炭素を二大温室効果ガスと考えてシンプルな地球気候モデルを開発したのはスウェーデンの化学者スヴァンテ・アレニウス［1859−1927］だが、彼のモデルは、ティンダルの観察と、その後のサミュエル・ラングレー［1834−1906］による太陽光の性質に関する観察があったからこそできたものなのだ。アレニウスはまた、二酸化炭素濃度が2倍になったときに地球の平均気温にどの程度の影響が出るのかを、自分のモデルをつかって他に先駆けて割りだした。彼は温暖化が5〜6℃程度進むと予測したが、それは現代の先端的な気候モデルが出した予測（1.5〜4.5℃）にきわめて近かった。[61]

もちろん、始新世の「温室地球」気候という謎に対して、微生物や森林や湿原が生みだした温室効果ガスの増加は、ほんの一部の答えにしかならない。温室効果をもたらしたほかの要因については未知のままだ。たとえば第5章で指摘したように、極地域の森林自体が高緯度地域の気候にどのような影響をもたらしたのかについてはまだよくわかっていないし、モデルにも組みこまれていない。ただこれについては、ひとつ面白いアイデアが出されている。大気中のメタン濃度が高かったとすると、極地域の成層圏下部では森林が、凍った水蒸気からなる分厚い雲の形成を促したというのだ。これがなぜ面白いのかというと、氷の結晶でできた雲は、地球から宇宙へ放出されるはずのエネルギーを絡めとり、極地の地表温度を高く保つことにつながったと思われるからで、この極の雲はティンダルが指摘した「水蒸気毛布」の極地版にあたる。ティンダルの場合は「イングランドの植物」にとって必要だという話だったが、この雲の毛布を必要とするのはイングランドの植生ではなく極地の暖かさである。雲の存在は、モデルによってはドラマチックな効果をもたらす——高緯度地域が、20℃まで温暖化してしまうのだ。[62]このモデルの結果もかなり有力な説なのだが、多くの科学者はこれに居心地の悪さを感じていて、まだ一般には受け入れられていない。雲モデルへの批判にももっともなところがあって、雲の重要な特性——たとえばその範囲や光学的な厚さなど——を恣意的に指定する必要があるため、雲が気候に与える影響を客観的に評価するのは難しいという問題があるのである。[63]

始新世の失われた楽園。この時代の植物は、気候の暖かさを特定するのに決定的な役割を果たすと同時に、その謎を解く上で鍵となる役割を果たしてくれた。そこには対照的な要素があっておもしろい。約300年前に掘り出された亜熱帯植相の化石は論争を生んだが、そののちワイオミングなどから出てきたヤシの化石は亜熱帯仮説を実証してくれた。海洋は30年にわたって綿密に調査されたが、地球で起こった「温室地球」現象を説明する決定打は現れなかった。岩石や化石から算定された二酸化炭素濃度も、あれだけの温暖化を引き起こすには足りなかった。結局、地球上の生物圏——植物や微生物——の活動を考慮することではじめて、陸や空を通した化学反応が順々につながり、温暖な気候をつくりだすことができたのだ。また、これは当たっているかどうかわからないが、湿原から生まれたメタンガスが成層圏に氷の結晶からなる雲をつくり、極地域を温める引き金となった可能性もある。

生物とさまざまなガス、そして温暖化のつながりはとても面白いものだが、しかし、調子に乗りすぎて落とし穴にはまらないよう気をつけなければいけない。前にも強調してきたことだが、メタンや水蒸気や亜酸化窒素などの温室効果ガスは、気候システムに追随して変動する。気候が暖かくなれば大気中の濃度は増えるが、気候が寒くなれば濃度は下がってしまうのだ。始新世の温暖化の説明はよかったが、今度は別の問題が待っている。いったい地球はどのようにして「温室地球」の状態から抜け出し、現在のように凍った極地域をもつ気候に変わったのだろう？

　この問題については、論争の雲が立ちこめている。秘密の鍵を握っているのは堆積物だ。大西洋と太平洋の各地から掘削された堆積物コアを調べれば、車のエンジンオイル・ゲージさながら、海洋や大気の化学組成を確かめることができるだろうし、この問題を解く何らかの手がかりを得られるかもしれない。[64] 堆積物の解析結果から信ぴょう性があるとされている寒冷化プロセスは、約5千万年前、大気中の二酸化炭素濃度が下がることではじまったというものだ。[65] この濃度低下の原因は、ヒマラヤ山脈が形成されるときに隆起した岩石の化学的風化がさかんになり、それに伴って二酸化炭素が消費されたことだった。[66] 二酸化炭素による温室効果がゆっくり弱まるにつれ気候も寒冷化し、南極も北極も氷河を作るようになった。氷河は水を閉じこめるため、海水位が100メートルは低下しただろう。そこから地球はおそるおそる現在のような「氷室地球」へと近づいていき、さらに3000～4000万年前になると大気中の二酸化炭素濃度が急降下した。ここで気候は反転し、以降は氷室地球になってしまった。

　こう書くと、地球が温室状態から脱出したことがすっきり説明でき、寒冷化のシナリオももっともらしく聞こえる。ただ、この説明には問題がひとつ残されている。北極が寒冷化して凍るようになったのは約300万年前で、このシナリオよりずっと遅いと考えられていたのだ。もし、二酸化炭素濃度の低下が長期的な寒冷化の犯人ならば、なぜ北極だけが3000万年近くも遅れて寒くなり得たのだろう？この大問題も最近、北極海の海底から堆積物コアが採取されたことによってやっと片づきつつある（第5章）。この堆積物から、氷が存在したという決定的な証拠が得られたためだ。それは小石や細かな砂の層で、こうしたものは氷山によって供給されたとしか考えられず、その時期は約4500万年前にさかのぼるという。[67] つまり、北極に海氷や氷山が現れたのは、いままでみんなが考えていたよりずっと早く、北極が凍ったのも南極と同じ時期だったということが確かめられたのである。北極も南極も同時期に凍ったということは、やはり二酸化炭素の減少が寒冷化の犯人であり、約5000万年前から長期的な寒冷化がはじまったというシナリオを指し示している。

極地域の氷床中の泡に閉じこめられたガスを化学分析した結果、過去二世紀のあいだに二酸化炭素、メタン、そして亜酸化窒素の濃度は明らかに上昇していることがわかった[68]。19世紀半ばに起こった産業革命以来、二酸化炭素の濃度は30%ほど上昇した。これは化石燃料（おもに石炭と石油）を燃やし、森林を破壊しつづけたためだ。農業の拡大――とくに熱帯での稲作の拡大――によって、メタンの濃度も2倍になった。世界中で窒素肥料を使うようになり、土壌微生物に栄養が補給された結果、亜酸化窒素の濃度も10%上がった。

対流圏のオゾン濃度も上昇した。ただ、この増加は氷床コアからは検出できない。オゾンは反応性が高すぎて、氷床の泡にきちんと残らないからだ。そこでオゾン濃度の変遷については、信頼できるデータのうちもっとも古いものと現在のものをくらべて傾向をみた。もっとも古いデータとは、アルベルト・レヴィが1876年から1910年にかけて、パリの郊外にあるモンスリ観測所で測ったものである[69]。オゾンの計測にはそれまで、ドイツの化学者クリスティアン・シェーンバインが開発した、ヨウ素を染みこませた試験紙の色の変化で測定するという、荒っぽくて信頼性の低い方法が使われていた（第3章参照）。レヴィのデータは、これに代わる新しい方法を開発して得られたものだ。新しい方法とは、オゾンと砒酸塩がヨウ素触媒による反応で作る酸素を集め、それを目盛りのついたガスメーターで測るというものだった。彼はこの方法を使って、観測所で何千回もオゾンを測定した。

レヴィの取ったデータはしばらく忘れられていた。20世紀終わりになってこのデータに新たな光を当てたのは、チューリッヒにある化学研究所のアンドレアス・ヴォルツとディーター・クレイだった。彼らはレヴィのデータを独自の歴史科学的視点で見直し、レヴィが細部までこだわってつけた記録を再発見した。レヴィの装置を再現し、取られたデータの信頼性を確かめ、これを現在のヨーロッパの田舎で取ったデータと比較した。そして二人が突き止めたのは、この一世紀のあいだにオゾンの濃度が2倍以上になったことだった。(70)オゾンが2倍になったことで、北半球の年平均気温は少なくとも0・4℃高くなったと思われる。(71)このほか、オゾンの季節変動パターンが一世紀前とは変化したことも明らかになった。レヴィが測定した頃、オゾン濃度は春に上昇して夏に降下した。しかし、現在は夏に上昇する。この特徴的な変化から、犯人は、自動車や工業から出る窒素酸化物の蓄積であることがわかる。現在の対流圏には窒素酸化物が充満しており、そのため夏に日射が強くなると光化学オキシダントの発生量も増える。一方、一世紀前のように窒素酸化物の濃度が低いと、夏の強い陽射しがオゾンを分解するためオゾン濃度は逆に低下する。19世紀のオゾン濃度のピークが春にあった理由は、成層圏からやってくるオゾンの量が春に一番多いためだった。

温室効果ガスに見られる最近の傾向から浮き彫りにされるのは、地球を取り巻く薄くてもろい大気の化学組成を、私たちが劇的に変え得ることだ。総合的な分析をおこなった研究でも、私たち人間がこれらの温室効果ガスを大気中に増やしたことが、いま地球のエネルギー収支のバランスが崩れていることの、おそらく第一の原因であろうという結果になった。いまの地球は、太陽から吸収するエネルギーの方が宇宙へ放出されるエネルギーより、１平方メートルにつき０・８５ワット多い[72]。たいした量ではないように聞こえるかもしれないが、もしこのバランスが過去１万年間続いたとしたら、極地域の氷が溶けるか、海水位が１キロメートル上昇するか、海水表面の温度が１００℃上昇していてもおかしくない。地球の平均気温は、１８８０年から２００３年のあいだにもう０・８℃も高くなっている。なお、温室効果ガスの増加による放射強制力の合計は、１平方メートルあたり０・８５ワットではなく１・８ワットに近い。つまり、私たちが温室効果ガスの濃度をいまのレベルに維持できたとしても、そのうち勝手に温暖化が進行するだろうということだ。

温室効果ガスの上昇、そしてそれが気候へもたらすであろう結果はかなり心配だし、その第一の原因が人間活動であることもはっきりしてきた。せめてこれをよい方に解釈して、温暖化緩和のチャンスだと考えたい。二酸化炭素の増加は容赦ないが、いわゆる「微量」温室効果ガスの増加量はまだわずかのようだ。しかしＮＡＳＡのジェイムズ・ハンセンが指摘するように、これらのガス（メタン、亜酸化窒素、オゾンに加え、人工的にできたブラックカーボンエアロゾルとフロンガス）によって増加した放射強制力の合計は、この一世紀のあいだに二酸化炭素濃度の上昇によって増加した量に匹敵する[73]。この傾向が今後50年続くと考えるならば、逆に「地球温暖化の時限爆弾を解除する」[74]ための一手段として、これらのガスの放出を徹底的に抑える技術の開発を目指せばいい。これがうまくいけば、二酸化炭素濃度が高くても、それが気候システムへの脅威になることを未然に防いでくれるだろう[75]。この戦略は、気候に影響する放射強制力を抑える方法として、二酸化炭素を減らすという実現困難な目標に頼るよりよほど現実的だ。

たとえば、家畜の飼料を調整することでメタンの発生量を減らし、天然ガスの輸送ラインやゴミの埋め立て場、炭鉱や石油採掘場などから漏れ出すメタンを減らせば、メタン放出量はずいぶん少なくなるだろう。同様に、工場や発電所や車のような発生源からオゾンの前駆物質が排出される問題を解決し、クリーンな燃焼技術を開発することができれば、オゾンの濃度も制御可能になる。オゾンを減らすとほかにもいいことがある。世界の食料生産や人々の健康に与えるであろう悪影響も緩和されるのだ。[76] ハンセンはこのほか、ディーゼル燃料や石炭を燃やす際に出るブラックカーボンも減らすべきだと訴えている。ブラックカーボンは、エアロゾルや雲による日光の反射を減らしてしまうため、温暖化を増長するからである。

私たちがこうした手段を、手遅れになる前にとれるのかどうかはまだわからない。また、忘れてはならないのは、これらの温室効果ガスの増加を抑えれば、二酸化炭素の排出そのものを食い止めなくてよいというわけではないことだろう。温室効果ガスが21世紀終わりまでに増える量は、IPCC（気候変動に関する政府間パネル）が予想した中程度のシナリオでも、始新世の濃度と同じくらいだ。[77] 私たちを取り巻く大気の化学組成が大きく変わった結果、将来どんな気候がやってくるのか。シェピー島に眠っていたエドワード・ジェイコブの化石は、私たちに厳しい警告を発しつづけている。

第７章
自然が起こした緑の革命

研究を進めれば進めるほど、私たちはそこに美と調和を見いだす。
——スティーヴン・ヘイルズ『植物の静力学』(1727)

科学の進展と新しい技術は、しばしば手をとりあって歩きだす。１９６０年代後半、この二人三脚が新しい光合成経路の大発見につながった。この経路は、暑くて乾燥した気候で、しかも二酸化炭素が少ないときに生態的に優位に立てるよう、太陽光エネルギーを使った二酸化炭素ポンプをグレードアップさせている。

この発見のあとには、さらに劇的な新発見が待っていた。いまから約８００万年前の中新世後期に、この新しい光合成経路を備えたイネ科の植物が亜熱帯の森林地帯を（地質学的尺度でいうと）あっというまに草原に変えてしまったというのだ。

いままでの通説では、当時起こった二酸化炭素の急な欠乏が、草原の出現するきっかけとされてきた。しかし、じつは植生の変化の数百万年前からすでに、大気中の二酸化炭素濃度は徐々に減っていたらしい。この事実が判明して、通説は受け入れられなくなってしまった。

植生変化の本当の理由は何なのか。新しい解釈が求められるなか、解決につながる導火線が火災科学から見つかった。

近代科学の基礎は、17世紀と18世紀に起こった科学革命によってできあがったといわれている。この時代に自然科学は、多くの象徴的な人物——とくにフランシス・ベーコン［1561-1626］、ガリレオ・ガリレイ［1564-1642］、ロバート・ボイル［1627-91］、そしてアイザック・ニュートン［1642-1727］などによって、神秘主義ではなく合理的な根拠に基づいた学問へと発展した。ベーコンは、科学の知識は実際の観察と実験によって作られるべきだと主張し、当時の知識人から不興を買ったようだ。彼はこの主張にこだわるあまり、みずからの命を落としたともいわれている。そのとき彼は65歳だった。彼の秘書だった者の話によると、1626年4月のある雪の日、ベーコンは国王つきの物理学者と一緒に、馬車でロンドンへ向かっていた。そのとき彼は、氷をつかえば肉が保存できるのかどうかを調べようと思い立った。これはよい機会だとばかりに、当時はロンドン郊外の小さな村だったハイゲートで実験用の鳥を買い、内臓を取りだして代わりに雪を詰めた。これで腐敗が遅れるだろうか。彼は実験に熱中するあまり寒さを忘れ、風邪をひいてしまった。悪寒に襲われ、ハイゲートにあったアランデル伯の家に避難した。当時アランデル伯はロンドン塔に服役していて、ベーコンは一年近く使われないままだった客間の、湿ったベッドの上に寝かされたようだ。その結果、彼は数日のうちに亡くなった。おそらく肺炎だったと思われる。それでも彼は死ぬ前に、実験が成功したことを伯爵宛の手紙に書き残していた。

ベーコンの最期に関するこの逸話は、彼が近代科学に果たした貢献を考えるといかにも彼らしいといえそうだが、しかし、おそらく作り話だろう。残っている記録によると、ベーコンは１６２５年の終わりにはすでに病気を患っていた。また、精神力を高め、老齢に打ち勝つ体を得るためと称して、よくアヘンや硝石入りの蒸気を吸っていたらしい。当時の硝石は不純物だらけで、硝酸カリウムや硝酸ナトリウムなどが混じっており、その蒸気は毒だったと思われる。おそらく彼は病気を治そうと、こうした治療薬を吸いすぎたのだろう(1)。

科学技術が発達するにつれ、宇宙における人間の位置について人々は正しい知識をもつようになった。そしてベーコン、ガリレオ、ボイル、ニュートンなどのみごとな功績によって、その後の数世紀につづく進歩の布石が敷かれた。ケンブリッジの歴史学者ハーバート・バターフィールド〔１９００－７９〕の有名な言葉がある。科学革命は、「新しいメガネをかけるようなこと」だというものだ。科学革命こそ、現代の世界を定義づける中心的存在だということだろう(2)。ただ、本当に「革命」といえるものが科学の歴史にあるのかどうか、いまでも疑問は残っている。歴史家が人為的に作った概念ではないかというのである(3)。たとえば、17世紀に生きていた人々のなかで、科学者たちが信じていたことを同じように信じていた人はほとんどいない。インターネットのように高速で情報をやりとりすることなど不可能だった時代、イングランドでは（そしてほかの場所でも）圧倒的大多数が、いわゆる科学革命が起きたことなどまったく知らなかった。それでも自然界の理解においては、それを科学革命と呼ぶか否かにかかわらず、数学、物理学、化学、天文学の分野に至るまで、15世紀から18世紀までのあいだに大きな変革があったことはまちがいない。

ロンドン大学の有名な歴史学者リサ・ジャルディンはむしろ、いわゆる「古典的科学」の展開の仕方について新しい見方をもつべきだと主張する。[4] ジャルディンが言いたいのは、装置の発明やその発明に携わった人たちこそが、科学の発展を支えてきたということだ。技術革命は、科学の進歩と二人三脚で進んできた。顕微鏡や望遠鏡、振り子時計やゼンマイ時計、そして真空ポンプなどの装置は、新しい科学を生みだす触媒となった。こうした装置の発明は、「自然哲学者」たちに身のまわりの世界を独自の見方で観察する手段を提供し、その観察から新しい仮説が生まれた。これが科学の進み方であり、そこに昔と変わるものがあるわけではない。近代になって、重要な新発見が新しい技術や活発な才能のまわりで起こったようにみえても、それは以前と同じであって特別視すべきものではないだろう。

この格好の例が、光合成かもしれない。植物がどのように日光を操って二酸化炭素からバイオマスを合成するのかは、いままで謎だった。しかしその謎は、さまざまな重要な発見が重なることでとうとう打ち砕かれた。

謎の発端をさかのぼると、16世紀のフランドル人自然哲学者、ヤン・バプチスタ・ファン・ヘルモント［1577–1644］に行き当たる。ファン・ヘルモントは、あるとき画期的な実験をおこなった。ヤナギの挿し木を乾いた土に植え、肥料などはまったく与えずに雨水だけで育てたところ、最初にくらべて30倍まで成長したのだ。[5] ただ、このとき彼はせっかくの結果をだいなしにするような結論を出した――ヤナギが新たに作った部分（材、皮、根、葉）は、空気ではなく水から来たと考えたのである。こうしたまちがいは今でもよくみかける。テレビのガーデニング番組を作るプロデューサーでさえ視聴者に向かって、植物に肥料という「餌」をやりましょうと熱心に勧めている。たしかに植物が成長するとき「餌」は不可欠だ。でも、植物の体を作る本当の材料は、大気から取り入れた二酸化炭素なのだ。

こうしたまちがいにもかかわらず、ファン・ヘルモントは、植物がどうやって成長するのかという謎に注目した点で功績が大きかった。しかしこのあと、植物の成長の実態が明らかになるには、じつに1727年まで待たねばならなかった。この年、イングランドの聖職者スティーヴン・ヘイルズ［1677－1761］が『植物の静力学』という本を出版した。この本は彼の優れた考えが詰まった名著だ。文中で彼はこう語っている。「植物はおそらく、葉を通して空気から栄養の一部をとっている」。ヘイルズが正解に至ったのは、植物を密封した容器の中に置くと、空気が15％近く減るのを知ったからだ。彼には空気が減る理由はわからなかったが、ありがたいことに彼の推理自体は正しい方向を示していた。このとき空気が減ったのは、二酸化炭素が取り除かれたからだった。彼は空気がどのように「植物の中に吸収された」のか考え、こう記している。「光にしても、葉や花の表面に自由に入りこんで、植物の本質を高めているのではないか」。彼がこう思ったのも無理はない。植物は、光合成という驚くべき方法で離れ業を成し遂げるのだから。私がここで、「驚くべき」という言葉を使ったのにはわけがある。光子は9300万マイル（1億5000キロメートル）を旅して地球の表面にたどり着くのに8分ほどかかるが、植物がその光エネルギーをとらえ、光合成経路に通し、化学結合のなかに納めてしまうのには数秒しかかからないのだ。

光合成は、研究者にとって興味の尽きない魅力的な反応経路である。まれにみる複雑な経路なのだが、その起源はかなり古く、少なくとも25億年前にさかのぼる。地球の成り立ちに決定的な役割を担っていて、最近、光合成の専門家が声明を出したように、「光合成、それは植物が起こした奇跡である。私たちにパンとワインを与え、酸素を与え、この世のすべての生命を支えている」[6]。こうした経路であれば当然かもしれないが、そのエレガントで洗練された仕組みが明らかになるには、高度な科学技術が駆使される時代を待たねばならなかった。それはヘイルズがその仕組みに疑問を投げかけてから、じつに3

00年経ったあとのことだった[7]。

光合成の謎を解くのに活躍した新しい技術を紹介しよう。まず、最初に登場したのがサイクロトロンである。この装置は、カリフォルニア大学バークレー校放射線研究所の有名な原子物理学者、アーネスト・ローレンス［1901－58］が開発した。サイクロトロンは現代の粒子加速器につながる最初期のもので、電荷を帯びた粒子を何百万ボルトという電圧で加速し、原子をバラバラにして元素の変化を研究する[8]。サイクロトロンの発明は来るべき核の時代の先導役となったため、原子物理学者たちがこの新しい装置に興奮したのも当然だった。ところが、核とは関係のない研究者たちも、すぐにこの装置に感謝することになる。というのもこの装置は、植物の成長の研究に大いに役立つことがわかったのだ。

この装置が開発されたとき、最適のタイミング（1930年代後半）で最適の場所（同じバークレー校）に二人の人物がいた。サミュエル・ルーベン［1913－43］とマーティン・ケイメン［1913－2002］である。若くて才能あふれる二人は物理学者の最新技術を知り、さっそくそれを使う機会を取りつけた。彼らはこの装置を使って、植物がどのように日光を取り入れ、そのエネルギーを利用してどのように有機酸と炭水化物を作るのか調べようとした[9]（図25参照）。1930年代の後半までに、光合成に関する古典的な学説はほとんど崩壊していた。そのことを自覚していたルーベンとケイメンは、サイクロトロンを使って放射性炭素原子を作り、斬新な実験を始めた。彼らのアイデアはこうだ。二酸化炭素分子の炭素原子を放射性の炭素原子に置き換えることで、植物が吸う炭素にラベルを貼ってしまおうというのである。これは一見、簡単な仕事に思えるかもしれない。放射性炭素を含んだ（ラベルのついた）化合物は、含んでいない（ラベルのない）化合物と容易に見分けがつく。だから二酸化炭素が代謝されるにつれて植物の内部をどう進んでいくのか、行方をたどることができる。これは画期的な方法に思えた。しかし、発想自体はいい線をいっていたものの、そのころ作ることのできた放射性炭素（^{11}C）は放射能を失うのが速く、半減期がたった21分だった。これはあまりに短すぎる。実験を数百回繰り返したものの、二酸化炭素が葉のなかをどう進むのか正確に知りたいという彼らの願望は、くやしいことに果たされないまま終わった。

事態を打開し、植物がどのように二酸化炭素を代謝するのか見届けるためには、もっと長い半減期をもつ放射性炭素がどうしても必要だ。そこで彼らの目は、ふたたび放射線研究所のサイクロトロンに向けられた。こうして1940年2月19日の雨の日、ケイメンはある実験を実施し、それが決定打となった。この日ケイメンは、サイクロトロンを用いて黒鉛に陽子を照射した。夜が明ける少し前、彼はバラバラにした黒鉛を電極から外してガラス瓶に入れ、分析してもらうためにルーベンの机の上に置いた。サイクロトロンの電源を落とし、少し眠ろうと家へ向かった。疲れ切ってよろめきつつ家へたどり着いたところ、ケイメンはいきなり警察に取り押さえられた。警察は大量殺人事件の容疑者を探していたのだ。ケイメンがあまりにだらしない格好

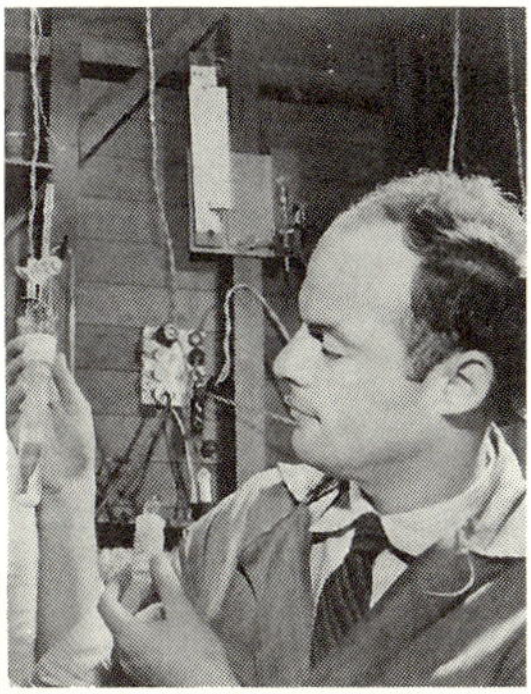

図25　マーティン・ケイメン（左，1947年撮影）とサミュエル・ルーベン（上，1930年代終わりまたは1940年代はじめ撮影）．ケイメンとルーベンは半減期が長い放射性炭素^{14}Cを発見した．

をしていたので、警察はてっきり犯人だと思ったのだろう。しかし、殺人現場からただ一人生き残った人物が彼を容疑者とは断定できなかったため、ケイメンは釈放された。彼は這うように家に帰り、倒れるように寝てしまった。その後彼は12時間近く眠りつづけたが、やがてルーベンに起こされた。ルーベンは興奮していた。ケイメンが作ったサンプルには、かすかではあったが半減期が長い放射能の形跡が残されていたのである。これこそ、自分たちが追い求めていた炭素かもしれない。さらに徹底的な調査をおこなったあと、ケイメンとルーベンはとうとう1940年2月27日、自分たちの重大発見を発表した。[11] たった数分で半減してしまう炭素ではなく、それどころか、数千年経たないと半減しない放射性炭素（^{14}C）を見つけたのだった。

ケイメンとルーベンが発見した同位体はとてつもなく重要なものだった。物質移動の追跡を可能にするトレーサーは、いまでは生物学や医学のあらゆる分野で使われるが、彼らの発見はこのトレーサー利用の重大な突破口となった。しかし、それが光合成の謎を解くのに役立つには、第二次大戦が終わるのを待たねばならなかった。

大戦が終わる頃、二人のヒーローはもはや光合成研究をおこなえる立場ではなくなっていた。残念なことに、ルーベンは1943年9月28日に亡くなった。当時彼は国防研究委員会で、化学兵器戦争にかかわる仕事をしていた。1943年の9月、彼は運転中に居眠りをして事故にあい、右手を骨折してしまう。そのときはたいした事故ではないと思っていたが、次の月曜に研究室で実験しようとしたところ、ガラス瓶に入ったホスゲン（塩化カルボニル）を液体空気に入れるという、いつもなら簡単にできる作業に失敗した。ガラス瓶は割れ、猛毒のホスゲンが飛び散り、ルーベンはそれを吸って亡くなった。ケイメンはのちに、ルーベンの際立った、しかしあまりにも短い業績を総括してこう語っている。

トレーサー技術への関心が高まったのは彼のおかげ――ほとんど彼一人のおかげだ……たぐいまれな彼の才能、優れた実験技術にエネルギッシュな性格、興味の幅の広さ、そして、まだ新しくてなじみのない科学分野に出会ってもすぐにその要点をつかんでしまう頭の明晰さ。こうした才能が、そのあとに続くたくさんの優秀な研究者を魅了する分野を創りだしたのだ。(12)

ルーベンが悲劇的な最期を遂げた一方、ケイメンは非米活動委員会による（不当な）迫害を受け、バークレーの研究所を追われた。(13) 1944年の7月になるまで放射線研究所は戦争に協力し、マンハッタン計画で核研究に使う放射性同位体を作っていた。この活動は1941年12月7日に日本がパールハーバーを爆撃してからとくに強化された。バークレーでこの分野の極秘研究を数年続けていたところ、ケイメンは危険人物だと宣告された。ソ連のために働くスパイ組織の一員だと糾弾されたのだ。この仕打ちに彼は激しく落ちこみ悩んだ。しかし、やがて彼の汚名を裁判で晴らそうという運動が起こり、最後にはあらゆる面で彼が無実であることが証明された。その後の彼はすぐれた業績を出しつづけ、いくつもの名誉学位や賞を受けた。(14)

そののち原子力爆弾の開発レースから原子炉も生みだされ、1945年にはすでに、サイクロトロンは過去の技術となっていた。原子炉からは、高い放射能をもつ^{14}Cが定期的に大量に得られるようになった。ここまできてやっと、ケイメンとルーベンが抱きつづけた、光合成のメカニズムを明らかにする夢が現実味を帯びてきたのだが、その現場に彼らはいなかった。^{14}Cを使うチャンスを得たのは、バークレーの放射線研究所でローレンスが新たに結成した研究チームで、そのチームを率いたのはメルヴィン・カルヴィン［1911-97］だった。彼の監督下、アンドリュー・ベンソンとジェイムズ・（アル）・バッシャムたちによって、それからの10年はとてつもなく生産性の高い研究期間となった。[15] シカゴのライバルチームとすさまじい競争を繰り広げた結果、カルヴィンのチームは、植物が二酸化炭素と水から養分を作りだす回路の解明に成功した。[16] ここでふたたび、発明と発見の物語が繰りかえされたのだった。

そこにたどり着くための技術革新や学問の進展がどれだけすごいものだったのかは、いま触れた研究が二つのノーベル賞につながったことからもわかるだろう。アーネスト・ローレンスは1939年に物理学賞、メルヴィン・カルヴィンは1961年に化学賞を受賞した。ここにアーネスト・ラザフォード［1871－1937］を加えれば、賞は三つになる（1908年化学賞受賞）。ラザフォードのもっていた原子核に対する概念は、ローレンスのアイデアのきっかけをつくった。また、ここにジョン・コッククロフト［1897－1967］とアーネスト・ウォルトン［1903－95］を加えれば賞は四つになる（1951年物理学賞受賞）。この二人はケンブリッジのキャベンディッシュ研究所で、原子核を分裂させることができる線形の粒子加速器を開発した。これは科学が成し遂げたなかでもひときわすばらしい進歩で、アメリカのライバルをも抑えた偉業だった。[17] カルヴィンが1961年にノーベル化学賞を受賞してから数年後、ホワイトハウスでアメリカ人ノーベル賞受賞者の集いが開かれた。当時の大統領ジョン・F・ケネディ［1917－1963］夫妻が催したものだ。この集いでケネディは有名なシャレを残している。「これはホワイトハウスの歴史上、最高の才能と叡智がそろった瞬間かもしれない。もちろん、トーマス・ジェファーソンが一人で飯を食っていたときは別だがね[18]」。

ケイメンとルーベンはノーベル賞受賞者リストから外れた。リストに加わらなかった研究者としては、もっとも重要な貢献者だったはずだ。彼らの仲間はこう語っている。「長い半減期をもつ^{14}Cを発見したという点で、ルーベンとケイメンがともにノーベル賞を受賞してもなんの不思議もなかった。彼らの発見は、生物や医学に対する人類の理解に革命を起こしたのだから」[19]。ほかにも次のように思っている者もいる――ノーベル賞の選考委員会はカルヴィンと一緒にアンディ・ベンソンが受賞できるよう配慮してもよかっただろう。ベンソンの知性と実験におけるリーダーシップが、光合成経路の解明に重要な役割を果たしたのだから[20]――と。

カルヴィンとベンソンのグループは、植物が二酸化炭素を三つの炭素原子からなる化合物に変え、それが有機酸を作る生化学回路に取りこまれることを明らかにした[21]。二酸化炭素を有機酸、そしてそのあと糖に変えるこの反応は、ルビスコという酵素が触媒になっている。なお、詳しいことはもう少し先で説明しよう（第2章66ページも参照）[22]。こうした研究によって、植物がどのように成長するのかを説明し、またその経路の途中段階も明らかにするような、普遍的なプロセスの詳細が描きだされた。説明すること、そして解明すること――この二つは、科学における発見のなかでももっとも満足のいく成果だ[23]。これよりのち、ほとんどすべての植物はこの経路を使って二酸化炭素を処理していると信じられ、「C_3植物」と呼ばれるようになった。この「C_3」とは、植物が二酸化炭素を取りこんだ際、最初に作られる分子に入っている炭素原子の数を表した言葉である。

しかし、その後30年が経ち、植物に対するこの見方はどうやら甚だしく単純すぎたことがわかってきた。最初にそれに気づいたのは、ホノルルにあるサトウキビ栽培者協会研究所の研究者たちだった。彼らはサトウキビを研究していて「あれ？」と思った。放射線ラベルをつけた炭素が有機酸に使われたのだが、その有機酸の含んでいた炭素は、予想していた三つではなく四つだったのだ[24]。そのほかロシアやオーストラリアでも、トウモロコシや塩性湿地の植物を調べていた研究者たちが同じ疑問を抱きはじめた[25]。炭素数4の有機酸ができるとは変な話で、ロシアの研究者などは、自分の実験方法がまちがっていたのではないかと疑ったほどだ。この生化学的な混乱を見過ごさなかったのが、次に現れた二人の科学者で、彼らはこの疑問に突き進み、驚くべき成果を残すことになった。その二人とはオーストラリアのハル・ハッチとブリトン・ロジャー・スラック。彼らはビールを何杯か重ねるうちに（科学はよくこの方法で前進する）、この挑戦を受けて立とうと決意した――4炭素の謎を解いてやるのだ、と。1965年以後の5、6年間、目がくらむほど密度の濃い研究人生を過ごした二人が見つけたのは、熱帯のイネ科植物が、カルヴィンやベンソンたちが見つけた光合成サイクルのずっと上をいく方法を進化させていることだった。[26]

決定的に違っていたのは、光エネルギーを使った二酸化炭素ポンプである。それが、糖の合成を触媒するルビスコ酵素のまわりに、二酸化炭素を送りこんで集めていたのだ。[27]この方法では、二酸化炭素はある特殊な運送用化合物に捕まり、くっつく。その後、葉脈のまわりを冠のように囲んだ特殊な細胞に送りこまれる。この細胞のなかで「積み荷」が下ろされ、二酸化炭素の充満した小さな温室ができあがる。[28]特殊な並び方をしたこの細胞では二酸化炭素の濃度が外の大気の10倍になり、濃厚な二酸化炭素に浸かったルビスコは、これをすごく効率よく有機酸そして糖へと変えていく。他の植物では考えられない効率のよさだ。[29]このことを知れば、サトウキビやトウモロコシと同じ「C_4植物」が世界でもっとも生産性の高い穀類や最悪の雑草として幅をきかせていることも納得できるだろう。4炭素化合物の謎はハワイ、ロシア、オーストラリアの研究者を悩ませてきたが、その核心は冠状の特殊細胞へ二酸化炭素を送りこむ輸送化合物だった。

C_4植物の働きという未知の領域に科学の光を送りこんだこの「C_4光合成経路」の発見で、ハッチとスラックは名声を得ることとなった。のちにハッチがC_4の発見当時の状況を語ったとき、やはりそこにあったのはケイメンとルーベンの^{14}C発見と同じ物語だった。

こういう場では きっと、どうやって成功したのかという話が求められているのでしょう。それはちょうど、百歳の人が長寿の秘訣を聞かれるようなものかもしれません。聞かれた人のうち、半分は節制した生活と禁酒禁煙を挙げるかもしれない。でもあとの半分はまったく逆のことを言うでしょう。陳腐に聞こえるかもしれませんが、でもやはり、幸運というのがもっとも決定的な要因だと思います。とにかく、最適の場所に、最適の時にいたこと、これが決め手です。[30]

この発見によって――新しい発見にはよくあることだが――それまで観察されていたのに意味がわからなかった、ある現象の謎が解けることになる。さかのぼること1884年、ドイツの偉大な植物学者ゴットリープ・ハーバーラント［1854-1945］は、ある特定の植物種では葉の内部の細胞が特殊な配列をしているのを見つけた。機能的意味はわからないまま、彼はこれを「クランツ」と名づけた。[31] そしていま話したC_4光合成の発見が、このクランツ構造の謎を解いた。クランツ構造を作る細胞は、二酸化炭素を処理する系と光合成産物を作る系という二つの生化学経路の場所を分け、一枚の葉のなかで効率よく分業できる仕組みを作っていたのである。この細胞の配列は、代謝産物はとてもよく通すのに、二酸化炭素は驚くほど通さない。クランツ構造――現代の専門用語では維管束鞘――は、いまでは多くのC_4植物がもつ特徴的な葉の構造として知られている。[32]

光合成の心臓部には先にも述べたルビスコという酵素があり、この酵素はよくも悪くも植物の進化に根深く絡みあっている。このルビスコの負の遺産を補うのがC_4光合成だ。

ルビスコが進化したのは約30億年前、シアノバクテリアと呼ばれる光合成微生物の内部だった。当時の大気には二酸化炭素がいまの約100倍存在し、酸素はほんのわずかだった[33]。当時は地球全体が、C_4ポンプのようにどんどん二酸化炭素を体内へ送りこみ、ルビスコの能力を全開まで発揮させていたのだ。これだけ豊富な二酸化炭素に後押しされ、光合成は生物圏全体に広がった。

やがて、陸上植物がシアノバクテリアからルビスコを受け継いだ。というか、シアノバクテリア自身が葉緑体という光合成器官に変身した[34]。しかし、その頃の大気は二酸化炭素が10分の1に減っていて、ルビスコにとって深刻な問題をもたらした。この酵素は遅くて無駄が多いと、汚名まで着せられることになった[35]。なぜそんなことになったかというと、ルビスコは二酸化炭素が少なくなると、まるで車のエンジンが燃料不足のときアフターファイヤーを起こすように、二酸化炭素の代わりに酸素分子を捕まえてしまうのだ。そうなるとC_3植物は太陽エネルギーを無駄にし、貴重な二酸化炭素を失ってしまう。C_4植物は光合成をアップグレードし、右の欠点を補ってくれる（ただし、C_4のポンプに適した暖かい亜熱帯にかぎっての話だが）。この特徴は、C_4という新しい光合成経路が二酸化炭素不足に適応して進化したこと[36]、すなわち、数百万年前に起こった二酸化炭素の激減によって進化したことを示している[37]。

技術革新と発見が絡みあってできた鎖が、核の時代の胎動とハワイのサトウキビ栽培の謎を結びつけて30年経った。そして自然が起こしたC_4光合成経路という革命が、とうとう科学界の注目を浴びるところまでやってきた。C_4植物について現在わかっているのは次のとおりだ。まず、C_4植物は約7500種いることが確認されている。地球上の陸上植生の5分の1を占め、陸上生物による一次生産量の30%を占める[38]。その圧倒的多数は亜熱帯に生えるイネ科植物だが、ほかにスゲの仲間なども含まれる[39]。この生化学機械は暑くて日差しの強い環境で最大の力を発揮するため、ほとんどのC_4植物は亜熱帯に生育し、とくに草原やサバンナに多くみられる。樹木でC_4植物であることがわかっているのはただ1種、ハワイに分布するトウダイグサ科ニシキソウ属のカマエシケ・フォルベシイ *Chamaesyce forbesii* である。ハワイは数百万年も孤立した島だったため、ほかとは淘汰圧が異なる。この種以外で樹木に近い姿になる（大きくなると木化する）C_4植物はアカザ科のハロキシロン・アフィルム *Haloxylon aphyllum* で、中央アジアの暑い砂漠に生える。

C_4植物がごく最近になって科学界に知られるようになったとは、ある意味皮肉なことだ。というのも、農業作物には一万年前からこれを利用した大革命が起こり、人類の進化にも重要な役割を果たしていたにちがいないからだ。[40] トウモロコシとサトウキビはC_4の二大ヒット作物で、人類社会に多大な影響を与えた。トウモロコシは、ブタモロコシと呼ばれる野生種が約7500年前メキシコ西部の高地で栽培化されたもので、中央アメリカに広がり、コロンブスが訪れる前にアメリカ大陸にあった複雑な文明社会の発展を助けた。サトウキビはニューギニアで栽培化され、アレクサンダー大王［356-323BC］の時代から歴史に登場する。17世紀には西インド諸島まで広がって西洋に安い砂糖を送りこみ、私たちの食生活、社会習慣、経済を変えることで人間社会に革命をもたらした。サトウキビ栽培は労働集約的な農業であり、西インド諸島でのプランテーションのために大勢のアフリカ人が誘拐され奴隷として売られた。これによって地元の社会機構は激変し、二度と元には戻らなかった。私たちはC_4作物を手なずけたと思っているかもしれない。でも実際にはC_4作物が私たちを手なずけ、人間社会の進化に多大な影響を与え、私たちが彼らを栽培するように操作したといえそうだ。

さて、C_4のように巧みですぐれた光合成革命が植物界に起こったのは、たんに偶然のしわざなのだろうか？　それとも偶然以上の理由があったのだろうか？　この問いに答える第一歩として、C_4植物がいつ進化したのかを調べるのはいいアイデアのように思える。ところがこれが、問うのは楽だが答えるのがやっかいな問題なのだ。イネ科などの草本植物は、なかなか化石に残らない。それは彼らの生える草原が乾燥地に多いためである。C_4植物として疑う余地のない最古の化石は、1978年、カリフォルニア南部のラストチャンス渓谷から発見された（こうした発見にピッタリの地名だ）[41]。最初、この化石は1250万年前（中新世）のものとされ、最古のものとは思われなかった。また、これより150万年さかのぼる最古の化石を発見したと主張する科学者も出てきたが[42]、根拠となるクチクラの断片の化石が説得力に欠けるものだったため、この主張は却下された。クランツ構造を伴う化石が見つかったのはカンザス北西部の堆積物からだが、これは中新世でも5～700万年前のものだ[43]。そしてこれらが、いままでに見つかった化石の記録のほとんどすべてというお粗末さだった。

しかしありがたいことに、いまでは分子時計という手を使ってC_4植物の起源した時代を推測することができる。分子時計という手法は、全生物がもつ遺伝子コード――DNA――が一定の速度で突然変異をくりかえすという観察結果から生まれた。ちょうど時計がチクタク動くのと同じだ。この突然変異は、チャールズ・ダーウィンが予見した「得にも害にもならない」変異である[44]。この突然変異の速度がわかれば、そして、ある種と共通の祖先をもつ別種のDNAシークエンスが、いくつの変異で異なるのかがわかれば、その2種が分かれてからどれだけの時間が経ったのかを推定することができる。C_4植物にとってはイネ科やスゲ科などの植物グループがもっとも近い共通祖先だが、確実にこのグループといえる植物が登場したのは5000万年から6500万年前頃（恐竜の絶滅よりも100万～1000万年後）という結果になった[45]。この結果に従えば、（翼竜類ではない）恐竜はイネ科やスゲ科を食べてはいなかったということになる。

ところが、つい最近になってこの推定が覆された。スウェーデン自然史博物館の研究者チームが調べたところ、恐竜の糞からこれらの植物グループに特徴的な微小シリカ構造を見つけたのだ[46]。このグループの一員であるイネ科植物は、白亜紀にはすでに出現していただけでなく多様化も遂げていたらしい。どうもこれまで考えられていた状況とは話がちがう。ただ、グループのなかでもやはり原始的なキビ亜科を使って分子時計を計算しなおしても、C_4植物が生まれたのは2500万年から3200万年前で、恐竜の時代からはずっと後のことになってしまう[47]。

分子時計と化石が出したこの登場時期のずれは、一見折り合い不可能にみえる。しかし、じつは和解も遠くなさそうだ。というのも、C_4植物のもっとも古い時代を知りたいなら、化石記録はどちらかといえば当てにならないからだ。どう考えても、1250万年前のラストチャンス渓谷の化石よりはずっと前に進化していただろう。おそらく、当時はC_4光合成をしていた植物がまだ少なく、しかも乾燥した環境では化石にも残りにくかったのだろう。一方、分子時計にもまちがいは起こる。突然変異の速度には不明な点があり、時間をちゃんと計れていない恐れもある。ただ、総合的にみれば、分子時計の方がC_4植物登場の時代を正しく予測している可能性は高い。もし分子時計の挙げた3000万年という説を取るならば、このC_4革命は比較的最近生まれたもので、植物が地球上に広がるまでを24時間にたとえると、C_4植物がパーティーにやってきたのは夜10時半になってからだった。

この話はまだ終わらない。1980年から90年代にかけて、ユタ大学の研究者が歯の化石を分析して驚くような結果を報告した[48]。彼らは、草食哺乳類の歯に焦点を当てた。歯の同位体組成は、それらが食べていた植物の同位体組成を反映するからだ。C_4植物はC_3植物とちがう形で二酸化炭素を固定する。そのため重い炭素同位体と軽い炭素同位体の割合が両者で異なり、そのちがいは植物を食べる動物の歯や

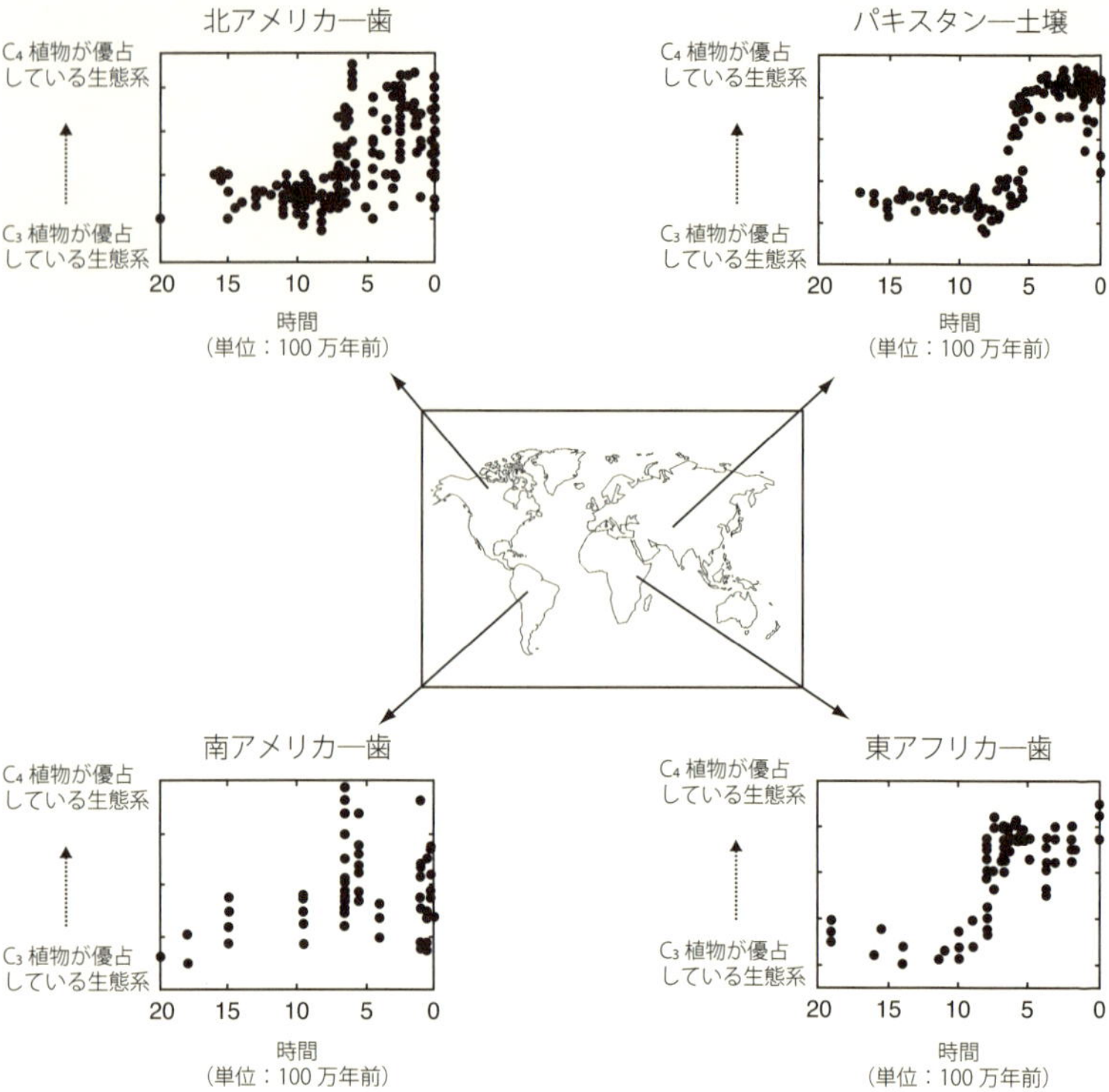

図26　C_4植物が広がって地球の生態系を優占したことが，化石の歯のエナメルと土壌の同位体組成からわかる．

骨にも残る[49]。たとえば、ケニアのアティ平原にはC_3植物とC_4植物が両方生えているが、シマウマはC_4植物の草を好んで食べるため、樹木になるC_3植物を食べるキリンとは歯の同位体組成が異なる[50]。同位体を通して、化石の歯は昔それを生やしていた動物——数百万年前に大陸に広がる平原をうろついていた動物——の食性について語ってくれるのだ。

　ユタ大学の研究者が馬の口から聴きだした情報は、C_4植物の興隆が、本当に一瞬のあいだに起こったということだった（図26）。800万年前まで、アフリカやインド亜大陸にいるシマウマやウマのような草食性哺乳類が食べていたのはほとんどC_3植物の樹木や灌木だった。しかしそれから100万年のうちに、世界中でドラマチックな変化がほぼ同時に起こった。彼らの食性がほとんどすべてC_4植物に変わったのだ[51]。この変化からわかるのは、約800万年前にC_4植物が生態系の舞台に躍りでて、それまで森林だった場所をサバンナや草原に変えてしまったということである。北半球では、低緯度地域で生まれたC_4サバンナの波が、アフリカ東部の熱帯から北米の冷涼地まで押しよせた。C_4植物の隆盛は、化石から見つかった地球生態系の変遷としてはもっとも興味深いものに挙げられるだろう。この発見は、同位体を使うという現代の地球科学が勝ち取った、華々しい成果のひとつだ。

またこの研究成果は、C_4光合成がいま考えられているよりもっと昔から熱帯ではじまっていた可能性を示している。四つの大陸から苦労して得られた同位体記録は、くっきりとS字カーブを描いていた。このカーブこそ、私たちが現代の環境——C_4植物の世界——へと歩みだしたことを教えてくれる。世界中の植生がここまで変わったことには何か説明が必要になる。答えを求める研究者たちは、C_4植物による亜熱帯地域の占拠が、世界のさまざまな場所でほぼ同時に起こった事実に注目した。つまりこの現象を起こす引き金が世界中で引かれたと考えられ、そんなことができる有力候補は、大気中の二酸化炭素濃度だということになる。このような成り行きから、研究者たちのあいだに自然と生まれた仮説が、いわゆる「二酸化炭素飢餓」説だった[52]。この仮説では、二酸化炭素の濃度が下がることでC_3植物は二重のトラブルを抱えることになったという。二酸化炭素そのものの不足と水の不足である。なぜなら、二酸化炭素の不足を補うために植物は葉の気孔を長時間あけっ放しにしなければならず、このため蒸散で水を失ってしまうからだ。二酸化炭素の減少は、降水量の減少にもつながっている。一方、C_4植物はどちらの影響にも免疫がある。彼らの優れた光合成経路は二酸化炭素の「飢餓」状況下でも稼働できるため、貴重な水を保持したいときには気孔を閉じたままでいられる。

ユタ大学の研究チームは、大気中の二酸化炭素濃度がある閾値を下回ったとき、暑い地域では生態的主導権がC_4植物に移ったと結論した。

約600〜800万年前にC_4植物のバイオマスが地球に広がり、それが現在まで続いているのは、中新世に大気中の二酸化炭素濃度が低下し、C_3植物よりC_4植物に好ましい値に達したこととつじつまが合っている。[53]

これは魅力的な仮説で、C_4植物のドラマチックな拡大を説明するものとしてすみやかに受け入れられた。この説を支持する調査結果もすぐに出てきた。ごく最近——たった2万年前——起こった最終氷期の二酸化炭素不足に、熱帯植生がどう反応したのかが明らかになったのである。証拠となったのは、アフリカ東部の熱帯山地にある湖の堆積物と、ニューメキシコのチワワ砂漠の土壌に残された、C_3植物とC_4植物の分子化石だった。まず、熱帯アフリカのC_4植物の歴史を最終氷期までさかのぼったところ、二酸化炭素濃度が現在より50％減った頃は山頂付近をC_4植物が占めていたのに、その後二酸化炭素が増加すると、C_3植物の森に置き換わったことが明らかになった。[54] チワワ砂漠でも同様で、約9000年前、C_4植物の草原はC_3植物の灌木に突然置き換わっていて、これは二酸化炭素濃度が上昇した時期と重なっている。[55] このように、「二酸化炭素飢餓」仮説は二つの実測データで勝利を収め、最終氷期以来の熱帯植生の変化をきれいに説明した。それにしても、これほどの変化がほんの2、3000年でも起こったのだとしたら、数百万年のあいだに二酸化炭素の力は地球の植生をどれほど大きく変え得るのだろう。

このように「二酸化炭素飢餓」説はたいへん魅力的な仮説だったが、まもなく大きな障壁にぶち当たってしまった。国際学術誌サイエンスに掲載された二酸化炭素記録から、深刻な問題が浮上したのである。それは、太平洋南西部の海底から掘削された堆積物コアの、海洋性植物プランクトンから分析された二酸化炭素記録だった。[56] この記録によると、500万年から1600万年前までのあいだ、二酸化炭素濃度は地質学的には低いといえるレベル（つまり、現在とだいたい同じレベル）をずっと保っていたという。このあと、ほかにも二つの研究で過去の大気中の二酸化炭素量が測定され、同じような結果になった。[57] こうした研究はどれも、C_4植物の草原が広がるより約1000万年前から二酸化炭素濃度が低下していたことを示していた。二酸化炭素低下とC_4植物隆盛のあいだの時間的なずれは、そう簡単に解決できるものではなさそうに思われた。

過去10年の研究で得られた二酸化炭素記録が、二酸化炭素不足によってC_4植物の繁茂が起きたという説を否定するのなら、ほかに可能性のある説を探さなければならない。当時の地球に何が起こったのかを探るため、いま手元にある歯などの同位体記録をもう一度見直してみよう。記録が実際に示しているのは、亜熱帯に昔あったC_3植物の森が、サバンナのようなC_4植物草原に変わったということである。[58] 森があったとして、それまでC_4植物をうまく排除できていたとすれば、それはC_4植物には耐えられない冷涼で暗い環境を作っていたからにちがいない。しかし、原因は何であれその森がなくなったとしたら、そこは開けた場所になり、気候が十分暑かったとすれば、光合成能力の優れたC_4植物の進出を許したにちがいない。ということは、私たちが探すべきなのは森林がなくなった自然要因なのかもしれない。そしてその要因として考えられるのは、気候変化、火事による破壊、草食動物による破壊ぐらいだ。気候変化のなかでも長期的な（数百万年かかる）変化は、山脈の隆起のようなゆっくりとした地殻変動や、地球環境をつかさどる大気と海洋の循環パターンを変化させるような大陸の形状変化によって起こる。こうした気候変化が森林や草原にどのような結末をもたらしたのか、その一端を見るため、シワリク層群へ足を伸ばしてみよう。シワリク層群はパキスタン、北インド、ネパールに広がる分厚い堆積物と岩石の層で、地質学者の注目を集めてきた。パキスタン・バローチスターン州にあるシワリク堆積層の南には、有名なブグティ骨層がある。この層はシワリク層より古く、過去200年にわたって多くの古生物学者の想像力をかきたててきた。というのも、ここからは史上最大の陸上哺乳類の骨が見つかったからだ。パラケラテリウムと呼ばれる巨大サイで、キリンのような姿をしており、肩高が5メートルもあった。[59] もっと北にある、より最近にできたシワリク層からは、過去1800万年にわたる植生や動物相、そして気候の変化を知ることができる。細部までみっちり詰まったこの堆積物は地球の歴史のみごとな集積所であり、C_4植物革命が起こった時代の気候変化を見抜く鍵を与えてくれる。この層から明らかになったのは、革命が起こってC_4植物のサバンナが広がるにつれ、インドモンスーンの影響が強くなって乾燥し、以前は冬に十分な雨が降った場所で雨が降らなくなったことだった。[60] なぜ突然モンスーンが変わったのかについては、いまも活発な議論が続いている。気候モデルの研究結果では、約800万年前にチベット高原が隆起したことが気候変化をもたらしたという。[61] 一方、地質学者のなかには、チベット高原はもっと前から存在していたと考える者もいる。[62] まあ何が原因であれ、夏にしか雨が降らない状況下で森林が衰退していった。暖かいのに乾燥した冬では若木が生き残れず、森林の更新ができなかったためだ。森林が衰退していくと、C_4植物の草に進出のチャンスが回ってきた。彼らはヒマラヤの麓やガンジス川の氾濫原を占領していった。

このように、C_3植物の森林を没落させC_4植物の草原を広めた一因が気候の変化だったことはあり得る話だ。しかし、それで話が済むわけではない。ほかの要因も重要な影響を与えたことが、いままさに明らかになりつつある。新たな興味深い詳細が加わったのは、南アフリカの研究者ウィリアム・ボンドとガイ・ミッジリーが「二酸化炭素飢餓」仮説を改良できると知ったときだった。[63] 彼らはこの課題を徹底的に考えるうちに、新しい見方ができることに気づいた——気候の変化と山火事を組み合わせるのだ。彼らは二酸化炭素の減少だけに頼るのではなく、森林のギャップ——乾燥によって枯れた木が倒れて作る空間——が、C_4植物の侵入を許したと考えてみた。これはC_4植物にとって小さな勝利にすぎないかもしれない。しかし、害のなさそうな顔をして彼らが入りこんだが最後、そこは乾季にとてつもなく燃えやすい火種となり、山火事を増大させることになる。火事が多くなると森の木が焼け死ぬ。するとC_4植物が地下茎から芽生えて焼け跡をすかさず埋めていく。ボンドとミッジリーのシナリオでは、こうした山火事サイクルが森林破壊を加速化し、草原の拡大を推し進めたと考える。

この仮説には疑問がひとつある。C_4植物の草原の侵入は、本当に当時の環境を火事が起きやすいものに変えてしまったのだろうか？　もちろん、世界の植生パターンを考える上で火事の役割はとても重要だ。現在、サバンナに分類される地域の半分以上が、火事が起こることでその植生を維持している。[64] 定期的に火が入らなかったとしたら、森林面積は現在の2倍になり、南米や南アフリカにある熱帯草原やサバンナは半分に縮小していただろう。C_4植物の草原が火事を頻繁にして森林の発達を遅らせているという証拠は、ハワイやニューカレドニアから見つかっている。ハワイの火山国立公園の森林では、C_4多年草である二つのイネ科侵入種（スキザクリウム・コンデンサトゥム *Schizachyrium condensatum* とメリヌス・ミヌティフロラ *Melinus minutiflora*）が1960年代後半に入りこんだ。[65] これらが侵入するまでは一年おきに小さな火事がみられるだけだったが、それから20年後には火事の頻度が3倍に、火事の規模は50倍になった。草の侵入によって正のフィードバックシステムにスイッチが入り、従来の燃えにくい森林はきわめて燃えやすいC_4植物の草原に変わっていった。そしてその過程で、絶滅が危惧される貴重な植物が駆逐されてしまった。似たようなことはニューカレドニアでも見られる。島のなかでも乾燥した地域では火事が起こり、外来のC_4草本植物が熱帯林に入りこんでいる[66]。ハワイやニューカレドニアの例は時と場所を越え、過去のC_4植物が地球の表面を覆っていったさまを彷彿とさせる。なお、現在起きている草原による消耗戦は、大気中の二酸化炭素濃度が上がりつつある状況での話だ。ということは、C_3の森林からC_4の草原への変化を加速させるには、二酸化炭素の減少より火事の影響が重要なのかもしれない。

こうした観察結果からも、数百万年前に起こったC_4植物草原の遷移に、火事が一役買ったという仮説は正しいように思える[67]。ところが、気象学者の観測によって火事が草原の拡大にどれほど強く影響したのかが明らかになるにつれ、この仮説でさえ過小評価かもしれないことがわかってきた。アマゾンでは毎年乾季になると森林伐採や農業による火事が数百件起こるが、そのときできる分厚い煙の層を観測することで、煙と雲と気候の新しいつながりが見えてきたのだ。熱帯林とC_4草原の境界に起きた火事は、数百万年前の火事がどのように気候を変え、C_4植物の草原を広げていったのかを理解するうえで、新しい光を投げかけてくれる。

煙と雲の関係について、いままで知られていなかったつながりを最初に明らかにしたのは、イラン・コーレンという若い研究者だった。メリーランドにあるＮＡＳＡのゴダード宇宙飛行センターに着任した彼はテルアビブ大学で博士号を取ったばかりで、煙からできる浮遊微小粒子が雲に与える影響を世界最新の衛星技術を使って調べたいという野心を抱いていた。彼がまず調べたのは、アマゾンのジャングルで乾季に起こった火事を撮影した衛星写真だった。調べはじめてすぐ気がついたのは、雲と煙が一緒に写っていることがほとんどないことだった。なぜだろう？　煙は雲の発生を抑えてしまうのだろうか？　彼はこの現象について掘り下げて調査し、やがて理由を知った。火事から生まれた分厚い煙は数百キロ先まで流れ、太陽光が地面に注ぐのを遮っていた。この影響で地面からの水の蒸発が抑えられ、空気が乾燥する。一方、上空では黒く煙った大気が太陽光を吸収して温まる。この二つが重なると、空気の流れが低下して空気中の水分量が減り、雲の種類によっては発生に必要な条件がそろわなくなる。[68]コーレンが語るように、雲というものは「空気中で起こっている物理現象そのままを、自然が空に描いてみせてくれる」ものらしい。

アマゾンの森林火災の上空にある雲が次に衝撃を与えた相手は、ドイツのマインツにあるマックス・プランク研究所の、マインラート・アンドレア率いる研究チームだった。[69]アンドレアの研究チームは、アマゾンの火事から出る煙が大量のエアロゾル粒子を大気中に放出していると報告した。それだけなら、たいして迫力のない観察結果だ。しかしその後、雲の水滴ができるのは、大気中に漂うエアロゾル粒子の周辺の水蒸気が濃縮するときであることがわかった。雲が雨となって落ちるには、雲の水滴が数千くらい集まって大きく重いひとつの水滴にならなければいけない。アマゾン上空では、火事による煙が空気中の粒子の数を増やした。そのためひとつひとつの水滴のサイズが小さくなり、集まって雨になるには軽すぎることが多くなった。つまり、森が燃えてできる煙は雨自体も減らしてしまうらしいのだ。

アマゾン上空をめぐるこの先駆的研究によって、新たな仮説が生まれた。すなわち、野火は気候に影響を与え、しかもそれは熱帯にかぎらない現象かもしれないということだ。私たちはふつう、雨の降らない暑い天気が長く続くことで乾いた状態になり、火事が起きやすくなると考える。だからそういう天気では、消防署なども火事を強く警戒する。ところが、いままでできた話は逆で、野火自体が気候を変えて状況を悪化させるというのだ。ちょうどこの話を現実にしたようなできごとが、1988年4月後半にアメリカ北部で起こった。その地域は当時、20世紀最悪ともいえる厳しい干ばつに遭遇していた。この年の7月にはイエローストーン国立公園で何十万エーカーもの森林が焼け、大気中に大量の黒煙を送りこんだ。このときの干ばつがひどくなった原因には、集中して起こった野火自体も取り上げられた。火事で出た煙が雲の発生を減らし、中西部の大気の循環パターンを乱してしまった可能性があるというのである。通常なら大気循環によって雨が安定的に降るはずなのだが、雨は降らず、干ばつがますますひどくなり、さらに野火が増えてしまった[70]。

数百万年前にC_4草原が広がったとしたら、そのとき地球は燃える惑星に切り替わったのかもしれない。そしてこの切り替わりを加速したのが、気候を変え、野火を増やしたフィードバックシステムだった。火事、木々、草原、雲、煙、気候、そして二酸化炭素——これだけの登場人物がかかわる新しい相互作用が、地球史上類を見ないほどの広がりをもった複雑なフィードバック網を形成した[71]（図27を参照）。

この複雑なフィードバック網を分析するには、自分の関心がある事象一つ一つをネットワークの節（ふし）として考え、こうした節を因果関係の流れに応じて矢印でつなげてやればいい。そして、それぞれの効果を調べて、それが正の効果をもたらすのか負の効果をもたらすのかを判断する。正の効果とは、一方が増えるともう片方も増える場合で、負の効果（図では「負」と記した影つきの円で表してある）とは、一方が増えるともう片方が減る場合である。最初の地点から最後の地点まで、一方通行の流れをたどって閉じたループを特定し、そこに現れた正の効果と負の効果の数を積算すれば、ループの最後がどうなるかが決まる。このように調べていけば、複雑なネットワークもいくつかの要素に分解できる。これは情報理論から取り入れられたシステム分析と呼ばれる方法で、社会学や経済学、化学工学、回路

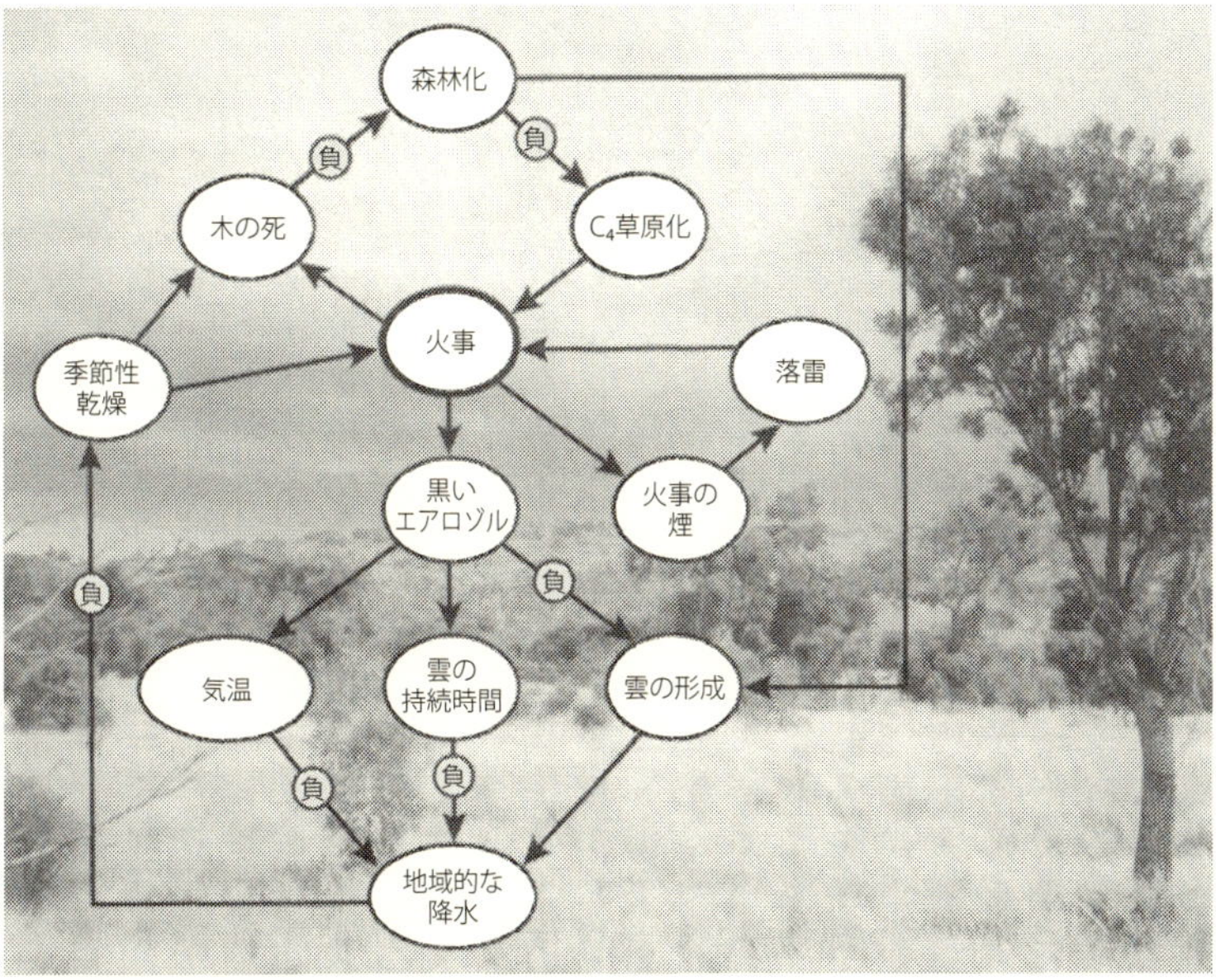

図27 生物と気候システムのあいだにある複雑なフィードバック網は火事と結びついて，約800万年前にC_4草原を地球全体に拡大させた．背景の写真はオーストラリアのノーザン・テリトリーにあるウィンター山付近のC_4サバンナ．

設計などで広く使われている。

C_4植物に有利な状況を作りだしたフィードバック網だが、とくに注目すべきなのは、最近見つかったフィードバックループの大部分が、自分の効果をさらに強める自己強化性に長けていることだ。この自己強化性がC_4草原の拡大を促進し、何百万年も草原の状態を維持させる状況（正の効果）を作りだしている。このことからわかるのは、一度このシステムがある閾値を越えると、おそらく気候の変化が生じることで森林の崩壊が加速化し、燃えやすいC_4植物の草原が固定化する方向に容赦なく突き進んでいくということである。……この変化の過程を知れば知るほど、歯の化石から明らかになったC_4草原への一方通行の変化は避けがたい事態だったように思えてくる[72]。

このフィードバック網は、単に大気中の二酸化炭素濃度が下がっただけで起こるものではないが、しかし、過去に観察されたような二酸化炭素不足がなければ始まらなかったことには留意が必要だろう。二酸化炭素濃度が低下すると若木の成長が抑えられ、火事を生き残れるほどの大きさまで育たなくなる。言い換えれば、二酸化炭素が少ないと、森林は火事に対して弱くなってしまうということだ。まずはこのシナリオを受け入れるとすれば、C_4草原によって生態系が燃えやすくなり、森林が駆逐されてC_4草原が生態的に優位に立つためには、二酸化炭素不足が前提条件だったと考えられる。面白いことに、C_4植物は意図せずして二酸化炭素不足の状況を維持する側に加担した可能性がある。C_4植物がマグネシウムやカルシウムに富んだ岩石を化学的に風化させることで、大気中から二酸化炭素がゆっくりと取り除かれていくのを助長したかもしれない。この作用がなければ、森林の崩壊速度は緩和されていたにちがいない。風化が進めば大気中の二酸化炭素濃度も下がりつづけ、C_3植物の木が減ってC_4植物の草原が台頭するのを後押ししただろう。

なお、ヨーロッパ旧世界の生態系に関しては、自己強化的なフィードバックループがC_4草原の拡大に加担したというこの説を支持する証拠がほとんどないと言わざるをえない。それでも、この説を支持する生態学と気象学の研究結果が健全なので、引き続き注目に値する説だといえよう。また、正のフィードバックと考えられる現象が、太平洋西部の海底で見つかっている。野火の結果がたどり着く場所としては、もっともありえない場所と思えるかもしれない。しかし、すすや炭は化学反応や微生物からの攻撃にきわめて強く、インド亜大陸からの貿易風に乗って太平洋まで運ばれ、雨とともに降り注いで海深く沈み、数百万年ものあいだ絶え間なく海底に降り積もっているのである。この海底の堆積物を分析した結果、約８００万年前に炭の粒子が千倍も増加したことがわかった。[73] 炭には炭化した草や木の破片が含まれていて、それらの黒い破片は、植物が別の植物にどんどん置き換わっていったことを物語っていた。炭の記録は全時代分そろっていたわけではなく、つぎはぎだらけだった。それでもそこから推察できたのは、炭の流出の増加した時期が、インドやパキスタンで森林が草原に変わった時期より約百万年遅れたことだった。もし、このフィードバックが気候の変化、植生の反応、そして火事という一連の流れのなかで働くとしたら、この遅れは予想されたものといえる。

これを亜熱帯で起こった政権交代の動かぬ証拠というには、時期尚早だろう。これを証明する決め手になるような遷移については、データがまだあまりに少ないのである。それでも先行きは明るい。現代の地球科学の技術を使えば、もっと詳しい部分まで明らかにすることは決して不可能ではないだろう。

宇宙物理学者たちが宇宙の謎を解こうとした際に驚いたのは、物理法則や、自然が粒子量や力の強度などに与える値に、生物が敏感に反応していることを示す例がきわめて多いことだった。[74] 宇宙物理学者のフレッド・ホイル［１９１５−２００１］は、彼が「恐ろしい数のアクシデント」と呼ぶところのものに強い感銘を受けた。彼によると、宇宙はまるで「仕組まれた」ようにみえる——物理法則は生命が現れるよう、事細かにチューニングしているようにみえる——というのである。[75]

C_4植物の成功に隠された謎を明らかにしていくうちに、すべてが同じ方向へと進んでいくフィードバック網が見えてきた。そこで気になるのは、宇宙ほどではないにしても、C_4植物がはびこる世界もホイルのいう「仕組まれた」ものなのかということだ。もし大気中の二酸化炭素が少なくなっていなかったなら、もし気候が変わっていなかったなら、もし草が火事を促さず火事に強くもなかったなら、もしC_4植物が二酸化炭素不足のなかで栄えなかったなら、もし煙が干ばつや雷を引き起こさなかったなら、もし、もし……。こうした偶然の積み重なりにはほんとうに感心する。

感心はするものの、疑問はまだ残っている——C_4植物が生態系の舞台に出てきたのは、なぜこんなに遅かったのか？　花を咲かせる植物は約1億5000万年前に進化したのに、C_4植物が出てくるにはさらに1億2000万年かかっている。素朴な答えとして浮かぶのは、C_4植物の光合成経路が進化するのが難しかったというものだ。光合成を司る遺伝子の発現に複雑な変化が起こるためには、入り組んだ代謝プロセスにも複雑な変化が起こり、葉の構造も変わる必要がある。[76] しかしそれにもかかわらず、C_4光合成経路はC_3植物から少なくとも40回も独立して進化したことがわかっている。[77]

C_4植物が何度も独立して進化した理由には、C_4光合成に至るのに必要な生化学装置が、多くのC_3植物にすでに備わっているという点が挙げられるだろう。[78] セロリ *Apium graveolens* は典型的なC_3植物だが、茎の太い稜の部分に、ほのかに光る緑色の光合成細胞をもっている。茎を切ってみると、この細胞が緑の輪を作って表面付近にきれいに並んでいるのがみえる。セロリの茎にこの緑色の通路のような構造が見られる理由は、その細胞が呼吸器官（茎や根）から出てくる二酸化炭素を再捕獲できるからで、この再捕獲がないと二酸化炭素が大気中に漏れでてしまう。これを発見したイギリスの研究者が驚いたのは、この緑色の細胞が使っているのが、C_4植物が自分の葉のなかで4炭素をもつ化合物から二酸化炭素をはぎとってくるとき使うのと同じ酵素だったことだ。緑の細胞はそのあとルビスコを使って、カルヴィンやベンソンたちが1950年代に解明した回路を通じて二酸化炭素を有機酸に変える。[79] このことから考えられるのは、セロリの茎はおそらくC_4植物の拡張版ともいえる形で機能しているということである。

この刺激的な発見からはたくさんの疑問も生じる。たとえば、C_3植物がC_4植物の酵素を作る能力を進化させ、それを使って「ゴミ」になった二酸化炭素を漁るようになったのはいつなのか？　自分の体液中に溶けていた二酸化炭素を再捕獲できるようになったことが、C_4植物へと進化していく最初のステップだったのだろうか？　このような作業をおこなう能力は、セロリよりずっと昔の植物――シダや針葉樹のような植物――にも備わっている。ということは、C_4タイプの光合成は、私たちが考えているよりずっと前から存在していた可能性もある。[80]……もしかして、植物はこの方法を何百万年も前すでに「習得して」いて、そのあと「忘れて」しまい、また最近になって「再発見」しただけなのだろうか？　一番に考えられるのは、この方法を最初に獲得したのは石炭紀――約3億年前――だったということだ。当時はおよそ3000万年のあいだ、大気中に二酸化炭素が少なく酸素が多い時代が続いた[81]（第3章参照）。しかし、いまのところ植物化石からは、C_4植物が石炭紀やペルム紀までさかのぼるといえるような証拠は見つかっていない。[82]もしC_4植物が私たちの思っているより10倍古く、完璧なC_4光合成もずっと前に出現していたとしたら、何か証拠が出てきてもおかしくないはずなのに、それを上手に隠しているとしか考えられない。今後は、こうした疑問の真相を探ることがますます重要な課題になると考えていいだろう。

トマス・マルサス［1766－1834］はイギリスで初めて政治経済学の教授となった人物だが、一貫した悲観論者だった。彼は1798年にその革新的著書『人口論』で、人口は時間が経つにつれて倍々に膨らみ、幾何級数的に増えていく力をもつと書いた。彼によると、「人類は1、2、4、8、16……という割合で増えていくが、食糧は1、2、3、4、5……という具合にしか増えない」ため、食糧生産の成長は人口の成長に追いつかなくなるという。人口増加による破滅は大きな不安をもたらしたが、しかし、マルサスの予言はまちがっていたことがわかった。避妊によって出生率は緩まり、人口の爆発的増加は1970年代以降収まった。1960年代後半には遺伝学の発達と窒素肥料生産から緑の革命が起こり、世界の穀類生産は20世紀後半に3倍になった。

ただ、21世紀後半の世界を食べさせていけるかどうかは別の問題だ。地球の人口は、2050年までに90億人になると予測されている[83]。食糧の必要性はエスカレートしていく一方だから、二度目の緑の革命が求められることになるだろう。そしてそれは、自然がもつC_4機能の根源を目覚めさせる革命になるかもしれない。収量を上げて急増する食糧需要に応えたくても、小麦や大麦、大豆、ジャガイモといったC_3作物のルビスコを改善させるだけでは、できることも限られている。そこで出てくる解決策は、C_4植物のもつ優れた光合成能力をC_3植物に導入することかもしれない。この野望ともいえる目標を胸に、植物バイオテクノロジーの研究者たちが着目したのはコメだった。

コメは、世界でもっとも重要なC_3作物である。世界のコメの生産量は、この30年のあいだに3倍になった。しかし、その収量も近々ピークに達してしまう。太陽光を養分に変える効率が、そろそろ最大になってしまうからだ。栽培に使える土地も限られていることから、この先世界をコメで養っていこうと思ったら、植物体をもっと大きくしてルビスコをもっと働かせる形で収量を上げるしかない[84]。これを実現させる一つの方法は、コメにC_4植物がもつターボ仕様の光合成を組みこむことだろう[85]。幸いなことに、C_4光合成はいくつもの起源から進化している。そのため分子遺伝学者たちは、この方法の実現はそれほど難しくないと考えている。分子工学によるC_4コメの開発は、作物学にとってはまちがいなく次の目標であり、おそらく数十年後には達成できるだろう。でも、この成功を人々が喜んで受け入れるかどうかは別問題だ。受け入れが進むかどうかは、人々が遺伝子組み換え作物にどう向き合うかにかかっている。こうした遺伝子組み換え作物が、アメリカ合衆国、中国、アルゼンチン、ブラジル、そして西ヨーロッパなどさまざまな国で広く栽培されるようになると、人々はそれにどう反応するだろうか。もし、遺伝子組み換え作物の悪影響がなにも報告されなければ、人々の反応は変わり、遺伝子組み換え米の需要が高まることになるのかもしれない——なにしろ、必要な窒素も水もいまの量のままで単位面積あたりの収穫量がぐっと増えるというのだから。

次にくる緑の革命は、どのような技術によってもたらされるのか。それがどうであれ、自然が起こしためざましいC_4革命はまだ続いていて、その勢いは今後も数十年は続きそうだ。一方、いま急上昇している大気中の二酸化炭素濃度は、止まりもしなければましてや逆行するとも思えない。とすると、C_4植物という精霊は、いずれ進化のランプから抜け出していってしまうのだろうか？

確かに、二酸化炭素が増えれば樹木の成長が促進され、草原にも森林が広がりやすくなるのだが、二酸化炭素の効果よりずっと影響が大きいのが、人間による土地利用強化の規模と速さだ[86]。17世紀以来いままでに、1200万平方キロメートルの森林が作物生産のため伐採された。そして熱帯での森林破壊はいまもすごい速さで続いている。アマゾン川流域では、森林が次々牧場に変えられたことで発火事故やひどい火事が増えている。その勢いはいまや加速度を上げ、広大な面積の熱帯林をC_4植物のサバンナに変えようとしている[87]。人間の干渉のせいで、むしろC_4植物の革命のペースは速まっているようだ。

第8章 おぼろげに映る鏡を通して

始めるやいなや、本当の驚きが私たちを待っているというサインにでくわした。
——アーサー・コナン・ドイル『失われた世界』(1912)

本書で伝えたかったことは二つある。一つは、植物生理学と古植物学を一体化させれば、植物化石に新しい存在意義を与えることができる——すなわち、植物化石は地球の歴史を測るすばらしいタコメーターとなる——ということ。もう一つは、植物自身が自然を変える大きな力となりうるということだ。

化石というタコメーターがもつ豊かな情報をうまく解読できるかどうかは、現在生きている植物に対する絶え間ない探求にかかっている。ていねいに拾い集めた情報を、他分野の最新の知識と一体化させれば、科学の最先端の成果につながる。そしてその成果は、植物がどうやって私たちの星の歴史を作ったのかを明らかにしてくれる。

最先端の研究の多くがそうであるように、この研究は私たちに新しい機会を与えてくれる。過去からずっと引きずってきた謎について、いままでとはちがう視野を開いてくれる機会を。

本書を通じて、私たちは歴史上のさまざまな登場人物に出会った。彼らはこの二世紀のあいだに、古植物学の発展のために新しい道を切り拓いた。

植物化石が人々を魅了しはじめたのは驚くほど古く、少なくとも11世紀までさかのぼる。[1]エドワード・ジェイコブ（第6章）は、本書が紹介したなかでもっとも古い「科学的真実の探求者」である。18世紀の彼が残した偉業は、シェピー島沿岸の堆積物から亜熱帯の動植物化石を記載したことだった。ジェイコブのあと18～19世紀のあいだには、本当の意味で古植物学の開拓者といえる人々が続き、化石植物の解剖や顕微鏡観察に必要となる科学的な基礎を築いた。彼らは自分たちの古植物学の知識を統合することで、化石研究をたんなる趣味から技術と厳密さを伴う学問に変えた。[2]

発見と記載に恵まれたこの「黄金時代」に生まれた考え方で、現代の私たちの考え方につながるものがある。それは、地球のたどった気候のある側面を、化石が記しているというものだ。この考え方があるからこそ、私たちは化石をみて、それがなぜその場所から出てきたのか、そしてそれがどんな意味をもつのかと問わずにはいられなくなる。スコット大佐が南極で採集した化石（第5章）を調べたアルバート・スワードも、これと同じ考えを1892年に出された有名な論文で述べている。[3]スワードの論文は化石植物愛好家の目を開かせ、化石がもつ、従来の記述や分類を超えた新しい可能性へと向けさせることになった。[4]

私が本書でいいたかったのは、さまざまな手法を統合した新しい科学分野によって、化石植物の研究が新しい時代を迎えたということだ。この統合分野は、現在生きている植物や生態系の生理や生態について新しく得られた知見と、古植物学の知見とを、分け隔てなく統合することで生まれると私は考えている。そしてもうすぐここに、頼もしく刺激的な三番目の分野——進化発生生物学という、生物の形態形成をつかさどる遺伝子経路に関する学問——を合わせることができるかもしれない。これが実現すれば、生きた植物の研究は、化石として残った植物から、いままで以上に豊かな情報を取り出せる武器になるかもしれない。そしてこの試みから得られる成果は、最終的には地球の歴史に対する私たちの理解を深めてくれることだろう。

じつをいうと、古植物学はすでにこうした考え方によって若返りはじめている。その結果、化石には過去5億年におよぶ地球の物語が秘められていることがわかってきた。よく誤解されるが、化石は「沈黙した過去の証人」ではなく、地球の歴史上に起こったことをずっと記録した、精密なタコメーターなのだ。私たちがこのタコメーターにやっと注意を向けはじめたことで、説得力に満ちた新しい研究分野が誕生し、これまで私たちが考えていたことについて、軌道修正を迫る結果をもたらすようになった。いまや私たちは、植物が自然における大きな力となりうること——地球の歴史を形作る要素のなかでも、生物学と化学と物理学をつなぐ、いままで見逃されていた重要なフィードバック要素のひとつであること——を認めざるをえない。

この章では、化石という自然のタコメーターを見つけ解読することに私たちが費やしてきた努力が、新しい物の見方によってどのように大きな変貌を遂げたのかをみていこう。多くの場合、その新しい見方は実験から生まれた。実験は私たちの視点を、「種」と呼ばれる生物の単位一つ一つに対してバラバラに向けるのではなく、地球規模の植物や生態系の流れを捉える方向へ変えさせた。このように視点を変えることで、私たちの学問は初期の研究者が続けていた伝統的な記載活動から大きく飛躍することになった。というのも、化石種の定義はより多くの標本が調べられるにつれて変わってしまう概念だが、種や生態系で要《かなめ》となっている「プロセス」の方はそれで変わるようなものではないからだ。

地球の歴史を形作る上で、植物はどんな役割を果たしてきたのか。本章では、植物の未知の役割を解き明かすという難題が、さまざまな専門分野から得られた知識を統合することでしか達成できない理由を説明していくつもりだ。また、この知識の統合が、地球の歴史にずっと残っていたパラドックスに対して、新たな実りある展望を与えてくれることも確かめていきたい。

化石は、地球の歴史のさまざまな様相を時代ごとに刻んできたといえよう。私たちがこう考えることができるのも、植物の働きや、環境が及ぼす植物の形や機能への影響に対して、私たちの理解が絶えることなく前進してきたからだ。また、いままで本書でみてきたように、植物自体も周囲の環境に影響を与えてきた。それがどんな影響だったのかを明らかにするのは簡単ではない。それでも、化石となった植物の体に刻まれた豊かな情報を見出し、解読する道を私たちに指し示してくれるものは存在する。この本でも繰り返し出てきたように、植物生理学がまさにそれにあたる。

植物生理学は、次に挙げる三つの方法で化石解読に役立ってきた。第一に、実験という手法を使うことで、植物化石に対する理解を明確にできる。ずっと昔の植物がどのように機能していたのかを理解しようとする際、実験は合理的な説明を与えてくれる。なおここでいう「合理的」とは、植物が環境に適応する際に起こる生物ならではのプロセスを考えたときに十分筋が通っている——ときには基盤となる分子の詳細まで掘り下げても筋が通っている——ということだ。第二に、現在の植物が幅広い環境条件にどのように適応しているのか、その生理学的な詳細を次々と明らかにすることで、同じ情報を今度は植物化石から得られるようにしてくれる（少なくとも得られる可能性をもたらす）。第三に、実験を通して古生物学から出てきた仮説を直接検証することで、私たちの考えに健全な経験主義を導入してくれる。

第一に挙げた点について具体的にみてみよう。生理学と化石を結びつけることが化石の理解をどれほど深めてくれるかは、葉の形と気候の関係がいい例だ。この関係は、古植物学者が過去の気候を知りたいときに「温度計」としてよく使う。最初にこの関係を指摘したのは、ハーバードの植物学者アーヴィング・ベイリー［1884-1967］とエドマンド・シノット［1888-1968］だった。いまからおよそ一世紀前、彼らは画期的な研究をおこなった(5)。彼らはその鋭い洞察力から、熱帯雨林の葉は大きくて鋸歯（葉の縁のぎざぎざ）がなく、温帯林の葉は小さくて鋸歯があることに気づいた。実際に、各地に生える植物種のなかで鋸歯をもつ種の割合は、暖かいところから寒いところへ移るにつれ、きわめて規則正しく増えていく(6)。現在の植物で驚くほど厳密な法則性が見られることから、過去の気候を推測するときも、葉の化石を使って当時の植物相のうち鋸歯をもつ種の占める割合を参考にする。ただ、一見スマートかつシンプルに見えるこの法則には、鋸歯というものがなぜあるのかがわからないという問題が長年つきまとっていた。なぜ、涼しい場所の木は鋸歯の葉をもつ必要があるのだろう？　この問いは避けては通れない。ベイリーとシノットの研究から一世紀近く経ったのに、これに答えられないままでどうしてこの法則を信じられるだろう？　葉が過去の気候を映す温度計だなどと、どうして考えることができるだろう?

研究者のなかには鋸歯ができる理由を、葉を食べる動物から身を守るためだと考える者もいた。たとえばイモムシは鋸歯やトゲをもつ葉を食べるとき、なにももたない葉を食べるよりずっと手間取る。(7) ただ、これが鋸歯のできる理由のすべてだと思う人は少ない。そこに最近、生きた植物を使った実験からこの謎に迫ろうという動きがでてきた。その一つが、ニューオリンズ・チューレーン大学のテイラー・フィールドたちのグループである。彼らは、植物でよく観察される現象を追ってみることにした。それは葉の先の鋸歯にある特殊な弁から、水がつねに「漏れ出す」現象だ。(8) この弁は、地面が湿っていると き根と葉のあいだにできる静水圧を解除するのに役立つ。フィールドたちはエレガントな実験をおこない、この弁をわざと蠟で塞ぐと、光合成の際に葉が二酸化炭素を吸えなくなることを明らかにした。漏れ出すことができないと、水は葉の内部の光合成をおこなう細胞周辺で行き詰まり、その結果できた水の層は、二酸化炭素の吸収を大きく妨げてしまう。これを聞いて思い出すのは、中・高緯度地域の春によくある寒くて湿った霧の朝、鋸歯から水が「漏れ出る」現象が起きやすいことだ。

この興味深い仮説はまだ生まれたばかりで、これから樹木で検証をおこなう必要がある。というのも、過去の気候を推測するのに使うのはふつう、木の葉の化石だからだ。でも、これが樹木では重要ではないなどということがあるとは思えない。鋸歯から水が出ていけば蒸散が活発になり、根から茎を通って葉へと向かう水の流れが改善する。水の流れがよくなれば、春先、水が凍るような条件下で泡(水管を塞いで植物内の水の流通を妨げる)ができても、水管システムに水が補充されやすくなるだろう。(9) もし鋸歯が、凍った水管の自動修復装置として機能しているのなら、鋸歯をもつ種の割合が寒い地方——凍ることがより頻繁に起こる地方——で高いことも納得がいく。こうした鋸歯の機能に関する実験は、分子遺伝学的な研究結果とも一致する。いつか葉の形をつかさどる遺伝経路の特性を解明できれば[10]、それを実験の成果と併せることで、古植物学と進化発生学と地史学を統合する、とても刺激的な研究につながる可能性がある。

太古の気候を植物化石から解読することはやりがいのあるテーマだし、２００年以上にわたって古植物学者の日々の関心事だったとしても驚くにあたらない。ただ、すでに本書でみてきたように、解読に至るまでのプロセスは容易ではない。そんなとき、植物生理学者の発見は、解読においてときに注意が必要なことをうまいタイミングで教えてくれる。たとえば第５章で紹介したように、化石植物から過去の気候を再現するときには、現存する植物の特定の仲間——ヤシやソテツやショウガなど——が凍結に弱いという観察結果をそのまま参考にしたりする。そうする背景には、凍結に弱いという性質は数百万年経っても変わらず、これらの植物化石の分布をみれば　過去のいつどこに冬暖かい地域があったのかわかるという前提がある。しかし問題は、この前提が本当に正しいのかということだ。

この問題の核心に触れるような野外実験が、１９９６年７月、オーストラリア南東部のブンゲンドアでおこなわれた。そこで使われたのはスノーガム *Eucalyptus pauciflora* という常緑樹で、ユーカリの仲間のなかでもっとも凍結に強く、ふつうはマイナス18℃の寒さに耐えることができる木だった。実験ではこの木が将来、二酸化炭素の増加した環境にどのような反応を示すのかをみようとした。ところが、まったくの偶然だが、実験していた年のちょうど春なかば、めったにないほど強い遅霜がやってきた。すると、二酸化炭素濃度が高い環境に植えられていたスノーガムは、ふつうの濃度の場所に植えられた木よりずっとひどいダメージを受けたのである[11]。

鋭い観察眼をもつ研究者たちはこの事実を見逃さなかった。これは変だ——二酸化炭素の濃度が上がることで植物の生理状態が変わり、凍結に弱くなったとは。変かどうかはともかく、この現象は地球の反対側、北半球の高緯度地域で観察されている最近の植生変化とも一致する。たとえば、スウェーデンに生える低木には、気候が暖かくなっているにもかかわらず、いままでより低い場所に分布を移しはじめたものがある。ふつうなら、気候が暖かくなれば山の上の方へ移動すると予想されるのに、寒い地域から植生が退去するというのはおかしな話だ。でもこれも、二酸化炭素濃度が上がると凍結に弱くなるという仮説があれば納得がいく。[12]

二酸化炭素がどうやって植物の凍結耐性を弱めるのか？　まだはっきりとはわからないが、二酸化炭素のせいで葉の表面にある小さな気孔の口が部分的に閉じてしまうことと関係するらしい。[13] この反応は蒸散を限定し、水の蒸発によって体の温度が下がる効果を弱めるため、結果的に葉の温度を上げてしまう（第1章）。寒さに耐えるためには生理的な適応が必要だが、大気中の二酸化炭素濃度が高いと日中の葉の温度が高くなり、ふつうだったら気温が下がるのをきっかけにはじまる適応がなかなかはじまらなくなってしまうらしい。

ヤシやショウガやソテツなども、二酸化炭素が濃い大気を満喫していた時代にはいまより霜に弱かったのだろうか？　答えはイエスである。いまのところ過去のさまざまな植物で（凍結に強いとされるヤシも含め）これを肯定する証拠が得られている。[14] ただ、ここで気をつけなければいけないのは、気候に対する植物の耐性が時代を超えてずっと変わらないわけではないことだ。地球の過去の気候を正確に描こうというなら、生理的性質に関しては――とくに二酸化炭素がからむ場合は――数多くの証拠を組み合わせてこそうまくいくことを忘れてはいけない。[15]

いま挙げた、葉の形と凍結耐性という二つの例からもわかるように、植物生理のプロセスを知ることは植物化石に対する理解を深め、化石から地球の歴史を考える上で必要な視野を広げてくれる。本書を振り返ってみると、これと似たようなことを何度も言ってきたことに気づく。たとえば第1章では、初期の陸上植物が進化したあと、葉という太陽光を集める重要な器官が薄くて広い形になるまでに、なぜ5000万年もかかったのかを説明した。葉に散らばる小さな気孔の数は、大気中の二酸化炭素量によって制御されていて、その事実を発見したことが、5000万年の謎に新しい理由を与えることにつながったと話した。[16] 古生代後期に二酸化炭素濃度が急落し、葉をもつ植物の進化がやっと可能になった。大気が変化するなか、オーバーヒートで死に至るリスクが出てきたことで、蒸散で体を涼しく保てるよう、気孔が増産される機会が訪れた。まもなく、四つの大きな分類群で葉が独立して進化した。進化のステップは、ヴァルター・ツィンマーマンが1930〜40年代に唱えたとおりだ。やがて発生遺伝学の研究によって、植物がどのようにこの進化を成し遂げたのかも明らかになった。原始的な植物だった時代から、彼らには茎の分岐を制御する共通の遺伝子ツールが備わっていて、進化はその共通ツールが使われることで起きたらしい。[17]

大気中の二酸化炭素濃度と気候のつながりを探る研究には、化石植物と同じほど長い歴史があるわけではない。ジョゼフ・フーリエやジョン・ティンダルやスヴァンテ・アレニウスなど、さかのぼってもせいぜい19世紀前半にしか届かない。しかし、彼らの研究が視野に入れる時間は長い。彼らの目指す聖杯は、このつながりを地質時代という悠久の時にわたって明らかにする方法を見つけることである。この方法を求める声が強くなった背景にはもちろん、最近の二酸化炭素の急増も一役買っている。

気孔の数が大気中の二酸化炭素量に応じて変化することが発見されると、植物化石がとくに注目されるようになった。植物が気孔を使って大気条件に生理的に適応することは、分子レベルでも実証された。[18]

必然的に、葉の化石が、過去の大気中にあった二酸化炭素という重要な温室効果ガスの濃度を教えてくれるバイオセンサーとなる期待が高まった。つい最近には、小さなコケ（蘚苔類）の生理学的研究から、化石が当時の大気の「呼気探知機」として使えるかもしれないことが明らかになり、[19] 植物がこの期待にいままで以上に応えてくれる可能性がみえてきた。そして、隠されていた情報がとうとう表に現われた。リーディング大学の古植物学者、トマス・ハリスのコレクション標本である葉の化石が、気孔と二酸化炭素のつながりという観点から見直されたのだ（第4章）。この化石からわかってきたのは、三畳紀とジュラ紀の境界にあたる約2億年前、大気中の二酸化炭素濃度が大きく変わったことだった。ハリスが60年前に記録したように、グリーンランドの化石植物の群集構成はこの境界で切り替わるが、その引き金となったのは、二酸化炭素の急上昇と地球の温暖化だと推定できた。じつはそれまで、三畳紀末に動物の多様性が減った原因については議論しても無駄という感じになっていたのだが、植物化石からの証拠が増えるにつれ、この議論が再燃しはじめている。

一方、地球上の酸素量の変化を知るのは、二酸化炭素量を割り出すよりやっかいな仕事だ。いまのところ岩石や化石から濃度を測れる方法はなく、間接的な推測をたくさん重ねるしかない。この推測にはある前提があって、大気中の酸素量が何百万年ものタイムスケールで、炭素と硫黄のサイクルという、ゆっくりとした「踊りの輪」によって制御されていると考える[20]（第3章）。地球科学はこの前提を基にして、過去5億年における酸素量の変遷をとりあえず筋の通った形で描くことに成功したのだが、それが正しいかどうかは別の話だった。その後、室内で植物の成長実験がおこなわれ、酸素濃度の高い大気では植物中の炭素同位体組成が変化することがわかった。この実験が鍵となり、地球の酸素濃度についていままでとはちがう歴史が、地球科学者の前に開かれた。つまり、植物化石を徹底的に調べれば、約3

億年前のペルム紀〜石炭紀に酸素濃度が急上昇したという証拠をつかめるはずだという。[21] ここでふたたび、実験を通じて生まれた発見が、化石から新しい情報を得るために役立った。

スワードは約一世紀前、化石植物を「気候の検証」に使うことについて優れた論文を残している。その彼がいまの学問の発展を知ったら、どう思っただろう。彼の研究後、長いあいだ大西洋を挟んで、極地の森林をめぐる論争が繰り広げられた。そこに植物生理学が果たした役割をもしスワードが知ったなら、彼はどれだけ喜んだことだろう。極地林をめぐるこの論争は、スコット隊が20世紀前半に南極で発見した化石を、スワードが調べたことからはじまった（第5章）。当時広く受け入れられていた「学説」では、昔、極地域に生えていた木は落葉樹だった。なぜなら秋に葉を落とせば、冬の暖かいけれど暗くて光合成ができないあいだ、炭素を浪費しなくてすむからだ。それは至極まっとうな説に思えたので、一世紀ものあいだ、科学者たちのあいだでまことしやかに幅をきかせていた――実際はずっと憶測で言われているだけで、ほとんど証拠もなかったのに。この説がまったくまちがっていたとわかったのは、昔の極地気候を再現した環境で植樹実験をやったときだった。実験下で育った現代の木々は、極地の森について吹聴されていた説を木っ端微塵にしてしまった。極地域に落葉樹が生えていたことについて、いまでは新たな説明を考える必要がある。その解明に有望なのは、いま実際にある針葉樹林が、最北端のシベリア東部でどう生きているのかを調査することだろう。

葉の性質や極地林の生態の話は、生きている植物が過去の生物に関する仮説を直接検証してくれた例といえる。これは、生きた植物の研究が古植物学になしうる第三の貢献にあたる。このような例は、もちろん動物でもみられる。第2章で触れたように、ガやハエ、バッタや哺乳類に関する生理学的研究は、化石でみられた体サイズの進化について大きなヒントを与えてくれた。一方、植物においてこの貢献は、本書で紹介した話のなかでももっとも議論の的となりそうな――それどころか「狂ったアイデア」とさえ思われるかもしれない――仮説と結びついた。ペルム紀末の大量絶滅時にあたる地層から見つかった、突然変異胞子の化石の話だ。はたしてこの胞子は、第3章で紹介したように、シベリアの大噴火で破壊されたボロボロのオゾン層を抜けて紫外線Bが過剰に降り注いだ結果できたものなのだろうか？　異論もたくさんあるだろうが、肝心なのは、この説が実験によってすぐにも検証可能であるところだ。

そして実際に実験がはじまっている。最近の報告では、大豆（*Glycine max*）に紫外線Bを過剰に浴びせると、その花粉は表面構造が異常になりシワシワになってしまうという。特筆すべきことに、その花粉は、ちょうど化石でみられた突然変異の胞子のように、花粉管がのびるとき通る穴をなくしてしまうという。[22]ただ、高温にさらしたときも同じ結果になってしまうので、実験から得られる証拠は魅力的だが、しかしまだ十分とは言いがたい。この結果が信頼に足るものかどうかは、もっと研究が進まないとわからない。今後研究が進めば、この説が時の試練に耐えうるものなのか、それともすぐに消えてしまうものなのか、はっきりしていくことだろう。

本書で伝えたかったもう一つの主題は、陸上植物の活動に関する私たちの理解が進むにつれて、植物が環境を作り、地球の歴史の新しいページを開いてきた様子が見えてきたことだ。そうやって見直してみると、植物自体が地球に大きな影響を及ぼす力であることがわかってくる。地球の歴史を作ったもの――と聞いてふつう思い浮かべるのは、プレートテクトニクスのような地質的な力だろう。確かにそれは何億年もの時間をかけて、山脈を作ったり、海を作ったり壊したりしてきた。しかし、植物もまた、やはりとてつもなく長い時間をかけて、地球環境を少しずつ、しかし大きく変えてきた。では、陸上植物の進化と多様化がどのような影響を地球に与えたのか？　これを明らかにしようという途方もない挑戦が、本書にくりかえし流れている第二のテーマだ。

このテーマを何よりいちばんよく表しているのが、陸上植物の誕生と繁茂がもたらした地球環境の変化だろう。第1章で私たちは、過去の地球に森林が現れ、多様化し、広がったことで、地球の環境を支える養分や水、そしてエネルギーの循環システムが、どのように変化したかを学んだ。森林が地表を覆うことで雨水がリサイクルされ、有機酸が土壌へ流れ出た。それにともなって陸の浸食によって二酸化炭素が大気中からどんどんと取り除かれ、重炭酸塩イオンとなって海の底に埋もれていった。植物の活動は1億年のあいだに陸を削り、その結果、二酸化炭素濃度は急降下し、気候は涼しくなり、地球は氷河時代という大惨事の瀬戸際に追いやられた。地球の消化不良によって、湿地には死んだ生物の残骸が大量に溜まり、大気中の酸素濃度が上がった。それは生物に新しい進化をもたらした――動物の巨大化だ（第2章）。

もしも植物が進化していなかったら、世界はいまとはまったく別のものになっていたにちがいない。植物なしでは陸上の岩石の化学的風化は促進されず、大気中の二酸化炭素濃度は現在の15倍になっていただろう。[23]その結果生まれる「超温室」気候は、地球の気温を10度も上昇させ、極地は氷に覆われることなく、海水位はいまより数百メートル高くなっていただろう。そうなっていたら、いま私たちがみている海岸線は見る影もない。一方、酸素は二酸化炭素と逆の状態になる。ふつう大気中の酸素は、植物体が長く埋まったままになることで増加する。植物がなかったらこの増加もなくなり、酸素濃度は10％

まで落ちてしまう——これは海抜5500メートルに生きるようなもので、ほとんど酸欠状態だ。暑くて息苦しいうえ、地表は荒野になる。この仮想の「砂漠ワールド」には、砂以外にも藻類の薄い層が広がるかもしれないが、水を上空へ戻すにしても、熱帯雨林ほど十分なことはできず、陸地に降る雨の量も半分になってしまうだろう。[24] なんとか降った雨を川が海へ運ぶとして、これすらも、植物がなければ大きく変わってしまう。植物があるからこそ、土がそこにとどまり土手が維持されるのだ。曲がりくねった川は流路を変え、おそらく砂漠の扇状地や氷河の先端でみられるような、細い流れが何本も紐のように流れる姿になるだろう。こうやって「砂漠ワールド」の詳細が見えてくると、いまの私たちをとりまく環境に植物がどれほど大きな財産を残してくれたのか、よくわかるだろう。

このように植物は、陸の岩石を風化させ有機物を堆積させることによって、何億年もかけて地球環境を変えてきた。だが、話はそれで終わるわけではない。陸上植物は、物流のやり取りを変えることで何百万年もかけて気候や大気に影響を及ぼすだけでなく、もっと短いタイムスケールで気候を変えることもあるのだ。アラスカの北極域ではここ10年のあいだに低木が北上し、それにつれてどんどん温暖化が進んだ。この場合は地表の色が変わったことで太陽光の反射率が変わったもので、人間と同じタイムスケールでも植生が気候に影響を与えうるいい例といえよう（第5章）。植生からのこうしたフィードバックがもつ性質を探ろうと、過去の気候をコンピューターでシミュレートする研究がはじまっている。[25] いまの段階でわかったのは、白亜紀の「温室ワールド」は北極も南極も森林に覆われ、その森が地表を黒っぽくすると同時に、温室効果ガスである水蒸気を林冠から大気中へ吐き出していたことだ。大気の循環パターンが変わり、暖かい空気が大陸に移動することで、極地林の気候と低緯度地域の温帯林の気候がつながった。

植物はじつにさまざまな活動をとおして、静かに、しかし容赦なく、地球を数百万年かけて変えてきた。その多様な働きを明らかにするのは科学者にとって大きな挑戦であり、どこまで成功できるのかはよくわからない。おそらくいまのところは、まだそのごく表面をかすった程度だろう。まだまだ研究が足りないのは確かである。

残念ながら、植物がどのように環境を変化させたのか、人間のタイムスケールではつかめないことも多い。植物が地質学的なタイムスケールでどのような変化を起こすのか、なかなか明らかにはならないし、調べることさえむずかしい。おそらく、新しいヒントをつかむためには幅広い分野からの知識が必要で、新しい展開も、技術の進歩に支えられないかぎり訪れることはないだろう。

ただ、私にはその将来は明るいと思えるし、そう思える理由もある。たとえば、草原の研究だ。始新世の末期以降、世界中に広がった草原植生と気候の変化、そして進化という三つの不思議な結びつきについて、いま私たちはその実態を解明しようとしている。なかには大胆にも従来の説に挑戦し、草原自身がより涼しい気候になるよう、たゆまざる歩みを続けてきたと主張する学派もでてきた(26)。たしかに、草原が歩んできた道はじつに多岐にわたっている。まず草原の植物は、自分たちが入りこんだ土地の若くて肥沃な土壌から無機栄養素を取り出し、炭素を豊富に含んだ堆積物を川へと流しこんだ。この働きは、どちらも大気から炭素を切り離す作用がある――一方は海に栄養を注ぐことで海洋生態系の生産性を高め、もう一方は重炭酸イオンを海底に沈めるからだ。草原の、こうやって二酸化炭素を切り離す力が非常に大きければ、長期的にはかならず気候が寒冷化するだろう。また、草原の緑は以前そこにあった森林より明るい色をしているので、地表の反射率を変え、雲の被覆率を減らすことでその地域の乾燥化を進めたという説が話題になっている(27)。

草原という乗り物が走りつづけ、その途中で気候を変えていくうちに、動物はもちろん、珪藻という、シリカをつかってきれいな殻をつくる植物プランクトンの仲間まで、進化の道筋を変えられてしまった。化石記録には、草原の進化と拡大にあわせて、新しい餌を利用せんとばかりに草食動物（ウマやサイやアンテロープなど）が生まれ、多様化していった様子がはっきりと記されている。[28] 草食動物は、草原の堅くザラザラした葉を食べられるように、上部が厚く覆われ、エナメル質に縁取りされた歯を進化させた。動物は草を食べることで、シリカを含む小さな鉱物が沈積した植物の細胞壁を体内に取りこむ。こうやって取りこんだ鉱物は、岩石中に閉じこめられた鉱物にくらべて2倍溶けやすい。シリカは、岩石から化学的風化を受けて放出されるのに時間がかかるため、草原が現れる前は手に入りにくかった。しかし、草原ができてからは草食動物がシリカをどんどん海へ放出し、珪藻の繁栄を助けることになった。珪藻が多様化し生態系で大きな位置を占めるようになったのと、草原の出現が同時期に起こったのは、単なる偶然ではない。[29]

草原をめぐるジグソーパズルは複雑で、まだ完成には至っていない。しかし、もう一つピースのはまった部分がある。それは、草原が予想を上回る勢いで地球上のあらゆる地域に広がったことが、干ばつに対する耐久性に支えられていたとわかったことだ。この耐久性には、特殊なタイプの気孔の進化がかかわっている。気孔は、光合成で必要な二酸化炭素を取り入れるが、そのとき必然的に水蒸気を放出してしまう。草原に生える植物の気孔はふつうと異なり、二つの細長い細胞が平行に並んでいて、それぞれの両端が膨らんでいる。[30] ちょうどダンベルのような形だ。気孔の細胞は、ほかの多くの植物では腎臓のような形をしているが、ダンベル型は腎臓型より、孔が開いたり閉じたりするのに必要な内圧の変化が小さくて済む。そのため環境の変化——とくに光の変化——に対してすばやく反応することができ、水を節約できるので干ばつの影響を受けにくい。こうした事実から導き出されるのは、気孔のタイプがひとつ進化したことさえ、過去３０００万年にわたる大きな気候変動につながっているかもしれないという、驚くような可能性だ。

もちろん、この可能性が正しいのかどうかはまだわからない。説を立てることはできても、それがずっと残るものになるかどうかは別の話である。つまり、地球の歴史に果たした植物の役割を明らかにするためには、本当にさまざまな証拠を集める必要があるということだろう。行く手にはさまざまな議論が待ちかまえており、それを突き進んでいくには、すごい速さで進む生化学反応からすごくゆっくりと進む岩石の風化まで理解するという、数ミリ秒から数百万年までのタイムスケールをまたにかける研究と、一つ一つの細胞から地球の生物圏全体まで理解するという、数ミクロンから数百万キロの空間スケールを網羅した研究が必要なのだ。自分の頭のなかのスケールを伸ばしたり縮めたり、自在に駆使しなければ、地球規模での生物活動と地球の歴史の密接な結びつきを解明することはできないだろう。

矛盾に出会うとは、なんとすばらしいことだろう。これでやっと、進展する兆しがみえてきた。

——ニールス・ボーア（R・ムーア『ニールス・ボーア——世界を変えた科学者』（１９６７）からの引用）

二〇〇五年1月、BBCは科学系として最大のシリーズ番組「ホライゾン」で、地球薄暮化現象をとりあげた。それは、私たちを待つ運命についてのドキュメンタリーだった。番組では、人間の産業活動から生まれる小さな汚染物質のエアロゾルが、いかに大量に大気中へ放出されているのかを説明していた。エアロゾルのため、地球に差しこむ太陽光は前よりはね返され、宇宙へ戻されるようになった。

それ ばかりか、雲の性質が変わって前より明るくなり、まるで巨大な鏡のような働きをするようになった。ということは、エアロゾルは冷却化を促す汚染物質ということになり、私たちはこのエアロゾルを大気中に送りこむことで、温室効果ガスによる温暖化がフル稼働するのを抑えているのかもしれない。ちょうど車を運転していて、アクセルを踏みながら同時にブレーキを踏んでいるようなものだ。大気がきれいになると──番組ナレーターのジャック・フォーチュンが語る──「気温はいままで（科学者によって）考えられていた速度の2倍の速さで上昇し、25年後には取り返しのつかない状態に陥るだろう」。推測に推測をかさねつつ、運命の預言者フォーチュンが語るのは終末論的な未来だ。「地球の気候は制御不能となり、気温は、この40億年に経験したことのない値まで上昇するだろう」

この番組はセンセーションを巻き起こし、当然のことながら人々は想像をふくらませた。テレビ評論家も、「おそらくこの年もっとも物騒な番組」と批評した。ホライゾンの番組が放送されてまもなく、世界的な学術誌サイエンスがこの件について最新の成果を発表した。そこにはいいニュースもあったが、悪いニュースもあった。いいニュースは、私たちが吸っている空気は一九九〇年以降どんどんきれいになっており、空も明るくなっているということだった。しかし皮肉なことに、空気がきれいになればなるほど、私たちは温室効果ガスの増加によって起こる気候変化の影響を受けやすくなるという。[36]

では、いま私たちが踏んでいるブレーキを弱めると、テレビのプロデューサーが訴えていたように、明るくなった空の下、温暖化が劇的に進んでしまうのだろうか？　これは、問うのは簡単だが答えるのが難しい質問である。エアロゾルが気候に与える影響は複雑なことでも有名で、そう簡単に解きほぐせるものではない。それでも、これが政治的に大きな意味をもっていることはたしかで、いまや気候変化を研究する者にとっては、地球薄暮化も科学における緊急問題の一つであり、人間社会に与えるかもしれないその深刻な影響を明らかにすることが重要課題となっている。[37]

この問題が議論のテーブルに上がるようになった陰には、世界各地の勇気ある研究者たちによる先駆的ともいえる研究があった。彼らがやったのは地道な観測をひたすら続けることだったが、それが二つの矛盾を浮き彫りにした。

まず関心を集めたのは、地球の表面に届く太陽光線の量が劇的に減ったことだった。これに最初に気づいたのは、イスラエルで働いていたイギリス人農学者ジェラルド・スタンヒルだった。彼は「地球薄暮化」という言葉を作った人でもある。[38]　地球薄暮化がかかえる矛盾は、はじめは強い疑いをもって受けとめられた――世界は温暖化しているというが、太陽光が減るなら寒冷化するはずだ。いったいどういうわけだ？

次の矛盾は、水の蒸発量がだんだん減っているという発見とともにやってきた。[39]　野外に置いた蒸発計の皿から蒸発していく水の量が減る現象で、これが世界中で起こっているという。驚いたことに、１９５０年から１９９０年にかけて、北半球の広い地域で蒸発量が減った。そしてオーストラリアやニュージーランドでも、同じ傾向が過去50年にさかのぼってみられた。つまりこれは、本当に世界中で起こっている現象だということだ。[40] 地球が温暖化しているというのに、いったいどうやったら蒸発量が減るのだろう？

蒸発量減少という予想外の歴史的傾向がみられる原因については、科学者たちのあいだでも長年意見が一致しなかった。[41] しかしつい数年前、オーストラリアの歯に衣着せぬ科学者二人が、勢いを増す議論に重要な一石を投じた。[42] オーストラリア国立大学キャンベラ校のマイケル・ロデリックとグレアム・ファーカーである。彼らが気づいたのは、蒸発量を決める三つの要因――太陽エネルギー、大気中の水蒸気量、風速――のうち、ダントツで重要なのは太陽エネルギーだということだった。水に降りそそぐ太陽光が減ると、水の入った皿から水分子を追い出すのに必要なエネルギーが減ってしまう。旧ソ連では1960年から90年までの30年間について、蒸発と太陽光線の二つのデータがそろって取られていた。それを調べたところ、水蒸気の減少と太陽光線の減少はみごとに一致していた。

オーストラリアの二人組は、このほかにも自分たちの主張を支持するような興味深い証拠をもっていた。彼らの主張はこうだ――もし地球薄暮化が、増加したエアロゾル汚染と増加した雲から生じる現象ならば、同時に夜の気温も高くなるはずだ。というのも、ちょうどジョン・ティンダルが予想したように、水蒸気は「私たちの畑や庭の暖かさ」が「宇宙へ行ったきり」になるのを防ぐから。[43] 夜が暖かくなると、一日のうちの最高気温と最低気温の差――気温の日較差――が小さくなる。

そしてある日、雲のこうした働きを実際に目にする劇的なできごとが起こった。2001年9月11日、アメリカがテロに襲われたのだ。この日から3日間、アメリカすべての民間航空機は空を飛ばなかった。そのせいで、飛行機が高い高度を飛んだときにできる水蒸気の跡から発生する雲――いわゆる飛行機雲――が減った。これに反応して、北米各地の気象台で記録された気温の日較差は3倍にはね上がった。[44]

つまり、曇った空によってもたらされる地球薄暮化は気温の日較差を縮めているのかもしれない。これが北半球で観察されたのは、エアロゾル汚染がもっともひどい地域だからだろう[45]。

地球薄暮化の発見をもたらし、社会へ幅広い影響を与えることになったこの展開は、魅力的な事例といえるだろう。その魅力は、二つの矛盾——地球薄暮化と蒸発量減少がなぜ地球温暖化に伴うのか——を一括して解消しようとしたことにあるだけではない。矛盾が出てくるとき、それは自然現象そのものに原因があるというより、自然現象に対する私たちの見方が十分でなかったことを示している場合が多い。矛盾に突き当たったときに自分の考えを見直してみると、ちょうどニールス・ボーアも気づいたように、世界の仕組みについてより深い理解につながる。実際、科学の進歩というのは「ユリイカ!」などと叫ぶような形で得られることはまれで、多くの場合、あまり幸せそうには聞こえない「ちょっと待てよ……」というつぶやきとともにはじまる。しかしそれは、研究の歩みとともに何か刺激的なことが進行しつつあるというサインなのだ。そうやって科学は、何かを推測し、それが否定され——そのくりかえしを通じて、まるでカニが横ばいで歩くように進んでいく[46]。

従来の考え方に挑戦するには、新しい機器やコンピューターモデルや観測など、技術や理論の進歩のおかげで可能になった新しい方法を携えて、時代を超えて残る問題に立ち返ることが有効だ。この進歩の道のりを考えるとき、17、18世紀に現れた初期の「自然哲学者たち」が歩んだ道——科学への取り組みがだんだん形になっていくのに合わせて歩んだ道——を想起せずにはいられない[47]。本書にしても、こうした分野すべての進歩があったからこそ、植物を当時の状況にあてはめ、地球の歴史にずっと残っている矛盾点に新しい光を当てることができたのだ。私たちは本書をとおしてさまざまな矛盾に出会ってきた。酸素と巨大昆虫（第2章）、始新世の超温室地球（第6章）、そして、二酸化炭素の濃度は変わらないのにC_4光合成回路をもつ草原が世界中に拡大したこと（第7章）……。

本書で触れたように、過去の科学者たちは、複雑な植物や動物が進化した時代の酸素濃度がどんな状態だったのかまったく知らなかった（第2章）。1970年代までは、ガイア説を信じる意見が幅を利かせていた。ガイア説の主導者ジェイムズ・ラブロックが主張していたのは、もし大気中の酸素が25％以上になったとしたら、「深刻な大火事によって、熱帯雨林も極地域のツンドラもみんな破壊されてしまうだろう」ということだった。(48) 彼らの主張では、酸素濃度はいままでその基本路線である21％から大きく外れたことがなかったという。しかし、もしこれが本当なら、あの巨大トンボや巨大ヤスデや巨大サソリなど、ヨーロッパの採石場でシャルル・ブロンニャールたちが見つけた3億年前のすばらしい化石の面々を、いったいどうやって説明できるのだろう？

そののち地球科学者たちは、地球の大気中の酸素量が堆積岩の誕生と死によって、数百万年かけてゆっくり制御されていることを明らかにした。いままで頑なに主張されてきた酸素量一定という見方が、このときやっと変わりはじめた。(49) 堆積岩ができると、そこに有機物や硫黄が閉じこめられることで大気中に酸素が増える。逆に堆積岩がなくなると、有機物や硫黄が酸化反応を起こし、大気中の酸素が減ってしまう。このような理論の進歩があって、過去5億年にわたる酸素量の増減の歴史を、科学的にも堪えうる形で構築できる枠組みが整った。あとの話はもう知ってのとおりだ。新たな見直しによって、石炭紀後期からペルム紀前期にかけて、化石から巨大昆虫が出てくるのとほぼ同じ頃に、酸素濃度は35％まで上がったことが明らかになった。反対に、その後酸素濃度が急降下すると、巨大昆虫も滅びてしまった。新しい理論基盤によって矛盾を見直すことで、地球の大気の進化と動物の進化のあいだに、いままでより納得のいくつながりを得ることができた。(50)

始新世前期、５０００万年前に北極域でワニがのびのび生きていた時代について残っていた矛盾は、たとえ二酸化炭素濃度がいまより6倍高かったとしても、それで説明できるよりずっと気候が暖かかったことだ（第7章）。ここで疑われたのは、最先端の気候モデルに組みこまれた地球システムに連動するフィードバックループから、何か大切なものが抜け落ちているのではないかということだった。そのループによって、二酸化炭素による温暖化が強められた可能性があるという。その後、抜け落ちていたパズルのピースは、沼や森であることがわかった。当時の沼や森が、いくつものガスをちゃんぽんにして排出していたのだ。そこでこれらを大気化学のモデルに組みこんだところ、いままでは完全に見落とされていた温室効果ガスがはじきだされた。そして、これらのガスのフィードバックによる温暖化を考慮したところ、モデルの予測能力が上がり、最終的に再現できた気候は、北極域で見つかった亜熱帯性の動植物化石から推測されるような暖かさになった。始新世の熱帯パラダイスでは、沼と森と微生物が二酸化炭素の効果を高めていた。こうした現象は、コンピューターモデルと観測方法の進歩があったからこそ、そして、かつて異なる科学分野のあいだにあった厳密な境界線が取り払われたからこそ、私たちの知るところとなったのである。

固定化していた従来の考えに挑戦した例として、次に出てきたのは草原の話だ。約８００万年前、地質学的にはあっという間といえる期間に、C_4光合成経路をもつ草原が世界の亜熱帯の生態系を変えてしまった。そして、その時代に大気中の二酸化炭素濃度がほとんど変わらなかったことを示す記録が現れると、すぐ定説に異論が持ちあがった（第7章）。C_4植物は二酸化炭素不足にこの上なく適応している。だから、二酸化炭素の濃度が一定だったとすると、その適応力で熱帯を支配したという説明は成り立たなくなる。二酸化炭素濃度が変わらないのに、熱帯生のC_4植物がすみやかに世界中に広がったのはなぜなのか？　その答えはまだ見つかっていない。しかし、生態学の探偵たちが南アフリカのサバンナを研究し、植物生理学者たちが緻密な実験をおこない、そして気象学者たちが飛行機と衛星を使って画期的な観測作戦を繰り広げた結果、新しい見解が生まれ、またさらなる研究につながる新しい道が見えてきた。これらの結果はすべて、気候の変化と火事が重要な役割を果たした可能性を示している。熱帯草原がこれまで――そしてこれからも――繁栄するのに火事が果たしてきた役割については、まだしばらく論争がつづくにちがいない。

アーサー・コナン・ドイル〔1859–1930〕は1912年、傑作『失われた世界』を書いた。そこではチャレンジャー教授率いる勇敢な冒険家たちが、アマゾンの熱帯雨林にある謎の高原を探検する。チャレンジャー教授は、南米奥地に古代の生物が生きつづけていると主張するが、動物学会の研究者たちからは当然、不信のまなざしで迎えられる。そんな大それた主張にはよほどの証拠が必要だと言われ、ついにチャレンジャー教授率いる調査隊が現地に派遣され、疑いを払拭するのに必要な絶対的証拠をもち帰るよう求められる。翌年、リージェント通りで学会の会合が特別に開かれ、調査隊が帰国報告をおこなう。新種の生物たちの驚くような話が披露されるが、それを裏づける証拠はというと、高原の生物を撮ったわずかな写真しかなく、それすら捏造ではないかと疑われた。宿敵であるイリングワース博士から延々と出される反対意見に怒ったチャレンジャー教授は、とうとう巨大な四角い木箱を運び入れ、そのふたを開ける。そこで起きた衝撃に、聴衆は静まり返った。

一瞬ののち、ひっかくような、ガタガタとした音とともに、箱の底から世にも恐るべき生物が現れ、木箱の縁にとまった。その顔はまるで、ガーゴイル（水の吐き出し口に作られる怪物像）のなかでも、中世の狂った建築家が想像できる最悪のもののようだった。悪意に満ちた恐ろしい顔で、小さな赤い目は燃える石炭のように輝いていた。長くて凶暴そうな口は半開きで、サメのような歯が二列にずらりと並んでいた。

チャレンジャー教授が取り出したのは、高地にいた古代生物を証明する究極の証拠だった。調査隊はロンドンに「悪魔のヒヨコ」ならぬ翼竜を持ち帰り、懐疑派たちの反論を一掃してしまった。

私は、地球の歴史を植物が作ってきたことを示すために、ここまですごい証拠が出てくるだろうとは言わない。というのも、その因果関係をつないでいるのはごく微妙なものかもしれないからだ。しかし、あの有名なウォレミマツのことを思い出してほしい。世界でもっとも古く、もっとも珍しい「生きた化石」で、その先祖は恐竜時代までさかのぼる。この堂々たる針葉樹の生きた集団が１９９４年、シドニーからちょうど２００キロ離れたオーストラリア・ウォレミ国立公園で見つかった。ウォレミマツは、翼竜の植物版といえるような存在だ。それは赤い目こそ持っていないが、現実世界ではあの高原とちがい、「自然の法則」がずっと続いていることを私たちに思い起こさせてくれる。

ジェイムズ・ハットンとチャールズ・ライエルが２世紀前に悟ったように、自然の法則は不変であり、だとすれば、いま目の前の現象を観察することが過去の現象の解釈にも役に立つはずである。この斉一主義の原則を一言でいうなら、「現在は、過去を解く鍵である」という言葉に尽きる（第４章１５４ページも参照されたい）。そして、この原則は植物にも当てはまる――植物も、私たちのまわりの景色を数百万年かけてゆっくり静かに作り変え、循環させてきたのだから。したがって、いまだ知られざる地球の歴史について植物化石が書き残した言葉も、きっといつかは解読できるはずだ。いま私たちは、この挑戦における新しい時代の入り口に立っている。これが株式市場ならば、この貴重なタイムカプセルの株は上がりはじめることまちがいない。この刺激的な研究の最前線に待っている未来はちょうど、この章の扉で引用したドイルの「失われた世界」の一文に似ている——なぜなら、私たちはまだ始めたばかりだというのに、もう「本当の驚きが私たちを待っている」サインを見つけたのだから。

謝辞

この本の発端は2002年12月、サンフランシスコにある寿司バーの一郭で、仲間たちとビールを飲みつつ始めた議論だった。

そのころサンフランシスコでは、アメリカ地球物理学連合の秋大会が開かれていた。この大会は、毎年さまざまな分野の科学者達が何千人と集う、科学の祭典とでもいうような集会だ。2002年のその集会の際、私はその次の春に遅ればせながら開かれる大会開催の記念講義を受け持つこととなり、自分たちのグループが10年かけて研究した成果をどうやったら魅力的に発表できるか考えていた。

そこで思いついたのは、研究の成果を短編シリーズのように話すことだった。どの講義でも冒頭に、シンプルな問いを発して講義を始めるのだ。これはポール・コリンボーが1980年に出したすばらしい本、『なぜ猛獣はまれなのか?』で使われた、とても効果的なやり方だ。私もこの方法を踏襲し、それぞれの短編で植物が活躍する物語を話したらどうだろう? 結局、この短編シリーズというコンセプトはうまくいった。そこで私は、この本にも同じ方法をつかうことにした。もっとも、問いをタイトルに組み込むことは諦めたのだが。

この本をまとめるにあたって、じつにたくさんの人の世話になった。ロンドン大学のビル・チャロナー、シェフィールド大学のコリン・オズボーンの二人には、草稿を丹念に読んでもらった。他の同僚たちも時間を割いて、それぞれの章をじっくり読んでコメントをくれたり、データやアイディアや写真などをくれたり、書いているうちに出てくるさまざまな科学問題や疑問について丁寧に対応して議論に加わってくれた。そうした助けは大いに役立った。なかでも、ロンドン自然史博物館のポール・ケンリック、コーネル大学のカール・ニクラス、シェフィールド大学のチャールズ・ウェルマン、ダグ・イブラヒム、バリー・ローマックス、ピーター・ミッチェル、アンドリュー・フレミング、イアン・ウッドワード、イェール大学のロバート・バーナー、アリゾナ州立大学のジョン・ハリソン、カリフォルニア大学バークリー校のロバート・ダッドリー、デンマーク・オーデンセ大学のドン・キャンフィールド、ユトレヒト大学のヘンク・ヴィッセル、ウェスリアン大学のダナ・ロイヤー、放送大学のチャールズ・コッケル、英国南極研究所のケヴィン・ニューシャムとジョナサン・シャンクリン、スタンフォード大学のヴァージニア・ウォルボット、カリフォルニア大学バークレイ校のシーラ・マコーミック、ペンシルヴァニア州立大学のリー・クンプ、ブリストル大学のマイケル・ベントンとポール・ヴァルデス、ケンブリッジ大学のジョン・パイルとマイケル・ハーフット、東アングリア大学のティム・レントン、リーズ大学のポール・ウィグナル、ジェーン・フランシス、ジョン・ロイド、NASA・ゴダード宇宙研究所のギャヴィン・シュミット、オーストラリア国立大学のバリー・オズモンド、イリノイ大学のゴヴィンジー、以上の人たちに感謝したい。これらの人たちが正してくれたおかげで、この本に載せるところだった数え切れないほどの誤解や欠落を見つけることができた。それでも残っている間違いやデータや論文の過剰な解釈は、すべて私の責任だ。

私は植物を、自然界に影響を与える地学的要因の一つとして考えるべきだと思っている。その考えの基礎となったのは、1994年から2001年にかけて私がイギリス王立協会の特別研究員として勤務していたときおこなった研究だ。協会がこの制度を通して研究を支援してくれたことに、私は心から感謝している。この制度はいまも、若い科学者にすばらしい機会を与え続けている。本来なら研究生活につきものの日常業務や授業担当の重荷から彼らを解放し、彼らにとって最も重要な糧である「考える時間」を提供してくれる。リーバーヒューム財団とイギリス自然環境調査局も、私の研究に資金援助をしてくれた。ここに感謝の意を示したい。

ポピュラー・サイエンスを執筆するには、科学論文を書くとき使うような仰々しい文体を離れ、一歩ちがったスタイルへと踏み出さなければならない。イギリスの分子生物学者でDNA構造発見者の一人であるフランシス・クリック〔1916-2004〕は、1990年に書いた『熱き探求の日々』の中でこう語っている。「月並みな科学論文ほど、理解しがたく、また、退屈な文はない」。私は、我が本の編集者レーサ・メノンに心から感謝している。彼女が私の草稿に賢明な助言と提言を与えてくれたおかげで、原稿の書き換えはスムーズに進み、本の流れを作ることができた。その試みがうまくいったかどうかはもちろん別の話で、すべての責任は私にある。オックスフォード大学出版の制作部にもお礼が言いたい。本ができあがるまでのさまざまな作業について、私を効率よく指導してくれた。とくに、原稿編集を引き受けてくれたマイケル・ティアナンとサンドラ・アセルソーンには、すてきな写真を調達してもらうなど大変世話になった。

最後に感謝したいのは、我が伴侶ジュリエットだ。彼女の辛抱は、伴侶としての義務をはるかに超えるものだった。3年にわたるこの本の執筆が、私たちの大切な時間をどれほどたくさん奪ってしまったことか。私自身、驚くばかりだ。

訳者あとがき

本書は *The Emerald Planet: How Plants Changed Earth's History* という原題で、二〇〇七年に出版された。この本の翻訳を持ちかけられたとき、原題の「エメラルド・プラネット」の部分からいわゆる「スピリチュアル系」の本を連想し、また出版年を考えると時期遅れの感もあり、引き受けるべきか悩んだ。しかし、訳し終えたいま、この本がきわめて科学的であり驚くほど多彩な内容を含んだ、多少の年月では古びない名著であることを実感している。

これは、植物を手がかりにして、地球史のなかで大きな謎として残されているできごとを探っていく科学ノンフィクションである。

*

大気中の二酸化炭素が十分の一に減ったのはなぜか、幅六十センチのトンボのような巨大昆虫が出現したのはなぜか、全生物の九十五%が消え去った大量絶滅はなぜ起きたのか、恐竜が闊歩する超温室地球を作ったのは何なのか……。こうした謎の多くはいままで、地殻の変動などの地学現象が首謀者とされ、植物は受け身の立場で考えられてきたのではないだろうか。著者のビアリングはそれを否定し、植物の進化や分布拡大が地球の大気構成や天候などをダイナミックに変えてしまった可能性を提案していく。また、地球史に残る植物自体の謎、たとえば、葉の進化に数千万年もかかったのはなぜか、北極や南極で常緑樹と落葉樹が共存するのはなぜかなど、植物にさほど興味がなくても「なぜだろう?」と思わせる謎が、つい最近解け始めたばかりであることを紹介する。そして、これらたくさんの大きな謎を解くべく、幅広い分野にわたる植物研究が果敢に挑戦する姿を活き活きと伝える。

本書の取り上げる話題の幅はおそろしく広い。時代としては陸上植物が誕生した約五億年前から、草原環境となった数百万年前まで……いや、地球温暖化や地球薄暮化の話題を考えると近未来までといった方がいいかもしれない。扱う植物は、熱帯林や砂漠に生えるものから草原、果ては南極・北極の樹木(これが必ずしも寒帯林でないところが本書の面白いところだが)まで多種多様である。研究方法としては、博物館の植物化石に残る気孔をせっせと数えることから、実際の栽培実験、氷床コアの解析、人工衛星データからコンピュータ・シミュレーションまで駆使する。登場人物はガリレオ、ニュートンのような知の巨人から、怪しげな錬金術師、家族計画を謳った女性活動家、悲劇の探検隊、そして多数の現役科学者まで揃っている。とにかく、学術書としても一般科学本としてもサービス満載、この一冊に出し惜しみなく情報が注がれている。

そして驚くのは、この幅広い話題に対する著者の関わり方である。ビアリングは、それぞれの話題を本書のために勉強したわけではなく、その謎を解くべく、研究者として主体的に関わっている。本文では、「シェフィールド大学の研究チームが……」などとさらりと紹介しているが、実はそれが彼自身のチームを指している場合も少なくない。本書の各章のどこかには、必ず彼自身の論文が引用されている。自分の研究を中心に書くのは、研究者の本としてもちろん望ましいことだが、しかし、ここまで広い時代、巨大な謎、多面的な研究方法に主体的に関わることはふつうの研究者にできることではない。

研究者として関わった謎だからこそ、それぞれの内容が深く考察されており、それゆえだろうか、「答えが見つかると同時に、また疑問が生まれる」といったふうに各章のなかで次々と謎が展開していく。取り上げた話題がごく最近解明されつつある理由の多くは、彼自身とその同志たちがそれを解きつつあるからであり、また、いまは仮説であって定説には昇格していないアイディアを紹介できるのも、彼自身がその仮説の将来性を把握できているからであろう。

訳す前は、最新の研究が数多く紹介されているだけに、それらへの評価が原著刊行後に古びていないかと不安だったが、本書の提示する謎は巨大なので、数年で彼の主張が覆るようなものではなさそうだ。なお、原註を巻末に載せているが、その数は六百五十を超える。書かれたこと一つ一つを疎かにせず、いつ疑問が出てきたとしても原典から評価できるよう心がけている点も、経年に耐えうる書としての資格を持っている。

このように、幅広い話題、研究者自身による執筆、重厚な情報という点から、出版された当初は「すぐれた教科書」的な評価も受けたようだ。しかし、ビアリング本人も断っているように、この本は「教科書ではない。植物の進化史を逐一ことこまかに記すような、万人向けの解説書にしようとは思っていない」。

実際、解説書というよりは科学的推理読本といったほうがいい。繰り返しになるが、各章のテーマがいまなお残る大きな謎であり、研究が進むほどに謎が出てくる。研究途上の話がたくさん載っており、これらはそう簡単に決着しそうにない。ただ、だからこそ本書は読む側を興奮させる。ビアリングが出す仮説に、自分も頭をひねることで没入していく。謎のまったくない教科書を、誰が自分から読もうとするだろうか。

また、教科書にするには、ビアリングが本書で書きたい主張が明白すぎるかもしれない。彼が言いたいのは、植物が地球を変える大きな力を持つこと。そして、その事実がごく最近明らかになった理由は、化石植物と現生の植物を生理学や分子生物学で結び、そこに地球規模の気候を再現するコンピュータ・シミュレーションの技術を導入するという超分野的研究が始まったこと（ビアリング自身が進めたものも多い）。本書は、地球史五億年の謎を解くために手段を厭わない探偵が、植物の大いなる力を知ってもらうべく書いた推理ドラマなのだ。「恐竜なんか目じゃない」と啖呵を切っているビアリングの熱い思いが底を流れている。

その思いからかもしれない。本書にはじつに多くの研究者・探検家たちの逸話が挟み込まれている。大成功を収めた人もいれば、不発に終わった人、道半ばで倒れた人、さまざまな人物の苦闘をビアリングは、研究の本筋から少々脱線してしまっても、ていねいに紹介している。

脱線といえば、各章のはじまりもかなり多彩だ。惑星探査機の話にはじまり、ケンブリッジ大の試験の話、恐竜の糞を研究した大学者の話など、「いったいこの章は何の話だろう」と思わせる書きぶりである。ガイア説に対するダグラス・アダムスの洒落や、スーパーの従業員服を着た研究者の小話など、教科書にはきつすぎる（？）冗談も混じっていて、ビアリングが自由に書きたいものを書いた気分が伝わってくる。そんなドラマやユーモアが注目されたのか、二〇一二年には本書の内容をもとにＢＢＣで、*How to Grow a Planet* というテレビ番組シリーズが放映されている。

著者のデイヴィッド・ビアリングは現在イギリス・シェフィールド大学動植物科学科の教授で、第一線で活躍する植物学者である。「イギリスの庭園」と呼ばれる田園地帯ケント州で生まれ、ウェールズ大学で学んだ。イギリス王立協会の若手研究員、フィリップ・レヴァーヒューム奨学研究員などを経て現職に至る。二〇一四年にはイギリス王立協会のフェローにも選出された。私生活では、献辞にも出ている奥さんのジュリエット、そして猫や鶏、野菜たちと暮らしているそうで、トレイル・ランニングに凝っているらしい。

＊

翻訳した私も研究者の端くれだが、ビアリングの研究とは分野が異なっており、この本のことは翻訳の話をいただくまで知らずにいた。しかし、この本と出会うことで、植物のたどってきた長い歴史について思いを馳せ、また、謎を解くためには分野や手段を限ってはならないという叱咤を受けた。一読者としても研究者としても大いに楽しんだことになる。この本と巡りあわせてくださった編集の市原加奈子さん、どうもありがとうございました。また、専門外の分野の訳については、東京農工大学の飯野孝浩氏、名古屋大学の大路樹生氏、大場裕一氏、熊谷朝臣氏、長谷川精氏、藤原慎一氏、吉田英一氏、などたくさんの方にご教示いただいた。たいへんお世話になりました、そして、それでも間違っていたとすれば私のせいです、どうぞ勘弁してください。

二〇一四年十一月

西田佐知子

索 引

カ

マ

ラ

ワ

原　註

はじめに

1）ダーウィンは植物に関して6冊の本を書いている．一方，リチャード・ドーキンスが出した『祖先の物語』（2004, Weidenfeld and Nicolson）では，植物について書かれているのは528ページ中の11ページだけである．

2）こういう陳腐な罠にはまっている地学の教科書をリストアップするような野暮は避けたい．例外的に植物のことを地球科学の重要な要素と捉えている本は，Kump, L.R., Keating, J.F., Crane, R.G., and Kasting, J.F.（2003）*The Earth system: an introduction to Earth system science*. Prentice Hall, London.

3）未来の気候や環境についてわからないことが多いからといって，地球が直面している深刻な危機から目をそらしてはいけない．この問題については，Williams, P.D.（2005）Modelling climate change: the role of unresolved processes. *Philosophical Transactions of the Royal Society*, **A363**, 2931–46が議論している．この問題のうち，生物圏の環境の将来予測についての議論は，Moorcroft, P.R.（2006）How close are we to a predictive science of the biosphere? *Trends in Ecology and Evolution*, **21**, 400–7を参照のこと．また，この問題をちがった側面から取り上げ，環境科学をより予測性のある科学にしようとする動きもある．そこでは，従来のようにひたすら統計を繰り返すだけの研究ではなく，根本にあるプロセスやメカニズムを探る研究を重視するように変わってきている．これについては，Pataki, D.E., Ellsworth, D.S., Evans, R.D. *et al.*（2003）Tracing changes in ecosystem function under elevated carbon dioxide concentrations. *Bioscience*, **53**, 805–18; Schlesinger, W.H.（2006）Global change ecology. *Trends in Ecology and Evolution*, **21**, 348–51を参照のこと．

4）Schellnhuber, H.J.（1999）'Earth system' analysis and the second Copernican revolution. *Nature*, **402**, C19–C23.

5）Lovelock, J.E.（1988）*A biography of our living Earth*. Oxford University Press.

6）Lovelock, J.E.（1995）*The ages of Gaia*. W.W. Norton, New York.

7）Lovelock, *A biography of our living Earth*（前掲註5）.

8）ガイア理論については賛否両論が続いている．それぞれについて知りたい場合は，シュプリンガーが出版している学術雑誌 *Climate Change* の52巻2号（2002）にガイア仮説をテーマとした論文が出ている．それに対する返答，またその返答に対する返答については，同雑誌の58巻1–2号（2003）をみよ．

9）Lovelock, J.E.（2006）*The revenge of Gaia: why the Earth is fighting back, and how we can still save humanity*. Allen Lane, London.

10）この本にでてくる年代はすべて，Gradstein, F.M., Ogg, A.J. and Smith, A.G. *et al.*（2004）*A*

geologic timescale 2004. Cambridge University Press のタイムスケールを使用している.
11) Gribbin, J.（2003）*Science: a history. 1543–2001*. Penguin, London.
12) Crutzen, P.J.（2002）Geology of mankind. *Nature*, **415**, 23.
13) Houghton, J.T., Ding, Y., Griggs, D.J. *et al.*（2001）*Climate change 2001: The scientific basis*. Cambridge University Press. 最近の温暖化傾向に関する議論については, Hansen, J., Sato, M., Ruedy, R. *et al.*（2006）Global temperature change. *Proceedings of the National Academy of Sciences, USA*, **103**, 14288–93を参照のこと.
14) Pittock, A.B.（2006）Are scientists underestimating climate change? *EOS*, **87**, 340–1.

第１章　葉, 遺伝子, そして温室効果ガス

1) Davis, P.（2003）*The origin of life*. Penguin.
2) ガリレオによる測定やその解釈については, Sagan, C., Thompson, W.R., Carlson, R. *et al.*（1993）A search for life on Earth from the Galileo spacecraft. *Nature*, **365**, 715–21に報告されている.
3) 地球以外の天体に光合成を行う生物圏があったとして, なぜそこに葉緑素を期待できるのか. このことについて説得力をもって考察しているのが, Wolstencroft, R.D. and Raven, J.A.（2002）Photosynthesis: liklihood of occurrence and possibility of detection in Earth-like planets. *Icarus*, **157**, 535–48や, Conway-Morris, S.（2003）*Life's solution: inevitable humans in a lonely universe*. Cambridge University Press. 計算の結果では, M 星のまわりを回っている陸のある惑星なら, “地球外植生” の検出は可能だという（M星とは, 赤色矮星を含めもっともよく見られるクラスの星で, 太陽の 3 分の 1 以下の直径と体積しかなく, 表面温度も3500 K以下のもの）. ただし, そこで得られる “生物シグナル” の強さは, 植生面積, 雲の面積, 観察する角度に大きく依存する. Tinetti, G., Rashby, S., and Young, Y.L.（2006）Detectability of red-edge shifted-vegetation on terrestrial planets orbiting M stars. *Astrophysical Journal*, **644**, L129–132を参照のこと.
4) Stroeve, J.C., Serreze, M.C., Fetterer, F. *et al.*（2005）Tracking the Arctic's shrinking ice cover: another extreme September minimum in 2004. *Geophysical Research Letters*, **32**, doi:10.1029/2004GL021810.
5) 南極西部における氷床や氷棚の崩壊については, DeAngelis, H. and Skvarca, P.（2003）Glacier surge after ice shelf collapse. *Science*, **299**, 1560–2. に記録されている. 似た現象はグリーンランドでおこなわれた, 航空機搭載レーダーによる高度測量技術と, 人工衛星からの情報を組み合わせた研究に報告されている. Joughin, I., Abdalati, W., and Fahnestock, M.（2004）Large fluctuations in speed on Greenland's Jakobshavn Isbræ glacier. *Nature*, **432**, 608–10.
6) Scambos, T.A., Bohlander, J.A., Shuman, C.A., and Skvarca, P.（2004）Glacier acceleration and thinning after ice shelf collapse in the Larsen B embayment, Antarctica. *Geophysical Research Letters*, **31**, doi:10.1029/2004GL020670.
7) 帰納的推論はある一群の事実から一般化を行う作業であるのに対し, 演繹的推論は一連の論理的なステップの帰結を導く作業だ. 科学的活動では, この帰納的推論と演繹的推論の両方を使う. ただし, 仮説は通常は前者によって作られる.

8）フランスの数学者ジャック・アダマールによる「ひらめき」の研究に引用がある．Hadamard, J.（1949）*The psychology of invention in the mathematical field*. Princeton University Press.

9）French, A.P.（1979）*Einstein: a centenary volume*. Heinemann, London.

10）Tucker, C.J., Townshend, J.R.G., and Goff, T.E.（1985）African landcover classification using satellite data. *Science*, **277**, 369–74を参照のこと．人工衛星が陸上植物の活動をモニタリングするのに利用できるという考えは，Tucker, C.J., Fung, I.Y., Keeling, C.D., and Gammon, R.H.（1986）Relationship between atmospheric CO_2 variations and a satellite-derived vegetation index. *Nature*, **319**, 195–9に報告されている．

11）Myneni, R.B., Keeling, C.D., Tucker, C.J. *et al.*（1997）Increased plant growth in the northern high latitudes from 1981 to 1991. *Nature*, **386**, 698–702. Fungによる論評も参照のこと．Fung, I.（1997）A greener North. *Nature*, **386**, 659–60.

12）海洋および陸上の一次生産量を見積もるため，人工衛星データと植物の成長モデルを統合する試みが初めておこなわれた際，地球全体の純一次生産量は104.9Pg炭素／年（1 Pg＝10^{15}g）という結果になった．内訳は，陸上植物が56.4 Pg炭素／年，海洋植物が56.4 Pg炭素／年．右の文献を参照のこと．Field, C.B., Behrenfeld, M.J., Randerson, J.T., and Falkowski, P.（1998）Primary production of the biosphere: integrating terrestrial and oceanic components. *Science*, **281**, 237–40.

13）Prentice, I.C, Farquhar, G.D., Fasham, M.J.R. *et al.*（2001）The carbon cycle and atmospheric carbon dioxide. In *Climate change 2001: the scientific basis*（ed. J.T. Houghton, Y. Ding, D.J. Griggs *et al.*）, pp. 183–237. Cambridge University Press.

14）Cramer, W., Bondeau, A., Woodward, F.I. *et al.*（2001）Global response of terrestrial ecosystem structure and function to CO_2 and climate change: results from six dynamic global vegetation models. *Global Change Biology*, **7**, 357–73.

15）この正のフィードバック・ループの極端な例として，アマゾンから過剰な二酸化炭素が放出され，地球温暖化が促進されるという報告がある．Cox, P.M., Betts, R.A., Jones, C.D. *et al.*（2000）Acceleration of global warming due to carbon-cycle feedbacks in a coupled climate model. *Nature*, **408**, 184–7. いずれにせよ，気候と炭素サイクルに関する２つの精巧なモデルをくらべたところ，人類が温室効果ガスを増やすことで地球全体の温暖化が進む過程に，この陸上炭素サイクルもかかわっているらしいことがわかっている．Friedlingstein, P., Cox, P., Betts, R. *et al.*（2006）Climate-carbon cycle feedback analysis, results from the C4MIP model intercomparison. *Journal of Climate*, **19**, 3337–53.

16）Jones, C.D. and Cox, P.M.（2005）On the significance of atmospheric CO_2 growth rate anomalies in 2002–2003. *Geophysical Research Letters*, **32**, doi:10.1029/ 2005GL023027.

17）葉には二つのタイプ，小葉と大葉がある．小葉は小さいトゲのような出っ張りが茎についたもので，ふつう維管束が１本しか入っていない．現在の植物ではヒカゲノカズラ類（ヒカゲノカズラ，イワヒバ，ミズニラなど）が小葉を持ち，一時期は絶滅した植物（ヒカゲノカズラ類）でふつうにみられた．大葉はいま一般的にみられる葉で，平たい面と枝分かれした脈という特徴があり，真葉類（シダ，裸子植物，被子植物）が持つ．この章で扱っているのは大葉の進化のほう．

18）Schulze, E.-D., Vygodskaya, N.N., Tchebakova, N.M. *et al.*（2002）The Eurosiberian transect : an introduction to the experimental region. *Tellus*, **54B**, 421–8.

19）陸上植物の進化について，古生物学的情報に加え，現生の植物間の関係を分子生物学的に調べた結果をあわせて考察した最初の研究が Kenrick. P. and Crane, P.R.（1997）The origin and early evolution of plants on land. *Nature*, **389**, 33–9. より包括的な研究は Kenrick, P. and Crane, P.R.（1997）*The origin and early diversification of land plants: a cladistic study*. Smithsonian Series in Comparative Evolutionary Biology, Smithsonian Institution Press, Washington. 右の文献も参照のこと． Niklas, K.J.（1992）*The evolutionary biology of plants*. University of Chicago Press.

20）ドーソンは1859年に出した短い論文が議論を呼び，その名が一躍悪名として広まった．その論文は，ガスペ半島で見つかった不思議な植物 2 種類の化石を記載したもので，そのうちのひとつ *Psilophyton princeps* は，古植物学界を一世紀以上混乱に巻き込んだ（Dawson, J.W.（1859）On fossil plants from the Devonian rocks of Canada. *Quarterly Journal of the Geological Society*, **15**, 477–88）. とくに問題だったのは1870年に発表した論文で，そこで彼が *P. princeps* に近い種類として記載したものは，その後似た化石を化石ハンターの誰も取ることがなかった（Dawson, J.W.（1870）The primitive vegetation of the earth. *Nature*, **2**, 85–8）. それから一世紀にわたる研究があって，やっとこの混乱が消えた．ドーソンが復元した植物は少なくとも 3 つの異なる標本，そして少なくとも 2 つの異なる種からできたものだったのだ．ドーソンが犯した罪は，化石から植物体を復元するとき，バラバラになった植物の組織を比較してからつなぐのではなく，想像だけで足しあわせてしまったことにあった．

21）Lang, W.H.（1937）IV. On the plant-remains from the Downtonian of England and Wales. *Philosophical Transactions of the Royal Society*, **B227**, 245–91.

22）クックソニアの軸に維管束があることの決定的証拠を出したのは Edwards, D., Davies, K.L. and Axe, L.（1992）A vascular conducting strand in the early land plant Cooksonia. *Nature*, **357**, 683–5. これに対する批評として Hemsley, A.R.（1992）A vascular pipe dream, *Nature*, **357**, 641–2も参照のこと．

23）陸上に上がった最初期の維管束植物に，葉がなかったことは理解できる．葉のような構造を発達させると，表面積が大きくなって水の蒸散も多くなる．失う水分を補えるほど水が吸える根が当時の植物にはまだなかったため，葉の発達は自殺行為だっただろう．それでも，植物が葉のない状態を 4 千万年も続けていたことは，やはり大きな謎といえよう．

24）Kenrick and Crane, The origin and early evolution of plants on land（前掲註19）.

25）*Ibid.*

26）*Ibid.*

27）オルドビス紀の大型海藻化石を記載した論文は Fry, W.L.（1983）An algal flora from the upper Ordovician of the lake Winnipeg region, Manitoba, Canada. *Review of Palaeobotany and Palynology*, **39**, 313–41.

28）*Eophyllophyton bellum* の詳しい写真や図を沢山載せたのが Hao, D.G. and Beck, C.B.（1993）Further observations on *Eophyllophyton bellum* from the lower Devonian（Siegenian）of Yunnan, China. *Palaeonto-graphica*, **B230**, 27–41. 北京大学地質学科にあった標本をさらに詳しく記載した論文が Hao, S., Beck, C.B., and Deming, W.（2003）Structure of the earliest leaves: adaptations to high concentrations of atmospheric CO_2. *International Journal of Plant Science*, **164**, 71–5.

29) Knotted ホメオボックス遺伝子ファミリーを略して KNOX とよぶ．この名前は，木でみられるような節が葉にできる突然変異から付けられた．この突然変異では，ふつうは軸の先端でしか発現しない遺伝子が，葉で発現してしまうことがわかっている．Vollbrecht, E., Veit, B., Sinha, N., and Hake, S.（1991）The development gene Knotted-1 is a member of a maize homeobox gene family. *Nature*, **350**, 241–3. 最近出版された KNOX 遺伝子の機能についてまとめた総説は Hake, S. and Ori, N.（2002）Plant morphogenesis and KNOX genes. *Nature Genetics*, **31**, 121–2; Byrne, M.E.（2005）Networks in leaf development. *Current Opinion in Plant Biology*, **8**, 59–66.

30) Sano, R., Jurárez, C.M., Hass, B. *et al.*（2005）KNOX homeobox genes potentially have similar function in both diploid unicellular and multicellular meristems, but not haploid meristems. *Evolution and Development*, **7**, 69–78.

31) 小葉と大葉の形成に共通して関わる発生メカニズムについては Harrison, C.J., Corley, S.B., Moylan, E.C. *et al.*（2005）Independent recruitment of a conserved developmental mechanism during leaf evolution. *Nature*, **434**, 509–14. 右の文献も参照のこと．Piazza, P., Jasinski, S., and Tsiantis, M.（2005）Evolution of leaf developmental mechanisms. *New Phytologist*, **167**, 693–710.

32) この驚くべき発見が報告されたのは Floyd, S.K. and Bowman, J.L.（2004）Ancient microRNA target sequences in plants. *Nature*, **428**, 485–6.

33) Emery, J.F., Floyd, S.K., Alvarez, J. *et al.*（2003）Radial patterning of Arabidopsis shoots by class II HD-ZIP and KANADI genes. *Current Biology*, **13**, 1768–73.

34) ツィンマーマンの研究成果が最初に発表されたのはドイツ語の本 : Zimmermann, W.（1930）*Die Phylogenie der Pflanzen*. Gustav Fischer Verlag, Jena. これを（英語で）要約したものが : Zimmermann, W.（1932）Main results of the telome theory. *Palaeobotanist*, **1**, 456–70.

35) 単なる偶然か，それとも優れた洞察の賜物なのかわからないが，ゲーテの仮説は200年後にほぼ正しいことが示された．カリフォルニア大学サンディエゴ校のガリー・ディッタたちは，一連の遺伝子のスイッチをオフにして萼，花弁，雄しべ，心皮ができる部分の発達を遮ると，代わりに葉ができることを明らかにした．Ditta, G., Pinyopich, A., Robles, P. *et al.*（2004）The *SEP4* gene of *Arabidopsis thaliana* functions in floral organ and meristem identity. *Current Biology*, **14**, 1935–40.

36) Kenrick and Crane, The origin and early evolution of plants on land（前掲註19）.

37) 右の文献からの引用．Kenrick, P.（2002）The telome theory. In *Developmental genetics and plant evolution*（ed. Q.C.B. Cronk, R.M. Bateman, and J.A. Hawkins）, pp. 365–87. Taylor and Francis, London. ツィンマーマンのテローム説に対する批判（分子生物学的根拠がないという）が出されたが，分子生物学と化石を統合した研究を進めることでその批判を是正しようという動きもでてきた．Beerling, D.J. and Fleming, A.J.（2007）Zimmermann's telome theory of megaphyll leaf evolution: a molecular and cellular critique. *Current Opinion in Plant Biology*, **10**, 1–9.

38) 化石土壌には，それが形成された時代の大気の状態を保存しているものがある．そうした土壌中の炭酸塩を燃やして気体状の二酸化炭素にし，その炭素同位体の軽いものと重いものの量を測ることで，当時の状態を再現することができる．植物体の分解による影響を補正すれば，この二種類の炭素同位体の量から大気中の二酸化炭素濃度を知ることができる．この手法で推定できる大気中の二酸化炭素濃度は不確定な部分も

大きいが，それでも現在の土壌で検証したところ正しい値が得られたため，この手法なら過去の大気についても信頼できるデータが得られていると考える．土壌中の炭酸塩を使った研究で，二酸化炭素の濃度はシルル紀に高くデボン紀に低下したという結果になったのは Mora, C.I., Driese, S.G., and Colarusso, L.A.（1996）Middle to late Paleozoic atmospheric CO_2 levels from soil carbonate and organic matter. *Science*, **271**, 1105–7. 化石からさらに得られた証拠については，Ekart, D.D., Cerling, T.E., Montanez, I.P., and Tabor, N.J.（1999）A 400 million year carbon isotope record of pedogenic carbonate: implications for paleoatmospheric carbon dioxide. *American Journal of Science*, **299**, 805–27.

39）Berner, R.A.（2004）*The Phanerozoic carbon cycle: CO_2 and O_2*. Oxford University Press.

40）大気中の二酸化炭素が上昇したため，南イングランドの樹木の気孔密度が減ったという報告は Woodward, F.I.（1987）Stomatal numbers are sensitive to CO_2 increases from pre-industrial levels. *Nature*, **327**, 617–18. この発見の重要性についての論評は Morison, J.I.L.（1987）Plant growth and CO_2 history. *Nature*, **327**, 560. ウッドワードがこの研究を思いついたのは，高山植物の葉の気孔密度が高度の上昇につれて増えるという，19世紀の植物学者の研究からだった．Bonnier, G.（1895）Recherches expérimentales sur l'adaptation des plantes au climat alpin. *Annales des Science Naturelles, Botanique, Séries VII*, **20**, 217–360; Wagner, A.（1892）Zur Kenntniss des Blattbaues der Alpenflanzen und dessen biologischer Bedeutung. *Sitzungsberichte der Kaiserlichen Akademie der Wissenschaften, in Wien, Mathematisch-naturwissenschaftliche Klasse*, **100**, 487–547. を参照のこと．後の実験によって明らかになったのは，高度が上がるにつれて重力が低下するため大気圧が低くなり，二酸化炭素の分圧が落ち，これに植物が適応したのが原因ということだった．Woodward, F.I. and Bazzaz, F.A.（1988）The response of stomatal density to CO_2 partial pressure. *Journal of Experimental Botany*, **39**, 1771–81.

41）植物学に果たしたリンネの素晴らしい功績については Fara, P.（2003）*Sex, botany and the empire: the story of Carl Linnaeus and Joseph Banks*. Columbia University Press, New York.

42）Kohn, D., Murrell, G., Parker, J., and Whitehorn, M.（2005）What Henslow taught Darwin. *Nature*, **436**, 643–5.

43）Sulloway, F.J.（1982）Darwin and his finches: the evolution of a legend. *Journal of Historical Biology*, **15**, 1–52.

44）Woodward, F.I.（1987）Stomatal numbers are sensitive to CO_2 increases from pre-industrial levels（前掲註40）.

45）Lake, J.A., Quick, W.P., Beerling, D.J., and Woodward, F.I.（2001）Plant development: signals from mature leaves. *Nature*, **411**, 154.

46）HIC 遺伝子は，二酸化炭素濃度の異なる環境下で植物の形態形成に影響を与えることが明らかにされた最初の遺伝子のひとつ．Gray, J.E., Holroyd, G.H., van der Lee, F.M. *et al.*（2000）The *HIC* signaling pathway links CO_2 perception to stomatal development. *Nature*, **408**, 713–16. この研究に対する論評は Serna, L. and Fenoll, C.（2000）Coping with human CO_2 emissions. *Nature*, **408**, 656–7.

47）このシグナルの性質に関する詳細は Bird, S.M. and Gray, J.E.（2003）Signals from the cuticle affect epidermal cell differentiation. *New Phytologist*, **157**, 9–23.

48）Edwards, D.（1998）Climate signals in Palaeozoic land plants. *Philosophical Transactions of the Royal Society*, **353**, 141–57.

49) アルカエオプテリスの気孔に関するデータが報告されているのは Osborne, C.P., Beerling, D.J., Lomax, B.H., and Chaloner, W.G. (2004) Biophysical constraints on the origin of leaves inferred from the fossil record. *Proceedings of the National Academy of Sciences, USA*, **101**, 10360–2.

50) 植物が蒸散によって体を涼しく保てることを最初に実験で示したのは，ドイツ・ビュルツブルク大学の植物生理学者オットー・ランゲだった．彼は砂漠植物の *Citrullus colocynthsis* の葉を処理し，蒸散して体を涼しく保つことができないようにしたところ，葉の温度が20℃も上昇し，ひどい熱障害を起こすことを明らかにした．Lange, O.L. (1959) Untersuchungen über den-Wärmehaushalt und Hitzeresistenz mauretanischer Wüstern-under Savannenpflanzen. *Flora*, **147**, 595–651. ただ，蒸散が葉の温度に大きな影響を与えるということについては，誰もが同意しているわけではない．異論についてはTanner, W. (2001) Do drought-hardened plants suffer from fever? *Trends in Plant Science*, **6**, 507を，またその異論に対する反論は Beerling, D.J., Osborne, C.P., and Chaloner, W.G. (2001) *Trends in Plant Science*, **6**, 507–8を参照のこと．

51) Smith, W.K. (1978) Temperatures of desert plants: another perspective on the adaptability of leaf size. *Science*, **201**, 614–16.

52) 葉が大きく，また多様になるには，大気中の二酸化炭素濃度が下がるのを待たねばならなかったという仮説は，Beerling, D.J., Osborne, C.P., and Chaloner, W.G. (2001) Evolution of leaf-form in land plants linked to atmospheric CO_2 decline in the Late Palaeozoic Era. *Nature*, **410**, 352–4で発表された．この説を，植物進化におけるより広い枠組みで捉えた論評は Kenrick, P. (2001) Turning over a new leaf. *Nature*, **410**, 309–10.

53) 根系の進化については Algeo, T.J. and Scheckler, S.E. (1998) Terrestrial-marine teleconnections in the Devonian: links between the evolution of land plants, weathering processes, and marine anoxic events. *Philosophical Transactions of the Royal Society*, **353**, 113–30.

54) Raven, J.A. and Edwards, D. (2001) Roots: evolutionary origins and biogeochemical significance. *Journal of Experimental Botany*, **52**, 381–401.

55) Osborne *et al.* Biophysical constraints on the origin of leaves inferred from the fossil record（前掲註49）.

56) *Ibid.* オズボーンたちの研究結果は，ハーバード大の古生物学者らが報告した結果からも支持された．Boyce, C.K. and Knoll, A.H. (2002) Evolution of developmental potential and the multiple independent origins of leaves in Paleozoic vascular plants. *Paleobiology*, **28**, 70–100; Boyce, C.K. (2005) Patterns of segregation and convergence in the evolution of fern and seed plant leaf morphologies. *Paleobiology*, **31**, 117–40.

57) Knoll, A.H. and Carroll, S.B. (1999) Early animal evolution: emerging views from comparative biology and geology. *Science*, **284**, 2129–37.

58) Carroll, S.B. (2000) Endless forms: the evolution of gene regulation and morphological diversity. *Cell*, **101**, 577–80.

59) Duboule, D. and Wilkins, A.S. (1998) The evolution of 'bricolage'. *Trends in Genetics*, 14, 54–9を参照のこと．この説が動物進化にどう当てはまるのかについて述べた最近の総説は，Shubin, N.H. and Marshall, C.R. (2000) Fossils, genes, and origin of novelty. *Paleobiology* (Supplement), **26**, 325–40.

60) Cronk, Q.C.B. (2001) Plant evolution and development in a post-genomic context. *Nature Genet-*

ics, **2**, 607–19.

61）Harrison *et al.*, Independent recruitment of a conserved developmental mechanism during leaf evolution（前掲註31）.

62）Maizel, A., Busch, M.A., Tanahashi, T. *et al.*（2005）The floral regulator LEAFY evolves by substitutions in the DNA binding domain. *Science*, **308**, 260–3.

63）これと矛盾した証拠について検討した活発かつ重要な論文は Conway-Morris, S.（2000）Nipping the Cambrian 'explosion' in the bud? *BioEssays*, **22**, 1053–6; Conway-Morris, S.（2003）The Cambrian 'explosion' of metazoans and molecular biology: would Darwin be satisfied? *International Journal of Developmental Biology*, **47**, 505–15.

64）Carroll, S.B.（2005）*Endless forms most beautiful: the new science of Evo Devo and the making of the animal kingdom*. Weidenfeld and Nicolson, London.

65）Chaloner, W.G. and Sheerin, A.（1979）Devonian macrofloras. *Special Papers in Palaeontology*, **23**, 145–61.

66）Knoll and Carroll, Early animal evolution（前掲註57）.

67）この一連のプロセスすべてについて詳しく知りたい場合は Berner, *Phanerozoic carbon cycle*（前掲註39）を参照のこと．

68）このサイクルは，生物圏の寿命にも影響を与えるかもしれない．いずれ太陽がより明るく燃えるようになると，大気から二酸化炭素を取り除いて地球が熱くなりすぎるのを防ぐ長期的炭素サイクルの能力が，いままで以上に重要になってくる．Lovelock, J.E. and Whitfield, M.（1982）Life span of the biosphere. *Nature*, **296**, 561–3, および Caldeira, K. and Kasting, J.F.（1992）The life span of the biosphere revisited. *Nature*, **360**, 721–3.

69）Berner, R.A.（1998）The carbon cycle and CO_2 over Phanerozoic time: the role of land plants. *Philosophical Transactions of the Royal Society*, **353**, 75–82.

70）ケイ酸塩岩の風化は温度によって変わること，また，それが長期的な地球の気候に重要な意味をもつことを述べているのは Walker, J.C.G., Hays, P.B., and Kasting, J.F.（1981）A negative feedback mechanism for the long-term stabilization of Earth surface temperature. *Journal of Geophysical Research*, **86**, 9776–82. 後にロバート・バーナー率いるイェール大学の研究グループも上記の現象を取り込み，大気中の二酸化炭素量と気候の変化について数百万年分もシミュレートするという数学モデルを作った．この独創的な研究結果を載せた論文は Berner, R.A., Lasaga, A.C., and Garrels, R.M.（1983）The carbonate-silicate geochemical cycle and its effects on atmospheric carbon dioxide and climate. *American Journal of Science*, **283**, 641–83.

71）この件に関するわかりやすい総説は Kasting, J.F. and Catling, D.（2003）Evolution of a habitable planet. *Annual Review of Astronomy and Astrophysics*, **41**, 429–63.

72）Berner, E.K., Berner, R.A., and Moulton, K.L.（2003）Plants and mineral weathering: present and past. *Treatise in Geochemistry*, **5**, 169–88.

73）植物と風化に関する総説は *ibid.*

74）植物が，ここ 6 億年における岩石の風化や大気中の二酸化炭素濃度の変化にどのような影響を与えたかについて，概要を述べた論文は Berner, R.A.（1997）The rise of plants: their effect on weathering and atmospheric CO_2. *Science*, 276, 544–6. 以下の文献も参照のこと．Berner, *Phanerozoic carbon cycle*（前掲註39）; Berner, The carbon cycle and CO_2 over Phanerozoic time（前掲註69）; Berner *et al.*, Plants and mineral weathering（前掲註72）.

75）Beerling, D.J. and Berner, R.A.（2005）Feedbacks and the coevolution of plants and atmospheric CO_2. *Proceedings of the National Academy of Sciences*, USA, **102**, 1302–5.

76）生物が進化する過程でその環境を変えたという考えに対しては，活発な論争が起こっている．この論争を垣間見たいなら，Laland, K.N., Odling-Smee, F.J., and Feldman, M.W.（2004）Causing a commotion. *Nature*, **429**, 609. を参照のこと．同じ著者らがこれについてより詳しく述べている本は Odling-Smee, F.J., Laland, K.N., and Feldman, M.W.（2003）*Niche construction: the neglected process in evolution*. Princeton University Press. なお，上記の本には誇張した部分があることを明らかにしている総説は Laurent Keller（2003）Changing the world. *Nature*, **425**, 769–70. また Dawkins, R.（2004）Extended phenotype ── but not too extended. A reply to Laland, Turner and Jablonka. *Biology and Philosophy*, **19**, 377–96も参照.

77）Beerling, D.J.（2005）Botanical briefing. Leaf evolution: gases, genes and geochemistry. *Annals of Botany*, **96**, 345–52.

第２章　酸素と巨大生物の「失われた世界」

1）Priestley, J.（1775）*Experiments and observations on different kinds of air*. Birmingham.

2）引用したのは Gratzer, W.（2002）*Eurekas and euphorias: the Oxford book of scientific anecdotes*. Oxford University Press.

3）このエピソードは Gratzer（同上）が再発見したもので，原典は Szabadváry, S.（1960）*History of analytical chemistry*. Gordon and Breach, London.

4）McKie, D.（1962）*Antoine Lavoisier: scientist, economist, social reformer*. Da Capo Press. 右の文献も参照のこと．Holmes, F.L.（1998）*Antoine Lavoisier: the crucial year*. Princeton University Press.

5）Prinke, R.T.（1990）Michael Sendivogius and Christian Rosenkreutz. *Hemetic Journal*, 72–98参照. より詳細について（英語で）書かれたものは Szydlo, Z.（1994）*Water which does not wet hands: the alchemy of Michael Sendivogius*. Polish Academy of Sciences, Warsaw; Szydlo, Z.（1997）A new light on alchemy. *History Today*, **47**, 17–24.

6）ドレベルの潜水艦および彼の多くの発明品（永久運動機械，顕微鏡，染料，化学の技術など）については，以下のウェブサイトを参照のこと : http://www/dutchsubmarines.com/specials および http://www.drebbel.utwente.nl/main_en/Information/History/History.htm.

7）Boyle, R.（1660）*New experiments physico-mechanicall, touching the spring of air, and its effects*. Oxford.

8）コマントリー頁岩の昆虫化石と，シャルル・ブロンニャールの発見の歴史的意義については Carpenter, F.M.（1943）Studies on Carboniferous insects from Commentry, France. Part I. Introduction and families Protagriidae, Meganeuridae, and Campylopteridaea. *Bulletin of the Geological Society of America*, **54**, 527–54.

9）Brongniart, C.（1894）Recherches pour servir à l'histoire des insectes fossiles des temps primaries. *Bulletin de la Société d'Industrie Minérale* **4**, 124–615.

10）ブロンニャールの発見以来，たくさんの巨大昆虫化石が再記載されている．Carpenter, F.M.（1951）Studies on Carboniferous insects from Commentry, France. Part II. The Megasecoptera. *Journal of Paleontology*, **25**, 336–55.

11) Whyte, M.A. (2005) A gigantic fossil arthropod trackway. *Nature*, **438**, 576.

12) Carroll, R.L. (1988) *Vertebrate palaeontology and evolution*. Freeman, New York.

13) Harlé, E. and Harlé, A. (1911) Le vol de grands reptiles et insectes disparus semble indiquer une pression atmosphérique élevée. *Bulletin de la Société Géologique de France, 4th Series*, **11**, 118–21.

14) 微生物の中でも窒素固定細菌は重要なグループで，ニトロゲナーゼを使って気体の窒素を代謝に使える形態（NH_3）に変えられるよう進化した．地球上の他の生物はすべて，彼らのおかげで窒素を使うことができる．この窒素固定は生物にとっては重要だが，しかしこの５億年近い年月，大気中の窒素量に大きな影響を与えることはまったくなかった．Falkowski, P.G. (1997) Evolution of the nitrogen cycle and its influence on the biological sequestration of CO_2 in the ocean. *Nature*, **387**, 272–5.

15) もともと，地球の初期大気に酸素はなかった．光合成微生物（シアノバクテリア）が進化することで，おそらく約25億年前には酸素が大気中にも認められる程度に増えていた．Summons, R., Jahnke, L.L., Hope, J.M., and Logan, G.A. (1999) 2-methylhopanoids as biomarkers for cyanobacterial oxygen photosynthesis, *Nature*, **400**, 554–7; Canfield, D.E. (1999) A Breath of fresh air. *Nature*, 400, 503–4を参照のこと．数十億年のあいだ，シアノバクテリアの活動によって酸素が作りだされ，それらはただちに海洋や地殻に吸収されていった．それが飽和状態に達してからやっと，酸素が大気中に溜まるようになった．それが25億年前だった．ただし，大気中に酸素が増えていく原因となった出来事については，どれも議論が多数起こっている．最近の研究の展開についてはCopley, J. (2001) The story of O. *Nature*, **410**, 862–4, and Kasting, J.F. (2001) The rise of atmospheric oxygen. *Science*, **293**, 819–20を参照のこと．いずれにせよ顕生代の初めまでには，地球の大気は約15%の酸素を含んでいたと思われる．そのほとんどはシアノバクテリアのおかげであり，シアノバクテリアは地球の歴史における小さな英雄といえよう．この本では，こうした過去があったうえで，その後の細菌や多細胞の植物が大気中の酸素量を変化させた可能性について語ろうとしている．

16) Ebelmen, J.J. (1845) Sur les produits de la decomposition des especes minérales de la famile des silicates. *Annales des Mines*, 7, 3–66.

17) Hunt, T.S. (1880) The chemical and geological relations of the atmosphere. *American Journal of Science*, **19**, 349–63. エベルメの業績は長い間忘れられていたが，近年になってやっと再発見され，より広い科学界から然るべき評価を得られることとなった．その評価についてはBerner, R.A. and Maasch, K.A. (1996) Chemical weathering and controls on atmospheric O_2 and CO_2: fundamental principles were enunciated by J.J. Ebelmen in 1845. *Geochimica et Cosmochimica Acta*, **60**, 1633–7を参照のこと．

18) ボールの講演は1879年６月９日の地理学協会大会で行われた．それをもとに出版された論文は Ball, J. (1879) On the origin of the flora from the European Alps. *Proceedings of the Royal Geographical Society*, **1**, 564–89.

19) Berner, R.A. (2006) The geological nitrogen cycle and atmospheric N_2 over Phanerozoic time. *Geology*, **34**, 413–15.

20) Cloud, P.E. (1965) Chairman's summary remarks. *Proceedings of the National Academy of Sciences, USA*, **53**, 1169–73.

21) Berkner, L.V. and Marshall, L.C. (1965) History of major atmospheric constituents. *Proceedings of the National Academy of Sciences, USA*, **53**, 1215–26. より詳しい解説は Berkner, L.V. and Mar-

shall, L.C. (1965) On the origin and rise of oxygen concentration in the Earth's atmosphere. *Journal of the Atmospheric Sciences*, **22**, 225–61を参照のこと．

22) 陸上植物からできた埋蔵有機物が酸素サイクルにおける中心的役割を担っているという考え方は，すべての研究者に受け入れられているわけではない．大気中の酸素量をコントロールしている主要因は，海洋中の微小植物——植物プランクトン——が作りだす酸素だという説も支持されている．これについては Tappan, H. (1967) Primary production, isotopes, extinctions and the atmosphere. *Palaeogeography, Palaeoclimatology, Palaeoecology*, **4**, 187–210を参照されたい．タパンの説は，酸素と海洋植物がリンクしているというものだ．彼によると，植物プランクトンの絶滅と酸素の減少は対応していて，たとえば6500万年前に起きた突然の恐竜絶滅もその時期に含まれるという．逆に，植物プランクトンが多様化した時期があり，それは大陸移動に伴って供給される養分が増えたことによると思われるが，こうした時期には大気中の酸素濃度は上昇している．

23) この混乱の解決に熱心に取り組んだ科学者は他にもいた．たとえばミネソタ大学のプレストン・クラウド，ハーバード大学のハインリヒ・ホランド，そしてミシガン大学のジェイムズ・ウォーカーだ．彼らはみんな，この話題について論文を出すことで貢献している．Cloud, P. (1972) A working model of primitive Earth. *American Journal of Science*, **272**, 537–48; Holland, H.D. (1984) *The chemical evolution of the atmosphere and the oceans*. Princeton Series in Geochemistry. Princeton University Press; Walker, J.C.G. (1974) Stability of atmospheric oxygen. *American Journal of Science*, **274**, 193–214を参照のこと．

24) Berner, R.A. (1992) Robert Minard Garrels. *Biographical Memoirs of the National Academy of Sciences*, **61**, 195–213; Canfield, D.E. (2005) The early history of atmospheric oxygen: homage to Robert M. Garrels. *Annual Review of Earth and Planetary Science*, **33**, 1–36.

25) 重要な影響を与えた彼の論文には次のようなものがある．Garrels, R.M. and Perry Jr, E.A. (1974) Cycling of carbon, sulphur, and oxygen through geologic time. In *The sea*, Vol. 5 (ed. E.D. Golberg), pp. 303–36. Wiley-Interscience, New York; Garrels, R.M., Lerman, A., and Mackenzie, F.T. (1976) Controls of atmospheric O_2 and CO_2 : past, present and future. *American Scientist*, **64**, 306–15; Garrels, R.M. and Lerman, A. (1981) Phanerozoic cycles of sedimentary carbon and sulfur. *Proceedings of the National Academy of Sciences, USA*, **78**, 4652–6. これらのアイデアをより進めた論文が，Garrels, R.M. and Lerman, A. (1984) Coupling of the sedimentary sulphur and carbon cycles: an improved model. *American Journal of Science*, **284**, 989–1007.

26) アマゾン川が持ち出す炭素量の推定値は Richey, J.E., Melack, J.M., Aufdenkampe, A.K. *et al.* (2002) Outgassing from Amazonian rivers and wetlands as a large source of atmospheric CO_2. *Nature*, **416**, 617–20に報告されている．その他，Grace, J. and Malhi, Y. (2002) Carbon dioxide goes with the flow. *Nature*, **416**, 594–5を参照のこと．

27) ラヴォアジエが酸素を発見するのにはネズミが重要な役割を果たしたが，その40年後にも，ネズミは黄鉄鉱と有機物の関係も明らかにした．1815年にベークウェルが書いた本 *Introduction to geology* によると，硫酸鉄が入ったビンの中に，たまたまネズミの糞が入ってしまった．しばらくそのままにしておいたところ，糞は硫黄の結晶で覆われたのだった．

28) 地球の酸素循環に硫黄の循環がどのような役割を果たしているかという問題については，中央海嶺にある玄武岩と海水の化学反応が重要だと考える研究者もいる．たとえば Hansen, K.W. and Wallman, C. (2002) Cretaceous and Cenozoic evolution of seawater compo-

sition, atmospheric O_2 and CO_2. *American Journal of Science*, **303**, 94–148など．この説に対しては，玄武岩と海水の反応の変動は黄鉄鉱の埋没と風化の変動にくらべごく小さいということを根拠に強く反論する研究者もいる．この反論については，Berner, R.A.（1999）Atmospheric oxygen over Phanerozoic time. *Proceedings of the National Academy of Sciences, USA*, **96**, 10955–7.

29）過去5億年を平均化すると，大陸の露出した地表は風化によって100万年に20～30メートルの割合で削られてきた．一方，人類は建設作業や農業を行うことで，100万年に200～300メートルの割合で地表に堆積物を持ち込む．Wilkinson, B.H.（2005）Humans as geologic agents: a deep-time perspective. *Geology*, **33**, 161–4.

30）古い頁岩を消化する微生物がいることは，Petsch, S.T., Eglinton, T.I., and Edwards, K.J.（2001）^{14}C-dead living biomass: evidence for microbial assimilation of ancient organic carbon during shale weathering. *Science*, **292**, 1127–31で証明された．右の文献にある意見も参照のこと．Pennisi, E.（2001）Shale-eating microbes recycle global carbon. *Science*, **292**, 1043.

31）大気中の酸素量の正確な測定は，カリフォルニア大学サンディエゴ校スクリップス海洋学研究所のラルフ・キーリングが実施している．この調査の概要と，化石燃料の行方を理解する上でこの調査がもつ重要性については，Keeling, R.F.（1995）The atmospheric oxygen cycle: the oxygen isotopes of atmospheric CO_2 and O_2 and the O_2 / N_2 ratio. *Reviews of Geophysics*, Supplement, 1253–62, および Bender, M.L., Battle, M., and Keeling, R.F.（1998）The O_2 balance of the atmosphere: a tool for studying the fate of fossil-fuel CO_2. *Annual Review of Energy and the Environment*, **23**, 207–23.

32）現在，大気中には21万 ppm の酸素があり（前註のキーリングの文献を参照），私たちが毎年3 ppm を消費していると予想される．この計算だと，なくなるのに21万 ÷ 3 = 7万年かかることになる．同様に，たとえ世界中のすべての木を切ってしまったとしても心配ない．大気中にはまだ大量の酸素があり，木がまったくなくなったとしても（生物多様性にとっては大問題だが）大気にはほとんど影響ない．

33）「岩石存在量」法をつかって過去6億年間の大気中酸素の増減を計算する試みについては，右の文献に詳しい．Berner, R.A. and Canfield, D.E.（1989）A new model of atmospheric oxygen over time. *American Journal of Science*, **289**, 333–61.

34）蒸発岩は，干潟など，塩水の溜まったところで自然に蒸発が起き，塩分が沈殿してできる．硫酸カルシウムはきわめて溶けにくく，海水中で最初に沈殿する鉱物だ．

35）同位体とは，中性子を余分にもっていて，電荷は同じだが質量数が異なる元素のこと．

36）この斬新なアイデアには2つの条件がある．まず，化石中の炭が自然火災でできたということ．以前は，堆積岩から出てくる黒くくすんだこの物質を，湿って腐敗した結果できたものかもしれないと考える研究者もいた．こうした考え方はレディング大学のトマス・ハリスによって覆された．これについては，Harris, T.M.（1958）Forest fire in the Mesozoic. *Journal of Ecology*, **46**, 447–53を参照のこと．次の条件は，化石炭の存在が大気中酸素濃度の最低値を決めるということ．この考えは，Cope, M.J. and Chaloner, W.G.（1980）Fossil charcoal as evidence of past atmospheric composition. *Nature*, **283**, 647–9によって提唱された．化石炭が本当に過去の酸素濃度を反映しているかどうかについては議論があった．反対意見については，Clark, F.R.S. and Russell, D.A.（1981）Fossil charcoal and the palaeoatmosphere. *Nature*, **290**, 428を参照されたい．同じページにはコープとシャロナーによる反論が載っている．

37) コープとシャロナーの研究（前註参照）の後，より古い時代の自然火災が見つかっている．Glasspool, I.J., Edwards, D., and Axe, L.（2004）Charcoal in the Silurian as evidence for the earliest wildfire. *Geology*, **32**, 381–3.

38) Beerling, D.J., Woodward, F.I., Lomas, M.R. *et al.*（1998）The influence of Carboniferous palaeo-atmospheres on plant function: an experimental and modelling assessment. *Philosophical Transactions of the Royal Society*, **B353**, 131–40.

39) ルビスコとは，リブロース－1,5－ビスリン酸・カルボキシラーゼ／オキシナーゼの略．カルボキシラーゼ／オキシナーゼの末端は，二酸化炭素分子（カルボキシラーゼ）と酸素分子（オキシナーゼ）の固定を触媒するという二つの機能を持っている．

40) Beerling, D.J., Lake, J.A., Berner, R.A. *et al.*（2002）Carbon isotope evidence implying high O_2 / CO_2 ratios in the Permo-Carboniferous atmosphere. *Geochimica et Cosmochimica Acta*, **66**, 3757–67.

41) 酸素濃度の異なる条件下で植物を育てた実験は，詳細な仕組みについても豊かな知見をもたらしてくれた．Raven, J.A., Johnston, A.M., Parsons, R., and Kubler, J.（1994）The influence of natural and experimental high O_2 concentrations on O_2 evolving phototrophs. *Biological Reviews*, **69**, 61–94.

42) 過去の酸素濃度を計算する二つの方法である「原子存在量」アプローチと「岩石存在量」アプローチは適合する．Berner, R.A., Petsch, S.T., Lake, J.A. *et al.*（2000）Isotope fractionation and atmospheric oxygen: implications for Phanerozoic O_2 evolution. *Science*, 287, 1630–3を参照のこと．より詳しいことは，Berner, R.A.（2001）Modeling atmospheric O_2 over Phanerozoic time. *Geochimica et Cosmochimica Acta*, **65**, 685–94.

43) Beerling, D.J., McGlashon, H., and Wellman, C.（2006）Palaeobotanical evidence for a late Palaeozoic rise in atmospheric oxygen. *Geobiology*, in preparation. 右も参照のこと．Beerling *et al.*, Carbon isotope evidence implying high O_2 / CO_2 ratios in the Permo-Carboniferous atmosphere（前掲註40）.

44) Berner, R.A. and Landis, G.P.（1987）Chemical analysis of gaseous bubble inclusions in amber: composition of the ancient air? *American Journal of Science*, **287**, 757–62; Berner, R.A. and Landis, G.P.（1988）Gas bubbles in fossil amber as possible indicators of the major gas composition of ancient air. *Science*, **239**, 1406–9.

45) 琥珀中の泡から過去の大気の構成を知るという手法の是非をめぐっては，その技術面の問題に関する5ページの概説がある：Is air in amber ancient? *Science*, 241, 717–21（1988）.この手法に対する批判のほとんどは，琥珀が泡の中にガスを封じこめてはおけないだろうというものだ．ランディスとバーナーはこうした批判を正面から受け止め，自分たちの手法を論理的に弁護した（*Science*, **241**, 721–4）．しかし，過去の大気構成測定に琥珀が使えるかどうかについては，結局疑問が残るままだった．その後，泡から空気が漏れ出す疑いは，アルゴン同位体をつかった研究によって否定された．右の文献を参照のこと．Landis, G.P. and Snee, L.W.（1991）^{40}Ar / ^{39}Ar systematics and argon diffusion in amber: implications for ancient earth atmospheres. *Palaeogeography, Palaeoclimatology, Palaeoecology*（Global Change Section）, **97**, 63–7.

46) Robinson, J.M.（1990）Lignin, land plants, and fungi: biological evolution affecting Phanerozoic oxygen balance. *Geology*, **15**, 607–10, および，Robinson, J.M.（1990）The burial of organic carbon as affected by the evolution of land plants. *Historical Biology*, **3**, 189–201.

47) 前項に挙げた文献参照.

48) Rayner, J.M.V. (2003) Gravity, the atmosphere and the evolution of animal locomotion. In *Evolution on planet Earth: the impact of the physical environment* (ed. L.J. Rothschild and A.M. Lister), pp. 161–83. Academic Press, Amsterdam.

49) Westneat, M.W., Betz, O., Blob, R.W. *et al.* (2003) Tracheal respiration in insects visualized with synchrotron X-ray imaging. *Science*, **299**, 558–60.

50) このような悪条件にもかかわらず，昆虫は動物のなかでもっとも酸素消費率が高く，すぐれた耐久力を備えている．たとえば Harrison, J.F. and Roberts, S.P. (2000) Flight respiration and energetics. *Annual Review of Physiology*, **62**, 179–206.

51) この仮説はもともと Graham, J.B., Dudley, R., Aguilar, N.M., and Gans, C. (1995) Implications of the late Palaeozoic oxygen pulse for physiology and evolution. *Nature*, **375**, 117–20が議論の俎上に載せたものだ．詳しくは Dudley, R. (1998) Atmospheric oxygen, giant Paleozoic insects and the evolution of aerial locomotor performance. *Journal of Experimental Biology*, **201**, 1043–50, および Harrison, J.F. and Lighton, J.R.B. (1998) Oxygen-sensitive flight metabolism in the dragonfly *Erythemis simplicicollis*. *Journal of Experimental Biology*, **201**, 1739–44などを参照のこと．

52) Chapelle, G. and Peck, L.S. (1999) Polar gigantism dictated by oxygen availability. *Nature*, **399**, 114–15.

53) もちろん，少数だが反対派もいる．彼らによると，動物が水から取り込む酸素量は，その水の酸素濃度の絶対値とは関係なく，ガス交換する表面までの勾配と関係する．単位あたりでみると，極地域の海水は熱帯の水より多くの酸素を含んでいる．しかし，その分圧は同じはずだ．その結果，酸素の取り込みを決める勾配はどちらの水でも同じになる．Spicer, J.I. and Gaston, K.J. (1999) Amphipod gigantism dictated by oxygen availability. *Ecology Letters*, **2**, 397–403を参照のこと．この専門的な指摘は，しかし，不備が指摘されている．それについては，Peck, L.S. and Chapelle, G. (1999) Reply. *Ecology Letters*, **2**, 401–3を参照されたい．この説は，標高3809メートルにあるチチカカ湖の淡水にすむ端脚類についての研究によって否定された．Peck, L.S. and Chapelle, G. (2003) Reduced oxygen at high altitude limits maximum size. *Proceedings of the Royal Society of London* (Supplement), **B270**, S166–S167を参照のこと．

54) ダッドリーの「フライ・プッシング」実験と，過去の酸素濃度の変化に関連した事項（地球化学，植物，昆虫，そして火）の総説は，Berner, R.A., Beerling, D.J., Dudley, R. *et al.* (2003) Phanerozoic atmospheric oxygen. *Annual Review of Earth and Planetary Sciences*, **31**, 105–34.

55) 他の研究では，酸素の濃度が40％のとき，21％のときにくらべて暖かい条件下ではショウジョウバエがオスで10％，メスで６％重くなった．しかし，寒い条件下ではこの効果は見られなかった．Frazier, M.R., Woods, H.A., and Harrison, J.F. (2001) Interactive effects of rearing temperature and oxygen on the development of *Drosophila melangaster*. *Physiological and Biochemical Zoology*, **74**, 641–50.

56) 酸素が老化に果たす役割について易しい読み物は Lane, N. (2002) *Oxygen: the molecule that made the world*. Oxford University Press. より専門的な解説は Halliwell, B. and Guttridge, J.M.C. (1999) *Free radicals in biology and medicine*. Oxford University Press.

57) 昆虫が余分な二酸化炭素の発散を防ぎ，酸素によるダメージを減らすために気管を閉

じるという考えは，Hetz, S.K. and Bradley, T.J.（2005）Insects breathe discontinuously to avoid oxygen toxicity. *Nature*, **433**, 516–19で提唱された．右の文献も参照のこと．Burmester, T.（2005）A welcome shortage of breath. *Nature*, **433**, 471–2.

58）たとえばショウジョウバエの気管支の管は，酸素が高濃度だと小さくなり，低濃度だと大きくなる．Henry, J.R. and Harrison, J.F.（2004）Plastic and evolved responses of tracheal dimensions to varied atmospheric oxygen content in *Drosophila melangaster*. *Journal of Experimental Biology*, **207**, 3559–67.

59）McAlester, A.L.（1970）Animal extinction, oxygen consumption, and atmospheric history. *Journal of Paleontology*, **44**, 405–09.

60）Greenlee, K.J. and Harrison, J.F.（2004）Development of respiratory function in the American locust *Schistocerca americana*. I. Across-instar effects. *Journal of Experimental Biology*, **207**, 497–508.

61）Huey, R.B. and Ward, P.D.（2005）Hypoxia, global warming and terrestrial late Permian extinctions. *Science*, **308**, 398–401. 右の文献も参照．Kerr, R.A.（2005）Gasping for air in Permian hard times. *Science*, **308**, 337.

62）Huey and Ward, Hypoxia, global warming and terrestrial late Permian extinctions（前項）.

63）燃焼が酸素濃度を25%以下に抑えているという斬新な仮説は，ガイア仮説の提唱者たちによって提出された．この考えは，紙テープをさまざまな気体の中で燃やす実験を根拠にしている．Watson, A., Lovelock, J.E., and Margulis, L.（1978）Methanogenesis, fires and the regulation of atmospheric oxygen. *Biosystems*, **10**, 293–8.

64）Lovelock, J.E. and Watson, A.J.（1982）The regulation of carbon dioxide and climate: Gaia or geochemistry? *Planetary Space Science*, **30**, 795–802.

65）*Ibid.*

66）Lovelock, J.（1979）*Gaia: A new look at life on Earth*. Oxford University Press.

67）先史時代の森林は，酸素濃度が高くても現在の森林より燃えにくかったと考えられる．Wildman, R.A., Hickey, L.J., Dickinson, M.B. *et al.*（2004）Burning of forest materials under late Palaeozoic high atmospheric oxygen levels. *Geology*, **32**, 457–60.

68）負のフィードバック循環についてはVan Cappellen, P. and Ingall, E.D.（1996）Redox stabilization of the atmosphere and oceans by phosphorus-limited marine productivity. *Science*, **271**, 493–6を，またその解説についてはKump, L.R. and Mackenzie, F.T.（1996）Regulation of atmospheric O_2 : feedback in the microbial feedbag. *Science*, **271**, 459–60を参照のこと．

69）火事，リン，そして海でのフィードバックが合わさることで，過去5億年のあいだに酸素が急上昇することを抑えてきたと言われている．Bergman, N.N., Lenton, T.M., and Watson, A.J.（2004）COPSE: a new model of biogeochemical cycling over Phanerozoic time. *American Journal of Science*, **304**, 397–437.

70）Kuhlbusch, T.A.J. and Crutzen, P.J.（1995）Toward a global estimate of black carbon residues of vegetation fires representing a sink of atmospheric CO_2 and a source of O_2. *Global Biogeochemical Cycles*, **4**, 491–501.

71）火事が起きやすいような陸上生態系が進化や多様化を遂げた経緯は，古生代後期，大気中の酸素が増加した時代の化石によく残っている．Scott, A.C. and Glasspool, I.J.（2006）The diversification of Paleozoic fire systems and fluctuations in atmospheric oxygen concentration. *Proceedings of the National Academy of Sciences, USA*, **103**, 10861–5.

72）Owen, R.（1842）Report on British fossil reptiles. *Report of the British Association for the Advance-*

ment of Science **1841**, 60–204.

73) Vandenbrooks, J. (2004) The effect of varying pO_2 on vertebrate evolution. Abstract, 31–12. 2004 Geological Society of America Annual Meeting, Denver, Colorado.

74) Ebelmen, Sur les produits de la decomposition des especes minérales de la famile des silicates（前掲註16）.

第３章　オゾン層大規模破壊はあったのか？

1) ケンブリッジ大学の試験は，いまでもトライパスという名前で知られている．ただその名前は，試験の主題が３つに分かれているからではなく，受験生たちが座っていた昔の椅子が不安定な３脚からできていたことに由来する．

2) Warwick, A. (2003) *Masters of theory: Cambridge and the rise of mathematical physics*. University of Chicago Press.

3) Grattan-Guiness, I. (1972) A mathematical union: William Henry Young and Grace Chisholm Young. *Annals of Science*, **29**, 105–86.

4) Egerton, A.C. (1949) Lord Rayleigh. *Obituary Notices of Fellows of the Royal Society*, **6**, 502–49.

5) Schönbein, C.F. (1840) Beobachtungen über den bei der Elektrolysation des Wassers und dem Ausströmen der gewöhnlichen Elektricität aus Spitzen sich entwickelnden Geruch. *Poggendorff's Annalen der Physik und Chemie*, **50**, 616–35: Schönbein, C.F. (1841) An account of researches in electrochemistry, in *Report of the British Association for the Advancement of Science for 1840*, pp. 209–15, Taylor, London. シェーンバインの研究に関する手頃な総説は，Rubin, M.B. (2001) The history of ozone: the Schönbein period, 1839–1868. *Bulletin for the History of Chemistry*, **26**, 40–56.

6) シェーンバインは，爆発性がきわめて強い硝酸化合物を発案したことでも知られている．その時の逸話はこうだ．彼はある日，こぼした化学薬品を綿のエプロンで拭いて，それを外に干しておいた．するとエプロンは爆発したのだ．そこで彼は，原因となった化学物質を求めて分析を試みた．彼自身はその種の硝酸化合物を作ることに失敗したが，やがてはプラスチック爆弾が作られるであろうことを予見した．Williams, T.I. (ed.) (1982) *A biographical dictionary of scientists*. John Wiley, New York.

7) 成層圏のオゾンは，太陽からやってくる波長200－400nm（１nm ＝１ナノメートル＝10のマイナス９乗メートル）の紫外線を吸収する．太陽光をプリズムで分光すると，紫外線部分はUV-A，UV-B，UV-Cの３つに分かれる．UV-Aは波長315－400nmの光線で，老化や日焼けをもたらす．UV-Bは波長280－315nmで，生物にとってもっとも有害な光線．UV-Cは波長200－280nmで，地面に届く前に大気に吸収されてしまう．

8) Cornu, A. (1879) Sur l'absorption par l'atmosphère des radiations ultra-violettes. Comptes Rendus, 88, 1285–90.

9) Hartley, W.N. (1881) On the absorption spectrum of ozone. *Journal of the Chemical Society*, **39**, 57–60.

10) 光が吸収された帯は，最初ウィリアム・ハギンズに発見され，「ハギンズ帯」と名付けられた．Huggins, W. (1890) On the limit of solar and stellar light in the ultra-violet part of the spectrum. *Proceedings of the Royal Society, Series A*, **48**, 133–6.

11）４の文献に引用されている．詳しくは Fowler, A. and Strutt, R.J.（1917）Absorption bands of atmospheric ozone in the spectra of sun and stars. *Proceedings of the Royal Society, Series A*, **93**, 577–86.

12）Strutt, R.J.（1918）Ultra-violet transparency of the lower atmosphere, and its relative poverty in ozone. *Proceedings of the Royal Society, Series A*, **94**, 260–8.

13）Egerton, Lord Rayleigh（前掲註４）.

14）オゾン層の高さを推測した彼らの独創的な方法については，Götz, F.W.P., Meetham, A.R., and Dobson, G.M.B.（1934）The vertical distribution of ozone in the atmosphere. *Proceedings of the Royal Society, Series A*, **145**, 416–46. この研究以前，フランスの二人組，シャルル・ファブリ（1867 – 1945）とアンリ・ビュソン（1873 – 1944）も測定器を設計していた．その測定器では特定の波長の太陽光が吸収される量を測り，大気中（地表から大気の上端までのあいだ）のオゾン総量を知ることができる．彼らの計算では，温度と気圧が基準値のとき，全オゾン量は厚さ約５ミリの層にすぎなかった．のちに，彼らの計算は驚くほど正確だったことがわかる．現在認められている値は約３ミリなのだ．彼らはオゾンが太陽の紫外線で作られるという仮説を立て，もしこれが正しければ，オゾンの大半は40キロの高さに分布しているだろうと考えた．彼らの研究については，Fabry, C. and Buisson, H.（1913）L'absorption de l'ultraviolet par l'ozone et la limite du spectre solaire. *Journal de Physique*, **3**（Série 5）, 196–206を参照のこと．

15）Chapman, S.（1930）A theory of upper-atmospheric ozone. *Memoirs of the Royal Meteorological Society*, **3**, 103–25.

16）Teisserenc de Bort, L.P.（1902）Variations de la température de l'air libre dans la zona comprise entre 8 km et 13 km d'altitude. *Compres Rendus de l'Académie des Sciences de Paris*, **134**, 987–9.

17）Crutzen, P.J.（1970）The influence of nitrogen oxides on the atmospheric ozone content. *Quarterly Journal of the Royal Meteorological Society*, **96**, 320–5.

18）Pearce, F.（2003）High flyer. *New Scientist*, 5 July, pp. 44–7.

19）これが自然現象であることを確認するのが重要だということで，２つの方法が実施された．まず機械を取り替えてみたが，次の春も同じような測定値になった．つぎにハリー基地で長期間のデータを取っていた機械をケンブリッジに送って，補正値を再確認した．しかし，やはり計測値は正しかった．Farman, J.C., Gardiner, B.G., and Shanklin, J.D.（1985）Large losses of total ozone reveal seasonal ClO_x / NO_x interactions. *Nature*, **315**, 207–10.

20）発見については，前述の論文にある．その後，南極での大規模なオゾン減少について，自分たちの方が先に発見したと主張するライバルグループが現われた．彼らの主張では，デュルモン・デュルヴィルにあるフランスの南極基地から採取したデータを再解析したところ，1958年に南極のオゾンの減少を見つけていたというのだ．しかし，これは確認方法に根拠が見られず，信頼度の高い他の測定との食い違いが見られる．詳しくは Newman, P.A.（1994）Antarctic total ozone in 1958. *Science*, **264**, 543–6参照．次に出てきたのはもっと深刻な訴えだった．昭和基地の日本人グループがイギリスの発表より一年前，きわめて低いオゾン量を1982年の９月と10月に昭和基地周辺で見つけたと会議で報告していたというのだ．このデータは，Chubachi, S.（1984）Preliminary result of ozone observation at Syowa Station from February 1982 to January 1983. *Memoirs of the National Institute of Polar Research*, Special Issue, **34**, 13–19に発表されている．しかし現在では，この

中鉢のデータはイギリスのものとはちがう種類のもので，期間も短いし緯度も低いことから，極渦という南極を取り巻く気流の端の不安定な天候に影響を受けたものだと考えられている．Chubachi, S. and Kajiwara, R.（1986）Total ozone variation. *Geophysical Research Letters*, **13**, 1197–8も参照のこと．

21）Benedick, R.E.（1991）*Ozone diplomacy*. Harvard University Press, Cambridge, MA.

22）Stolarski, R.S., Kruger, A.J., Schoeberl, M.R. *et al.*（1986）Nimbus-7 satellite measurements of the springtime Antarctic ozone decrease. *Nature*, **322**, 808–11.

23）この出来事にまつわるさまざまな逸話を網羅したのが，Christie, M.（2000）*The ozone layer: a philosophy of science perspective*. Cambridge University Press.

24）最初に懸念が表面化したのは，多くの超音速飛行機が出した排ガスによってオゾン層が破壊される恐れについてだった．第二次世界大戦後に技術が急速に進み，1962年まで，超音速飛行機を旅客用に広く利用しようという機運が高まっていた．そこにクルッツェンの研究（「大気中のオゾン量に対する酸化窒素の影響」（前掲註17））が現れた．それによって，超音速飛行機の出す大量の酸化窒素がオゾン層の深刻な破壊につながることに人々の関心が集まった．これについては，Johnston, H.S.（1971）Reduction of stratospheric ozone by nitrogen oxide catalysts from super-sonic transport exhaust. *Science*, **173**, 517–22を参照．しかし，実際には超音速飛行機が広く使われることはなかったため，関心は薄れてしまった．

25）南極のオゾン減少の要因を探る最初の研究は，1986年にアメリカの研究者グループが結成した「アメリカ第一オゾン実験」，および1987年の「アメリカ第二オゾン実験」だった．塩素が原因物質であることの「決定的証拠」があると結論づけた有名な報告は，Anderson, J.G., Brune, W.H., and Proffitt, M.H.（1989）Ozone destruction by chlorine radicals within the Antarctic vortex: the spatial and temporal evolution of ClO / O_3 anticorrelation based on in situ ER-2 data. *Journal of Geophysical Research*, **94**, 11465–79.

26）北極上空のオゾンホールは南極ほど深刻ではない．というのも，ヒマラヤとロッキー山脈を渡る空気の流れが大気の対流を作っているため，北極は南極ほどひどい超低温にはならないからだ（おなじ地域が，地上では嵐の通り道になっている）．この空気の流れはときに成層圏まで達し，中程度の上空にある温かい空気を冷たい空気と混ぜるため，冬や春の温度が南極ほど下がらない．World Meteorological Organization（1991）*Scientific assessment of ozone depletion; 1991*. Report 44. WMO, Geneva.

27）シャーウッド・ローランドとマリオ・モリナは，フロンガスが成層圏で分解して塩素原子を放出し，この塩素原子が触媒作用を起こしてオゾンを破壊するだろうと訴えた．これについては，Molina, M.J. and Rowland, F.S.（1974）Stratospheric sinks for chlorofluorocarbons: chlorine catalyzed destruction of ozone. *Nature*, **249**, 810–14を参照のこと．ローランドとモリナの研究は南極のオゾンホールの原因を解明し，モントリオール議定書でフロンガスを禁止することにつながった．彼らは1995年，クルッツェンとともにノーベル化学賞を受賞している．http://nobelprize.org/nobel_prizes/ chemistry/laureates/1995/press.html を参照のこと．これに関する最近書かれた総説には，Rowland, F.S.（2006）Stratospheric ozone depletion. *Philosophical Transactions of the Royal Society*, **361**, 769–90がある．モリナとローランドの研究の出発点は，ジェイムズ・ラブロックの観察にある．ラブロックは，フロンガス，すなわち自然界には存在しないガスがアイルランドのような田舎の上空に存在していて，そののちR. V. シャックルトンがイギリスから南極へ航海した

とき採取した空気の中にも，ほとんど工場で生産された量と同じだけの割合で入っていたことを明らかにした．これについては，ラブロックの Lovelock, J.E.（1971）Atmospheric fluorine compounds as indicators of air movements. *Nature*, **230**, 379; Lovelock, J.E.（1973）Halogenated hydrocarbons in and over the Atlantic. *Nature*, 241, 194–6を参照のこと．ラブロックが残念に思っているのは，1973年の論文で，「フロンガスが存在しても，何の危険性も考えられない」と書いてしまったことだ．

28）Solomon, S.（2004）The hole truth. *Nature*, **427**, 289–91; Weatherhead, E.C. and Andersen, S.B.（2006）The search for signs of recovery of the ozone layer. *Nature*, **441**, 39–45.

29）前掲註 7 を参照.

30）United Nations Environment Programme（1998）*Environmental effects of ozone depletion: 1998 Assessment*. UNEP, Nairobi, Kenya.

31）World Meteorological Organization（2002）*Scientific assessment of ozone depletion*. Global ozone research and monitoring report No. 47. WMO, Geneva.

32）Ruhland, C.T. and Day, T.A.（2000）Effects of ultraviolet-B radiation on leaf elongation, production and phenylpropanoid concentrations of *Deschampsia antarctica* and *Colobanthus quitensis* in Antarctica. *Plant Physiology*, **109**, 244–51; Xiong, F.S. and Day, T.A.（2001）Effect of solar ultraviolet-B radiation during springtime ozone depletion on photosynthesis and biomass production of Antarctic vascular plants. *Plant Physiology*, **125**, 738–51.

33）Smith, R.C., Prézelin, B.B., Baker, K.S. *et al.*（1992）Ozone depletion: ultraviolet radiation and phytoplankton biology in Antarctic waters. *Science*, **255**, 952–9.

34）Cockell, C.S.（1999）Crises and extinction in the fossil record: a role for ultraviolet radiation. *Paleobiology*, **25**, 212–25.

35）Marshall, H.T.（1928）Ultra-violet and extinction. *American Naturalist*, **62**, 165–87.

36）さまざまな目撃報告や大気への影響を集めたのが，Whipple, F.J.W.（1930）The great Siberian meteor and the waves, seismic and aerial, which it produced. *Quarterly Journal of the Royal Meteorological Society*, **56**, 287–304. 前掲註37–39も参考のこと．

37）Chyba, C.F., Thomas, P.J., and Zahnle, K.J.（1993）The 1908 Tunguska explosion: atmospheric disruption by a stony asteroid. *Nature*, **361**, 40–4.

38）Turco, R.P., Toon, O.B., Park, C. *et al.*（1982）An analysis of the physical, chemical, optical and historical impacts of the 1908 Tunguska meteor fall. *Icarus*, **50**, 1–52.

39）Turco, R.P., Toon, O.B., Park, C. *et al.*（1981）Tunguska meteor fall of 1908: effects on stratospheric ozone. *Science*, **214**, 19–23.

40）Dobson, G.M.B.（1968）Forty years' research on atmospheric ozone at Oxford: a history. *Applied Optics*, **7**, 387–405.

41）Whipple, The great Siberian meteor and the waves, seismic and aerial, which it produced（前掲註36）.

42）*Ibid.*

43）6500万年前に太陽系から飛んできて地球にぶつかり恐竜を絶滅させた天体の塊は，トゥングスカの天体より約100万倍大きかった．これによってできた，オゾン層を破壊する窒素の量もずっと多かっただろう．しかし，このときにオゾン層が破壊されたかどうかについては，私たちには何の証拠もない．このときの天体は硫酸塩に富んでいたので，衝突時に硫酸塩の霞ができ，破れたオゾン層から紫外線が過度に入りこむのを

防いでくれたかもしれない．研究者のなかには，このおかげで両生類は，白亜紀終焉時の天体衝突後に起こった「紫外線の春」の悪影響を生き延びることができたと考える者もいる．Cockell, C.S. and Blaustein, A.R.（2000）'Ultraviolet spring' and the ecological consequences of catastrophic impacts. *Ecology Letters*, **3**, 77–81を参照．両生類は，紫外線が壊したDNAを修復する能力に劣っているため，紫外線が少し高まっただけでも悪影響を受ける．白亜紀の末，もしあの天体衝突が地球の別の場所を襲っていたとしたら一体どうなっていただろう．

44）McCormick, M.P., Thomason, L.W., and Trepte, C.R.（1995）Atmospheric effects of the Mt Pinatubo eruption. *Nature*, **373**, 399–404.

45）Newhall, C.G. and Punongbayan, R.S.（1996）*Fire and mud: eruptions and lahars of Mount Pinatubo, Philippines*. United States Geological Survey. web上で読める．http://pubs.usgs.gov/pinatubo/index.html

46）Brausseur, G. and Granier, C.（1992）Mount Pinatubo aerosols, chlorofluorocar-bons, and ozone depletion. *Science*, **257**, 1239–42.

47）この噴火に関する衛星観測データは，右の文献にまとめられている．Solomon, S.（1999）Stratospheric ozone depletion: a review of concepts and history. *Review of Geophysics*, **37**, 275–316.

48）McCormick *et al.*, Atmospheric effects of the Mt Pinatubo eruption（前掲註44），およびNewhall and Punongbayan, *Fire and mud*（前掲註45）.

49）McCormick *et al.*, Atmospheric effects of the Mt Pinatubo eruption（前掲註44），およびNewhall and Punongbayan, *Fire and mud*（前掲註45）.

50）Vogelmann, A.M., Ackerman, T.P., and Turco, R.P.（1992）Enhancements of biologically effective ultraviolet radiation following volcanic eruptions. *Nature*, **359**, 47–9.

51）Courtilott, V.（1999）*Evolutionary catastrophes: the science of mass extinctions*. Cambridge University Press.

52）ただし，この噴火が地元の環境を大きく変えたのは確かだ．酸性雨を降らせ，作物はだめになった．人も家畜も多くが飢えて死んだ．Sigurdsson, H.（1982）Volcanic pollution and climate: the 1783 Laki eruption. *Eos Transactions*, **63**, 601–2; Thordarson, T and Self, S.（2003）Atmospheric and environmental effects of the 1783–84 Laki eruption: a review and assessment. *Journal of Geophysical Research*, **108**, doi:10.1029/ 2001JD002042.

53）Johnston, D.A.（1980）Volcanic contribution of chlorine to the stratosphere: more significant to ozone than previously estimated? *Nature*, **209**, 491–3.

54）ペルム紀終わりの絶滅について最近書かれた総説は，Benton, M.J. and Twitchett, R.J.（2003）How to kill（almost）all life: the end-Permian extinction event. *Trends in Ecology and Evolution*, **18**, 358–65. その原因として一般に受け入れられている通説については，Benton, M.J.（2003）*When life nearly died: the greatest mass extinction of all time*. Thames and Hudson, London.

55）ペルム紀／三畳紀境界の植生変化について，地球規模で論じたものには，Knoll, A.H.（1984）Patterns of extinction in the fossil record of vascular plants. In *Extinctions*（ed. M. Nitecki）, pp. 21–69. University of Chicago Press; Rees, P.M.（2002）Land-plant diversity and the end-Permian mass extinction. *Geology*, **30**, 827–30.

56）ペルム紀末期およびその後の陸上生態系の荒廃と再生について，化石記録から記載した論文は，Looy, C.V., Brugman, W.A., Dilcher, D.L., and Visscher, H.（1999）The delayed re-

surgence of equatorial forests after the Permian-Triassic ecologic crisis. *Proceedings of the National Academy of Sciences, USA*, **96**, 13857–62; Looy, C.V., Twitchett, R.J., Dilcher, D.L. *et al.* (2001) Life in the end-Permian dead zone. *Proceedings of the National Academy of Sciences, USA*, **98**, 7879–83.

57) Visscher, H., Looy, C.V., Collinson, M.E. *et al.* (2004) Environmental mutagenesis during the end-Permian ecological crisis. *Proceedings of the National Academy of Sciences, USA*, 101, 12952–6. 右の文献も参照. Pfefferkorn, H.W. (2004) The complexity of mass extinction. *Proceedings of the National Academy of Sciences, USA*, **101**, 12779–80. 異常な化石胞子について，より詳しくは Looy, C.V., Collinson, M.E., Van Konijnenburg-Van Cittert *et al.* (2005) The ultrastructure and botanical affinity of end-Permian spore tetrads. *International Journal of Plant Science*, **166**, 875–87.

58) El Maâtaoui, M. and Pichot, C. (2001) Microsporogenesis in the endangered species *Cupressus dupreziana* A. Camus: evidence for meiotic defects yielding unreduced and abortive pollen. *Planta*, **213**, 543–9.

59) DiMichele, W.A., Davis, J.I., and Ormstead, R.G. (1989) Origins of heterospory and the seed habit: the role of heterochrony. *Taxon*, **38**, 1–11.

60) Foster, C.B. and Afonin, S.A. (2005) Abnormal pollen grains: an outcome of deteriorating atmospheric conditions around the Permian-Triassic Boundary. *Journal of the Geological Society*, **162**, 653–9.

61) Schindewolf, O.H. (1954) Über die Faunenwende vom Paläozoikum zum Mesozoikum. *Zeitschrift der Deutschen Geologischen Gesellschaft*, **105**, 153–82.

62) 超新星の爆発が大絶滅の原因で，恐竜の絶滅にも寄与したと考える説には，Terry, K.D. and Tucker, W.H. (1968) Biologic effects of supernovae. *Science*, **159**, 421–3; Russell, D. and Tucker, W. (1971) Supernovae and the extinction of the dinosaurs. *Nature*, **229**, 553–4などがある．

63) 専門的には，天文学者たちが検知したいわゆるソフトガンマ線放射は，ガンマ線バーストの際できるガンマ線放射とは違う部類の明るいガンマ線放射だった．Palmer, D.M., Barthelmy, S., Gehrels, N. *et al.* (2005) A giant γ-ray flare from the magnetar SGR 1806–20. *Nature*, **434**, 1107–9. また，以下の解説も参照のこと．Lazzati, D. (2004) A certain flare. *Nature*, **434**, 1075–6.

64) Crutzen, P.J. and Bruhl, C. (1996) Mass extinctions and supernova explosions. *Proceedings of the National Academy of Science, USA*, **93**, 1582–4.

65) Gehrels, N., Laird, C.M., Jackman, C.H. *et al.* (2003) Ozone depletion from nearby supernovae. *Astrophysical Journal*, **585**, 1169–76.

66) カンザス大学のチームは，4億4千万年前のオルドビス紀末期にはガンマ線バーストでオゾン層が破壊され，海洋動物が大量に絶滅したと主張している．Thomas, B.C., Jackman, C.H., Melott, A.L. *et al.* (2005) Terrestrial ozone depletion due to a Milky Way gamma-ray burst. *Astrophysical Journal*, **622**, L153–L156; Melott, A.L., Lieberman, B.S., Laird, C.M. *et al.* (2004) Did a gamma-ray burst initiate the late Ordovician mass extinction? *International Journal of Astrobiology*, **3**, 55–61を参照のこと．これらの文献の著者によると，化石に残った海洋動物の絶滅パターンは，それらの動物が棲んでいた水位と関係があるという．水は，紫外線の影響を非常に小さくする．したがってもっとも被害が大きいのは，海水面で繁殖するプランクトン幼生だと考えられる．しかし，地球外の出来事によってオゾンの

部分的破壊が数年続いたからといって，それが大絶滅につながるのかどうかは大きな疑問となっている．結局のところ，現在わかっているように毎年春に南極上空のオゾンが半分に減っても，生物が激減しているわけではない．上の仮説がこうした疑問を乗り越えることは，とくに経験的データによって反証をあげにくい点からいっても難しいと思われる．この仮説は，地球化学的な面では反証可能な部分もあるが，証拠が保存されていたとしてもごくわずかでしかないだろうことを著者たち自身が認めている．

67）Pavlov, A.A., Pavlov, A.K., Mills, M.J. *et al.*（2005）Catastrophic ozone loss during passage of the Solar system through an interstellar cloud. *Geophysical Research Letters*, **32**, L01815, doi:10/1029/2004GL021601.

68）太陽風はおそらく，過去40億年のうち100回以上弱まったことがある．太陽系が天の川を通る際，星間物質が密に詰まった雲にぶつかるためだ．地球の磁場も，溶けた核の動態によって磁極が反転するとき低下してしまう．

69）Pavlov *et al.*, Catastrophic ozone loss during passage of the Solar system through an interstellar cloud（前掲註67）．

70）Reid, G.C., Isaksen, I.S.A., Holzer, T.E., and Crutzen, P.J.（1976）Influence of ancient solar-proton events on the evolution of life. *Nature*, **259**, 177–9; Reid, G.C., McAfee, J.R.M., and Crutzen, P.J.（1978）Effects of intense stratospheric ionisation events. *Nature*, **275**, 489–92.

71）Wignall, P.B.（2001）Large igneous provinces and mass extinctions. *Earth-Science Reviews*, **53**, 1–33.

72）絶滅の年代決定は，新たな岩石切片を対象に新たな放射年代測定法を用いることによって成功した．Bowring, S.A., Erwin, D.H., Jin, Y.G. *et al.*（1998）U/ Pb zircon geochronology and tempo of the end-Permian mass extinction. *Science*, **280**, 1039–45; Reichow, M.K. *et al.*（2002）^{40}Ar / ^{39}Ar dates from the West Siberian Basin: Siberian flood basalt province doubled. *Science*, **296**, 1846–9.

73）たとえば，Czamanske, G.K., Gurevitch, A.B., Fedorenko, V., and Simonov, O.（1998）Demise of the Siberian plume: paleogeographic and paleotectonic reconstruction from the prevolcanic and volcanic record, North-Central Siberia. *International Geology Review*, **40**, 95–113などを参照．

74）Melnikov, N.V., Khomenko, A.V., Kuznetsova, E.N., and Zhidkova, L.V.（1997）The effect of traps on salt redistribution in the lower Cambrian of the western Siberian platform. *Russian Geology and Geophysics*, **38**, 1378–84.

75）Kontorovich, A.E., Khomenko, A.V., Burshtein, L.M. *et al.*（1997）Intense basic magmatism in the Tunguska petroleum basin, eastern Siberia, Russia. *Petroleum Geoscience*, **3**, 359–69.

76）シベリアでのボーリング調査で得られた石炭と石油の化学分析から，これらの堆積物が実際，埋まった後ではなく，本文に書いたような状態で高い熱を受けたことがわかった．以下の文献を参照のこと．*Ibid.*; Al'Mukhamedov, A.I., Medvedev, A.Y., and Zolotukhin, V.V.（2004）Chemical evolution of the Permian-Triassic basalts of the Siberian platform in space and time. *Petrology*, **12**, 339–53.

77）ヴィッセルらの主張による．Environmental mutagenesis during the end-Permian ecological crisis（前掲註57）．

78）Campbell, I.H., Czamanske, G.K., Fedorenko, V.A. *et al.*（1992）Synchronism of the Siberian Traps and the Permian-Triassic boundary. *Science*, **258**, 1760–3.

79）Kamo, S.L., Czamanske, G.K., Amelin, Y. *et al.*（2003）Rapid eruption of Siberian flood-volcanic rocks and evidence for coincidence with the Permian-Triassic boundary and mass extinction at 251 Ma. *Earth and Planetary Science Letters*, **214**, 75–91.

80）Thordarson, Th. and Self, S.（1996）Sulfur, chlorine and fluorine degassing and atmospheric loading by the Roza eruption, Columbia River Basalt Group, Washington, USA. *Journal of Volcanology and Geothermal Research*, **74**, 49–73.

81）Beerling, D.J., Harfoot, M., Lomax, B. and Pyle, J.A.（2007）The stability of the stratospheric ozone layer during the end-Permian eruption of the Siberian Traps. *Philosophical Transactions of the Royal Society, Series A*, **365**, 1843–1866. 噴火時に放出されたハロゲン化合物の中で，化学的にもっとも重要だったのが塩酸だ．水にきわめて溶けやすいため，爆発時の噴出流中，成層圏まで達した塩酸は25％近くになると考えられる．これについては Textor, C., Graf, Hans-F., Herzog, M., Oberhuber, J.M.（2003）Injection of gases into the stratosphere by explosive volcanic eruptions. *Journal of Geophysical Research*, **108**, doi:10.1029/2002JD002987を参照のこと．ただし，この値は熱帯地域（すなわち低緯度地域）で起こった噴火には当てはまるが，シベリア・トラップはもっと高緯度で起こった噴火だ．最近おこなわれた研究には，2002年にアイスランドで起こったヘクラ山噴火の際，飛行機をつかって塩酸量を測定したものがある．これによると値はもっと高く，放出された塩酸のうち75％が成層圏に届いたと考えられている．Rose, W.I., Millard, G.A., Mather, T.A. *et al.*（2006）Atmospheric chemistry of a 33–34 hour old volcanic cloud from Hekla Volcano（Iceland）: insights from direct sampling and application of chemical box modeling. *Journal of Geophysical Research*, **111**, doi:10.1029/2005JD006872を参照.

　さらにシベリア・トラップの噴火は，大量の二酸化硫黄を放出したと考えられる．ロシアのこの被害にあった地域では，二酸化硫黄濃度が高い場所で裸子植物の胞子に突然変異がみられた（前掲註80）．これについては例えば Tretyakova, I.N. and Noskova, N.E.（2004）Scotch pine pollen under conditions of environmental stress. *Russian Journal of Ecology*, **35**, 20–6を参照．ただし，二酸化硫黄は急速に硫酸に変わり，雨によって大気圏から洗い流される．シミュレーションでもシベリア・トラップからの二酸化硫黄は，それより低緯度帯にはほとんど届かず，南半球にはまったく届かなかった．そのため二酸化硫黄による汚染では，当時世界規模で起こった胞子の突然変異は説明できない．

82）Kamo *et al.*, Rapid eruption of Siberian flood-volcanic rocks and evidence for coincidence with the Permian-Triassic boundary and mass extinction at 251 Ma（前掲註79）.

83）Beerling *et al.*, Stability of the stratospheric ozone layer during the end-Permian eruption of the Siberian Traps（前掲註81）.

84）Brewer, A.W.（1949）Evidence for a world circulation provided by the measurements of helium and water vapour distribution in the stratosphere. *Quarterly Journal of the Royal Meteorological Society*, **75**, 351–63; Dobson, G.M.B.（1956）Origin and distribution of the polyatomic molecules in the atmosphere. *Proceedings of the Royal Society*, A236, 187–93. ブルーアーやドブソンの同僚だったアメリカ人は最初，彼らの考えを疑っていたそうだ．核兵器が大西洋の熱帯付近で試験され，そこで生みだされた放射性物質が雨となって中高緯度に落ちてきたことでやっと納得したという．これについては，Peirson, D.M.（1971）Worldwide deposition of long-lived fission products from nuclear explosions. *Nature*, **234**, 144–75.

85）Harfoot, M., Beerling, D.J., Lomax, B.H., and Pyle, J.A.（2007）A 2-D atmospheric chemistry

modelling investigation of Earth's Phanerozoic O_3 and near-surface ultraviolet radiation history. *Journal of Geophysical Research*, in press.

86) Berner, R.A.（2005）The carbon and sulphur cycles and atmospheric oxygen from middle Permian to middle Triassic. *Geochimica et Cosmochimica Acta*, **69**, 3211–17.

87) Beerling *et al.*, Stability of the stratospheric ozone layer during the end-Permian eruption of the Siberian Traps（前掲註81）.

88) Benton and Twitchett, How to kill（almost）all life, および，Benton, *When life nearly died*（前掲註54）.

89) 隕石衝突によると思われるクレーターの証拠は Becker, L., Poreda, R.J., Basu, A.R. *et al.*（2004）Bedout: a possible end-Permian impact crater offshore of Northwestern Australia. *Science*, **304**, 1469-75が報告した．報告の直後には，その手法に対して多くの反論が出た．それについては，Wignall, P., Thomas, B., Willink, R., and Watling, J.（2004）Is Bedout an impact crater? Take 1. *Science*, **306**, 609; Renne, P.R., Melosh, H.J., Farley, K.A. *et al.*（2004）Is Bedout an impact crater? Take 2. *Science*, **306**, 610–11を参照．それぞれの反論にはベッカーらからの返答も付随している．

90) 炭素のカゴ（フラーレン）から地球外の希ガスが出てきたという報告は，Becker, L., Poreda, R.J., Hunt, A.G. *et al.*（2001）Impact event at the Permian-Triassic boundary: evidence from extraterrestrial noble gases in fullerenes. *Science*, **291**, 1530–3. この報告にも，あとから非難が殺到した．Farley, K.A. and Mukhopadhyay, S.（2001）An extraterrestrial impact at the Permian-Triassic boundary? *Science*, **293**, U1–U3.

91) Benton and Twitchett, How to kill（almost）all life, および，Benton, *When life nearly died*（前掲註54）.「殺戮モデル」の様々な要素を加えたシミュレーションについては Berner, R.A.（2002）Examination of hypotheses for the Permo-Triassic boundary extinction by carbon cycle modelling. *Proceedings of the National Academy of Sciences, USA*, **99**, 4172–7.

92) *Ibid.*

93) Lamarque, J., Kiehl, J.T., Shields, C., and Boville, B.A.（2005）Atmospheric chemistry response to changes in tropospheric methane concentration: application to the Permian-Triassic boundary. *EOS Transactions, American Geophysical Union Meeting, Supplement*, Abstract B41D–0227; Lamarque, J.F., Kiehl, J.T., Shields, C.A. *et al.* Modeling the response to changes in tropospheric methane concentration: application to the Permian-Triassic boundary. *Paleoceanography*, **21** doi:10.1029/2006PA001276.

94) 海洋の世界的なアノキシアについては，Wignall, P.B. and Twitchett, R.J.（1996）Oceanic anoxia and the end Permian mass extinction. *Science*, **272**, 1155–8. 1996年以来，この説を支持する数々の証拠が報告されている．

95) ペルム紀終わりの地球温暖化が，海洋中の酸素量を減らし海流を停滞させることによってどのようにアノキシアを引き起こしたのかについては，モデルによるシミュレーションが以下の2つの文献に報告されている．Hotinski, R.M., Bice, K.L., Kump, L.R. *et al.*（2001）Ocean stagnation and end-Permian anoxia. *Geology*, **29**, 7–10; Kiehl, J.T. and Shields, C.A.（2005）Climate simulation of the latest Permian: implications for mass extinction. *Geology*, **33**, 757–60.

96) この可能性は，Kump, L.R., Pavlov, A., and Arthur, M.A.（2005）Massive release of hydrogen sulphide to the surface ocean and atmosphere during intervals of oceanic anoxia. *Geology*, **33**, 397–

400によって提唱された．これが起こる化学的なメカニズムには，太陽光によって酸素分子が2つに分かれた結果出てくる反応性の高い単体の酸素と，硫化水素の相互作用が関わっている．単体の酸素は，オゾン層ができる際に欠かせない．クンプらによるモデルでは，硫化水素によって単体の酸素が拭い取られてしまい，オゾン生成が妨げられるという．

97) Meinke, D.W., Cherry, J.M., Dean, C. *et al.* (1998) *Arabidopsis thaliana:* a model plant for genome analysis. *Science*, **282**, 662–82.

98) Preuss, D., Rhee, S.Y., and Davies, R.W. (1998) Tetrad analysis possible in *Arabidopsis* with mutation of the QUARTET (QRT) genes. *Science*, **264**, 1458–60.

99) Rhee, S.Y. and Somerville, C.R. (1998) Tetrad pollen formation in quartet mutants of *Arabidopsis thaliana* is associated with persistence of pectic polysaccharides of the pollen mother cell wall. *Plant Journal*, **15**, 79–88.

100) Rousseaux, M.C., Ballaré, C.L., Giordano, C.V. *et al.* (1999) Ozone depletion and UVB radiation: impact on plant DNA damage in southern South America. *Proceedings of the National Academy of Sciences, USA*, **96**, 15310–15.

101) Ries, G., Heller, W., Puchta, H. *et al.* (2000) Elevated UV-B radiation reduces genome stability in plants. *Nature*, **406**, 98–101. 次の論評も参照．Britt, A.B. (2000) An unbearable beating by light? *Nature*, **406**, 30–1.

102) Moller, A.P. and Mousseau, T.A. (2006) Biological consequences of Chernobyl: 20 years on. *Trends in Ecology and Evolution*, **21**, 200–7.

103) *Ibid.*

104) Moller, A.P. (1993) Morphology and sexual selection in the barn swallow Hirundo rustica in Chernobyl, Ukraine. *Proceedings of the Royal Society*, **B252**, 51–7.

105) Shevchencko, V.A. *et al.* (1996) Genetic consequences of radioactive pollution of the environment caused by the Chernobyl accident for plants' populations. In *Consequences of the Chernobyl catastrophe: environmental health* (ed. V.M. Zakharov and E.Y. Krysanov), pp. 112–26. Centre for Russian Environmental Policy; Sirenko, E.A. (2001) Palynological data from studies of bottom sediments in water bodies of 30-km Chernobyl zone. In *Proceedings of the first international seminar, pollen as indictor of environmental state and paleoecological reconstructions*, pp. 189–90. St Petersburgh［ロシア語．英語の要旨付き］.

106) Rozema, J., Broekman, R.A., Blokker, P. *et al.* (2001) UV-B absorbance and UV-B absorbing compounds (para-coumaric acid) in pollen and sporopollenin: the perspective to track historic UV-B levels. *Journal of Photochemistry and Photobiology*, **62**, 108–17; Rozema, J., Noordijk, A.J., Broekman, R.A. *et al.* (2001) (Poly) phenolic compounds in pollen and spores of Antarctic plants as indicators of solar UV-B. *Plant Ecology*, **154**, 11–26; Rozema, J., van Geel, B., Björn, L.O. *et al.* (2002) Toward solving the UV puzzle. *Science*, **296**, 1621–2.

107) Blokker, P., Boelen, P., Broekman, R., and Rozema, J. (2006) The occurrence of *p*-coumaric acid and ferulic acid in fossil plant materials and their use as a UV-proxy. *Plant Ecology*, doi:10.1007/s11258.005-9026-y.

108) Blokker, P., Yeloff, D., Boelen, P. *et al.* (2005) Development of a proxy of past surface UV-B irradiation: a thermally assisted hydrolysis and methylation py-GC/MS method for the analysis of pollen and spores. *Analytical Chemistry*, 77, 6026–31. 過去の紫外線量の変化については，シアノバ

クテリアの色素の変化に関する研究によってもめざましい進歩があった．これは約4万年前あった南極の浅い湖の堆積物に残されたシアノバクテリアを用いて，その色素の変化を解析した研究．詳細は，D.A., Vyverman, W., Verleyen E. *et al.*（2005）Late Pleistocene record of elevated UV radiation in an Antarctic lake. *Earth and Planetary Science Letters*, **236**, 765-72.

109）Lomax, B.L., Beerling, D.J., Callaghan, T.V. *et al.*（2005）. The Siberian Traps, stratographic ozone, UV-B flux and mutagenesis. *GSA Speciality Meetings. Abstracts with Programs*, **1**, 37-3. 同様に，紫外線Bを吸収する色素が過去に増加したことが，1926年から1996年までのコケ標本の分析から明らかになっている．Huttunen, S., Lappalainen, N.M., and Turunen, J.（2005）UV-absorbing compounds in subarctic herbarium bryophytes. *Environmental Pollution*, **133**, 303-14.

110）Anon（1958）Innovations in physics. *Scientific American*, **199**, no. 3, September.

第4章　地球温暖化が恐竜時代を招く

1）Gordon, A.B.（1894）*The life and correspondence of William Buckland*. John Murray, London.

2）このすばらしいエピソードは，最近になってウォルター・グラッツァーの *Eurekas and euphorias: the Oxford book of scientific anecdotes*, Oxford University Press, 2002に紹介された．原典は Allen, D.（1978）*The naturalist in Britain*. Penguin, London.

3）Gordon, *The life and correspondence of William Buckland*（前掲註1）.

4）恐竜類は，竜盤目と鳥盤目の二つに大きく分かれる．竜盤目の学名（サウリスキア）は「爬虫類に似た尻をもつ」という意味の言葉に由来する．竜盤目にはティラノサウルスも含まれる．じつは竜盤目は鳥盤目よりも，より近い過去まで鳥と先祖を共有していた．これからもわかるよう，恐竜類が絶滅したとは言い切ることができない．より正確には（ぎこちない言い方になるが），鳥類以外の恐竜類が絶滅したと言ったほうがいい．この本では，恐竜という言葉を（鳥類を除いた）日常的な使い方で用いる．鳥類以外の恐竜類が白亜紀の終わりに絶滅したことは，おもにデイル・ラッセルというオタワのロイヤル・オンタリオ博物館の学芸員の研究で明らかになった．Russell, D.A.（1967）A census of dinosaur specimens collected in western Canada. *National Museum of Canada Natural History Paper*, **36**, 1-13; Russell, D.A.（1975）Reptilian diversity and the Cretaceous-Tertiary boundary in North America. *Geological Association of Canada Special Report*, **13**, 119-36.

5）Sloan, R.E., Rigby, J.K, Van Valen, L.M., and Gabriel, D.L.（1986）Gradual dinosaur extinction and simultaneous ungulate radiation in the Hell Creek Formation. *Science*, **234**, 1173-5; Sheehan, P.M., Fastovsky, D.E., Hoffmann, R.G. *et al.*（1991）Sudden extinction of the dinosaurs: latest Cretaceous, Upper Great Plains, U.S.A. *Science*, **254**, 835-9. シーハンらによって出された結論に関しては，ウィリアム・クレメンスとデイヴィッド・アーチボルドによって技術的な問題が指摘され，すぐまたそれには反論が行われた．詳しくは Dinosaur diversity and extinction（1992）. *Science*, **256**, 159-61.

6）Fastovsky, D.E. and Sheehan, P.M.（2005）The extinction of the dinosaurs in North America. *GSA Today*, **15**, 4-19.

7）この論争は，インドのデカン高原で起きた噴火の影響で環境が徐々に悪化したという説と，巨大な隕石の衝突によって環境が急激に悪化したという説に分かれる．前者の説を唱える代表はヴァンサン・クルティヨ．Courtillot, V.E.（1990）A volcanic erup-tion. *Scientific American*, October, 53–60. を参照．後者の代表はルイスとウォルター・アルヴァレス父子で，Alvarez, W. and Asaro, F.（1990）An extraterrestrial impact. *Scientific American*, October, 44–52.

8）Alvarez, L.W., Alvarez, W., Asaro, F., and Michel, H.V.（1980）Extraterrestrial cause for the Cretaceous-Tertiary extinction. *Science*, **208**, 1095–108; Hsü, K.J., He, W.J., McKenzie, J.A. *et al.*（1982）Mass mortality and its environmental and evolutionary consequences. *Science*, **216**, 249–56.

9）大火災が起きた証拠として，白亜紀／三畳紀の境界にあたる堆積岩から見つかった大量のすすが挙げられるが，これについては疑問視する声が大きい．Belcher, C.M., Collinson, M.E., Sweet, A.R. *et al.*（2003）Fireball passes and nothing burns: the role of thermal radiation in the Cretaceous-Tertiary event: evidence from the charcoal record of North America. *Geology*, **31**, 1061–4参照．この参考文献の著者らは，地球外物体の衝突によって大規模な火災が本当に起こりうるのかどうかについても疑問を呈している．Belcher, C.M., Collinson, M.E., and Scott, A.C.（2005）Constraints on the thermal energy released from the Chicxulub impactor: new evidence from multi-method charcoal analysis. *Journal of the Geological Society*, London, **162**, 591–602.

10）Hildebrand, A.R., Penfield, G.T., Kring, D.A. *et al.*（1991）Chicxulub crater: a possible Cretaceous/Tertiary boundary impact crater on the Yucatán Peninsula, Mexico. *Geology*, **19**, 867–71.

11）Belcher *et al.,* Fireball passes and nothing burns, および，Belcher *et al.,* Constraints on the thermal energy released from the Chicxulub impactor（前掲註９）.

12）本書では「大量絶滅」という言葉を，本当に例外的に大規模な絶滅に用いる．すなわち，通常の進化の一部として起こる絶滅を継続的なバックグラウンドレベルとしたとき，統計的にもそれと区別できるような絶滅を指す．現実には，いままで生存した全生物種のうち99％がすでに絶滅している．種の平均寿命はおおよそ100万年である．

13）たとえば，Foote, M.（2003）Origination and extinction through the Phanerozoic: a new approach. *Journal of Geology*, **111**, 125–48.

14）さまざまな理由でフィリップの研究は，地球上の生物の歴史を正しく記していない可能性が高い．たとえば，彼の研究はイングランドの地層から見つかった3000個あまりの化石をもとにしているが，これが地球全体の状況を反映しているわけではない．また，彼は生物の多様性曲線を描いているが，その曲線を引くのに使った地質時代のポイントの数を示していない．

15）過去５億年における海洋生物の絶滅を詳細に比較した研究については，Raup, D.M. and Sepkoski, J.J.（1982）Mass extinction in the marine fossil record. *Science*, **215**, 1501–3を参照のこと．

16）Sepkoski, J.J.（1993）Ten years in the library: new data confirm paleontological patterns. *Paleobiology*, **19**, 43–51. 研究の基となった1982年のデータにはとくに精査が加えられた．というのも，論文では大量絶滅が2600万年ごとに繰り返されるという，議論を生みそうな説が提唱されたためだ．これについては，Raup, D.M. and Sepkoski, J.J.（1984）Periodicity of extinctions in the geologic past. *Proceedings of the National Academy of Sciences, USA*, **81**, 801–5;

Raup, D.M. and Sepkoski, J.J.（1986）Periodic extinction of families and genera. *Science*, **231**, 833-6を参照．大量絶滅に関する一般的な説明やその議論については，Raup, D.M.（1991）*Extinction: bad genes or bad luck?* Oxford University Press.

17）Benton, M.J.（1995）Diversification and extinction in the history of life. *Science*, **268**, 52–8.

18）Newell, N.D.（1963）Crises in the history of life. *Scientific American*, **208**, 72–96. 右の文献も参照．Valentine, J.W.（1969）Patterns of taxonomic and ecological structure of shelf benthos during Phanerozoic time. *Palaeontology*, **12**, 684–709.

19）Benton, Diversification and extinction in the history of life（前掲註17）.

20）*Ibid.*

21）McGhee, G.R., Sheehan, P.M., Bottjer, D.J., and Droser, M.L.（2004）Ecological ranking of Phanerozoic biodiversity crises: ecological and taxonomic severities are decoupled. *Palaeogeography, Palaeoclimatology, Palaeoecology*, **211**, 289–97.

22）これに関する最近の反論でもっとも激しいのは Tanner, L.H., Lucas, S.G., and Chapman, M.G.（2004）Assessing the record and causes of Late Triassic extinctions. *Earth-Science Reviews*, **65**, 103–9. 初期に疑問を呈した論文は Hallam, A.（2002）How catastrophic was the end-Triassic mass extinction? *Lethaia*, **35**, 147–57. この論文は，同じ著者が正反対の意見を表明したものとなっている．この論文を出す約10年前に彼は，三畳紀終わりの絶滅が過去5億年前の中で最大の絶滅だったと唱えていた．Hallam, A.（1990）The end-Triassic extinction event. *Geological Society of America Special Paper*, **247**, 577–83.

23）Bambach, R.K., Knoll, A.H., and Wang, S.C.（2004）Origination, extinction, and mass depletions of marine diversity. *Paleobiology*, **30**, 522–42.

24）Sereno, P.C.（1997）The origin and evolution of dinosaurs. *Annual Review of Earth and Planetary Science*, **25**, 435–89; Sereno, P.C.（1999）The evolution of dinosaurs. *Science*, **284**, 2137–47; Benton, M.J.（1983）Dinosaur success in the Triassic: a noncompetitive ecological model. *Quarterly Review of Biology*, **58**, 29–55.

25）パンゲアの気候については数値モデル研究が多数おこなわれている．なかでも大きな成果を出した研究には以下のものがある．Crowley, T.J., Hyde, W.T., and Short, D.A. Seasonal cycle variations on the supercontinent of Pangaea. *Geology*, **17**, 457–60; Kutzbach, J.E. and Gallimore, R.G.（1989）Pangaean climates: megamonsoons of the megacontinent. *Journal of Geophysical Research*, **94**, 3341–57; Chandler, M.A., Rind, D., and Ruedy, R.（1992）Pangaean climate during the early Jurassic: GCM simulations and the sedimentary record of paleoclimate. *Geological Society of America Bulletin*, **104**, 543–59.

26）Loope, D.B., Rowe, C.M., and Joeckel, R.M.（2001）Annual monsoon rains recorded by Jurassic dunes. *Nature*, **412**, 64–6.

27）Knoll, A.H.（1984）Patterns of extinction in the fossil record of vascular plants. In *Extinctions*（ed. N.M Nitecki）, pp. 21–68. University of Chicago Press; Niklas, K.J.（1997）*The evolutionary biology of plants*. University of Chicago Press; Wing, S.L.（2004）Mass extinctions and plant evolution. In *Extinctions in the history of life*（ed. P.D. Taylor）, pp. 61–97. Cambridge University Press.

28）グリーンランドはデンマークの自治領で，長さが2735キロ，幅の平均が97キロ，総面積2,175,600平方キロにおよぶ．

29）Chaloner, W.G.（1985）Thomas Maxwell Harris. *Biographical Memoirs of Fellows of the Royal Society*, **31**, 227–60.

30）*Ibid.*
31）*Ibid.*
32）Woodward, F.I.（1987）Stomatal numbers are sensitive to CO_2 increases from pre-industrial levels. *Nature*, **327**, 617–18.
33）McElwain, J.C., Beerling, D.J., and Woodward, F.I.（1999）Fossil plants and global warming at the Triassic-Jurassic boundary. *Science*, **285**, 1386–90. *New Scientist*（1999, 4 September, p. 16），および *Economist*（1999, 28 August, p. 71）も参照.
34）Mann, M., Bradley, R.S., and Hughes, M.K.（1999）Northern hemisphere temperatures during the past millennium: inferences, uncertainties, and limitations. *Geophysical Research Letters*, **26**, 759–62.
35）Harris, T.M.（137）The fossil flora of Scoresby Sound, East Greenland. Part 5. Stratigraphic relations of the plant beds. *Meddelelser Om Grønland*, **112**, 1–114.
36）Chaloner, Thomas Maxwell Harris（前掲註29）.
37）熱帯の葉の広い植物は，現在の気候や二酸化炭素量には耐えられる．というのも，彼らの気孔の密度は全植物の中で最高であり，蒸散によって暑さをしのぐことができるから．
38）Marzoli, A., Renne, P.R., Piccirillo, E.M. *et al.*（1999）Extensive 200–million-year-old continental flood basalts of the Central Atlantic Magmatic Province. *Science*, **284**, 616–18. 右の文献も参考になる．Olsen, P.（1999）Giant lava flows, mass extinction, and mantle plumes. *Science*, **284**, 604–5. 後に，噴火と絶滅が同時代に起きていることを明らかにした論文は，Marzoli, A., Bertrand, H., Knight, K.B. *et al.*（2004）Synchrony of the Central Atlantic magmatic province and the Triassic-Jurassic boundary climatic and biotic crisis. *Geology*, **32**, 973–6.
39）May, P.R.（1971）Pattern of Triassic-Jurassic diabase dikes around the North Atlantic in the context of predrift position of the continents. *Geological Society of American Bulletin*, **82**, 1285–91.
40）Knight, K.B., Nomade, S., Renne, P. *et al.*（2004）The Central Atlantic Magmatic Province at the Triassic-Jurassic boundary: paleomagnetic and ^{40}Ar / ^{39}Ar evidence from Morocco for brief, episodic volcanism. *Earth and Planetary Science Letters*, **228**, 143–60.
41）White, R.S. and McKenzie, D.P.（1989）Volcanism at rifts. *Scientific American*, July, 44–55.
42）プレートテクトニクス仮説の展開における科学的また社会的な側面について，とても面白い記録を綴ったのが，Oreskes, N.（ed.）（2001）*Plate tectonics: an insider's history of the modern theory of the earth*. West-view Press, Cambridge, MA. また，この件に関する他の参考文献も紹介した総説に，Morgan, J.P.（2002）When the Earth moved. *Nature*, **417**, 487–8.
43）奥深くから噴出したマグマ流は突発的なできごとだったのか，それとも大陸の分割に直接関連した現象なのか．これについてはどちらが正しいのか，まだ決着がついていない．White, R.S. and McKenzie, D.（1995）Mantle plumes and flood basalts. *Journal of Geophysical Research*, **100**, 17543–85; Courtillot, V., Jaupart, C., Manighetti, I. *et al.*（1999）On causal links between flood basalts and continental breakup. *Earth and Planetary Science Letters*, **166**, 177–95.
44）二酸化炭素排出に関する図は，Gerlach, T.M. and Graeber, E.J.（1985）Volatile budget of Kilauea volcano. *Nature*, **313**, 273–7に掲載されている．亜硫酸ガスも，平均すれば二酸化炭素とおおよそ同量が火山から排出されている．Symonds, R.B., Rose, W.I., Bluth, G.J.S., and Gerlach, T.M.（1994）Volcanic-gas studies: methods, results, and applications. *Reviews in Min-*

eralogy, **30**, 1–66.

45) Keppler, H., Wiedenbeck, M., and Shcheka, S.S.（2003）Carbon solubility in olivine and the mode of carbon storage in the Earth's mantle. *Nature*, **424**, 414–16.

46) この説はもともと，アメリカ国立海洋局のピーター・フォークトが推していた．Vogt, P.T.（1972）Evidence for global synchronism in mantle plume convections, and possible significance for geology. *Nature*, **240**, 338–42.

47) この論争の一端を垣間見たいなら，Courtillot, V.（1999）*Evolutionary catastrophes: the science of mass extinctions*. Cambridge University Press を参照のこと．この本を正しい文脈でとらえた総説が Parker, W.C.（2000）*Palaios*, **15**, 582–3.

48) この件に関する総説としては，Wignall, P.B.（2001）Large igneous provinces and mass extinctions. *Earth-Science Reviews*, **53**, 1–33.

49) Tanner *et al.*, Assessing the record and causes of Late Triassic extinctions（前掲註22）参照．酸性雨説は，Guex, J., Bartolini, A., Atudorei, V., and Taylor, D.（2004）High resolution ammonite and carbon isotope stratigraphy across the Triassic-Jurassic boundary at the New York Canyon（Nevada）. *Earth and Planetary Science Letters*, **225**, 29–41でも繰り返されている．花粉化石の量が「温暖な気候を好む」植物と「寒冷な気候を好む」植物で異なっていることを根拠に，三畳紀／ジュラ紀境界が寒冷化したと考える説もある．しかしこの説は，大気中の硫酸霧が雨によって速やかに流れ去ったことを考えるとつじつまがあわない．これについては，Hubbard, R. and Boulter, M.C.（1994）Phytogeography and paleoecology in western Europe and eastern Greenland near the Triassic-Jurassic boundary. *Palaios*, **15**, 102–31.

50) McElwain *et al.*, Fossil plants and global warming at the Triassic-Jurassic boundary（前掲註33）; Guex *et al.*, High resolution ammonite and carbon isotope stratigraphy across the Triassic-Jurassic boundary at the New York Canyon（Nevada）（前掲註49）; Ward, P.D., Haggart, J.W., Wilbur, D. *et al.*（2001）Sudden productivity collapse associated with the Triassic-Jurassic boundary mass extinction. *Science*, **292**, 1148–51; Hesselbo, S.P., Robinson, S.A., Surlyk, F., and Piasecki, S.（2002）Terrestrial and marine extinction at the Triassic-Jurassic boundary synchronized with major carbon cycle perturbation: a link to initiation of massive volcanism. *Geology*, **30**, 251–4; Ward, P.D., Garrison, G.H., Haggart, J.W. *et al.*（2004）Isotopic evidence bearing on Late Triassic extinction events, Queen Charlotte Islands, British Columbia, and implications for the duration and cause of the Triassic/Jurassic mass extinction. *Earth and Planetary Science Letters*, **234**, 589–600.

51) Pálfy, J., Demény, A., Haas, J. *et al.*（2001）Carbon isotope anomaly and other geochemical changes at the Triassic-Jurassic boundary from a marine section in Hungary. *Geology*, **29**, 1047–50.

52) 大気中の二酸化炭素量と有機物内の同位体構成に対し，火山噴火とメタン排出の影響がどれほど大きかったのかを数値的に評価した論文が Beerling, D.J. and Berner, R.A.（2002）Biogeochemical constraints on the Triassic-Jurassic boundary carbon cycle event. *Global Biogeochemical Cycles*, **16**, doi:10.1029/2001GB001637.

53) 過去の大気中にどれほどの二酸化炭素があったのかについて，確実に推定できる方法はまだない．それぞれの方法の問題点について技術的に解説した論文が Royer, D.L., Berner, R.A., and Beerling, D.J.（2001）Phanerozoic atmospheric CO_2 change: evaluating geochemical and palaeobiological approaches. *Earth-Science Reviews*, **54**, 349–92. いま生きている生物をもとに推定する方法に関連して争点になっているのが，二酸化炭素の変化による淘汰だ．これを考えると，現在みられる生物の二酸化炭素への反応が，数千万年前の

生物のそれとまったく同じだといえるのかどうか，疑問が生じる．このような不確実な部分があるために，いま再現されている二酸化炭素濃度が確実ではない恐れがでてくる．

54）大量の炭素がガス水和物の中にメタンとして蓄積していたという説にはまだ異論が多く，その量についても「最も妥当な線で」5兆トンという話から，低い見積もりでは5000～2兆5000億トンという話まである．それぞれの見積もりについては，Buffet, B. and Archer, D.（2004）Global inventory of methane clathrate: sensitivity to changes in the deep ocean. *Earth and Planetary Science Letters*, **227**, 185–99, および Milkov, A.V.（2004）Global estimates of hydrate-bound gas in marine sediments. *Earth-Science Reviews*, **66**, 183–97を参照．ちなみに現在，地球上の植物と土壌には最大に見積もっておよそ1兆6000億トンの炭素が含まれている．Beerling, D.J. and Woodward. F.I.（2001）*Vegetation and the terrestrial carbon cycle: modelling the first 400 million years*. Cambridge University Press.

55）Beerling and Berner, Biogeochemical constraints on the Triassic-Jurassic boundary carbon cycle event（前掲註52）.

56）Kennett, J.P. and Stott, L.D.（1991）Abrupt deep-sea warming, paleoceanographic changes and benthic extinctions at the end of the Palaeocene. *Nature*, **353**, 225–9. 暁新世／始新世境界の時代，熱帯域の太平洋と大西洋が暖かかったことの証拠については，Zachos, J.C., Wara, M.W., Bohaty, S. *et al.*（2003）A transient rise in tropical sea surface temperature during the Palaeocene-Eocene thermal maximum. *Science*, **302**, 1551–4; Tripati, A.K. and Elderfield, H.（2004）Abrupt hydrographic changes in the equatorial Pacific and subtropical Atlantic from foraminiferal Mg/Ca indicate greenhouse origin for the thermal maximum at the Paleocene-Eocene boundary. *Geochemistry, Geophysics, Geosystems*, **5**, doi:10.1029/2003GC000631.

57）Dickens, G.R., O'Neil, J.R., Rea, D.C., and Owen, R.M.（1995）Dissociation of oceanic methane hydrate as a cause of the carbon isotope excursion at the end of the Paleocene. *Paleoceanography*, **10**, 965–71; Dickens, G.R., Castillo, M.M., and Walker, J.C.G.（1997）A blast of gas in the latest Paleocene: simulating first order effects of massive dissociation of oceanic methane hydrate. *Geology*, **25**, 258–62.

58）Zachos, J.C., Rohl, U., Schellenberg, S.A. *et al.*（2005）Rapid acidification of the ocean during the Paleocene-Eocene thermal maximum. *Science*, **308**, 1611–15.

59）二酸化炭素の放出が海洋の酸性化に及ぼした影響については，Caldeira, K. and Wickett, M.E.（2003）Anthropogenic carbon and ocean pH. *Nature*, **425**, 365.

60）北大西洋火山分布域の噴火時に起こった二酸化炭素の放出が地球温暖化の原因になったという説を検討した論文が，Eldholm, O. and Thomas, E.（1993）Environmental impact of volcanic margin formation. *Earth and Planetary Science Letters*, **117**, 319–29. のちにより詳細な形で，熱帯域の海洋の温度と循環パターンを再構成する研究がおこなわれ，その結果，海洋の循環の変化が凍ったガス水和物からメタンを放出させる引き金になったという説が支持された．これについてはTripati, A. and Elderfield, J.（2005）Deep-sea temperature and circulation changes at the Paleocene-Eocene thermal maximum. *Science*, **308**, 1894–8を参照．ここで強調しておきたいのは，暁新世／始新世境界の最高気温についてでさえ，ガス水和物からどれほどのメタンが放出されたのかといった問題については解決から程遠い状態であることだ．Higgins, J.A. and Schrag, D.P.（2006）Beyond methane: towards a theory for the Paleocene-Eocene thermal maximum. *Earth and Planetary Science Letters*, **245**, 523–7を 参

照.

61) Huynh, T.T. and Poulsen, C.J. (2005) Rising atmospheric CO_2 as a possible trigger for the end-Triassic mass extinction. *Palaeogeography, Palaeoclimatology, Palaeoecology*, **217**, 223-42.

62) Marzoli *et al.*, Extensive 200-million-year-old continental flood basalts of the Central Atlantic Magmatic Province (前掲註38), および Knight *et al.*, The Central Atlantic Magmatic Province at the Triassic-Jurassic boundary (前掲註40).

63) Van de Schootbrugge, B., Tremoladi, F., Rosenthal, Y. *et al.* (2006) End-Triassic calcification crisis and blooms of organic-walled 'disaster species'. *Palaeogeography, Palaeoclimatology, Palaeoecology*, in press.

64) Huynh and Poulsen, Rising atmospheric CO_2 as a possible trigger for the end-Triassic mass extinction (前掲註61).

65) Pálfy, J., Mortensen, J.K., Carter, E.S. *et al.* (2004) Timing of the end-Triassic extinctions: first on land then in the sea? *Geology*, **28**, 39-42.

66) Wells, H.G. (1945). *Mind at the end of its tether*. Heinemann, London.

67) Cohen, A.S. and Cos, A.L. (2002) New geochemical evidence for the onset of volcanism in the Central Atlantic magmatic province and environmental change at the Triassic-Jurassic boundary. *Geology*, **30**, 267-70.

68) 化石土壌から得られた証拠によると，三畳紀／ジュラ紀の境界時期を通じて大気中の二酸化炭素に変化がみられなかったという研究は Tanner, L.H., Hubert, J.F., Coffey, B.P., and McInerney, D.P. (2001) Stability of atmospheric carbon dioxide levels across the Triassic-Jurassic boundary. *Nature*, **411**, 675-7. この結果については，科学的根拠に基づいた異論が出されている．技術的な面から修正を試みたところ，大気中の二酸化炭素濃度の上昇が確認されたというのだ．その研究については，Beerling, D.J. (2002) CO_2 and the end-Triassic mass extinction. *Nature*, 415, 386-7. を参照．前出の論文の著者らのうち一人のみがこの研究に反論を返している．反論は Tanner, L.H. (2002) Reply. *Nature*, **415**, 388.

69) Tanner *et al.*, Stability of atmospheric carbon dioxide levels across the Triassic-Jurassic boundary (前掲註67).

70) Beerling and Berner, Biogeochemical constraints on the Triassic-Jurassic boundary (前掲註52).

71) 恐竜が興隆したことと，三畳紀／ジュラ紀の境界に大きな隕石衝突が起こったこととのあいだには関係があるのだろうか？　これについては賛否両論あると同時に，重大な疑問も残されている．Olsen, P.E., Kent, D.V., Sues, H.D. *et al.* (2002) Ascent of dinosaurs linked to an iridium anomaly at the Triassic-Jurassic boundary. *Science*, **296**, 1305-7. これについての論評は，Kerr, R.A. (2002) Did an impact trigger the dinosaurs' rise? *Science*, **296**, 1215-16，研究方法についての意見は，Thulborn, T. (2003) *Science*, **301**, 169b, それへの返答は Olsen, P.E. *et al.* (2003) *Science*, **301**, 169c.

72) この発見は後に，パートリッジ島の岩石の分析結果からも支持された．Tanner, L.H. and Kyte, F.T. (2005) Anomalous iridium enrichment at the Triassic-Jurassic boundary, Blomidon Formation, Fundy basin, Canada. *Earth and Planetary Science Letters*, **240**, 634-41.

73) Fowell, S.J., Cornett, B., and Olsen, P.E. (1994) Geologically rapid late Triassic extinctions: palynology evidence from the Newark supergroup. *Geological Society of America Special Paper*, **288**, 197-206.

74) 衝撃石英は，海中にある三畳紀／ジュラ紀境界から報告されている．Bice, D.M., New-

ton, C.R., McCauley, S. *et al.*（1992）Shocked quartz at the Triassic-Jurassic boundary in Italy. *Science*, **255**, 443-6. しかし，北米東部では見つからなかった．Mossman, D.J., Grantham, R.G., Langenhorst, F.（1998）A search for shocked quartz at the Triassic-Jurassic boundary in the Fundy and Newark basins of the Newark Super-group. *Canadian Journal of Earth Science*, **35**, 101-9.

75）総説に Grieve, R.A.F.（1987）Terrestrial impact structures. *Annual Review of Earth and Planetary Sciences*, **15**, 245-70.

76）Walkden, G., Parker, J., and Kelley, S.（2002）A late Triassic impact ejector layer in southwest Britain. *Science*, **298**, 2185-8.

77）Simms, M.J.（2003）Uniquely extensive seismite from the latest Triassic of the United Kingdom: evidence for a bolide impact? *Geology*, **31**, 557-60.

78）Morgan, J.P., Reston, T.J., and Ranero, C.R.（2004）Contemporary mass extinctions, continental flood basalts, and 'impact signals': Are mantle-induced lithospheric gas explosions the causal link? *Earth and Planetary Science Letters*, **217**, 263-84.

79）この議論については右の文献を参照してほしい．Crowley, T.J.（1990）Are there any satisfactory geologic analogues for a future greenhouse world? *Journal of Climate*, **3**, 1282-92; Crowley, T.J.（1993）Geologic assessment of the greenhouse effect. *Bulletin of the American Meteorological Society*, **74**, 2362-73.

80）Houghton, J.T., Ding, Y., Griggs, D.J. *et al.*（2001）*Climate change 2001: the scientific basis. Intergovernmental Panel on Climate Change*. Cambridge University Press.

81）Mann *et al.*, Northern hemisphere temperatures during the past millennium（前掲註34）.

82）Levitus, S., Antonov, J.I., Boyer, T.P., and Stephens, C.（2000）Warming of the world ocean. *Science*, **287**, 2225-9; Levitus, S., Antonov, J., and Boyer, T.（2005）Warming of the world ocean, 1955-2003. *Geophysical Research Letters*, **32**, doi:10.1029/ 2004GL021592.

83）Archer, D. and Buffett, B.（2005）Time-dependent response of the global ocean clathrate reservoir to climatic and anthropogenic forcing. *Geochemistry, Geophysics, Geosystems*, **6**, doi:10.1029/2004GC000854. 右も参照．Buffet and Archer, Global inventory of methane clathrate（前掲註54）.

84）前掲註82の文献を参照．

第 5 章　南極に広がる繁栄の森

1）実際には1911年12月14日の午後，彼らはまだ 89°56′ のところにいた．ノルウェーがこの地域を組織的に偵察していたが，その偵察によると，アムンゼンらが本当の南極点の100～600m以内の地点に至ったのは1911年12月16日だった．ただし，実際の到達を確認するのは至難の業だった．極寒の地では，光の反射が偵察を邪魔するためである．

2）Scott, R.F.（1914）*Scott's last expedition: being the journals of Captain R.F. Scott, R.N., C.V.O.* 5th edn, 2 vols. Smith, Elder, London. オックスフォード大学出版は，スコット大佐の日記に新しい序文と注釈をつけて再出版している．最初に出版されたものは，同僚たちへの批判や怒りについて，目に余る部分を編集されていた．Scott, R.F.（2005）*Journals: Captain Scott's last expedition*. Oxford University Press.

3）南極の台地は，標高が約2836mある．大陸周辺を巡回する風は極地付近の圧力を低下させるため，現地はさらに高い標高の状態に近い．このような「薄い」空気の中で酸素を吸うのは難しく，体はより多くの酸素を血液中に送ろうと，心拍や呼吸を速める．乾燥したところで呼吸が速まると水の消耗が激しく，深刻な脱水症状に陥る．南極で脱水症状を防ごうとすると，一日に1.5ガロン（約７リットル）の水を飲む必要がある．しかしスコットらは一日に，グラスに２，３杯の水しか飲んでいなかった．

4）Evans, E.R.G.R.（1921）*South with Scott.* Collins, London.

5）Wilson, E.A.（1972）*Diary of the Terra Nova expedition to the Antarctic, 1910–1912.* Blandford, Poole.

6）Scott, *Scott's last expedition*（前掲註２）.

7）Evans, *South with Scott*（前掲註４）.

8）Scott, *Scott's last expedition*（前掲註２）.

9）好例が Fiennes, R.（2003）*Captain Scott.* Hodder & Stoughton, London.

10）Ludlam, H.（1965）*Captain Scott.* Foulsham, London.

11）Solomon, S.（2001）*The coldest March: Scott's fatal Antarctic expedition.* Yale University Press, New Haven. ラヌルフ・フィエネスの伝記も，この伝説の実態を明らかにしようとした労作．Fiennes, R.（2003）*Captain Scott.* Hodder & Stoughton, London.

12）Scott, *Scott's last expedition*（前掲註２）.

13）現在の呼び名は自然史博物館．スコットたちが南極点を目指したあの悲劇の探検からの帰路に採集した植物化石について，科学的な報告が出たのは Seward, A.C.（1914）Antarctic fossil plants: British Antarctic（'Terra Nova'）Expedition, 1910. *British Museum of Natural History Report, Geology*, **1**, 1–49.

14）Rose, J.（1992）*Marie Stopes and the sexual revolution.* Faber, London.

15）Chaloner, W.G.（1995）Marie Stopes（1880–1958）: the American connection. *Geological Society of America Memoir*, **158**, 127–34.

16）Chaloner, W.G.（2005）The palaeobotanical work of Marie Stopes. In *The history of palaeobotany: selected essays*（ed. A.J. Bowden, C.V. Burek, and R. Wilding）, pp. 127–35. Geological Society of London Special Publication, Vol. 241. The Geological Society, London.

17）樹木の化石群で，かつてあった極地の森林のなごりと思われるものが発見されたことについては，スカンジナビアの古植物学者がたくさんの記載を残している．Halle, T.G.（1913）The Mesozoic flora of Graham Land. *Wissenschaftliche Ergebnisse der Schwedischen Südpolar-Expedition 1901–03.* **Bd. III**, Lief. 14, 123 pp., Taf. 1–9; Nathorst, A.G.（1914）Nachträage zur Pälaozoischen Flora Spitsbergens. *Zur fossilen Flora der Polarländer.* Teil I. Lief. IV. Stockholm.

18）Guttridge, L.F.（2000）*Ghosts of Cape Sabine: the harrowing true story of the Greely Expedition.* Berkley Publishing Group, New York.

19）1884年８月12日，ニューヨーク・タイムズは「恐ろしい発見」という見出しで記事を出した．「不運な隊員たちは，スミス・サウンドの荒涼とした岸辺に張った小さなテントの中で，寒さと飢えに震えていた．とうとう食料が尽きてしまうと，恐ろしいことだが，彼らは人肉を食うしかなくなってしまった．彼らのこの恐ろしい冬の時代の体験については，その全貌を明らかにする必要がある．いまのように隠したままでは，グリーニー隊の記録は極地探検の長い歴史のなかで――いまわかっているだけでも十分悲惨なものだが――もっとも忌むべきものとなってしまう．」

20）19世紀の初期から中期にかけてわかってきたのは，南極や北極の森林には恐竜が生息していたことだった（Rich, T.H., Vickers-Rich, P., and Gangloff, R.A.（2002）Polar dinosaurs. *Science*, **295**, 979–80）. 極地に生きていた恐竜は，おそらく日射で体を温め，日射の少ない冬のあいだは別の場所に移動するか冬眠する必要があった．小さくて移動性に富んだ恐竜はこうしたことが可能で，たとえ海があっても移動できたと思われる．大きな恐竜は動きが遅く（時速2キロくらいだったろう），日射がより多い低緯度まで移動を間に合わせるには限度があっただろう．南極で大きな恐竜がどのように体温を保持できたのかについては，さまざまな推測がある．考えられる巧妙な手の一つは，現生の巨大なオサガメが発達させたものと似た仕組みだ．オサガメの仲間は現存する最大級の両生類で，熱帯から北極圏の北部までの海を泳ぐことができる．彼らがこんな離れ業をやってのける理由は，熱の放散を防ぐような血液循環を持ち，また，代謝速度が低く，分厚い脂肪と皮で断熱できることにある．恐竜はカメと同様，巨大なサイズになることでこうした性質を特化させることができたのかもしれない．このような大型動物がもつ慣性恒温性（gigantothermy）によって，恐竜は極の冬にも生息できたのかもしれない．Benton, M.J.（1991）Polar dinosaurs and ancient climates. *Trends in Ecology and Evolution*, **6**, 28–30, および Paladino, F.V., O'Connor, M.P., and Spotila, J.R.（1990）Metabolism of leatherback turtles, gigantothermy, and thermoregulation of dinosaurs. *Nature*, **344**, 858–60.

21）高さ20センチ近い木の切り株の化石から，ペルム紀には南緯80～85°の南極周辺が森林に覆われていたことがわかっている．Taylor, E.J., Taylor, T.N., and Cuneo, R.（1992）The present is not the key to the past: a polar forest from the Permian of Antarctica. *Science*, **257**, 1675–7.

22）この化石が発見されたときの興奮の模様を調査隊の隊員が書いたものが Francis, J.E.（1991）Arctic Eden. *Natural History*, 1（Jan）, 57–63. この森の学術的な記載は Francis, J.E.（1991）The dynamics of polar fossil forests: tertiary fossil forests of Axel Heiberg Island, Canadian Archipelago. *Geological Survey of Canada Bulletin*, **403**, 29–38.

23）Spicer, R.A. and Chapman, J.L.（1990）Climate change and the evolution of high-latitude terrestrial vegetation and floras. *Trends in Ecology and Evolution*, **5**, 279–84.

24）これに関して最近発表された総説は，Grace, J., Berninger, F., and Nagy, L.（2002）Impacts of climate change on the tree line. *Annals of Botany*, **90**, 537–44.

25）Nathorst, A.G.（1890）Ueber die Reste eines Brotfruchtbaums *Artocarpus dicksoni* N. Sp. Aus den cenomanen Kreideablagerungen Grönlands. *Kongl. Svenska vetens-kaps-akademiens handlingar* **24**, 2–9.

26）Tarduno, J.A., Brinkman, D.B., Renne, P.R. *et al.*（1998）Evidence for extreme climatic warmth from late Cretaceous Arctic vertebrates. *Science*, **282**, 2241–4. 右の文献の論評も参照．Huber, B.T.（1998）Tropical paradise at the Cretaceous poles? *Science*, **282**, 2199–200.

27）カンプソサウルスの骨格が見つかるまでは，恐竜やカメの化石しか見つかっていなかった．Estes, R. and Hutchinson, J.（1980）Eocene vertebrates from Ellesmere Island, Canadian Arctic Archipelago. *Palaeogeography, Palaeoclimatology, Palaeoecology*, **30**, 325–47を参照．これらは気候復元にはあまり役に立たなかった．というのも，カメは穴の中で冬眠することで凍死するような寒さから逃れることができ，恐竜については，彼らが冷血動物なのか温血動物なのかさえまだわかっていないからだ．

28）白亜紀の南半球高緯度域の海が温かかったという証拠については，Huber, B.T., Hodell,

D.A., and Hamilton, C.P.（1995）Mid-to-late Cretaceous climate of the southern high latitudes: stable isotope evidence for minimal equator-to-pole thermal gradients. *Geological Society of America Bulletin*, **107**, 1164–91; Huber, B.T., Norris, R.D., and MacLeod, K.G.（2002）Deep-sea paleotemperature record of extreme warmth during the Cretaceous. *Geology*, **30**, 123–6を参照．ただ，この証拠については賛否両論ある．この証拠は，有孔虫の殻の化石から得られる酸素同位体比を測った際のデータに基づいている．その同位体比は当時の海洋環境を反映していると考えるからだが，しかし，海洋の同位体比は気温以外の要素，とくに塩分と氷の存在にも左右される．有孔虫が死ぬと，その殻は溶けたあと再結晶化する．このとき同位体比も変わる可能性がある．これらのことから起こるえる偏りを除くのは難しく，議論を生む原因となっている．

29）白亜紀の北極海の温度について最近出された補正の研究は，Jenkyns, H.C., Forster, A., Schouten, S., and Sinninghe Damste, J.S.（2004）High temperatures in the Late Cretaceous Arctic Ocean. *Nature*, **432**, 888–92. およびそれに対する論評は Poulsen, C.J.（2004）A balmy Arctic. *Nature*, **432**, 814–15を参照のこと．この論文で著者は，海洋性植物プランクトンの膜脂質の組成から考えられる海水温を推定することで，前の註で指摘された問題を部分的に回避している．しかし，こうして求めた推定値を，今度は酸素同位体の値を補正するのに使っている．その結果から北極海はとても温かかったとしているが，この結果は前註と同じ批判を免がれない．

30）Brinkhuis, H., Schouten, S., Collinson, M.E. *et al.*（2006）Episodic freshwater in the Eocene Arctic Ocean. *Nature*, **441**, 606–9. 右の文献も参照のこと．Stoll, H.M.（2006）The Arctic tells its story. *Nature*, **441**, 579–81.

31）Dutton, A.L., Lohmann, K.C., and Zinsmeister, W.J.（2002）Stable isotope and minor element proxies for Eocene climate of Seymour Island, Antarctica. *Paleoceanography*, **17**, doi:10.1029/2000PA000593.

32）Larson, R.L.（1991）Geological consequences of superplumes. Geology, **19**, 963–6.

33）白亜紀中期の岩石を分析した結果，当時の熱帯の海洋表面が異常に温かかったことがわかっている．古北大西洋では32～36℃，赤道付近の太平洋は27～32℃という結果になった．Schouten, S., Hopmans, E.C., Forster, A. *et al.*（2003）Extremely high sea-surface temperatures at low latitudes during the middle Cretaceous as revealed by archeal membrane lipids. *Geology*, **31**, 1069–72.

34）Creber, G.T. and Chaloner, W.G.（1984）Influence of environmental factors on the wood structure of living and fossil trees. *Botanical Review*, **50**, 357–448.

35）似たような傾向は，極地域に生きていた恐竜の骨化石に残された年輪からも読み取れる．オーストラリア南部から産出したヒプシロフォドン類の骨の断面より，この恐竜の成長は冬のあいだも途切れなかったことがわかった．つまり，彼らは極地域の環境にうまく適応していたということだ．このグループの恐竜は大きな視葉をもっており，もっと低緯度地域に棲んでいた近縁種より視覚が鋭敏だったのかもしれない．Rich, T.H. and Vickers-Rich, P.（2000）*Dinosaurs of darkness*. Indiana University Press を参照．

36）Chaloner, W.G. and Creber, G.T.（1990）Do fossil plants give a climatic signal? *Journal of Geological Society*, **147**, 343–50.

37）Creber, G.T. and Chaloner, W.G.（1985）Tree growth in the Mesozoic and early Tertiary and the reconstruction of palaeoclimate. *Palaeogeography, Palaeoclimatology, Palaeoecology*, **52**, 35–60.

38）シベリアのカラマツ（*Larix dahurica*）のデータは Von Middendorf, A.T.（1867）Dei Gewächse Sibiriens. In *Reise in den äussersten Norden und Osten Sibiriens*. St Petersburg, 4, 1から引用した．アクセル・ハイバーグ島（北緯79度）のヤナギ（*Salix arctica*）のデータは，Beschel, R.E. and Webb, D.（1963）Growth ring studies on Arctic willows. In *Axel Heiberg Island. A preliminary report 1961–62*, pp. 189–98, McGill University, Montreal より引用し，コーンウォール島（北緯75度）のヤナギのデータは Warren Wilson, J.（1966）An analysis of plant growth and its control in arctic environments. *Annals of Botany*, **30**, 383–402から引用した．

39）Niklas, K.J.（1992）*Plant biomechanics: an engineering approach to plant form and function*. Chicago University Press.

40）Williams, C.J., Johnson, A.H., LePage, B.A. *et al.*（2003）Reconstruction of Tertiary *Metasequoia* forests. I. Test of a method for biomass determination based on stem dimensions. *Paleobiology*, **29**, 256–70; Williams, C.J., Johnson, A.H., LePage, B.A. *et al.*（2003）Reconstruction of Tertiary *Metasequoia* forests. II. Structure, biomass, and productivity of Eocene floodplain forests in the Canadian Arctic. *Paleobiology*, **29**, 271–92.

41）Osborne, C.P. and Beerling, D.J.（2002）Sensitivity of tree growth to a high CO_2 environment: consequences for interpreting the characteristics of fossil woods from ancient 'greenhouse' worlds. *Palaeogeography, Palaeoclimatology, Palaeoecology*, **182**, 15–29.

42）Wolfe, J.A.（1985）The distribution of major vegetation types during the Tertiary. In *The carbon cycle and atmospheric CO_2: natural variations, Archean to present*（ed. E.T. Sundquist and W.S. Broecker）, pp. 357–75. Geophysical Monograph Series, Vol. 32. American Geophysical Union, Washington ; Wolfe, J.A.（1987）Late Cretaceous-Cenozoic history of deciduousness and the terminal Cretaceous event. *Paleobiology*, **13**, 215–26.

43）Hickey, L.J.（1984）Eternal summer at 80 degrees North: fossil evidence for a warmer Arctic. *Discovery*, **17**(**1**), 17–23.

44）Seward, Antarctic fossil plants（前掲註13）.

45）Seward, A.C.（1926）II. The Cretaceous plant-bearing rocks of western Greenland. *Philosophical Transactions of the Royal Society*, **B215**, 57–172.

46）Andrews, H.N.（1980）*The fossil hunters: in search of ancient plants*. Cornell University Press, Ithaca.

47）過去に極地域にあった森の落葉樹が，高緯度地域の暖かい環境に適応した結果だとする説については，Chaney, R.W.（1947）Tertiary centers and migration routes. *Ecological Monographs*, **17**, 140–8.

48）Mason, H.L.（1947）Evolution of certain floristic associations in western North America. *Ecological Monographs*, **17**, 201–10. メイソンはこのほか，「黄道傾斜論争」として知られることになった説を最初に唱えた研究者でもある．彼は，過去の地軸の傾き（黄道傾斜）がいまとはずいぶん異なっていたと主張した．傾きが違ったとしたら，高緯度の冬の暗さが長くは続かなかっただろうと考えたのだ．これを聞いた多くの研究者が，地軸の傾きが浅かったという意見に従ってしまった．彼らは，５度から15度は浅かったと考えようとした．しかしこの角度は，過去200万年続いている氷河時代の原因である地軸の定期的な揺らぎよりずっと大きい．革命的なアイデアではあるが，これを説明できる説得力のあるメカニズムがみつからなかった．地軸が浅くなるためには，巨大なマントルの塊を液状化して再分配する必要があるが，その仕組みも見つからなかったし，なにより傾きが浅くなると，極地の冬の日射量は期待したように増加するが，こんど

は夏の日射量が減ってしまう．のちに作られた気候モデルシミュレーションによると，上のような状況になった場合，極地域は寒くなって氷に覆われざるをえなくなったはずだという．Barron, E.J.（1984）Climatic implication of the variable obliquity explanation of Cretaceous-Paleogene high-latitude floras. *Geology*, **12**, 595–8を参照．白亜紀にできた高緯度地域の森を黄道傾斜で説明しようとする試みは否定されるべきであろう．

49）現在シベリアにある森は，こうした運命を免れた．というのも，冬の気温がマイナス56℃まで下がるため代謝が止まってしまい，呼吸による炭素の消失もなくなるからだ．シベリア北部の気候については，Schulze, E.-D., Vygodskaya, N.N., Tchebakova, N.M. *et al.*（2002）The Eurosiberian transect: an introduction to the experimental region. *Tellus*, **54B**, 421–8.

50）Hickey, Eternal summer at 80 degrees North（前掲註43）.

51）Spicer, R.A. and Chapman, J.L.（1990）Climate change and the evolution of high-latitude terrestrial vegetation and floras. *Trends in Ecological Evolution*, **5**, 279–84.

52）Chaloner, W.G. and Creber, G.T.（1989）The phenomenon of forest growth in the Antarctic: a review. In *The origins and evolution of the Antarctic biota*（ed. J.A. Crame）, pp. 85–8. Geological Society of London Special Publication, No. 47 The Geological Society, London.

53）Mooney, H.A. and Brayton, R.（1966）Field measurements of the metabolic responses of bristlecone pine and big sagebrush in the White Mountains. *Botanical Gazette*, **127**, 105–13.

54）Atkin, O.K. and Tjoelker, M.G.（2003）Thermal acclimation and the dynamic response of plant respiration to temperature. *Trends in Plant Science*, **8**, 343–51.

55）Read, J. and Francis, J.（1992）Responses of some Southern Hemisphere tree species to a prolonged dark period and their implications for high-latitude Cretaceous and Tertiary floras. *Palaeogeography, Palaeoclimatology, Palaeoecology*, **99**, 271–90.

56）Axelrod, D.I.（1984）An interpretation of Cretaceous and Tertiary biota in polar regions. *Palaeogeography, Palaeoclimatology, Palaeoecology*, **45**, 105–47.

57）Douglas, J.G. and Williams, G.E.（1982）Southern polar forests: the early Cretaceous floras of Victoria and their palaeoclimatic significance. *Palaeogeography, Palaeoclimatology, Palaeoecology*, **39**, 171–85; Wolfe, J.A.（1980）Tertiary climates and floristic relationships at high latitudes in the northern hemisphere. *Palaeogeography, Palaeoclimatology, Palaeoecology*, **30**, 313–23. これらの著者たちは，化石林が見つかった理由は地軸説にでてくる生物の「避難所」がここにあったためだとし（Mason, Evolution of certain floristic associations in western North America（前掲註48）），常緑樹を地軸が浅くなったことの証拠だと主張している．しかし，この主張を支持する者はほとんどいなかった．

58）Spicer and Chapman, Climate change and the evolution of high-latitude terrestrial vegetation and floras（前掲註51）.

59）Beerling, D.J. and Osborne, C.P.（2002）Physiological ecology of Mesozoic polar forests in a high CO_2 environment. *Annals of Botany*, **89**, 329–39.

60）中国で生きたメタセコイアが見つかったことについては，Chaney, R.W.（1948）The bearing of the living *Metasequoia* on problems of Tertiary paleobotany. *Proceedings of the National Academy of Sciences, USA*, **34**, 503–15に詳しい．

61）ごく最近生きた化石のリストに加わったのが，ウォレミマツ（*Wollemia nobilis*）だ．始新世の化石として知られていた木だが，1994年シドニーの南西にあるウォレミ国立公園で，生き残った小集団が発見された．Offord, C.A., Porter, C.L., Meagher, P.F., and Err-

ington, G. (1999) Sexual reproduction and early plant growth of the Wollemi Pine (*Wollemia nobilis*), a rare threatened Australian conifer. *Annals of Botany*, **84**, 1–9.

62) Tralau, H. (1968) Evolutionary trends in the genus Ginkgo. *Lethaia*, **1**, 63–101.

63) 下記に挙げた文献は落葉樹説の正体を暴いた重要な論文で，白亜紀の極地域の気候が常緑樹や落葉樹の炭素収支にどのような影響を与えたのか，実験やコンピュータモデルによる結果を詳しく述べたもの．Royer, D.L., Osborne, C.P., and Beerling, D.J. (2003) Carbon loss by deciduous trees in a CO_2 rich ancient polar environment. *Nature*, 424, 60–2; Royer, D.L., Osborne, C.P., および Beerling, D.J. (2005) Contrasting seasonal patterns of carbon gain in evergreen and deciduous trees of ancient polar forests. *Paleobiology*, **31**, 141–50.

64) バーチャル・フォレストを「育てた」際の，葉の寿命，気候，土壌条件などの詳細については，Osborne, C.P. and Beerling, D.J. (2002) A process-based model of conifer forest structure and function with special emphasis on leaf lifespan. *Global Biogeochemical Cycles*, **16**, doi:10.1020/ 2001GB001467.

65) 前掲註63を参照．

66) 遺伝的浮動が効力をもつほどのものになるには，葉の炭素含有量がいまより10分の1であるか，呼吸速度が10倍である必要がある．どちらも現実的ではない．

67) Falcon-Lang, H.J. and Cantrill, D.J. (2001) Leaf phenology of some mid-Cretaceous polar forests, Alexander Island, Antarctica. *Geological Magazine*, **138**, 39–52; Parrish, J.T., Daniel, I.L., Kennedy, E.M., and Spicer, R.A. (1998) Palaeoclimatic significance of mid-Cretaceous floras from the middle Clarence Valley, New Zealand. *Palaios*, **13**, 149–54.

68) 常緑樹と落葉樹における光合成戦略の違いや，それらの生理学的なメカニズムについては，Osborne, C.P. and Beerling, D.J. (2003) The penalty of a long, hot summer: photosynthetic acclimation to high CO_2 and continuous light in 'living fossil' conifers. *Plant Physiology*, **133**, 803–12.

69) 前掲註63を参照．

70) 常緑樹と落葉樹の分布パターンを説明しようという試みは，何年ものあいだ生態学者たちの関心を集めてきた．その結果，論文も大量に生みだされた．こうした謎の一部を説明する最近の仮説や，いままでの研究をまとめた総説には，Givnish, T.J. (2002) Adaptive significance of evergreen vs. deciduous leaves: solving the triple paradox. *Silva Fennica*, **36**, 703–43がある．

71) Betts, R.A. (2000) Offset of the potential carbon sink from boreal forestation by decreases in surface albedo. *Nature*, **408**, 187–90; Harding, R., Kuhry, P., Christensen, T. R. *et al.* (2002) Climatic feedbacks at the tundra-taiga interface. *Ambio, Special Report*, **12**, 47–55.

72) たとえば，Sukachev, V.N. (1934) *Dendrology with basics of forest botany*. Goslesbumizdat, Moscow [ロシア語]，および Utkin, I.A. (1965) *Forests of Central Yakutia*. Nauka, Moscow [ロシア語] などを参照．

73) Oquist, G. and Huner, P.A. (2003) Photosynthesis of overwintering evergreen plants. *Annual Review of Plant Biology*, **54**, 329–55.

74) Givnish, Adaptive significance of evergreen vs. deciduous leaves (前掲註70).

75) Aerts, R. (1995) The advantages of being evergreen. *Trends in Ecology and Evolution*, **10**, 402–7.

76) Falcon-Lang, H.J. (2000) A method to distinguish between woods produced by evergreen and deciduous coniferopsids on the basis of growth ring anatomy: a new palaeoecological tool. *Palaeontol-*

ogy, **43**, 785–93; Falcon-Lang, H.J.（2000）The relationship between leaf longevity and growth ring markedness in modern conifer woods and its implications for palaeoclimatic studies. *Palaeogeography, Palaeoclimatology, Palaeoecology*, **160**, 317–28.

77）Brentnall, S.B., Beerling, D.J., Osborne, C.P. *et al.*（2005）Climatic and ecological determinants of leaf lifespan in polar forests of the high CO_2 Cretaceous 'green-house' world. *Global Change Biology*, **11**, 2177–95.

78）Groffmann, P.M., Driscoll, C.T., Fahey, T.J. *et al.*（2001）Colder soils in a warmer world: a snow manipulation study in a northern hardwood forest. *Biogeochemistry*, **56**, 135–60.

79）近年における北極の気候変化については，Sturm, M., Perovich, D.K., and Serreze, M.C.（2003）Meltdown in the North. *Scientific American*, October, 60–7.

80）アラスカ北部では，ここ30年ほどのあいだに木々の分布が北進している．これについては，以下の文献を参照．Sturm, M., Racine, C., and Tape, K.（2001）Increasing shrub abundance in the Arctic. *Nature*, **411**, 546–7; Jia, G.J., Epstein, H.E., and Walkter, D.A.（2003）Greening of the Arctic Alaska: 1981–2001. *Geophysical Research Letters*, **30**, doi:10.1029/2003GL018268; Hinzman, L.D., Bettez, N.D., Bolton, W.R. *et al.*（2005）Evidence and implications of recent climate change in Northern Alaska and other arctic regions. *Climatic Change*, **75**, 251–98. この現象が地表のエネルギー収支に与える影響については，Sturm, M., Douglas, T., Racine, C., and Liston, G.E.（2005）Changing snow and shrub conditions affect albedo with global implications. *Journal of Geophysical Research*, 110, doi:10.1029/2005JG000013; Tape, K., Sturm, M., and Racine, C.（2006）The evidence for shrub expansion in Northern Alaska and the Pan-Arctic. *Global Change Biology*, **12**, 686–702.

81）Chapin, F.S., Sturm, M., Serreze, M.C. *et al.*（2005）Role of land-surface changes in Arctic summer warming. *Science*, **310**, 657–60. 右も参照のこと．Foley, J.A.（2005）Tipping points in the tundra. *Science*, **310**, 627–8.

第６章　失楽園

1）Clouter, F., Mitchell, T., Rayner, D., and Rayner, M.（2000）*London Clay fossils of the Isle of Sheppey*. Medway Lapidary and Mineral Society, Northfleet.

2）*Ibid.*

3）これはバワーバンクが1840年に書いた手紙で，*Magazine of Natural History* の３月号に出版された．彼の著書 *A history of the fossil fruits and seeds of the London Clay* の1877年版でも冒頭に載せられている．

4）ロンドン粘土層の植物相の簡単な歴史については，Collinson, M.E.（1983）*Fossil plants of the London Clay*. Palaeontological Association Field Guides to Fossils No. 1, London. を参照．バワーバンクの研究に匹敵するような動物学の著述で，化石になった暖帯生カメや魚やワニなどの甲羅や骨を記したのは，Owen, R. and Bell, T.（1849）*Monograph of the fossil Reptilia of the London Clay. Part 1. Chelonia*. Palaeontological Society, London.

5）Reid, E.M. and Chandler, M.E.J.（1933）*The London Clay Flora*. British Natural History Museum, London. とはいっても，これらの化石が本当に，イングランド南部がかつて亜熱帯気候であったことを示すのかどうか，疑いを抱く研究者もいる．それについては，以下

の文献を参照．Barghoorn, E.S.（1953）Evidence of climatic change in the geologic record of plant life. In *Climate Change*（ed. H. Shapley）, pp. 235–48. Harvard University Press, Cambridge, MA; Van Steenis, C.G.G.J.（1962）The land-bridge theory in botany with particular reference to tropical plants. *Blumea*, **11**, 235–372; Daley, B.（1972）Some problems concerning the early Tertiary climate of southern Britain. *Palaeogeography, Palaeoclimatology, Palaeoecology*, **11**, 177–90.

6）陸上植物化石を使った始新世時代の気候再構築については，Greenwood, D.R. and Wing, S.L.（1995）Eocene continental climates and latitudinal temperature gradients. *Geology*, **23**, 1044-8を参照．このグリーンウッドとウィングの使った方法では統計的妥当性について反論が持ち上がったが，彼らは強固な弁護で応えている．Jordon, G.J.（1996）Eocene continental climates and latitudinal temperature gradients: comment. *Geology*, **23**, 1054, および，Wing, S.L. and Greenwood,（1996）Reply. *Geology*, **23**, 1054–5を参照．のちに酸素同位体を使った独立のデータから気候を再現することで，当時の大陸の冬は暖かかったことが明らかになった．これについては Fricke, H.C. and Wing, S.L.（2005）Oxygen isotope and palaeobotanical estimates of temperature and δ^{18}O-latitude gradients over North America during the early Eocene. *American Journal of Science*, **304**, 612–35を参照．

7）Greenwood and Wing, Eocene continental climates and latitudinal temperature gradients（前掲註6）. ヤシは凍結に弱い．これはヤシの成長点が先端に1つしかないため，これが凍るとすぐに死んでしまうからだ．この弱点のため，ヤシの現在の分布は赤道から10度までの緯度に限られている．このことからヤシの化石は，冬にも凍結しない暖かな気候の目安とされることが多い．しかし，ヤシならどれも凍結に弱いとは限らない．1990年にロサンゼルスで氷点下の日が1週間続いたことがあり，街路樹に使われていたワシントンヤシモドキ（*Washingtonia robusta*）は悲惨な状態になったが，小柄なオキナワシントンヤシ（*Washingtonia filfra*）は幹の皮が厚く無傷で済んだ．

8）Estes, R. and Hutchinson, J.H.（1980）Eocene lower vertebrates from Ellesmere Island, Canadian Arctic Archipelago. *Palaeogeography, Palaeoclimatology, Palaeoecology*, **30**, 325–47.

9）Pole, M.S. and Macphail, M.K.（1996）Eocene Nypa from Regatta Point, Tasmania. *Review of Palaeobotany and Palynology*, **92**, 55–67.

10）Reguero, M.A., Marenssi, S.A., and Santilla, S.N.（2002）Antarctic Peninsula and South America（Patagonia）Paleogene terrestrial faunas and environments: biogeographic relationships. *Palaeogeography, Palaeoclimatology, Palaeoecology*, **179**, 189–210.

11）過去の海洋環境は，有孔虫の殻に含まれる酸素同位体の構成と，殻の中のマグネシウムとカルシウムの比を使って再現される．どちらも方法も解釈は難しいが，過去6500万年における気候変化について一定の傾向をみることができる．有孔虫化石に含まれた酸素同位体比の変化から地球の気候変動を明らかにした論文には，以下に挙げるものがある．Shackleton, N.J. and Kennet, J.P.（1975）Palaeotemperature history of the Cenozoic and the initiation of Antarctic glaciation: oxygen and carbon isotope analyses in DSDP Sites 277, 279 and 281. *Initial Reports of the Deep Sea Drilling Project*, **29**, 743–55; Miller, K.G., Fairbanks, R.G., and Mountain, G.S.（1987）Tertiary oxygen isotope synthesis, sea level history, and continental margin erosion. *Palaeoceanography*, **2**, 1–19; and Zachos, J.C., Pagani, M., Sloan, L. *et al.*（2001）Trends, rhythms, and aberrations in global climate ^{65}Ma to present. *Science*, **292**, 686–93. 有孔虫化石のマグネシウム・カルシウム比を使って地球の気候の変化を明らかにした論文には，Elderfield, H. and Ganssen, G.（2000）Past temperature and δ^{18}O of surface ocean

waters inferred from foraminiferal Mg/Ca ratios. *Nature*, **405**, 442–5, および，Lear, C.H., Elderfield, H., and Wilson, P.A.（2000）Cenozoic deep-sea temperatures and global ice volumes from Mg/Ca in benthic foraminiferal calcite. *Science*, **287**, 269–72などがある．リアらの論文に対する論評は Dwyer, G.S.（2000）Unravelling the signals of global climate change. *Science*, **287**, 246–7.

12）始新世の気候の謎として1980年代に取り上げられたもののひとつが，当時の熱帯域の海は現在より冷たいと考えられていたことだった．どうやったら暖かい極地と涼しい熱帯ができるのか？　これは「冷たい熱帯のパラドックス」と呼ばれた．その後，熱帯海域の温度を再現した研究について，信頼性に問題のあることが明らかになった．現在では，始新世の熱帯海域の表層温度はいまと同じか，それより少し高かったと考えられている．この問題の発端となった論文は Barron, E.J.（1987）Eocene equator-to-pole surface ocean temperatures: a significant climate problem. *Paleoceanography*, **2**, 729–39. 右も参照のこと．Pearson, P.N., Ditchfield, P.W., Singano, J. *et al.*（2001）Warm tropical sea surface temperatures in the Late Cretaceous and Eocene epochs. *Nature*, **413**, 481–7.

13）始新世の気候の問題については Sloan, L.C. and Barron, E.J.（1990）'Equable' climates during Earth history? *Geology*, **18**, 489–92, および Sloan, L.C. and Barron, E.J.（1992）A comparison of Eocene climate model results to quantified paleoclimate interpretations. *Palaeogeography, Palaeoclimatology, Palaeoecology*, **93**, 183–202.

14）海洋が果たした役割について数多くの研究がおこなわれたが，すべてうまくいかなかった．これらに関するすぐれた総説が Sloan, L.C., Walker, J.C.G., and Moore, T.C.（1995）Possible role of oceanic heat transport in early Eocene climate. *Paleoceanography*, **10**, 347–56. 最近になって，大陸の配置の変化が海流を変えた可能性も提案されている．始新世まで，西向きの海流が地球全体を取り巻いていた．その後，アジアとアフリカのあいだと北米と南米のあいだにあった隙間が徐々に狭まり，地球を周回していた海流を途切れさせた．これらの現象を簡略化したシミュレーション・モデルによると，地球を周回していた海流は熱帯の熱を運んで極地域を温めることで気候に大きな影響を与えていたらしく，これが途切れることで熱の移動が妨げられた．しかしこのシナリオには反論も多く，より複雑なモデルではうまく再現されていない．以下を参照．Hotinski, R.M. and Toggweiler, J.R.（2003）Impact of a circumglobal passage on ocean heat transport and 'equable' climates. *Paleoceanography*, **18**, doi:10.1029/ 2001PA000730.

15）Huber, M. and Caballero, R.（2003）Eocene El Niño: evidence for robust tropical dynamics in the 'hothouse'. *Science*, **299**, 877–81.

16）エルニーニョはもともと南米沖の漁師たちのあいだで，年の始めに太平洋で異常に温かい水が現れる現象として知られていた．エルニーニョとはスペイン語で「坊や」の意味であり，クリスマスのころに起きる現象であることから名付けられた．

17）Trenberth, K.E., Caron, J.M., Stepaniak, D.P., and Worley, S.（2002）Evolution of El Niño —— Southern Oscillation and global atmospheric surface temperatures. *Journal of Geophysical Research*, **107**, doi:10.1029/2000JD000298.

18）Sun, D.Z. and Trenberth, K.E.（1998）Coordinated heat removal from the equa-torial Pacific during the 1986–87 El Niño. *Geophysical Research Letters*, **25**, 2659–62.

19）Cane, M.A.（1998）A role for the tropical Pacific. *Science*, **282**, 59–61.

20）ワイオミングの記録に関する報告は，Ripepe, M., Roberts, L.T., and Fischer, A.G.（1991）

ENSO and sunspot cycles in varved Eocene oil shales from image analysis. *Journal of Sedimentary Petrology*, 61, 1155–63. ドイツの記録に関する報告は，Mingram, J.（1998）Laminated Eocene maar-lake sediments from Eckfield（Eifel region, Germany）and their short-term periodicities. *Palaeogeography, Palaeoclimatology, Palaeoecology*, **140**, 289–305.

21）Royer, D.L., Wing, S.C., Beerling, D.J. *et al.*（2001）Paleobotanical evidence for near present-day levels of atmospheric CO_2 during part of the Tertiary. *Science*, **292**, 2310–13. より詳細な情報やこの研究が含んでいる問題については，第 4 章の註53を参照.

22）有孔虫化石の殻に含まれるホウ素同位体を使った，過去の大気中の二酸化炭素濃度の推定については，Pearson, P.N. and Palmer, M.R.（1999）Middle Eocene seawater pH and atmospheric carbon dioxide concentrations. *Science*, **284**, 1824–6, および，Pearson, P.N. and Palmer, M.R.（2000）Atmospheric carbon dioxide concentrations over the past 60 million years. *Nature*, **406**, 695–9を参照．なお，前者の論文は批判の的ともなった．それについては，Caldeira, K. and Berner, R.A.（1999）Seawater pH and atmospheric carbon dioxide. *Science*, **296**, 2043a, またそれに対する回答は *Science*, **296**, 2043a–2043b を参照．後者の論文もさまざまな方面から批判を浴びている．その中には，ホウ素同位体に及ぼす二酸化炭素以外の影響の重要性を問うものもある（Lemarchand, D., Gaillardet, J., Lewin, É., and Allègre, C.J.（2000）The influence of rivers on marine boron isotopes and implications for reconstructing past ocean pH. *Nature*, **408**, 951–4; Pagani, M., Lemarchand, D., Spivack, A., and Gaillardet, J.（2005）A critical evaluation of the boron isotope-pH proxy: the accuracy of ocean pH estimates. *Geochimica et Cosmochimica Acta*, **69**, 953–61）. ほかにも，過去6000万年のあいだに海水の化学組成が変わっており，それが大気中の二酸化炭素の再現結果を左右するという報告がある．これについては，Demicco, R.V., Lowenstien, T.K., and Hardie, L.A.（2003）Atmospheric pCO_2 since 60 Ma from records of seawater pH, calcium and primary carbonate mineralogy. *Geology*, **31**, 793–6.

23）Pagani, M., Zachos, J.C., Freeman, K.H. *et al.*（2005）Marked decline in atmospheric carbon dioxide concentrations during the Paleogene. *Science*, **309**, 600–3.

24）Sloan, L.C. and Rea, D.K.（1995）Atmospheric carbon dioxide and early Eocene climate: a general circulation modeling sensitivity study. *Palaeogeography, Palaeoclimatology, Palaeoecology*, **119**, 275–92.

25）始新世の熱帯域海洋の表層温は現在とほぼ同じか，少しだけ高かった．これについては，Pearson *et al.*, Warm tropical sea surface temperatures in the Late Cretaceous and Eocene epochs を参照（前掲註12）．この研究に対する批評が，Kump, L.（2001）Chill taken out of the tropics. *Nature*, **413**, 470–1. 始新世の気候システムが二酸化炭素に対してどのように反応したのかシミュレートしたモデルについては，Shellito, C.J., Sloan, L.C., and Huber, M.（2003）Climate model sensitivity to atmospheric CO_2 levels in the early-middle Paleogene. *Palaeogeography, Palaeoclimatology, Palaeoecology*, **193**, 113–23.

26）Govan, F.（2003）*Sunday Telegraph*, 14 September 2003.

27）私たちは2006年11月にロンドンの王立協会で会議を開催し，地球環境変動の議論には二酸化炭素以外の温室効果ガスも重要であることを訴えた．この会議での成果については，Beerling, D.J., Hewitt C.N., Pyle, J.A., and Raven, J.A.（2007）Trace gas biogeochemistry and global change. *Philosophical Transactions of the Royal Society, Series A*, in press.

28）オリンピック水泳競技用のプールは長さ50メートル幅25メートルで，深さは一律 2 メ

ートルだ．したがって体積は2500立方メートルになる．1立方メートルが1000リットルとして計算すれば，全部で250万リットルの容積となる．

29）ジョン・ティンダルの日記より．John Tyndall, Journal 8a, Wednesday, 18 May 1859. Tyndall Collection, Royal Institution of Great Britain, London.

30）ジョン・ティンダルが気体に関しておこなった実験について詳しく，いま読んでもたいへん読み応えのある本は Tyndall, J.（1865）*Heat considered as a mode of motion*. Second edn, with additions and illustrations. Longman Green, London.

31）気体によって温室効果の強さが異なるのは，たとえばメタンのようなガスは二酸化炭素にくらべて大気中にずっと少ししか存在していないからだ．温室効果ガスの分子が増えることによる地球のエネルギーバランスへの影響は，そのガスの吸収する波長が何であるか，また，同じ波長を吸収する他のガスの存在などに依存する．二酸化炭素は電磁スペクトルの中でも比較的散乱する部位のエネルギーを吸収するため，二酸化炭素の分子が増えても，気候への影響はゆっくり（対数的に）しか大きくならない．メタンや亜酸化窒素のようなガスは，電磁スペクトルのなかでも散乱の小さい部分のエネルギーを吸収するので，そのガスが増えたことによる気候への影響は二酸化炭素の場合よりダイレクトに現れる．

32）*Professor Tyndall's Lectures on Heat*.（1862）Lecture 12. 10 April. Tyndall Collec-tion, Royal Institution of Great Britain, London.

33）Tyndall, *Heat considered as a mode of motion*（前掲註30）.

34）*Ibid.*

35）Petit, J.R., Jouzel, J., Raynaud, D. *et al.*（1999）Climate and atmospheric history of the past 420,000 years from the Vostok ice core, Antarctica. *Nature*, **399**, 429–36.

36）EPICA Community Members（2004）Eight glacial cycles from an Antarctic ice core. *Nature*, **429**, 623–8. これに関する論評は，McManus, J.F.（2004）A great grand-daddy of ice cores. *Nature*, 429, 611–12; Walker, G.（2004）Frozen time. *Nature*, **429**, 596–7. この驚くべき氷床コアによって明らかになった気候と温室効果ガスの長期変動は，次の２つの論文に報告されている．Siegenthaler, U., Stocker, T.F., Monnin, E. *et al.*（2005）Stable carbon cycle-climate relationship during the late Pleistocene. *Science*, **310**, 1313–17; Saphni, R., Chappellaz, J., Stocker, T.F. *et al.*（2005）Atmospheric methane and nitrous oxide of the late Pleistocene from Antarctic ice cores. *Science*, **310**, 1317–21.

37）Severinghaus, J.P. and Brook, E.J.（1999）Abrupt climate change at the end of the last glacial period inferred from trapped air in the polar ice. *Science*, **286**, 930–4.

38）Shackleton, N.J.（2000）The 100,000 yr ice-age cycle identified and found to lag temperature, carbon dioxide and orbital eccentricity. *Science*, **289**, 1897–902. 右の論評も参照．Kerr, R.A.（2000）Ice, mud point to CO_2 role in glacial cycle. *Science*, 289, 1868.

39）スカンジナビアなどにある天然の湿地では，夏に２℃温度が上がるとメタンの放出量が50％上がる可能性がある．Christensen, T.R., Ekberg, A., and Strom, L.（2003）Factors controlling large scale variations in methane emissions from wetlands. *Geophysical Research Letters*, **30**, doi:10.1029/2002GL016848.

40）Dacey, J.W.H., Drake, B.G., and Klug, M.J.（1994）Stimulation of methane emission by carbon dioxide enrichment of marsh vegetation. *Nature*, **370**, 47–9. 後日，草本植物と木本植物の生える湿地に関する研究で，二酸化炭素が増えるとメタンの放出が大幅に増大すること

が明らかになっている．Vann, C.D. and Megonigal, J.P.（2003）Elevated CO_2 and water depth regulation of methane emissions: a comparison of woody and non-woody wetland plant species. *Biogeochemistry,* **63**, 117–34. ただし，ヨーロッパの貧栄養な泥炭湿地については，これと矛盾した結果が出ている．Silvola, J., Saarnio, S., Foot, J. *et al.*（2003）Effects of elevated CO_2 and N deposition on CH_4 emissions from European mires. *Global Biogeochemical Cycles,* **17**, doi:10.1029/2002GB001886.

41）Lelieveld, J., Crutzen, P.J., and Dentener, F.J.（1998）Changing concentration, lifetime and climate forcing of atmospheric methane. *Tellus,* **50B**, 128–50.

42）Flückiger, J., Blunier, T., Stauffer, B. *et al.*（2004）N_2O and CH_4 variations during the last glacial epoch: insight into global processes. *Global Biogeochemical Cycles,* **18**, doi:10.1029/2003GB002122.

43）海洋における亜酸化窒素サイクルについては，Suntharalingham, P. and Sarmiento, J.L.（2000）Factors governing the oceanic nitrous oxide distribution: simulations with a general circulation model. *Global Biogeochemical Cycles,* **14**, 429–54.

44）始新世前期のメタンによる温室効果を指摘したのは Sloan, L.C., Walker, J.C.G., and Moore, T.C.（1992）Possible methane-induced polar warming in the early Eocene. *Nature,* **357**, 320–32.

45）Frankenberg, C., Meirink, J.F., van Weele M. *et al.*（2005）Assessing methane emissions from global space-borne observations. *Science,* **308**, 1010–14.

46）Sloan *et al.*, Possible methane-induced polar warming in the early Eocene（前掲註44）.

47）この基礎的方法の評価にはじめて成功したのは，氷床コアに閉じこめられた空気の泡を分析し，そこから氷河時代のメタン量についてシミュレーションをおこなった研究だった．Valdes, P.J., Beerling, D.J., and Johnson, C.E.（2005）The ice-age methane budget. *Geophysical Research Letters,* **32**, doi:10.1029/2004GL021004. 始新世のシミュレーションに関する初期の研究結果は，2002年と2003年にサンフランシスコで開かれた米国地球物理学連合の集会で私たちが報告している．Beerling, D.J. and Valdes, P.J.（2002）Feedback of atmospheric chemistry, via CH_4, on the Eocene climate. *EOS Transactions, AGU,* **83**（47），Fall Meet. Suppl., PP12B–01. American Geophysical Union, Washington; Beerling, D.J. and Valdes, P.J.（2003）Global warming in the early Eocene: was it driven by carbon dioxide? *EOS Transactions, AGU,* **84**（46），Fall Meet. Suppl., PP22B–04（Invited）. American Geophysical Union, Washington.

48）*Ibid.*

49）Haagen-Smit, A.J.（1952）Chemistry and the physiology of Los Angeles smog. *Industrial & Engineering Chemistry Research,* **44**, 1342–6. 次の文献も参照．Haagen-Smit, A.J.（1970）A lesson from the smog capital of the world. *Proceedings of the National Academy of Sciences,* USA, **67**, 887–97. 50. 最新の説については Lelieveld, J. and Dentner, F.J.（2000）What controls tropospheric ozone? *Journal of Geophysical Research,* **105**, 3531–51.

51）2003年に起こった北米の大停電では，この思いがけない好機を利用し，軽飛行機から大気中の化学物質を測定する研究者たちがいた．彼らは酸化窒素の排出が減ったことによる影響を調査した．Marufu, L.T., Taubman, B.F., Bloomer, B. *et al.*（2004）The 2003 North American electrical blackout: an accidental experiment in atmospheric chemistry. *Geophysical Research Letters,* **31**, doi:10.1029/2004GL019771.

52）Guenther, A., Hewitt, C., Erikson, D. *et al.*（1995）A global model of natural volatile organic

compound emissions. *Journal of Geophysical Research*, **100**, 8873–92.

53) Dreyfus, G.B., Schade, G.W., and Goldstein, A.H. (2002) Observational constraints on the contribution of isoprene oxidation to ozone production on the western slope of the Sierra Nevada, California. *Journal of Geophysical Research*, **107**, doi:10.1029/ 2001JD001490.

54) 雑誌 *Sierra*, 10 September 1980に記載がある．都会でのオゾン生成に果たす自然界の炭化水素の役割について，初期に書かれた貴重な報告は Chameides, W.L., Lindsay, R.W., Richardson, J., and Kiang, C.S. (1988) The role of hydrocarbons in urban photochemical smog: Atlanta as a case study. *Science*, **241**, 1473–5.

55) Went, W. (1960) Blue hazes in the atmosphere. *Nature*, **187**, 641–3. より深く考察した論文は Hayden, B.P. (1998) Ecosystem feedbacks on climate at the landscape scale. *Philosophical Transactions of the Royal Society*, **B353**, 5–18.

56) Wayne, R.P. (2000) *The chemistry of atmospheres*. Third edn. Oxford University Press.

57) Dunn, D.B. (1959) Some effects of air pollution on Lupinus in the Los Angeles area. *Ecology*, 40, 621; Miller, P.R., Parmeter, J.R., Taylor, O.C., and Cardiff, E.A. (1963) Ozone injury to foliage of *Pinus ponderosa*. *Phytopathology*, **53**, 1072–6; Miller, P.R., McCutcheon, M.H., and Milligan, H.P. (1972) Oxidant air pollution in the Central Valley, Sierra Nevada foothills, and Mineral King Valley of California. *Atmospheric Environment*, **6**, 623–33. こうした先駆的な研究が発表されて以来，数千もの論文が発表されている．そうしたものをまとめた総説が Ashmore, M.R. (2005) Assessing the future global impacts of ozone on vegetation. *Plant, Cell and Environment*, **28**, 949–64.

58) Broadmeadow, M.S.J., Heath, J., and Randle, T.J. (1999) Environmental limitations to O_3 uptake: some key results from young trees growing at elevated CO_2 concentrations. *Water Air and Soil Pollution*, **116**, 299–310.

59) この研究はまだ進行中だが，いままでの実験結果をまとめたのが Karnosky, D.F., Pregitzer, K.S., Zak, D.R. *et al.* (2005) Scaling ozone responses of forest trees to the ecosystem level in a changing climate. *Plant, Cell and Environment*, **28**, 965–81．二酸化炭素とオゾンの関係について異なる見方をしている研究者もいる．たとえば，Hanson, P.J., Wullschleger, S.D., Norby, R.J. *et al.* (2005) Importance of changing CO_2, temperature, precipitation, and ozone on carbon and water cycles of an upland-oak forest: incorporating experimental results into model simulations. *Global Change Biology*, **11**, 1402–23.

60) Hansen, J. (2004) Defusing the global warming time bomb. *Scientific American*, March, 68–77.

61) 右の文献で考察されている．Fleming, J.R. (1998) *Historical perspectives on climate change*. Oxford University Press, New York.

62) 極地域の成層圏にあった分厚い雲の気候への影響については，Sloan, L.C. and Pollard, D. (1998) Polar stratospheric clouds: a high latitude warming mechanism in an ancient greenhouse world. *Geophysical Research Letters*, **25**, 3517–20.

63) これと関連した仮説には，高濃度の二酸化炭素環境で成層圏の循環が変わったため雲が作られたというものがある．Kirk-Davidoff, D.B., Schrag, D.P., and Anderson, J.G. (2002) On the feedback of stratospheric clouds on polar climate. *Geophysical Research Letters*, **29**, doi:10.1029/2002GL014659.

64) Tripati, A., Backman, J., Elderfield, H., and Ferretti, P. (2005) Eocene bipolar glaciation associated with global carbon cycle changes. *Nature*, **436**, 341–6. 右の論評も参照．Kump, L.R. (2005)

Foreshadowing the glacial era. *Nature*, 436, 333–4.

65）Pagani *et al.*, Marked decline in atmospheric carbon dioxide concentrations during the Paleogene（前掲註23）.

66）Triparti *et al.*（前掲註64）でも示唆されているが，始新世時代，両極での氷河形成に二酸化炭素濃度の変化がかかわっているという学説は，海水中のストロンチウム同位体曲線が約4000万年前に急上昇したことに基づいている．これについては，以下の文献に報告がある．McArthur, J.M., Howarth, R.J., and Bailey, T.R.（2001）Strontium isotope stratigraphy; LOWESS Version 3; best fit to the marine Sr-isotope curve for 0.509 Ma and accompanying look-up table for deriving numerical age. *Journal of Geology*, **109**, 155–70.

67）Moran, K., Backman, J., Brinkhuis, H. *et al.*（2006）The Cenozoic palaeoenvironment of the Arctic Ocean. *Nature*, **441**, 601–5. それに付随する右の文献の論評も参照．Stoll, H.M.（2006）The Arctic tells its story. *Nature*, **441**, 579–81.

68）Friedli, H., Lötscher, H., Oeschger, H. *et al.*（1987）Ice core record of the ^{13}C / ^{12}C ratio of atmospheric CO_2 in the past two centuries. *Nature*, **324**, 237–8; Etheridge, D.M., Pearman, G.I., and Fraser, P.J.（1992）Changing tropospheric methane between 1841 and 1978 from a high accumulation-rate Antarctic ice core. *Tellus*, **44B**, 282–94; Machida, T., Nakazawa, T., Fujii, Y. *et al.*（1995）Increase in the atmospheric nitrous oxide concentration during the past 250 years. *Geophysical Research Letters*, **22**, 2921–4.

69）Albert Lévy（1878）*Annuaire de l'Observ. de Montsouris*, pp. 495–505. Gauthier-Villars, Paris.

70）Volz, A. and Kley, D.（1988）Evaluation of the Montsouris series of ozone measurements made in the nineteenth century. *Nature*, **332**, 240–2.

71）Mickley, L.J., Jacob, D.J., Field, B.D., and Rind, D.（2004）Climate response to the increase in tropospheric ozone since preindustrial times: a comparison between ozone and equivalent CO_2 forcings. *Journal of Geophysical Research*, **109**, doi:10.1029/ 2003JD003653. ただし大気中の化学組成に関するモデル研究では，ヴォルツとクレイが報告した産業革命以前の対流圏におけるオゾン濃度の低さをうまく再現できていない．多くのモデルは放射強制と温暖化を低く見積もった結果，オゾン濃度が高めに出てしまう．Mickley, L.J., Jacob, D.J., and Rind, D.（2001）Uncertainty in preindustrial abundance of tropospheric ozone: implications for radiative forcing calculations. *Journal of Geophysical Research*, **106**, 3389–99.

72）Hansen, J., Nazarenko, L., Ruedy, R. *et al.*（2005）Earth's energy imbalance: confirmation and implications. *Science*, **308**, 1431–5.

73）Hansen, J. and Sato, M.（2004）Greenhouse gas growth rates. *Proceedings of the National Academy of Sciences, USA*, **101**, 16109.14; Hansen, J., Sato, M., Ruedy, R., and Oinas, V.（2000）Global warming in the twenty first century: an alternative scenario. *Proceedings of the National Academy of Sciences, USA*, **97**, 9875–80.

74）Hansen, Defusing the global warming time bomb（前掲註60）.

75）Hansen and Sato, Greenhouse gas growth rates; Hansen *et al.*, Global warming in the twenty first century（前掲註73）.

76）Long, S.P., Ainsworth, E.A., Leakey, A.D.B., and Morgan, P.B.（2005）Global food security: treatment of major food crops with elevated carbon dioxide or ozone under large-scale fully open-air conditions suggests recent models may have overestimated future yields. *Philosophical Transactions of the Royal Society*, **B360**, 2011–20; Long, S.P., Ainsworth, E.A., Leakey, A.D.B. *et al.*（2006）Food

for thought: lower-than-expected crop yield stimulation with rising CO_2 concentrations. *Science*, **312**, 1918–21.

77）Houghton, J.T., Ding, Y., Griggs, D.J. *et al.*（2001）*Climate change 2001: the scientific basis*. Intergovernmental Panel on Climate Change. Cambridge University Press.

第７章　自然が起こした緑の革命

1）ベーコンの最期の状況については，Jardine, L. and Stuart, A.（1998）*Hostage to fortune: the troubled life of Francis Bacon 1561–1626*. Phoenix, London.

2）Butterfield, H.（1965）*The origins of modern science*. Revised edn. Free Press, New York.

3）Shapin, S.（2001）*The scientific revolution*. Second edn. University of Chicago Press, 科学革命についてのもっとオーソドックスな見方については，Henry, J.（1997）*The scientific revolution and the origins of modern science*. Palgrave, New York.

4）Jardine, L.（1999）*Ingenious pursuits: building the scientific revolution*. Abacus, London.

5）ファン・ヘルモントの実験について解説した当時の文献には，Boyle, R.（1661）*The sceptical chemist: or chymico-physical doubts and paradoxes*. Creek, London. ボイルは科学的に正確に理解できたことを明らかにするに際して，観察や実験を，少なくとも論理的思考と同じくらい価値あるものと考えた．ファン・ヘルモントの研究は，その点でボイルの目にかなったようである．

6）2001年ブリスベンで開かれた第12回国際光合成学会の趣旨声明より．

7）ヘイルズ以降の研究者たちによる光合成研究の進展について，初期のものや最近の発展まで含めた簡潔な総説は，Govindjee and Gest, H.（2002）Celebrating the millennium: historical highlights of photo-synthesis. *Photosynthesis Research*, **73**, 1–6.

8）サイクロトロンという名前は装置の状態から名付けられた．電荷を帯びた粒子を磁力でらせん状の通路におびき寄せ，２つの大きな半円形の磁石の間を通るとき，電場によって加速させる．イギリスの科学者ジョン・コッククロフトとアーネスト・ウォルトンは，この直線形ヴァージョンの装置を作った．原子核を分裂させる技術のしのぎ合いでは，イギリスの直線形ヴァージョンが勝った．

9）当時ルーベンは化学科の講師で，ケイメンはローレンスの率いる放射線研究所の研究員だった．彼らが初めて一緒にした仕事は，ジェイムズ・コークが手にした謎の実験結果の調査だった．コークはミシガン大学からローレンスのいるバークリーを訪れていた物理学者だが，彼の実験は偉大な物理学者ニールス・ボーア（1885 – 1962）によってまちがいが指摘されていた．コークの実験のどこにまちがいがあったのかを探すのは大変きつい仕事だった．ケイメンとルーベンは実験室にこもり，18時間かかる実験を何度もやらなければならなかった．この経験は二人を堅い友情で結びつけ，放射線研究所のサイクロトロンと化学科の設備をつかって長期の共同研究をやろうということになった．

10）半減期とは，試料に含まれる原子の半分が放射性崩壊するまでの時間をいう．それぞれの同位体の半減期はいつも同じで，原子の量や，そこにあった期間に左右されない．

11）放射性炭素（^{14}C）の発見は２つの論文に発表された．最初のものは1940年で，第一発見者であることを名乗るための短い論文だった．次の論文は1941年のもので，原子物

理学的な詳細を加えた完全版だった．Ruben, S. and Kamen, M.D.（1940）Radioactive carbon of the long half-life. *Physical Review*, **57**, 549; Ruben, S. and Kamen, M.D.（1941）Long-lived radio carbon: C^{14}. *Physical Review*, **59**, 349–54. 右の文献はそれを現在の見地から解説している．Kamen, M.D.（1963）Early history of carbon-14. *Science*, 140, 584–90. 放射性炭素の ^{14}C は，その半分が崩壊して窒素14（^{14}N）になるのに5730年かかる．自然界での ^{14}C は，^{14}N が宇宙線にさらされることで発生する．大気中や生物の中にはこれがごく少量含まれている．生物が生きているあいだは代謝によって大気中と同量を保っているが，死ぬとこの平衡状態が終わり，生物内の ^{14}C は崩壊しはじめる．この現象と長い半減期から，^{14}C をつかって植物や動物化石の年代を知ることができるようになった．

12）ルーベンがきわめて短い半減期をもつ ^{11}C 同位体を使っておこなった初期の実験に関する総説は Gest, H.（2004）Samuel Ruben's contribution to research on photosynthesis and bacterial metabolism with radio-active carbon. *Photosynthesis Research*, **80**, 77–83. それに関するケイメンによる論評は Kamen, M.D.（1985）*Radiant science, dark politics*. University of California Press, Berkeley.

13）マーティン・ケイメンが自身の人生，彼の取り組んだ科学，そして関わった政治の裏側を語った伝記 *Radiant science, dark politics* は，私たちの胸を打つ．さらに回想を追記したものは Kamen, M.D.（1989）Onward into a fabulous half-century. *Photosynthesis Research*, **21**, 139–44.

14）Kamen, *Radiant science, dark politics*.

15）光合成の研究の歴史的側面については，Calvin, M.（1989）Forty years of photosynthesis and related activities. *Photosynthesis Research*, **21**, 3–16; Calvin, M.（1992）*Following the trail of light: a scientific odyssey*. Oxford University Press, New York; Calvin, M. and Benson, A.A.（1948）The path of carbon in photosynthesis. *Science*, **107**, 476–80; Benson, A.A.（2002）Following the path of carbon in photosynthesis: a personal story. *Photosynthesis Research*, **73**, 29–49; Benson, A.A.（2002）Paving the path. *Annual Review of Plant Biology*, **53**, 1–25.

16）光合成研究の歴史を網羅的に総括したものは Govinjee and Krogman, D.（2004）Discoveries of oxygenic photosynthesis（1727–2003）: a perspective. *Photosynthesis Research*, **80**, 15–57.

17）ノーベル賞受賞者による受賞講演の原稿は http://nobelprize.org/ で見ることができる．光合成研究に係わったノーベル賞受賞者の全リストは Govindjee and Krogman, D.W.（2002）A list of personal perspectives with selected quotations, along with lists of tributes, historical notes, Nobel and Kettering awards related to photosynthesis. *Photosynthesis Research*, **73**, 11–20. コッククロフトとウォルトンの二人について，苦境を創意工夫で乗り越えたドラマを生き生きと再現した本が Cathart, B.（2004）*The fly in the cathedral*. Penguin, London.

18）Fuller, R.C.（1999）Forty years of microbial photosynthesis research: where it came from and where it led to. *Photosynthesis Research*, **62**, 1–29.

19）Seaborg, G.T. and Benson, A.A.（1998）Melvin Calvin. *Biographical Memoirs of the National Academy of Sciences, USA*, **76**, 3–21.

20）この点について，また，カルヴィンとベンソンが抜けているという おかしな事態については，Fuller, *Forty years of microbial photosynthesis research*（前掲註18）に書かれている．

21）カルヴィンとベンソンのグループは光合成の炭素還元回路を発見した．これはカルヴィン－ベンソン回路と呼ばれていて，光合成生物の多くはこの回路をつかって二酸化炭素を還元し，3つの炭素からなる化合物ホスホグリセリン酸塩（PGA）を作り，最

終的にはヘキソース，果糖，グルコース，ショ糖などの糖を作り出す．カルヴィン－ベンソン回路の最初の反応はルビスコ酵素に触媒される．詳細については次の註を参照．

22) ルビスコという名前はリブロース－1,5－ビスリン酸カルボキシラーゼ－オキシゲナーゼの略．名前からもわかるように，この酵素はカルボキシラーゼ反応の触媒にもオキシゲナーゼ反応の触媒にもなる．カルボキシラーゼ反応は二酸化炭素を5つの炭素受容分子であるリブロース1,5ビスリン酸（RuBP）に変え，6つの炭素をもつ中間体を作る．この化合物は分割されて3つの炭素をもつ分子，三ホスホグリセリン酸塩が2つできる．このオキシゲナーゼ反応では，二酸化炭素の代わりに酸素がRuBPに結合すると正反対の効果をもたらす．そうなるとカルボキシル化するはずのところをそうはさせず，代わりに2つの炭素をもつ化合物ホスホグリコレートを作り，RuBP分子が再生する際に二酸化炭素を失う．この経路は光呼吸と呼ばれる．

23) Medawar, P.B.（1968）*The art of the possible*. Methuen, London.

24) ハワイの砂糖栽培に関する論文は Kortschak, H.P., Hartt, C.E., and Burr, G.O.（1965）Carbon dioxide fixation in sugar cane leaves. *Plant Physiology*, **40**, 209–13.

25) Karpilov, Y.S.（1960）The distribution of radioactive carbon 14 among the products of photosynthesis in maize. *Proceedings of the Kazan Agricultural Institute*, **41**, 15–24［ロシア語］. ほかにもオーストラリアの若手研究者が塩性湿地植物種で4炭素からなる糖を発見している．Osmond, C.B.（1967）Carboxylation during photosynthesis in Atriplex. *Biochimica et Biophysica Acta*, **141**, 197–9.

26) ハッチもスラックも，C_4光合成の発見に至るまでの経過についてとても詳しい記録を残している．Hatch, M.D.（1997）Resolving C_4 photosynthesis: trials, tribulations and other unpublished stories. *Australian Journal of Plant Physiology*, **24**, 413–22; Hatch, M.D.（2002）C_4 photosynthesis: discovery and resolution. *Photosynthesis Research*, **73**, 251–6. 註27も参照.

27) 生化学的な詳細を書くと以下のようになる．C_4植物は特殊な酵素ホスホエノールピルビン酸カルボキシラーゼ（PEP-C）をもっている．この酵素は無機の二酸化炭素をオキサロ酢酸（OAA）と呼ばれる4炭素の有機酸に変える．PEP-Cは炭素固定酵素で，すべてのC_4植物が共通して持っている唯一の酵素である．多くのC_4植物はその後OAAをリンゴ酸塩に変え，これを維管束鞘細胞に送り込む．ここでリンゴ酸塩はルビスコに触媒されて二酸化炭素を落とし，糖に変わる．C_4植物はこの目的のために，NAD-ME，NADP-ME，PEP-CKの頭文字で呼ばれる脱炭酸酵素ファミリーを進化させた．

28) Osmond, C.B.（1971）The absence of photorespiration in C_4 plants: real or apparent? In *Photosynthesis and photorespiration*（ed. M.D. Hatch, C.B. Osmond, and R.O Slayter）, pp. 472–82. Academic Press, San Diego.

29) C_3やC_4光合成のメカニズムに関するわかりやすい解説は Walker, D.A.（1993）*Energy, plants and man*. Oxygraphics, Brighton.

30) Hatch, M.D.（1992）I can't believe my luck. *Photosynthesis Research*, **33**, 1–14.

31) Haberlandt, G.（1884）*Physiologische Pflanzenantomie*. Engelman, Leipzig.

32) C_4植物のうち，中央アジアの塩分を含んだ半砂漠的な土壌に生える2種（*Bienertia cycloptera, Borszczowia aralocaspica*）はクランツ構造を持たないことが最近わかった．どちらの植物もC_3植物を祖先に持ち，クランツ構造をもつC_4植物とは大きく異なる．クランツ構造では葉の中の別の細胞に二酸化炭素が豊富な温室構造を作るが，この2種では

同じ細胞内に温室構造のある場所を作る．Voznesenskaya, E.V., Franceschi, V.R., Killrats, O. *et al.*（2001）Kranz anatomy is not essential for terrestrial C_4 plant photosynthesis. *Nature*, **414**, 543-6を参照．C_4光合成を行うこの２つの方法をくらべた研究は Edwards, G.E., Franceschi, V.R., and Voznesenskaya, E.V.（2004）Single-cell C_4 photosynthesis versus the dual-cell（Kranz）paradigm. *Annual Review of Plant Biology*, **55**, 173-96.

33）Rye, R., Kuo, P.H., and Holland, H.D.（1995）Atmospheric carbon dioxide concentrations before 2.2 billion years ago. *Nature*, **378**, 603-75; Bekker, A., Holland, H.D., Wang, P.L. *et al.*（2004）Dating the rise of atmospheric oxygen. *Nature*, **427**, 117-20.

34）葉緑体の起源がいわゆる細胞内共生であることを最初に主張したのは，ロシアの植物学者コンスタンチン・メレスコフスキー（1855－1921）だった．その論文は Mereschkowsky, C.（1905）Über Natur und Ursprung der Chromatophoren im Pflanzenreiche. *Biologischen Centralblatt* 25, 593-604. 彼の主張の根拠となったのは，共生現象の観察と，核と離れた状態でも葉緑体が複製できることを観察した結果だった．当時は多くの反対にあったが，のちにこの説は細胞構造や遺伝や生化学的研究結果に裏付けられることとなった．Margulis, L.（1970）*The origin of eukaryotic cells*. Yale University Press, New Haven. 右の総説も参照．Raven, J.A. and Allen, J.F.（2003）Genomics and chloroplast evolution: what did cyanobacteria do for plants? *Genome Biology*, **4**, article 209.

35）Griffiths, H.（2006）Designs on Rubisco. *Nature*, **441**, 940-1.

36）C_4光合成経路の進化に二酸化炭素不足がかかわっているという発想を推し進めたのは Ehleringer, J.R., Sage, R.F., Flanagan, L.B., and Pearcy, R.W.（1991）Climate change and the evolution of C_4 photosynthesis. 以下も参照．Ehleringer, J.R., Cerling, T.E., and Hellicker, B.R.（1997）C_4 photosynthesis, atmospheric CO_2 and climate. *Oecologia*, **112**, 285-99.

37）Pagani, M., Zachos, J.C., Freeman, K.H. *et al.*（2005）Marked decline in atmospheric carbon dioxide concentrations during the Paleogene. *Science*, **309**, 600-3.

38）Lloyd, J. and Farquhar, G.D.（1994）^{13}C discrimination during CO_2 assimilation by the terrestrial biosphere. *Oecologia*, **99**, 201-15; Still, C.J., Berry, J.A., Collatz, G.J., and DeFries, R.S.（2003）Global distribution of C_3 and C_4 vegetation: carbon cycle implications. *Global Biogeochemical Cycles*, **17**, doi:10.1029/2001GB001807.

39）C_4植物のいろいろな種類や，分類群における分布などについては，Sage, R.F.（2001）Environmental and evolutionary preconditions for the origin and diversification of the C_4 photosynthetic syndrome. *Plant Biology*, **3**, 202-13.

40）C_4植物が私たちの社会進化でどのような役割を果たしたのかについては，van der Merwe, N.J. and Tschauner, H.（1999）C_4 plants and the development of human societies. In *C_4 plant biology*（ed. R.F. Sage and R.K. Monson）, pp. 509-49. Academic Press, San Diego.

41）Nambudiri, E.M.V., Tidwell, W.D., Smith, B.N., and Hebbert, N.P.（1978）A C_4 plant from the Pliocene. *Nature*, **276**, 816-17.

42）Dugas, D.P. and Retallack, G.J.（1993）Middle Miocene fossil grasses from Fort Ternan, Kenya. *Journal of Palaeontology*, **67**, 113-28.

43）Thomasson, J.R., Nelson, M.E., and Zakrzewski, J.（1986）A fossil grass（Grami-neae）from the Miocene with Kranz anatomy. *Science*, **233**, 876-8.

44）この確率論的な「分子時計」は，アミノ酸配列とヌクレオチドに起こる変化のほとんどが，中立的な突然変異であるという前提のもとに成り立っている．Kimura, M.（1983）

The neutral theory of molecular evolution. Cambridge University Press.

45) Jacobs, B.F., Kingston, J.D., and Jacobs, L.L. (1999) The origin of grass-dominated ecosystems. *Annals of the Missouri Botanical Garden*, **86**, 590–643; Kellogg, E.A. (2001) Evolutionary history of grasses. *Plant Physiology*, **125**, 1198–205.

46) Prasad, V., Stromberg, C.A.E., Alimohammadian, H., and Sahni, A. (2005) Dinosaur coprolites and the early evolution of grasses and grazers. *Science*, **310**, 1177–80. これに対する論評も参照 Piperno, D.R. and Dieter-Sues, H. (2005) Dinosaurs dined on grass. *Science*, **310**, 1126–8.

47) Kellogg, E.A. (2000) The grasses: a case study in macroevolution. *Annual Review of Ecology and Systematics*, **31**, 217–38.

48) C_4植物が600〜800万年前に地球全体に広がったことを示した研究では，その根拠に化石の歯や土壌の同位体分析が使われた．これを報告したのは Cerling, T.E., Harris, J.M., MacFadden, B.J. *et al.* (1997) Global vegetation change through the Miocene/Pliocene boundary. *Nature*, **389**, 153–8. しかし，この論文の考え方の一部は批判を受けた．詳細は Köhler, M., Moyà-Solà, S., and Agusti, J. (1998) Miocene/Pliocene shift: one step or several? *Nature*, **393**, 126, とそれに対する著者の回答 Cerling, T.E., Harris, J.M., MacFadden, B.J. *et al.* (1998) Reply. *Nature*, **393**, 127を参照.

49) こうした記録には，実際は化石土壌（古土壌）の同位体分析から得られたものもある．しかし，原理は歯の場合と同じだ．土壌中の有機物の同位体構成は，それができた当時の植生タイプを反映している．有機物が分解されていくにつれて，二酸化炭素は数千年をかけて土壌の炭酸塩を作っていく．その中の二酸化炭素は化石同様に保存され，当時分解された植生を反映した同位体構成を保ち続ける.

50) Cerling, T.E. (1999) Palaeorecords of C_4 plants and ecosystems. In *C_4 plant biology* (ed. R.F. Sage and R.K. Monson), pp. 445–69. Academic Press, San Diego.

51) ここで一つ注意しておきたいのは，これらの記録はC_4植物の起源をピンポイントで把握するにはあまり当てにならないということだ．なぜなら，この記録自体が示しているのは植物群集の構成の変化だから．分子時計が示しているように，C_4植物が生態的に優占するようになったのはC_4植物自体が生まれたよりずっとあとの話だ．熱帯にC_4植物が生育していたことを示す炭素同位体の証拠は1530万年前から得られていて，化石の葉の証拠より古い．Kingston, J.D., Marino, B.D., and Hill, A. (1994) Isotopic evidence for Neogene hominid palaeoenvironments in the Kenya Rift Valley. *Science*, **264**, 955–9参照．さらにここで挙げておきたいのは，北米の大草原地帯の化石土壌から得られたC_4植物を示す同位体のかすかな痕跡は，約2300万年前のものと推定されていることだ．これは分子時計が示した起源（2300万年〜3500万年前）に近い．Fox, D.L. and Koch, P.L. (2003) Tertiary history of C_4 biomass in the Great Plains, USA. *Geology*, **31**, 809–12.

52) Ehleringer *et al.*, Climate change and the evolution of C_4 photosynthesis; Ehleringer *et al.*, C_4 photosynthesis, atmospheric CO_2 and climate（いずれも前掲註36），および Cerling, *et al.*, Global vegetation change through the Miocene/Pliocene boundary（前掲註48）.

53) 前項の註の文献を参照.

54) Street-Perrott, F.A., Huang, Y., Perrott, G. *et al.* (1997) Impact of lower atmospheric carbon dioxide on tropical mountain ecosystems. *Science*, **278**, 1422–6. 右の論評も参照．Farquhar, G.D. (1997) Carbon dioxide and vegetation. *Science*, **278**, 1411.

55) Cole, D.R. and Monger, H.C. (1994) Influence of atmospheric CO_2 on the decline of C_4 plants

during the last deglaciation. *Nature*, **368**, 533–6.

56) Pagani, M., Freeman, K.H., and Arthur, M.A.（1999）Late Miocene atmospheric CO_2 concentrations and the expansion of C_4 grasses. *Science*, **285**, 876–9.

57) 気孔を使って二酸化炭素濃度を再現した報告は，Royer, D.L., Wing, S.L., Beerling, D.J. *et al.*（2001）Palaeobotanical evidence for near present-day levels of atmospheric CO_2 during part of the Tertiary. *Science*, **292**, 2310–13, ホウ素の同位体から再現した研究は Pearson, P.N. and Palmer, M.R.（2000）Atmospheric carbon dioxide concentrations over the past 60 million years. *Nature*, **406**, 695–9.

58) Osborne, C.P. and Beerling, D.J.（2006）Nature's green revolution: the remarkable evolutionary rise of C_4 plants. *Philosophical Transactions of the Royal Society*, **B361**, 173–94.

59) 最新の情報については Antoine, P.O., Shah, S.M.I., Cheema, I.U. *et al.*（2004）New remains of the baluchithere *Paraceratherium bugiense*（Pilgrim 1910）from the late/latest Oligocene of the Bugti Hills, Balochistan, Pakistan. *Journal of Asian Earth Sciences*, **24**, 71–7.

60) Quade, J., Carter, J.M.L., Ojha, T.P. *et al.*（1995）Late Miocene environmental change in Nepal and the Northern Indian subcontinent: stable isotope evidence from paleosols. *Geological Society of America Bulletin*, **107**, 1381–97.

61) Zhisheng, A., Kutzbach, J.E., Prell, W.L., and Porter, S.C.（2001）Evolution of Asian monsoons and phased uplift of the Himalaya plateau since the Late Miocene times. *Nature*, **411**, 62–6.

62) チベットの過去の標高を再現した研究によると，1500万年にわたって標高が変わった形跡はないという．このことから，それまでに隆起は終わっていたと考えられる．Spicer, R.A., Harris, N.B., Widdowson, M. *et al.*（2003）Constant elevation of southern Tibet over the past 15 million years. *Nature*, **421**, 622–4; Currie, B.S., Rowley, D.B., and Tabor, N.J.（2005）Middle Miocene paleoaltimetry of southern Tibet: implications for the role of mantle thickening and delamination of the Himalayan orogen. *Geology*, **33**,181–4.

63) 火事と二酸化炭素が森林になるか草原になるかを決める重要な要因だと考える説が最初に提唱されたのは，Bond, W.J. and Midgley, G.F.（2000）A proposed CO_2-controlled mechanism of woody plant invasion in grasslands and savannas. *Global Change Biology*, **6**, 865–9. この説はのちに，南アフリカの植生が二酸化炭素濃度の異なる状況下でどのように変化したかをシミュレートしたモデル研究でも強く支持された．Bond, W.J., Midgley, G.F., and Woodward, F.I.（2003）The importance of low atmospheric CO_2 and fire in promoting the spread of grasslands and savannas. *Global Change Biology*, **9**, 973–82.

64) Bond, W.J., Woodward, F.I., and Midgley, G.F.（2005）The global distribution of ecosystems in a world without fire. *New Phytologist*, **165**, 525–38. この論文に対する論評も参照．Bowman, D.（2005）Understanding a flammable planet: climate, fire and the global vegetation patterns. *New Phytologist*, **165**, 341–5. 地球の植生パターンを作るのに火事がどのような役割を果たしているかについては，下記の２つの論文でより深く考察されている．Bond, W.J.（2005）Large parts of the world are brown or black: a different view on the 'green world' hypothesis. *Journal of Vegetation Science*, **16**, 261–6; Bond, W.J. and Keeley, J.E.（2005）Fire as a global 'herbivore': the ecology and evolution of flammable ecosystems. *Trends in Ecology and Evolution*, **29**, 387–94.

65) Hughes, F., Vitousek, P.M., and Tunison, T.（1991）Alien grass invasion and fire in the seasonal submontane zone of Hawai'i. *Ecology*, **72**, 743–7; D'Antonio, C.M. and Vitousek, P.M.（1992）Biological invasions by exotic grasses, the grass/fire cycle, the global change. *Annual Review of Ecology*

and Systematics, **23**, 63–87.

66) Sage, R.F. (2003) Quo vadis? An ecophysiological perspective on global change and the future of C_4 plants. *Photosynthesis Research*, **77**, 209–25.

67) Keeley, J.E. and Rundell, P.W. (2005) Fire and the Miocene expansion of C_4 grasslands. *Ecology Letters*, **8**, 683–90.

68) Koren, I., Kaufman, Y.J., Remer, L.A., and Martins, J.V. (2004) Measurements of the effect of Amazon smoke on inhibition of cloud formation. *Science*, **303**, 1342–5.

69) Andreae, M.O., Rosenfield, D., Artaxo, P. *et al.* (2004) Smoking rain clouds over the Amazon. *Science*, **303**, 1337–42. コーレンたちの論文（前掲註68）に記された煙に関するこれらの新発見が気候にどのくらい重要であるのかについて論評したのが，Koren *et al.*, Measurements of the effect of Amazon smoke on inhibition of cloud formation（前掲註68），右も参照．Graf, H.F. (2004) The complex interaction of aerosols and clouds. *Science*, **303**, 1309–11.

70) 1988年の干ばつを火事が強めたことを明らかにしたのは，Liu, Y. (2005) Enhancement of the 1988 northern U.S. drought due to wildfires. *Geophysical Research Letters*, **32**, doi:10.1029/2005GL02241. それまで，干ばつは海洋表面の状態が変化することで起こると信じられていたが，この論文はそこから脱却する重要な一歩を象徴している．なお，従来にそった観点から干ばつの原因を考察した論文は，Trenberth, K.E., Branstator, G.W., and Arkin, P.A. (1988) Origins of the 1988 American drought. *Science*, **242**, 1640–5.

71) Beerling, D.J. and Osborne, C.P. (2006) The origin of the savanna biome. *Global Change* Biology, **12**, 2023–31.

72) この複雑なフィードバック網をもってしても，北米の大草原地帯の南部で C_4植物が台頭したことを正確には説明できていない．コッチら（Fox and Koch, Tertiary history of C_4 biomass in the Great Plains, USA（前掲註51））は，歯の化石ではなく化石土壌の同位体組成を使うことで C_4植物の台頭時期を推定している．彼らが化石土壌を使った理由は，土壌は植物自体から作られたものであるが，歯の化石の方は予想しなかった餌や草食哺乳類独特の選択的な食べ方に影響されてしまうからだという．驚いたことに化石土壌の分析結果では，大草原地帯における C_4植物のバイオマス増加は250万年前に起こったことになる．馬の歯の化石から得られた結果だと，現在のテキサスに当たる地域で馬が C_4植物を食べる環境になったのは約650万年前となる．つまり，化石土壌の結果のほうが数百万年遅いことになる．この違いの原因はどこにあるのか？　まだ確かなことはわからないが，原因の一部として，草食動物の食性がいつも C_4植物の量ときっちり結びついているとは限らないことが挙げられるだろう．馬は種によって C_3もしくは C_4植物を好んで食べるし，選り好みがない場合もある．大草原地帯の C_4植物が栄えたのは火事の起こり方の変化や二酸化炭素濃度の変化が原因ではなく，草食動物による集中した摂食で草原が優占し，その後も維持されるようになったことが考えられる．詳細については Fox, D.L. and Koch, P.L. (2004) Carbon and oxygen isotope variability in Neogene paleosol carbonates: constraints on the evolution of the C_4-grasslands of the Great Plains, USA. *Palaeogeography, Palaeoclimatology, Palaeoecology*, **207**, 305–29.

73) これら太平洋から得られた炭のデータの妥当性について指摘したのは，Keeley, J.E. and Rundel, P.W. (2003) Evolution of CAM and C_4 carbon-concentrating mechanisms. *International Journal of Plant Science*, **164** (3 Suppl.), S55–S77. データそのものを発表したのは，Herring, J.R. (1985) Charcoal fluxes into sediments of the North Pacific Ocean: Cenozoic records of burn-

ing. In *The carbon cycle and atmospheric CO_2: natural variations from Archean to present* (ed. E.T. Sundquist and W.S. Broecker), pp. 419–42. American Geophysical Union, Washington.

74) Davies, P. (1992) *The mind of God: science and the search for ultimate meaning*. Penguin Science, London.

75) Hoyle, F. (1983) *The intelligent universe*. Michael Joseph, London.

76) 進化的に C_3植物と C_4植物の中間的なもの段階もそれぞれ安定的でそれなりに機能し，どのステップにも何がしかの利点があったはずであることにも留意．

77) C_4光合成が広くみられるのは単子葉の3つの科—イネ科，カヤツリグサ科，トチカガミ科と，真正双子葉のさまざまな科—アカザ科，アブラナ科，トウダイグサ科などだ．Sage, R.F. (2004) The evolution of C_4 photosynthesis. *New Phytologist*, **161**, 341–70.

78) C_4光合成ができる生化学装置を持っていたことは，この話のごく一部にすぎない．C_4植物になるには，葉の構造がクランツ構造に変わる必要もあった．もしクランツ構造が植物の他の器官で見つかっているように何らかの遺伝子スイッチによって制御されていたのなら，その進化がすんなり起こったとしてもおかしくないだろう．たとえばトウモロコシの祖先であるブタモロコシの形態は，1遺伝子の変化で現在の栽培トウモロコシへと変わりうることがわかっている．その遺伝子を元に戻すことで，現在のトウモロコシをブタモロコシのような姿に変えることができる．これについては Doebley, J., Stec, A., and Hubbard, I. (1997) The evolution of apical dominance in maize. *Nature*, **386**, 485–8. を参照．フロリダの沼地に生える風変わりなハリイの仲間 *Eleocharis vivipara* は二つの生活形をもち，クランツ構造になるためのマスタースイッチがどこかにある可能性を示している．この植物は水の中では C_3植物のような葉をもち，水の上に出るとクランツ構造が発達して C_4光合成を行う．Ueno, O. (1996) Structural characterization of photosynthetic cells in an amphibious sedge, *Eleocharis vivipara*, in relation to C_3 and C_4 metabolism. *Planta*, **199**, 382–93; Ueno, O. (1996) Immunocytochemical localization of enzymes involved in the C_3 and C_4 pathways in the photosynthetic cells of an amphibious sedge, *Eleocharis vivipara*. *Planta*, **199**, 394–403.

79) 元の論文ではこれらの機能をセロリとタバコで報告しており，もっといろいろな植物でも見られる可能性を示唆している．Hibberd, J.M. and Quick, W.P. (2002) Characteristics of C_4 photosynthesis in stems and petioles of flowering plants. *Nature*, **415**, 451–4. 右の論評が示唆的だ．Raven, J.A. (2002) Evolutionary options. *Nature*, **415**, 375–6.

80) Osborne and Beerling, Nature's green revolution (前掲註58).

81) 大気中の二酸化炭素濃度が低く酸素濃度が高いと，C_3植物では光呼吸の速度が高まって生産性が驚くほど下がる．C_4植物のような光合成経路を進化させればこの問題の大部分が解決する．

82) この研究は，石炭紀とペルム紀の植物で C_4光合成がもっとも有利だったと推察できる場所に生えていたものについて，炭素同位体比を体系的に調べたもの（前掲註58の Osborne and Beerling, Nature's green revolution を参照）.

83) United Nations Population Division (2000) *World population prospects: the 2000 revision*. United Nations, Department of Economics and Social Affairs, New York.

84) コメの品種改良ですぐ思いつくのは2つの方法—ルビスコの量を増やすか，ルビスコを改良することだ．しかし，どちらの方法にも欠点がある．ルビスコの量を増やす場合はもっと窒素が必要になるが，植物が摂取できる窒素の量は限られている．窒素肥

料はすでに大量に使われており，植物が摂取できなかった分は大気や水へと出て行ってしまう．ルビスコ改良はうまく行きそうに見えるが，ただ，ルビスコが二酸化炭素を選別する能力と触媒反応のあいだには生化学的なトレードオフがあるため，ルビスコの性能には限界がある．これらに関してはたとえば，Zhu, X.-G., Portis, A.R., and Long, S.P.（2004）Would transformation of C_3 crops with foreign Rubisco increase productivity? A computational analysis from kinetic properties to canopy photosynthesis. *Plant, Cell and Environment*, **27**, 155–65を参照．

85）Matusoka, M., Furbank, R.T., Fukayama, H., and Miyao, M.（2001）Molecular engineering of C_4 photosynthesis. *Annual Review of Plant Physiology and Plant Molecular Biology*, **52**, 297–314; Sheehy, J.E., Mitchell, P.L., and Hardy, B.（2000）*Redesigning rice photosynthesis to increase yield*. Elsevier, Amsterdam; Mitchell, P.L. and Sheehy, J.E.（2006）Supercharging rice photosynthesis to increase yield. *New Phytologist*, **171**, 689–92. この件全般について論評をしたものは Surridge, C.（2002）The rice squad. *Nature*, **416**, 576–8.

86）Foley, J.A., DeFries, R., Asner, G.P. *et al.*（2005）Global consequences of land use. *Science*, **309**, 570–4. 87; Cochrane, M.A., Alencar, A., Schulze, M.D. *et al.*（1999）Positive feedbacks in the fire dynamic of closed canopy tropical forests. *Science*, **284**, 1832–5.

第８章　おぼろげに映る鏡を通して

1）Chaloner, W.G. and Creber, G.T.（1990）Do fossil plants give a climatic signal? *Journal of the Geological Society*, **147**, 343–50.

2）Andrews, H.N.（1980）*The fossil hunters: in search of ancient plants*. Cornell University Press.

3）Seward, A.C.（1892）*Fossils plants as tests of climate*. Clay, London.

4）総説は Chaloner and Creber, Do fossil plants give a climatic signal?（前掲註１）.

5）Bailey, I.W. and Sinnott, E.W.（1915）A botanical index of Cretaceous and Tertiary climate. *Science*, **41**, 831–4; Bailey, I.W. and Sinnott, E.W.（1916）The climatic distribution of certain types of angiosperm leaves. *American Journal of Botany*, **3**, 24–39.

6）Wolfe, J.A.（1979）A method for obtaining climatic parameters from leaf assemblages. *U.S. Geological Survey Bulletin*, **2040**, 1–71.

7）Brown, V.K. and Lawton, J.H.（1991）Herbivory and the evolution of leaf size and shape. *Philosophical Transactions of the Royal Society*, **B333**, 265–72; Rivero-Lynch, A.P., Brown, V.K., and Lawton, J.H.（1996）The impact of leaf shape on the feeding preference of insect herbivores: experimental and field studies with *Capsella* and *Phyllotreta*. *Philosophical Transactions of the Royal Society*, **B351**, 1671–7.

8）Feild, T.S., Sage, T.L., Czerniak, C., and Iles, J.D.（2005）Hydathodal leaf teeth of *Chloranthus japonicus*（Chloranthaceae）prevent guttation-induced flooding of the mesophyll. *Plant, Cell and Environment*, **28**, 1179–90.

9）Royer, D.L. and Wilf, P.（2006）Why do toothed leaves correlate with cold climates? Gas exchange at leaf margins provides new insights into a classic paleotemperature proxy. *International Journal of Plant Sciences*, **167**, 11–18.

10）Tsiantis, M. and Hay, A.（2003）Comparative plant development: the time of the leaf? *Nature Ge-*

netics, **4**, 169–80; Piazza, P., Jasinski, S., and Tsiantis, M.（2005）Evolution of leaf developmental mechanisms. *New Phytologist*, **167**, 693–710; Byrne, M.E.（2005）Networks in leaf development. *Current Opinion in Plant Biology*, **8**, 59–66; Hay, A. and Tsiantis, M.（2006）The genetic basis for differences in leaf form between *Arabidopsis thaliana* and its wild relative *Cardamine hirsute*. *Nature Genetics*, Advance online publication, doi:10.1038/ng1835.

11）この観察結果を報告したものが Lutze, J.L., Roden, J.S., Holly, C.J. *et al.*（1998）Elevated atmospheric［CO_2］promotes frost damage in evergreen tree seedlings. *Plant, Cell and Environment*, **21**, 631–5. より詳細について書かれたのが Barker, D.H., Loveys, B.R., Egerton J.J.G. *et al.*（2005）CO_2 enrichment predisposes foliage of a eucalypt to freezing injury and reduces spring growth. *Plant, Cell and Environment*, **28**, 1506–15. 同じ効果がイチョウでも見つかっている．これについては Terry, A.C., Quick, W.P., and Beerling, D.J.（2000）Long-term growth of Ginkgo with CO_2 enrichment increases ice nucleation temperatures and limits recovery of the photosynthetic system from freezing. *Plant Physiology*, **124**, 183–90.

12）Kullman, L.（1998）Tree-limits and montane forests in the Swedish Scandes: sensitive biomonitors of climate change and variability. *Ambio*, **27**, 312–21.

13）Loveys, B.R., Egerton, J.J.G., and Ball, M.C.（2006）Higher daytime leaf temperatures contribute to lower freeze tolerance under elevated CO_2. *Plant, Cell and Environment*, **29**, 1077–86.

14）Royer, D.L., Osborne, C.P., and Beerling, D.J.（2002）High CO_2 increases the freezing sensitivity of plants: implications for paleoclimate reconstructions from fossil plants. *Geology*, **30**, 963–66.

15）Fricke, H.C and Wing, S.L.（2004）Oxygen isotope and paleobotanical estimates of temperature and δ^{18}O-latitude gradients over North America during the early Eocene. *American Journal of Science*, **304**, 612–35.

16）アルカエオプテリスの気孔データについては Osborne, C.P., Beerling, D.J., Lomax, B.H., and Chaloner, W.G.（2004）Biophysical constraints on the origin of leaves inferred from the fossil record. *Proceedings of the National Academy of Sciences, USA*, **101**, 10360–2. 右も参照．Beerling, D.J., Osborne, C.P., and Chaloner, W.G.（2001）Evolution of leaf-form in land plants linked to atmospheric CO_2 decline in the Late Palaeozoic Era. *Nature*, **410**, 352–4.

17）Harrison, C.J., Corley, S.B., Moylan, E.C. *et al.*（2005）Independent recruitment of a conserved developmental mechanism during leaf evolution. *Nature*, **434**, 509–14; Beerling, D.J. and Fleming, A.（2007）Zimmermann's telome theory of megaphyll leaf evolution: a molecular and cellular critique. *Current Opinion in Plant Biology*, **10**, 1–9.

18）Gray, J.E., Holroyd, G.H., van der Lee, F.M. *et al.*（2000）The HIC signaling pathway links CO_2 perception to stomatal development. *Nature*, **408**, 713–16.

19）コケを使った研究は理論に頼るところが大きい．これについては White, J.W.C., Figge, R.A., Ciais, P. *et al.*（1994）A high-resolution record of atmospheric CO_2 content from carbon isotopes in peat. *Nature*, **367**, 153–6. を参照．実験と理論両方の結果から考えると，苔類を使う方が信頼度が高いようだ．こちらについては Fletcher, B.J., Beerling, D.J., Brentnall, S.J., and Royer, D.L.（2005）Bryophytes as recorders of ancient CO_2 levels: experimental evidence and a Cretaceous case study. *Global Biogeochemical Cycles*, **6**, doi:10.1029/2005GB002495; Fletcher, B.J., Brentnall, S.J., Quick, W.P., and Beerling, D.J.（2006）BRYOCARB: a process-based model of thallose liverwort carbon isotope fractionation in response to CO_2, O_2, light and temperature. *Geochimica Cosmochimica Acta*, **70**, 5676–91.

20) Berner, R.A. and Canfield, D.E. (1989) A new model of atmospheric oxygen over time. *American Journal of Science*, **289**, 333–61.

21) Beerling, D.J., Lake, J.A., Berner, R.A. *et al.* (2002) Carbon isotope evidence implying high O_2/CO_2 ratios in the Permo-Carboniferous atmosphere. *Geochimica et Cosmochimica Acta*, **66**, 3757–67.

22) Koti, S., Reddy, K.R., Reddy, V.R. *et al.* (2005) Interactive effects of carbon dioxide, temperature, and ultraviolet-B radiation on soybean (Glycine max L.) flower and pollen morphology, pollen production, germination, and tube lengths. *Journal of Experimental Botany*, **56**, 725–36.

23) この予測はR.A. バーナー(イエール大学)が厚意で出してくれたもの. 彼が自分のGEOCARBモデルから陸上植物の影響を取り除いて計算をしてくれたものだ.

24) Kleidon, A., Fraedrich, K., and Heimann, M. (2000) A green planet versus a desert world: estimating the maximum effect of vegetation on the land surface climate. *Climatic Change*, **44**, 471–93.

25) Otto-Bliesner, B.L. and Upchurch, G.R. (1997) Vegetation induced warming of high latitude regions during the Late Cretaceous period. *Nature*, **395**, 804–7; DeConto, R.M., Brady, E.C., Bergengren, J., and Hay, W.W. (2000) Late Cretaceous climate, vegetation, and ocean interactions. In *Warm climates in Earth history* (ed. B.T. Huber, K.G. MacLeod, and S.L. Wing), pp. 275–96. Cambridge University Press.

26) Retallack, G.J. (2001) Cenozoic expansion of grasslands and climatic cooling. *Journal of Geology*, **109**, 407–26.

27) Hoffmann, W.A. and Jackson, R.B. (2000) Vegetation-climate feedbacks in the conversion of tropical savanna to grassland. *Journal of Climate*, **13**, 1593–602; Hoffmann, W.A., Schroeder, W., and Jackson, R.B. (2002) Positive feedbacks of fire, climate and vegetation and the conversion of tropical savanna. *Geophysical Research Letters*, **29**, doi:10.1029/2002GL015424.

28) 総説は Stebbins, G.L. (1981) Coevolution of grasses and herbivores. *Annals of Missouri Botanical Gardens*, **68**, 75–86; Janis, C.M., Damuth, J., and Theodor, J.M. (2000) Miocene ungulates and terrestrial primary productivity: where have all the browsers gone? *Proceedings of the National Academy of Sciences, USA*, **97**, 7899–904; MacFadden, B.J. (2000) Cenozoic mammalian herbivores from the Americas: reconstructing ancient diets and terrestrial communities. *Annual Review of Ecology and Systematics*, **31**, 31–59; Strömberg, C.A.E. (2006) Evolution of hypsodonty in equids: testing the hypothesis of adaptation. *Paleobiology*, **32**, 236–58.

29) Falkowski, P.G., Katz, M.E., Knoll, A.H. *et al.* (2004) The evolution of modern Eukaryotic phytoplankton. *Science*, **305**, 354–60.

30) Hetherington, A.M. and Woodward, F.I. (2003) The role of stomata in sensing and driving environmental change. *Nature*, **424**, 901–8.

31) 番組の記録は下記のサイトで見ることができる. http://www.bbc.co.uk/sn/tvradio/programmes/horizon/dimming_trans.shtml

32) エアロゾルは空中にたくさん存在していて, サイズも顕微鏡サイズからほとんど肉眼で見えるものまでさまざまだ. なかでも気候を考える上でもっとも重要なのは, 硫酸や硫酸アンモニウムの滴として存在する硫黄化合物だ. 産業革命前の空はいまより澄んでいて, 硫黄のほとんどは海由来だった. いまではほとんどの硫黄は産業活動の過程で生まれる亜硫酸ガスに由来し, その量は自然由来の3倍に当たる.

33) Ramanathan, V., Crutzen, P.J., Kiehl, J.T., and Rosenfeld, D. (2001) Aerosols, climate, and the hy-

drological cycle. *Science*, **294**, 2119–24.

34) *Sunday Times*, 9 January 2005, 'Culture' section, Critic's choice, p. 76.

35) 空気がきれいになった大きな要因には，1980年代に共産主義国の経済が破綻して大気汚染の量が減ったことが考えられる．ほかには，ヨーロッパや北米が空気の清浄技術に以前より投資するようになり，自動車や工場から排出されるエアロゾルや汚染ガスの減ったことが挙げられる．だからといって，世界中で空気がきれいになったとぬか喜びしてはいけない．インドなど汚染がきわめて深刻な地域では，化石燃料の燃焼や山火事によって大規模なスモッグが生まれ，毎年長期間にわたって空が雲に覆われる．その影響はずっと離れた地域にまで及ぶ．これについては Venkataraman, C., Habib, G., Eiguren-Fernandez, A. *et al.*（2005）Residential biofuels in South Asia: Carbonaceous aerosol emissions and climate impacts. *Science*, **307**, 1454–6を参照．たとえば，インドの北にあるモルジブのようなのどかな島でも，インドから流れてくる汚染された空気のため，厚さ3キロにもなる空気の層によって日射量が15%もカットされている．これについては Satheesh, S.K. and Ramanathan, V.（2000）Large differences in tropical forcing at the top of the atmosphere and Earth's surface. *Nature*, **405**, 60–3.

36) Wild, M., Gilgen, H., Roesch, A. *et al.*（2005）From dimming to brightening: decadal changes in solar radiation at Earth's surface. *Science*, **308**, 847–50; Pinker, R.T., Zhang, B., and Dutton, E.G.（2005）Do satellites detect trends in surface solar radiation? *Science*, **308**, 850–4. この論文をとりあげた解説は Charlson, R.J., Valero, P.J., and Seinfield, J.H.（2005）In search of balance. *Science*, **308**, 806–7. チャールソンたちによると地球の反射率（アルベド）の変化は測定方法によって大きく異なり，不確実すぎて温室効果をどのくらい強めるか知る以前の段階だという．

37) Andreae, M.O., Jones, C.D., and Cox, P.M.（2005）Strong present-day aerosol cooling implies a hot future. *Nature*, **435**, 1187–90.

38) Stanhill, G. and Shabtai, C.（2001）Global dimming: a review of the evidence for a widespread and significant reduction in global radiation with discussion of its probable causes and possible agricultural consequences. *Agricultural and Forest Meteorology*, **107**, 255–78.

39) pan evaporation（蒸発皿による蒸発量測定）とは，文字通り皿から蒸発する水の量を測るもの．定義は簡単で，ある一定量の水を毎朝同じ時刻に皿に満たしておき，翌朝の同じ時刻にまたその量まで水を補う．世界中の勇敢な研究者たちが，どちらかといえば平凡なこの作業を数十年，毎朝忍耐強く続けている．

40) Roderick, M.L. and Farquhar, G.D.（2004）Changes in Australian pan evaporation from 1970 to 2002. *International Journal of Climatology*, **24**, 1077–90; Roderick, M.L. and Farquhar, G.D.（2005）Changes in New Zealand pan evaporation since the 1970s. *International Journal of Climatology*, **25**, 2031–9.

41) ある研究グループは，皿蒸発量の減少は雲の増加によって気温の日較差が減ったことと関係していると主張する（Peterson, T.C., Golubev, V.S., and Groisman, P. Y.（1995）Evaporation losing its strength. *Nature*, 377, 687–8）．ほかのグループは，皿上空の空気の湿度が上がったため，蒸発を引き起こす力が弱まったと主張している（Brutsaert, W. and Parlange, M.B.（1998）Hydrologic cycle explains the evaporation paradox. *Nature*, 396, 30）．

42) Roderick, M.L. and Farquhar, G.D.（2002）The cause of pan evaporation over the past 50 years. *Science*, **298**, 1410–11. これに関する解説は Ohmura, A. and Wild, M.（2002）Is the hydrologi-

cal cycle accelerating? *Science*, **298**, 1345–6.

43) Tyndall, J. (1865) *Heat considered as a mode of motion*. Second edn, with additions and illustrations. Longman Green, London.

44) Travis, D.J. Carleton, A.M., and Lauristen, R.G. (2002) Contrails reduce daily temperature range. *Nature*, **418**, 601.

45) Easterling, D.R., Horton, B., Jones, P.D. *et al.* (1997) Maximum and minimum temperature trends for the globe. *Science*, **277**, 364–7.

46) Popper, K.R. (1963) *Conjectures and refutations: the growth of scientific knowledge*. Routledge and Kegan Paul, London.

47) この考え方を端的に表しているのが「淡く若い太陽のパラドックス」だ．この本でも紹介したが，イギリスの宇宙物理学者フレッド・ホイルが驚いたのは，宇宙が示すさまざまな定数値がみごとに調和して生命の誕生につながっていることだった（第7章）．1950年代，ホイルたちは星がどのように進化していくのかを明らかにするため理論モデルを構築した．そして，星は燃えるにつれて中心核の密度が増し，核融合反応が加速してより大きなエネルギーを生み出し，より強く輝くことを示した．したがって，45億年前に地球ができたとき，われらが太陽の輝きは現在より30％くらい弱かったことになる．光が弱かったということは地球はもっと寒かったわけで，約20億年前になって太陽がもっと明るくなるまでは地球はこごえるほど寒かったことになる．これについては，Sagan, C. and Mullen, G. (1972) Earth and Mars: evolution of atmospheres and surface temperatures. *Science*, **177**, 52–6. を参照．これだけ聞くと，そのことの何が問題なのかと思うかもしれない．しかし，地球上には40億年にわたって液状の水があったという確たる証拠が発表されている．だとしたら「ちょっと待てよ……」と言わざるをえない．この矛盾点を解決しようと約30年，世界中で研究がおこなわれている．いま支持を集めているのは，当時の大気には温室効果ガスであるメタンが異常に多かったため地球が暖かいまま保たれたとする説だ． Kasting, J.F. and Catling, D. (2003) Evolution of a habitable planet. *Annual Reviews of Astronomy and Astrophysics*, **41**, 429–63.

48) Lovelock, J. (1979) *Gaia: A new look at life on Earth*. Oxford University Press.

49) Cloud, P. (1972) A working model of primitive Earth. *American Journal of Science*, **272**, 537–48; Holland, H.D. (1984) *The chemical evolution of the atmosphere and the oceans*. Princeton Series in Geochemistry. Princeton University Press; Walker, J.C.G. (1974) Stability of atmospheric oxygen. *American Journal of Science*, **274**, 193–214; Berner, R.A. and Canfield, D.E. (1989) A new model of atmospheric oxygen over time. *American Journal of Science*, **289**, 333–61; Garrels, R.M., Lerman, A., and Mackenzie, F.T. (1976) Controls of atmospheric O_2 and CO_2 : past, present and future. *American Scientist*, **64**, 306–15.

50) Graham, J.B., Dudley, R., Aguilar, N.M., and Gans, C. (1995) Implications of the late Palaeozoic oxygen pulse for physiology and evolution. *Nature*, **375**, 117–20.

図版の出典

図1　最初の陸上植物，クックソニアの化石．（©The Natural History Museum, London）

図2　デボン紀前期の謎の植物，エオフィロフィトン・ベルム *Eophyllophyton bellum*.（Hao, S.G. and Beck, C.B.（1993）Further observations on Eophyllophyton bellum from the lower Devonian（Siegenian）of Yunnan, China. *Palaeontographica*, **B230**, 27–47. 許可を得て転載）

図3　葉がない植物と，葉を持った植物．（上 : Osborne, C.P., Beerling, D.J., Lomax, B.H., and Chaloner, W.G.（2004）Biophysical constraints on the origin of leaves inferred from the fossil record. *Proceedings of the National Academy of Sciences, USA*, **101**, 10360–2. 下 : Colin Osborne 提供．いずれも許可を得て転載）

図4　フランスの優れた化学者アントワーヌ・ラヴォアジエ．（©Getty Images）

図5　イェール大学のロバート・バーナー．（©Robert Berner）

図7　3億年前に起こったノヴァスコシアの野火でできた針葉樹の炭化石．（Falcon-Lang, H.J. and Scott, A.C.（2000）Upland ecology of some Late Carboniferous cordaitalean trees from Nova Scotia and England. *Palaeogeography, Palaeoclimatology, Palaeoecology*, **156**, 225–42. 許可を得て転載）

図8　ロバート・ストラット（4代目レイリー男爵）．（National Portrait Gallery, London. 許可を得て掲載）

図9　南極上空のオゾンホールの発達．（データ提供 : J.D. Shanklin, British Antarctic Survey）

図10　2億5100万年前の突然変異胞子の化石．（Visscher, H., Looy, C.V., Collinson, M.E. *et al.*（2004）Environmental mutagenesis during the end-Permian ecological crisis. *Proceedings of the National Academy of Sciences, USA*, **101**, 12952–6. 許可を得て転載）

図11　地球規模で異常発生が起こった証拠？（Looy, C.V., Collinson, M.E., Van Konijnenburg-Van Cittert *et al.*（2005）The ultrastructure and botanical aYnity of end-Permian spore tetrads. *International Journal of Plant Science*, **166**, 875–87. 許可を得て転載）

図12　ペルム紀末のオゾン減少と紫外線B量．（右の文献の図を基に作図．Beerling, D.J., Harfoot, M., Lomax, B., and Pyle, J.A.（2007）The stability of the stratospheric ozone

layer during the end-Permian eruption of the Siberian Traps. *Philosophical Transactions of the Royal Society, Series A*, **365**, 1843–1866.）

図14　ウィリアム・バックランドの机.（Lyme Regis Museum. 許可を得て掲載）

図15　パンゲア超大陸.（許可を得て，右の文献の図を改変して転載．Olsen, P.E.（1999）Giant lava Xows, mass extinctions, and mantle plumes. *Science*, **284**, 604–5.）

図16　グリーンランドの葉の化石に記された，三畳紀／ジュラ紀境界の二酸化炭素濃度と気温の劇的変化.（右の文献のデータを使用して作図．McElwain, J.C., Beerling, D.J., and Woodward, F.I.（1999）Fossil plants and global warming at the Triassic-Jurassic boundary. *Science*, **285**, 1386–90.）

図17　左：海底から採掘した固体のメタン・ハイドレート．（Leibniz Institute of Marein Sciences（IFM-GEOMAR）. 許可を得て掲載．下：大気中で燃えるハイドレートの破片. Tom Pantages 提供）

図18　南極点でのスコット隊.（Scott Polar Research Institute．許可を得て掲載）　左下：アルバート・スワード.（©National Portrait Gallery, London）

図19　始新世の極地林の化石.（p. 182上：リーズ大学 Jane Francis 提供．右：Ming Li/ Photolibrary. p. 183上：リーズ大学 Jane Francis 提供．同右：シェフィールド大学 Ian Woodward 提供）

図21　有孔虫化石の酸素同位体変異から割り出した，過去6500万年間の地球の気候変動.（許可を得て，右の文献の図を改変して転載．Zachos, J.C., Pagani, M., Sloan, L. *et al.*（2001）Trends, rhythms, and aberrations in global climate 65Ma to present. *Science*, **292**, 686–93.）

図22　アイルランドの著名な物理学者ジョン・ティンダル.（©Getty Images）

図23　ジョン・ティンダルの比分光光度計.（Tyndall, J.（1865）*Heat considered as a mode of motion*. Second edition, with additions and illustrations. Longman Green, London.）

図25　マーティン・ケイメンとサミュエル・ルーベン（ケイメン画像提供：AIP Emilio Segre Visual Archives, Segre Collection. ルーベン画像提供：Ernest Orlando Lawrence Berkeley National Laboratory）

図26　C_4植物が広がって地球の生態系を優占した.（以下の文献のデータを使用してグラフを作成．Cerling, T.E., Harris, J.M., MacFadden, B.J. *et al.*（1997）Global vegetation change through the Miocene/Pliocene boundary. *Nature*, **389**, 153–8; Cerling, T.E.（1999）Paleorecords of C_4 plants and ecosystems. In *C_4 Plant biology*（ed. R.F. Sage and R.K.Monson）, pp. 445–69. Academic Press, San Diego.）

図27　生物と気候システムのあいだにある複雑なフィードバック網.（写真はシェフィールド大学 Doug Ibrahim 提供）

著者略歴

(David Beerling)

シェフィールド大学（英国），動植物学部門教授．専門は植物学，古気候学．王立協会会員．光合成植物を含む生態系と地球環境の関係を研究テーマとし，2001年にはPhilip Leverhulme Prizeを受賞．共著に，*Vegetation and the Terrestrial Carbon Cycle: The First 400 Million Years*（F. Ian Woodwardとの共著，Cambridge University Press, 2005）がある．初めて一般読者向けに著した本書が好評を得て，2012年に英国BBC TwoによるTVシリーズ“How to Grow a Planet”のベースとなり，ビアリングは同番組の科学監修を務めた．

訳者略歴

西田佐知子〈にしだ・さちこ〉名古屋大学博物館准教授．専門は植物分類学．共著書に，『新しい植物分類学 1』（戸部博・田村実編著，日本植物分類学会監修，講談社，2012），『地球からのおくりもの――生物多様性を理解するために』（名古屋大学大学院環境学研究科しんきん環境事業イノベーション寄付講座編，風媒社，2011）．訳書に，マイケル・ポーラン『欲望の植物誌――人をあやつる4つの植物 』（八坂書房，2003）がある．

デイヴィッド・ビアリング
植物が出現し、気候を変えた
西田佐知子訳

2015年 1月23日 第1刷発行
2015年 4月10日 第2刷発行

発行所 株式会社 みすず書房
〒113-0033 東京都文京区本郷5丁目32-21
電話 03-3814-0131(営業) 03-3815-9181(編集)
http://www.msz.co.jp

本文組版 キャップス
本文印刷・製本所 中央精版印刷
扉・表紙・カバー印刷所 リヒトプランニング

ISBN 978-4-622-07872-2
[しょくぶつがしゅつげんしきこうをかえた]